Gekrümmte dünnwandige Träger

Gekrümmte dünnwandige Träger

Theorie und Berechnung

Von

Ryszard Dąbrowski

Mit 94 Abbildungen, sowie zahlreichen Hilfstafeln und Zahlentabellen

Springer-Verlag
Berlin/Heidelberg/New York
1968

Dr.-Ing. RYSZARD DĄBROWSKI
Dozent an der Abteilung für Hochbau
der Technischen Hochschule Gdańsk
(Politechnika Gdańska)

Alle Rechte vorbehalten.
Kein Teil dieses Buches darf ohne schriftliche Genehmigung des Springer-Verlages
übersetzt oder in irgendeiner Form vervielfältigt werden
© by Springer-Verlag, Berlin/Heidelberg 1968
Softcover reprint of the hardcover 1st edition 1968
Library of Congress Catalog Card Number 68–14630

ISBN 978-3-642-50220-0   ISBN 978-3-642-50219-4 (eBook)
DOI 10.1007/ 978-3-642-50219-4

Die Wiedergabe von Gebrauchsnamen, Handelsnamen, Warenbezeichnungen usw. in diesem
Buche berechtigt auch ohne besondere Kennzeichnung nicht zu der Annahme, daß solche Namen
im Sinne der Warenzeichen- und Markenschutz-Gesetzgebung als frei zu betrachten wären und
daher von jedermann benutzt werden dürften

Titelnummer 1444

Vorwort

Der Leitgedanke bei Abfassung des vorliegenden Buches war es, die theoretischen Beziehungen der Wölbkrafttorsion von *gekrümmten dünnwandigen Trägern* mit *nichtverformbarem Profil* auf handliche Gleichungen und Endformeln zurückzuführen und die Resultate in Form von gebrauchsfertigen Formeltafeln bzw. Zahlentabellen dem in der Praxis stehenden Ingenieur nahezubringen.

Das Buch enthält eine umfangreiche Tabellensammlung mit Einfluß und Zustandslinien der Schnittkräfte in gekrümmten Einfeld-, Zweifeld- und Dreifeldträgern konstanten Profils, nach Steifigkeitsparametern und Krümmungswinkeln geordnet. Die Tabellen sollen zur Vorberechnung von gekrümmten Stahl- und Stahlverbundbrücken sowie Stahlbetonbrücken nützlich sein. Auch beim Programmieren der Berechnung für einen Rechenautomaten dürften die Formeltafeln und Zahlentabellen wertvolle Angaben liefern. Im Hinblick auf den Umfang der angegebenen Resultate erschien es zweckmäßig, nicht nur die Grundgleichungen der Wölbkrafttorsion abzuleiten, sondern auch die Herleitung der Ausdrücke für Schnittkräfte und Verformungskomponenten mit aufzunehmen. Hierzu wurde die Methode der Anfangsparameter benutzt.

Das Buch kann — in beschränktem Umfang — als ein Lehrbuch zur Einführung in die Theorie der Wölbkrafttorsion von elastischen dünnwandigen Trägern mit nichtverformbarem Profil benutzt werden (Die auf *kreisförmig gekrümmte* Träger verallgemeinerte Theorie umfaßt, als Sonderfall, dünnwandige Träger mit *gerader* Längsachse). Die ersten drei Abschnitte können dem vorgenannten Zweck dienen. Die Grundbegriffe und Voraussetzungen der Theorie der Wölbkrafttorsion wurden aus den Werken von A. A. UMANSKIJ und W. Z. WLASSOW übernommen (siehe Literatur auf Seite 170).

Der *Profilverformung* wurde in diesem Buche gebührende Aufmerksamkeit gewidmet. Durch Berücksichtigung des Profilverformungseinflusses wird ein folgerichtiger Übergang von der Stabstatik zur Statik der Flächentragwerke geschaffen. Die Ausführungen des Abschnittes 8 dürften auch für die Berechnung von geraden dünnwandigen Trägern mit verformbarem Profil einige interessante Erkenntnisse bringen. Die Verfolgung des durch Ablenkungskräfte hervorgerufenen Spannungszustandes in gekrümmten dünnwandigen Stegen von gekrümmten Stahl- und Stahlverbundträgern macht es nötig, auf die nichtlineare Schalentheorie zurückzugreifen (Abschnitt 9). Dadurch wird ein vervollständigtes Bild des gesamten Aufgabenkreises gegeben.

Wenn auch das Hauptaugenmerk bei der Stoffauswahl auf die Berechnung von gekrümmten Brücken ausgerichtet ist, werden einzelne Abschnitte des Buches auch für die im Maschinenbau tätigen Ingenieure von Interesse sein.

Der Verfasser ist den Autoren und Rezensenten von zahlreichen einschlägigen Arbeiten für wertvolle Hinweise zu besonderem Dank verpflichtet.

Dem Springer-Verlag sei für freundliches Entgegenkommen bei der Drucklegung des Buches bestens gedankt.

Im Januar 1968

R. Dąbrowski

Inhaltsverzeichnis

Einleitung 1
  Allgemeine Betrachtungen 1
  Voraussetzungen der Statik gekrümmter dünnwandiger Träger 2
  Vorgeschichte 4

1. Querschnittswerte für offene, geschlossene und offen-geschlossene Profile   7
  1.1 Offene Profile 8
    1.1.1 Reine Torsion eines gekrümmten Stabes 8
    1.1.2 Wölbspannungszustand 10
      1.1.2.1 Spannungen 10
      1.1.2.2 Geometrische Zusammenhänge für sektorielle Flächen . 10
      1.1.2.3 Schnittgrößen 12
    1.1.3 Geometrische Beziehungen für ein „regelmäßig" asymmetrisches Profil 13
  1.2 Geschlossene und offen-geschlossene Profile 15
    1.2.1 Reine Torsion eines gekrümmten Kastenträgers 15
    1.2.2 Wölbspannungszustand 17
    1.2.3 Mehrzellige Kastenträger 21
    1.2.4 Quasigeschlossene Profile 23
  1.3 Zahlenbeispiele zur Berechnung von Querschnittswerten 25
    1.3.1 Offen-geschlossenes Profil 25
      1.3.1.1 Einfach-symmetrisches Grundprofil 26
      1.3.1.2 „Regelmäßig" asymmetrisches Profil 32
    1.3.2 Offenes Profil 33

2. Grundgleichungen der Wölbkrafttorsion 35
  2.1 Offene Profile 35
    2.1.1 Gleichgewichtsbedingungen und elastostatische Beziehungen . . 35
    2.1.2 Bestimmungsgleichung für Bimomente 39
    2.1.3 Bestimmungsgleichungen für Verformungskomponenten 40
  2.2 Geschlossene und offen-geschlossene Profile 42
    2.2.1 Elastostatische Beziehungen 42
    2.2.2 Grundgleichungen 43

3. Schnittkräfte für Hauptlastfälle. Bestimmung von Bimomenten mit Hilfe der Methode der Anfangsparameter 46
  3.1 Biegemomente M_x und Gesamtdrillmomente H 46
    3.1.1 Statisch bestimmtes Ausgangssystem 46
    3.1.2 Einfach statisch unbestimmtes Grundsystem 48
    3.1.3 Kragträger 53

Inhaltsverzeichnis

3.2 Lösung der Grundgleichung der Wölbkrafttorsion für offene Profile.
Bimomente B und sekundäre Drillmomente H_ω 56
   3.2.1 Methode der Anfangsparameter 56
   3.2.2 Bimomente B und sekundäre Drillmomente H_ω im Grundsystem.
      Sonderfall $kl = 0$ 57
      3.2.2.1 Lastfall P, M 57
      3.2.2.2 Belastung p, m auf der ganzen Feldlänge 60
      3.2.2.3 Belastung durch Endbiegemoment M_{x1} 61
      3.2.2.4 Belastung durch Endbimoment B_1 62
   3.2.3 Wölbfrei eingespannter Kragträger 63
   3.2.4 Wölbfest eingespannter Kragträger 65

3.3 Lösung der Grundgleichung der Wölbkrafttorsion für geschlossene
Profile 65
   3.3.1 Anfangsparameter 65
   3.3.2 Bimomente 66

3.4 Auflagerkräfte im Grundsystem 71

4. Verformung gekrümmter dünnwandiger Träger 72

4.1 Verformungskomponenten in Trägern mit offenem Profil 72
   4.1.1 Lastfall P, M im Grundsystem 72
   4.1.2 Lastfall p, m auf der ganzen Feldlänge 84
   4.1.3 Belastung durch Endbiegemoment $M_{x1} = 1$ im Grundsystem . 86
   4.1.4 Belastung durch Endbimoment $B_1 = 1$ im Grundsystem ... 93
   4.1.5 Wölbfest eingespannter Kragträger. Lastfall P, M am Kragende 94

4.2 Verformungskomponenten in Trägern mit geschlossenem oder offengeschlossenem Profil 97
   4.2.1 Lastfall P, M im Grundsystem 97
   4.2.2 Gleichmäßig verteilte Last p, m im Grundsystem 100
   4.2.3 Belastung durch Endbiegemoment $M_{x1} = 1$ im Grundsystem . 100
   4.2.4 Belastung durch Endbimoment $B_1 = 1$ im Grundsystem ... 101

5. Durchlaufende gekrümmte Träger 102

5.1 Übergangsbedingungen und überzählige Größen 102

5.2 Schnittkräfte und Verformung 108

5.3 Hilfsfunktionen f_n, F_n, φ_n und Φ_n zur Berechnung der Schnittkräfte im
Grundsystem und der Gleichungskoeffizienten 111

5.4 Hilfstabellen zur Berechnung von gekrümmten dünnwandigen Durchlaufträgern mit gleichen Feldlängen und Krümmungsradien und konstantem Profil 112

5.5 Untersuchung des Krümmungseinflusses auf die Gesamtspannungen der
gleichzeitigen Biegung und Torsion 116

6. Berechnung gekrümmter Durchlaufträger von in Längsachse veränderlichem Profil bei verschwindend kleiner St.Venantscher Drillsteifigkeit 118

   6.1 Allgemeine Betrachtung 118
   6.2 Übergangsbedingungen 120

7. Zur Berechnung von gekrümmten, in Krümmungsebene statisch unbestimmt gestützten Durchlaufträgern 123
   7.1 Schnittkräfte und Stützverformungen im Grundsystem 123
   7.2 Übergangsbedingungen 126

8. Profilverformung. Umlagerung der Querschnittsspannungen. Beanspruchung der Querverbände 128
   8.1 Offene Profile 130
      8.1.1 Symmetrische profilverformende Belastung 130
      8.1.2 Antisymmetrische profilverformende Belastung 137
      8.1.3 Zahlenbeispiel 142
   8.2 Geschlossene und offen-geschlossene Profile 146
      8.2.1 Näherungsberechnung von gekrümmten Kastenträgern mit verformbarem biegesteifem Profil 147
      8.2.2 Zahlenbeispiele 154
      8.2.3 Gekrümmte Kastenträger mit verformbarem biegeweichem schubnachgiebigem Profil 157

9. Gekrümmte dünnwandige Stege als Kreiszylinderschalen. Das Problem der mittragenden Fläche 165

Literatur 170

Anhang

Tabellen und Diagramme der Schnittkräfte in mehrfach statisch unbestimmten gekrümmten Trägern mit konstantem dünnwandigem nichtverformbarem Profil

1. Einführung zum Gebrauch der Tabellen 173
   1.1 Tabelleninhalt 173
   1.2 Ergänzende Hinweise 175
2. Interpolationsregeln 175
   2.1 Schnittkräfte in offenen Profilen 175
   2.2 Hinweis zum Tabellengebrauch für geschlossene und offen-geschlossene Profile 177
3. Hinweise zu den Diagrammen 178

Tabellen 1 bis 50 180

Diagramme (Abb. 82 bis 94) 316

Sachverzeichnis 325

Bezeichnungen

A	Querschnittsfläche im allgemeinen,
$A_{()}$	(mit Indices) Querschnittsflächen von Profilteilen,
A^*	Querschnittswert bei Profilverformung,
a, b	Ordinaten des Lastquerschnittes, $a = r\beta$, $b = r\beta'$; auch Profilbreite und -höhe eines Rechteckprofils,
$B = \int_A \sigma\omega \, dA$	Bimoment (auch Wölbkraftmoment genannt) bei nichtverformbaren offenen Profilen,
$B = \int_A \sigma\hat{\omega} \, dA$	Bimoment bei nichtverformbaren geschlossenen und offen-geschlossenen Profilen,
C	eine Konstante,
c	Abstand zwischen Querverbänden,
E	Elastizitätsmodul,
e	(mit Indices) Abstände zwischen charakteristischen Profilpunkten,
$f(z)$	dimensionslose Wölbfunktion bei Profilverformung; dasselbe auch im Falle nichtverformbarer geschlossener und offen-geschlossener Profile,
F_n, f_n, F_n^*, f_n^*	Hilfsfunktionen des Zentralwinkels α bzw. auch des Parameters kl
G	Schubmodul,
G_1, G_2	Resultierenden von Stegschubkräften $\tilde{Q}_1, \tilde{Q}_2$ beiderseits einer Einzellaststelle oder eines Querverbandes,
g_1, g_2	Anteile einer stetigen profilverformenden Lastgruppe, bezogen auf Längeneinheit der Schubachse,
$H = H_d + H_\omega$	Gesamtschnittdrillmoment; positive Werte drehen gegen Uhrzeigersinn,
H_d	das primäre (StVenantsche) Schnittdrillmoment,
H_ω	das sekundäre Schnittdrillmoment,
h	Abstand der Konturtangente vom Schubmittelpunkt (von einem Pol im allgemeinen); auch Steghöhe,
i	Ordnungszahl,
$I_c = \int_A h^2 \, dA$	zentrales Trägheitsmoment,
I_d	Trägheitsmoment der reinen Torsion,
I_x, I_y, I_{xy}	axiale Trägheitsmomente bzw. Deviationsmoment,
$I_\omega = \int_A \omega^2 \, dA$	Wölbträgheitsmoment für offene Profile,
$I_{\hat{\omega}} = \int_A \hat{\omega}^2 \, dA$	Wölbträgheitsmoment für geschlossene und offen-geschlossene Profile,
I_0, I_u, I_v	Trägheitsmomente bei Querbiegung von Profilwandelementen,
$K = \dfrac{E\delta^3}{12(1-\nu^2)}$	Plattensteifigkeit,
$k = \sqrt{\dfrac{GI_d}{EI_\omega}}$	Abklingungsbeiwert der Wölbkrafttorsion offener Profile,
$k = \sqrt{\mu\dfrac{GI_d}{EI_{\hat{\omega}}}}$	Abklingungsbeiwert der Wölbkrafttorsion geschlossener und offen-geschlossener Profile,

K_1, K_a, K_s	Steifigkeiten eines Querverbandes,
k_1, k_a, k_s	Verformungssteifigkeit des Profils, bezogen auf Längeneinheit der Trägerachse,
l	Feldlänge, längs der gekrümmten Schwerachse gemessen, näherungsweise der Schubachsenlänge gleichgesetzt,
M	(ohne Indices) äußeres Einzeldrehmoment gleich Pe, mit e als Abstand der Lastwirkungslinie von der Schubachse,
M_x, M_y	Biegemomente, positive Werte gemäß Abb. 24; im Falle $M_y = 0$ wird der Index x an M_x oft weggelassen und durch die Schnittordinate anzeigenden Index ersetzt,
m	stetige Torsionslast je Längeneinheit der Schubachse, positive Werte drehen in Richtung von $+y$ zu $+x$,
N	Normalkraft,
n	Ordnungszahl,
P	Einzellast (Vertikallast),
p_x, p_y	Komponenten der stetigen Last je Längeneinheit der gekrümmten Schubachse; p_y wird kurz mit p bezeichnet,
Q_x, Q_y	Querkräfte; positive Werte gemäß Abb. 24,
r	Krümmungsradius der Schwerachse,
$r_{()}$	(mit Indices) Krümmungsradien der Stegwände,
$S_\omega = \int_0^s \omega \, dA$	Querschnittsfunktion für offene Profile,
$S_{\hat\omega} = \int_0^s \hat\omega \, dA$	Querschnittsfunktion für geschlossene und offen-geschlossene Profile,
$\bar S_{\hat\omega} = S_{\hat\omega} + C$	reduzierte Querschnittsfunktion,
$S_{\tilde\omega} = \int_0^s \tilde\omega \, dA$	Querschnittsfunktion bei Profilverformung.
$\bar S_{\tilde\omega} = S_{\tilde\omega} + C$	reduzierte Querschnittsfunktion.
s	Konturordinate,
T	Schubfluß im allgemeinen,
$T^{\mathrm{I}}, T^{\mathrm{II}}$	der primäre (StVenantsche) und der sekundäre Schubfluß in geschlossenen Profilen,
T_ω	der sekundäre Schubfluß in offenen Profilen,
$T_{\tilde\omega}$	Schubfluß zufolge Profilverformung,
u	Verschiebung des Schubmittelpunktes in Richtung $+x$,
u_0, u_u	Verschiebung der oberen bzw. unteren Profilwand in Richtung $-x$ bzw. $+x$,
v	Verschiebung des Schubmittelpunktes normal zur Krümmungsebene; positive Werte werden in negativer y-Richtung gemessen,
v_1, v_2	Verschiebung in Richtung $-y$ des inneren bzw. äußeren Randpunktes eines Rechteck- oder Trapezprofils,
w	Axialverschiebung in Wandmittelfläche,
w_S	Axialverschiebung des Profilschwerpunktes,
W	Wölbsteifigkeitsparameter bei Profilverformung,
x, y	Querschnittsachsen; x liegt in Krümmungsebene,
x_0, y_0	Abstand des Schubmittelpunktes M vom Schwerpunkt S in Richtung $+x$ bzw. $+y$ gemessen,
z, z'	Ordinaten der gekrümmten Schwerachse vom linken bzw. rechten Auflager aus gemessen; $z = r\varphi$, $z' = r\varphi'$,
α	Zentralwinkel eines Feldes,

Bezeichnungen

β, β'	Winkelordinaten des Lastquerschnittes; auch $\beta = \bar{\omega}_2/\bar{\omega}_1$,
$\gamma = \dfrac{r^2 I_x}{I_\omega}$	dimensionsloser Parameter; auch Verformungswinkel bei Profilverformung,
$\bar{\gamma} = \dfrac{l^2 I_x}{I_\omega}$	dimensionsloser Parameter (in Tabellen wird ausschließlich diese Form benutzt),
δ	Wanddicke im allgemeinen,
δ_{i0}, δ_{ij}	Stützneigung (Klaffung) an der Stütze i zufolge Feldlasten bzw. der an der Stütze j angreifenden Einheitslasten $M_x = 1$, $B = 1$,
ε	Dehnung; auch $\varepsilon = \varphi/\alpha$ bzw. $\varepsilon' = \varphi'/\alpha$ im Lastfall P, M,
$\eta = \dfrac{1}{1 + (kr)^2}$	dimensionsloser Parameter,
η_0, η_1, η_2	dimensionslose Querschnittsparameter bei Verformung eines Rechteckprofils,
ϑ	Drehwinkel, positiv in Richtung von $+y$ zu $+x$ gemessen,
$\varkappa = \dfrac{E I_x}{G I_d}$	Verhältnis der Biege- zu Drillsteifigkeit,
$\lambda = \sqrt[4]{\dfrac{k_1}{4\, W A^*}}$	Abklingungsbeiwert bei Profilverformung; mit λ_a und λ_s werden ähnliche Beiwerte bezeichnet,
$\mu = 1 - \dfrac{I_d}{I_c}$	Wölbschubparameter geschlossener und offen-geschlossener Profile,
μ_{i0}, μ_{ij}	Stützverwölbung an der Stütze i zufolge Feldlasten bzw. der an der Stütze j angreifenden Einheitslasten,
ν	Querdehnungszahl,
$\xi = \dfrac{\beta}{\alpha}, \xi' = \dfrac{\beta'}{\alpha}$	Abkürzungen, im Falle von Einzellasten P, M gebraucht; für stetige Last und Stützlasten gilt dagegen $\xi = \varphi/\alpha$ bzw. $\xi' = \varphi'/\alpha$,
ϱ	dimensionsloser Querschnittsparameter für Ablenkungskräfte; auch ein Formbeiwert für asymmetrische Profile,
σ	Normalspannung,
$\tau = \vartheta + \dfrac{v}{r}$	reduzierter Drehwinkel, mit $d^2\tau/dz^2$ gleich der Verwindung der gekrümmten Schubachse,
φ, φ'	Winkelordinaten, vom linken oder rechten Auflager aus gemessen,
$\Phi_n, \varphi_n, \Phi_n^*, \varphi_n^*$	Hilfsfunktionen des Zentralwinkels α und der Winkelordinaten β und φ bzw. auch des Parameters kl,
$\psi = 1 - \dfrac{I_{xy}^2}{I_x I_y}$	Formbeiwert für asymmetrische Profile; auch ein Winkel im Trapezprofil,
ψ_1, ψ_2	Hilfsfunktionen des Parameters $u = \lambda l/2$ für Ersatzbalken auf elastischer Bettung,
$\omega = \int\limits_0^s h\, ds$	sektorielle Fläche,
$\hat{\omega}$	Einheitsverwölbung bei geschlossenen und offen-geschlossenen Profilen,
$\bar{\omega}$	„Einheitsspannung" bei Profilverformung; mit $\bar{\omega}_1$ und $\bar{\omega}_2$ werden charakteristische $\bar{\omega}$-Werte eines Profils (als positive Zahlen) bezeichnet,
Ω	doppelter Wert durch Wandmittellinie eingeschlossener Fläche eines geschlossenen Profilteiles,
$(\ )'$	Ableitung nach $z = r\varphi$, wenn auf Funktionen von z bezogen; bzw. Ableitung nach $z' = r\varphi'$, wenn auf Funktion von z' bezogen (sodann mit dem unteren Index I bzw. II versehen); sonst werden mit dem Prim-Zeichen verwandte Größen bezeichnet.

Berichtigungen

S. 121, Gl. (261): statt $\bar{\gamma}_i = \dfrac{I_c l^2}{I_{\omega i0}}$ lies $\bar{\gamma}_i = \dfrac{I_c}{I_{\omega i0}}$ (in cm^{-2}) .

S. 137, Zeile 3 von unten: statt „Es gilt einfach" lies „Für gleiche Steg- und Gurtprofile gilt einfach"

S. 144, Abb. 63b:
  statt **33,17** lies **32,95**
  statt **117,67** lies **114,72**

S. 157, Zeile 14 von oben: statt $\varrho = 0{,}9626$ lies $\varrho = 0{,}508$.

Die Ordinaten γ und f in Abb. 72c (S. 156) sind durch 0,528 zu multiplizieren.

Dąbrowski, Träger

Einleitung

Allgemeine Betrachtungen

Das Interesse an der Berechnung von gekrümmten Trägern hat im letzten Jahrzehnt merklich zugenommen. Dies steht im Zusammenhang mit der wachsenden Anzahl von gekrümmten Brücken. Die modernen Trassierungsgrundsätze von Verkehrsbauten verlangen nämlich, daß auch Brücken und aufgeständerte Straßen (Hochstraßen) des öfteren in Krümmung liegen. Es gibt Verkehrsbauten, in denen gekrümmte Brücken ein u. U. unumgänglicher Bestandteil geworden sind. Folgende seien genannt:

— Autobahnkreuzungen und -abzweigungen, speziell unter den Bebauungsbedingungen von Stadtvororten,
— städtische Hochstraßen,
— Zufahrts- bzw. Abfahrtsstraßen von mehrspurigen Großbrücken und im besonderen von Doppeldeckbrücken.

In den letzten Jahren werden auch Talübergänge von Autobahnen als großzügig angelegte gekrümmte Durchlaufträger gebaut.

Gekrümmte Brücken können sowohl Stahlbetonbrücken als auch Stahlverbund- oder reine Stahlbrücken sein. Eine Mehrzahl von ihnen kann auf Grund der Stabstatik als gekrümmte (normal zur Krümmungsebene belastete) dünnwandige Stäbe betrachtet werden. Es gibt allerdings Ausnahmen.

Die gekrümmten Brücken von kleinen Spannweiten haben meistens den Charakter eines Flächentragwerkes, bei Stahlbeton-Vollquerschnitten — eines Plattentragwerkes, da Spannweite und Brückenbreite von derselben Größenordnung sind. Wenn man bedenkt, daß dann auch die Stützpunkte selten in einer zur gekrümmten Längsachse normal stehenden Ebene liegen, so ist es verständlich, daß man in solchen Fällen meistens auf Modellmessungen angewiesen ist.

Viele aufgeständerte Autobahnzufahrten in den Vereinigten Staaten sind als Verbundträger gebaut und derart ausgebildet, daß stählerne Vollwandträger in den Feldern gerade bleiben, während die Fahrbahnkrümmung allein durch die Stahlbetonverbundplatte erstellt wird. Das Bauwerk setzt sich aus durch Fahrbahnübergänge getrennten Einfeldträgern zusammen. Es sind also keine gekrümmten Träger in wahrem Sinne. Es sei hinzugefügt, daß indessen die Vorteile eines zügig gekrümmten Durchlaufträgers nicht nur in der ununterbrochenen Fahrbahnplatte liegen. In einem Durchlaufträger werden Feldbiegemomente und Feldwölbkraftmomente (die letzteren werden weiterhin kurz als Bimomente bezeichnet) wesentlich herabgesetzt — und zwar auf Kosten von Biegemomenten und Bimomenten in verhältnismäßig engem Stützenbereich. Dadurch können ökonomisch Spannweiten mit größerem Öffnungswinkel überbrückt werden.

Voraussetzungen der Statik gekrümmter dünnwandiger Träger

a) Die Stabstatik dürfte anwendbar sein, wenn die Feldlänge mehr als das Drei- bis Vierfache der zwischen äußeren Stegwänden gemessenen Profilbreite ausmacht. Die gekrümmten Brückentragwerke großer und mittlerer Spannweite erfüllen diese Bedingung. Sie weisen auch in der Regel ein *dünnwandiges* Profil auf (Abb. 1). Solche Profile teilt man

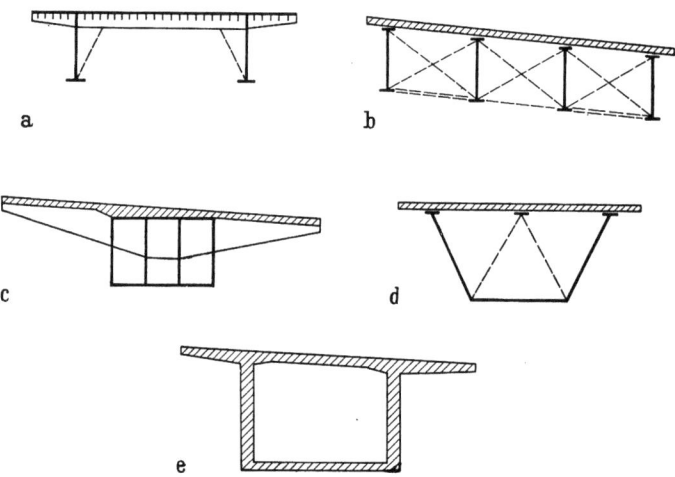

Abb. 1a—e. Dünnwandige Profile gekrümmter Brücken

allgemein in *offene* (Abb. 1a, b) und *geschlossene* bzw. *offen*-geschlossene (Abb. 1c, d, e) auf. Die bekannten Lösungen für gekrümmte Träger mit *Voll*querschnitt dürfen zur Berechnung von Spannungen in dünnwandigen Profilen im allgemeinen nicht benutzt werden. Denn die Spannungen aus Wölbkrafttorsion, die bei Vollquerschnitten fehlen oder — genau genommen — nicht nachgewiesen werden, spielen bei dünnwandigen Profilen keine untergeordnete Rolle. Dies gilt in erster Linie für offene Profile, trifft aber für die Mehrzahl von geschlossenen bzw. offengeschlossenen Profilen zu.

b) In der Wölbkrafttorsionstheorie dünnwandiger Stäbe wird bekanntlich die Erhaltung der Profilform für jede Belastung vorausgesetzt. Diese Voraussetzung wird in Wirklichkeit durch Querverbände nur in gewissem Maße sichergestellt. Im allgemeinen ist sie für die in üblicher Weise ausgesteiften offenen Brückenprofile (Abb. 1a, b) zutreffend. Die Wölbspannungen zufolge Profilverformung machen einen kleinen Bruchteil der Wölbspannungen aus Wölbkrafttorsion, bei der die Profilform erhalten bleibt, aus. Die Voraussetzung über die Erhaltung der Profilform kann auch für besonders stark ausgesteifte Kastenträger (Abb. 1c) aufrechterhalten bleiben. Ist andererseits die Profilsteifigkeit nur durch Querbiegesteifigkeit der Kastenwände gegeben, wie z. B. bei Stahlbetonkastenträgern (Abb. 1e), dann können die Normalspannungen zufolge Profilverformung größer sein als jene aus „profilverformungsfreien" Wölbkrafttorsion.

Das vorliegende Buch ist grundsätzlich dem Problem der gleichzeitigen Biegung und Torsion von gekrümmten, normal zur Krümmungsebene belasteten dünnwandigen Trägern mit *nichtverformbarem Profil* gewidmet. Eine Ausnahme stellt Abschnitt 8 dar, in dem der Profilverformungseinfluß auf die Umlagerung der Querschnittsspannungen untersucht wird. Darüber hinaus ist die Kenntnis der Profilverformung unerläßlich, wenn man die Beanspruchung von Querverbänden, sowohl bei geschlossenen als auch bei offenen Profilen, richtig einschätzen will.

c) Gerade durchlaufende Träger mit großen und mittleren Spannweiten weisen mehr oder weniger in der Längsachse veränderliche Querschnittsparameter auf. Bei gekrümmten Durchlaufträgern ist ebenfalls damit zu rechnen. Die größten Unterschiede in den Trägheitsmomenten und, in der Folge, auch in den Schnittkräften gegenüber einem Durchlaufträger konstanten Querschnitts treten auf bei voutenartiger Profilerhöhung an Zwischenstützen. Eine solche konstruktive Lösung kommt bei gekrümmten Tragwerken selten in Frage. Es ist vielmehr mit einer Verstärkung von Stegdicken und Untergurtquerschnitten im Mittelstützenbereich unter Einhaltung unveränderlicher Profilhöhe zu rechnen. In den Viertelspunkten der Spannweite wird das Profil gegenüber Feldmitte eher geschwächt. Ansonsten bleibt bei Verbundträgern die Fahrbahnplattendicke meistens unveränderlich. Man darf daher in solchen Fällen die Querschnitte nach Schnittkräften eines gekrümmten Durchlaufträgers mit konstantem Profil vorbemessen. Es sind sodann gemittelte Profilabmessungen in Rechnung zu stellen.

Im vorliegenden Buch werden ausführlich gekrümmte Träger mit *konstantem Profil* behandelt. Das beiliegende Tabellenwerk bezieht sich ausschließlich auf solche Träger — die darüber hinaus, sofern die Anwendung der Tabellen zur Bemessung gekrümmter Durchlaufträger in Frage kommt, gleiche Feldlängen haben müssen. Nur im Abschnitt 6 wird auf die Berechnung von gekrümmten Durchlaufträgern mit veränderlichem Profil eingegangen, und zwar für den Sonderfall offener Profile mit verschwindend kleiner StVenantscher Drillsteifigkeit. Andererseits kann aber das Profil sowohl *symmetrisch* sein (genau genommen, einfach-symmetrisch mit senkrecht zur Krümmungsebene stehender Symmetrieachse) als auch *asymmetrisch*, wie z. B. in Abb. 1 b, c, e.

d) Eine Einschränkung wird auch in bezug auf die Stützungsverhältnisse gemacht. Es wird vorausgesetzt, daß der gekrümmte Träger durch Linienlager, die senkrecht zur gekrümmten Längsachse liegen, gestützt ist. Diese Voraussetzung wird bei größeren Verhältnissen von Spannweite zu Profilbreite, die ja die Vorbedingung zur Anwendung der Stabstatik ist, meistens erfüllt. Durch die Linienlager wird der Träger frei „biegedrehbar" gestützt, während die Verdrehung der Stützquerschnitte um die Tangente zur gekrümmten Längsachse verhindert ist. Man kann hier von einer *Torsionseinspannung* der Stützen sprechen, die im nachfolgenden sowohl für das einfach statisch unbestimmte Grundsystem (Abb. 27) als auch für später betrachtete mehrfach statisch unbestimmte Systeme in Kraft bleiben soll.

Die Radialverschieblichkeit eines Linienlagers kann entweder frei oder behindert sein (vgl. hierzu Abb. 33). Grundsätzlich wird angenommen, daß die Stützung *in der Krümmungsebene* jeweils *statisch bestimmt* ist. Nur im Abschnitt 7 wird auf statisch unbestimmte Stützung in der Krümmungsebene eingegangen.

Vorgeschichte

Die ersten Ansätze für eine theoretische Behandlung von gekrümmten dünnwandigen Trägern können in der Arbeit von H. GOTTFELD [1][1] erblickt werden. Er untersuchte zwei auf konzentrischen Kreisen liegende, beiderseits gestützte und normal zur Krümmungsebene belastete Fachwerkträger, die nur durch Querverbände „kraftschlüssig" miteinander verbunden sind. Ein statisch bestimmter Horizontalverband übernimmt keine Kräfte. Die Formeln für Stabkräfte der Fachwerkträger sind analog zu den Ausdrücken für Biegemomente und Querkräfte in zwei auf konzentrischen Kreisen liegenden und durch Querschotte verbundenen Vollwandträgern (Abb. 2). Das von GOTTFELD behandelte Problem kann eigentlich als Sonderfall der hier behandelten gleichzeitigen

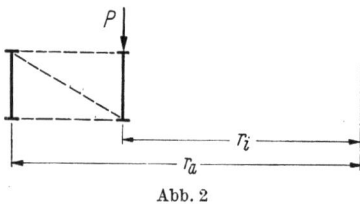

Abb. 2

---

[1] Siehe Literatur am Ende des Textteiles auf Seite 170.

Biegung und Torsion gekrümmter dünnwandiger Stäbe aufgefaßt werden. Für diesen Sonderfall soll nämlich die StVenantsche Drillsteifigkeit gleich Null gesetzt und die Bedingung, daß die Resultierende von Normalspannungen verschwindet, nicht nur für den Gesamtquerschnitt sondern für jeden Teilquerschnitt erfüllt sein.

Die erste vollständige Behandlung von gekrümmten Trägern mit doppelt-symmetrischem I-Profil stammt von A. A. UMANSKIJ [2]. Er hat die Bimomente in einem normal zur Krümmungsebene belasteten und punktweise gestützten I-Balken für einige Lastfälle mit Hilfe der Methode der Anfangsparameter berechnet. Es handelte sich um statisch bestimmt gestützte durchlaufende Balken, die an Stützpunkten in allen Richtungen frei drehbar sind. Die Verdrillung der gekrümmten Schubachse wird von UMANSKIJ mit der ersten Ableitung des Drehwinkels gleichgesetzt. Dies ist aber nur für gerade Stäbe streng gültig. Trotzdem erhält man unter dieser Annahme die richtigen Ausdrücke für Bimomente in statisch bestimmt gestützten Systemen, nicht aber für die Verformungskomponenten. F. WANSLEBEN [3] behandelte den für Brückentragwerke geltenden Fall eines einfach statisch unbestimmt gestützten, dünnwandigen Einfeldträgers unter Eigengewicht, Einzellast und Einzeldrehmoment und leitete die Gleichungen für Bimomente ab. Er hat ferner die zur Berechnung von durchlaufenden gekrümmten dünnwandigen Trägern benötigten Stützverformungen angegeben. Leider sind bei Ableitung der Verformungsgrößen einige wichtige Anteile unberücksichtigt geblieben. Die Reziprozitätsbeziehungen von MAXWELL-BETTI werden nicht erfüllt. Sein Lösungsverfahren wird hier weiterentwickelt.

Die richtigen elasto-statischen Beziehungen, unter Beschränkung auf in Krümmungsebene einfach-symmetrische Profile, findet man bei K. FEDERHOFER [4]. In der zweiten Auflage des bekannten Buches von W. Z. WLASSOW [5] findet man die Gleichungen der Biegung und Wölbkrafttorsion eines gekrümmten Stabes mit asymmetrischem offenem Profil — unter der Einschränkung, daß eine der Profilhauptachsen in Krümmungsebene liegen muß. Auf die Lösung der Differentialgleichungen des Problems wird in [5] nicht eingegangen. Wie vom Verfasser in [6] nachgewiesen wurde, liefern die Wlassowschen Gleichungen für die Belastung normal zur Krümmungsebene die richtigen Werte der Schnittkräfte und der meisten Verformungskomponenten mit Ausnahme der Verschiebung in der Krümmungsebene. Einige Korrekturen in diesen Gleichungen sind notwendig. Allerdings wird man die Verschiebungskomponente in der Krümmungsebene nur in Sonderfällen nachzuweisen brauchen, z. B. im Falle einer in der Krümmungsebene statisch unbestimmten Stützung.

Die Biegung und Wölbkrafttorsion von durchlaufenden gekrümmten dünnwandigen Trägern mit offenem einfach-symmetrischem Profil (mit normal zur Krümmungsebene stehender Symmetrieachse) wurde vom Verfasser in [7] behandelt — und zwar gestützt auf die früher in [6] veröffentlichten Grundbeziehungen. Schnittkräfte in einfach statisch unbestimmtem Grundsystem als auch die zur Berechnung von gekrümmten Durchlaufträgern benötigten Stützverformungen aus Feldlasten und Einheitsstützlasten wurden angegeben. Unabhängig vom Verfasser hat L. ANHEUSER [8] den mehrfach statisch unbestimmt gestützten Kreisträger mit dünnwandigem offenem Profil behandelt, und zwar auf Grund der Gleichungen von W. Z. WLASSOW [5]. Für den beiderseits eingespannten Kreisträger wurde eine Reihe von Schnittkraftdiagrammen dargestellt. Einflußlinien der Biegemomente und Bimomente in beiderseits frei biegedrehbar gestütztem Einfeldträger, einseitig wölbfest eingespanntem Einfeldträger und frei biegedrehbar gestütztem Zweifeldträger sind in [9] zu finden. Gekrümmte dünnwandige Stäbe mit einfach-symmetrischen in Stabachse veränderlichen offenen Profilen wurden von G. BECKER [10] mit Hilfe von Übertragungsmatrizen behandelt. Zahlenbeispiele wurden angegeben.

Die Grundgleichungen der Wölbkrafttorsion gekrümmter *Kasten*träger mit nichtverformbarem asymmetrischem Profil wurden vom Verfasser in [11] abgeleitet. Durchlaufende gekrümmte Kastenträger wurden mit berücksichtigt. Den Grundgleichungen liegen hierbei die früher von A. A. UMANSKIJ [12] und S. U. BENSCOTER [13] für gerade Kastenträger gemachten Annahmen zugrunde.

Soweit war von nichtverformbaren Profilen die Rede. Gekrümmte dünnwandige Träger mit verformbarem Profil wurden nur spärlich behandelt. Profilverformung eines gekrümmten Kastenträgers aus Stahlbeton, dessen Quersteifigkeit durch die Biegesteifigkeit der Profilwände bestimmt ist, wurde unter Vernachlässigung der Schubverformungen in [14] untersucht. Der Schubverformungseinfluß wurde an Hand eines geraden Rechteckrohres mit verformbarem biegesteifem Profil weiter untersucht [15]. Das Problem wird in Abschnitt 8 in breiterem Zusammenhange dargestellt.

Es ist bereits eine Abhandlung von H. WITTFOHT über gekrümmte Träger mit Vollquerschnitten in Buchform [16] erschienen. Mit dem vorliegenden Buch wird ein Hilfsmittel zur Berechnung von gekrümmten Tragwerken mit dünnwandigen Profilen geboten. Das Hauptaugenmerk ist hierbei den Brückentragwerken gewidmet. Das Buch kann hoffentlich auch zur Berechnung von gekrümmten dünnwandigen Elementen des Industrie- und Maschinenbaues benutzt werden.

1. Querschnittswerte für offene, geschlossene und offen-geschlossene Profile

Aufstellung von allgemeingültigen Grundgleichungen der gleichzeitigen Biegung und Torsion eines gekrümmten dünnwandigen Stabes und Herleitung von expliziten Ausdrücken für Schnittkräfte für eine Reihe von Lastfällen ist den zwei nächsten Abschnitten vorbehalten. Alle Hilfsbeziehungen, die sich von jenen eines geraden Stabes nur an einzelnen Stellen oder gar nicht unterscheiden, in erster Linie die geometrischen Querschnittswerte, sollen in diesem Abschnitt definiert oder abgeleitet werden. (Der mit Theorie der Wölbkrafttorsion eines *geraden* dünnwandigen Stabes gut vertraute Statiker kann mit dem Lesen des Buches gleich im Abschnitt 2 anfangen.)

Als Einführung seien zunächst zwei einfache Lastfälle eines gekrümmten Stabes betrachtet:

1. die sog. reine oder normalspannungsfreie Torsion, und
2. der reine Wölbspannungszustand.

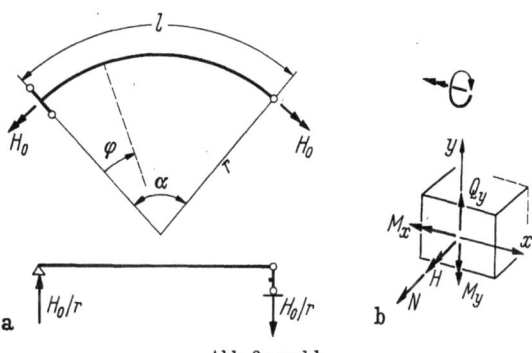

Abb. 3a und b

Der erste Lastfall ist in Abb. 3 dargestellt. Ein *gekrümmter* Stab mit wölb- und drillfreien Endquerschnitten wird durch gegengleiche Drehmomente H_0 an beiden Stabenden belastet. Die Feldbelastung fehlt. Aus den Gleichgewichtsbedingungen der Momente folgt, daß an beiden Enden noch zwei gegengleiche, normal zur Krümmungsebene gerichtete Reaktionen gleich H_0/r angreifen müssen. Dann sind aber (mit Bezeichnungen gemäß Abb. 3b) die Biegemomente M_x und M_y und die Normalkraft N gleich Null. Das Schnittdrillmoment H ist konstant und gleich H_0. Dies entspricht eben der reinen Torsion, wie sie bei geraden Stäben bekannt ist — wenn auch dort die Querkraft Q_y, hier gleich H_0/r, fehlt. Der Spannungszustand wird in jedem Fall durch Schubkräfte bestimmt.

1. Querschnittswerte für offene, geschlossene und offen-geschlossene Profile

Den zweiten Spannungszustand erhält man beispielsweise, wenn an einem Ende eines gekrümmten *dünnwandigen* Stabes mit völlig freien Endquerschnitten eine Gleichgewichtsgruppe von Kräften gemäß Abb. 4 angreift. Die Erhaltung der Profilform wird vorausgesetzt. In jedem Querschnitt ist $M_x = M_y = N = 0$, wenn auch die Normalspannungen von Null verschieden sind. Durch die Gleichgewichtsgruppe von Kräften gemäß Abb. 4 wird ein Endbimoment gebildet. Die durch das Endbimoment hervorgerufenen Spannungen werden als Wölbspannungen bezeichnet.

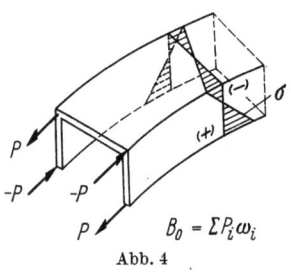

Abb. 4

Die Gleichungen werden im nachfolgenden für offene und geschlossene Profile getrennt abgeleitet.

1.1 Offene Profile

1.1.1 Reine Torsion eines gekrümmten Stabes

Es wird vorausgesetzt, daß die Schubverformung vernachlässigbar ist. Ferner wird angenommen, daß Profilabmessungen gegenüber dem Krümmungsradius r klein sind (mit r wird grundsätzlich der Krümmungsradius der von Haus aus gekrümmten Schwerachse bezeichnet).

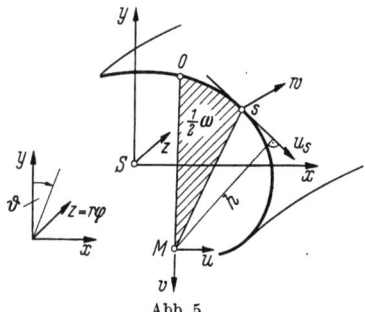

Abb. 5

Es seien durch u_s und w (Abb. 5) die Verschiebungskomponenten in Wandmittelfläche in Tangential- bzw. Axialrichtung bezeichnet. Wegen Vernachlässigung der Schubverformung gilt

$$\gamma = \frac{\partial w}{\partial s} + \frac{\partial u_s}{\partial z} = 0. \qquad (1)$$

Die Ableitung nach $z = r\varphi$ der Tangentialverschiebung u_s läßt sich durch den Abstand h der Konturtangente vom sog. Hauptpol (der hier im Drillruhepunkt eines auf reine Torsion beanspruchten geraden Stabes festgesetzt wird) und die *Einheitsverdrillung* τ' wie folgt ausdrücken:

$$\frac{\partial u_s}{\partial z} = h\tau', \qquad (2)$$

wobei τ' als erste Ableitung eines reduzierten Drehwinkels

$$\tau = \vartheta + \frac{v}{r} \qquad (3)$$

gilt. Hierbei bezeichnet ϑ den wirklichen Querschnittsdrehwinkel und v ist die Verschiebung des Hauptpols in Richtung normal zur Krümmungsebene (Abb. 5).

1.1 Offene Profile

Für gerade Stäbe gilt bekanntlich $\tau' = \vartheta'$.

Mit (2) erhält man aus (1) für die Axialverschiebung w eines Querschnittspunktes mit Konturordinate s durch Integrieren

$$w = w_0 - \tau' \int_0^s h\, ds = -\tau'\omega, \qquad (4)$$

wobei die Querschnittsfunktion

$$\omega = \int_0^s h\, ds + C \qquad (5)$$

dem doppelten Wert der in Abb. 5 gestrichelten sektoriellen Fläche gleich ist und als *sektorielle Fläche* (in cm²) bezeichnet wird. w_0 ist gleich w in $s = 0$. Das Profil wird hierbei vom Bezugspol *positiv im Uhrzeigersinn* umfahren.

Die Lage des Hauptpols und die Konstante C in (5) sind zunächst unbekannt. Sie werden unter 1.1.2 bestimmt. Die Einheitsverdrillung τ' ist ähnlich wie bei geraden Stäben durch die Beziehung

$$\tau' = \frac{H}{GI_d} \qquad (6)$$

gegeben, wobei H, hier gleich H_0, das Schnittdrillmoment ist und

$$I_d = \frac{1}{3} \int_s \delta^3 ds \qquad (7)$$

als *Trägheitsmoment der reinen (StVenantschen) Torsion* gilt. G ist Schubmodul und δ bezeichnet die Wanddicke.[1]

---

[1] Zur Bestimmung des Verformungszustandes soll der Drehwinkel ϑ in einem bestimmten Querschnitt bekannt sein. Es sei für den Stab nach Abb. 3 $\vartheta = 0$ in $\varphi = 0$ angenommen. Die Resultate, die man nach Abschnitt 4 erhalten kann, seien hier vorweggenommen:

$$\tau = \frac{H_0 z}{GI_d}, \quad v = -\frac{H_0 l^2}{GI_d} \frac{1}{\alpha}\left(\frac{\sin\varphi}{\sin\alpha} - \frac{\varphi}{\alpha}\right)$$

und somit aus (3)

$$\vartheta = \frac{H_0 l}{GI_d} \frac{\sin\varphi}{\sin\alpha}.$$

Bemerkenswerterweise ist der Ausdruck für τ in einem gekrümmten Stab identisch mit dem Ausdruck für den Drehwinkel ϑ eines geraden Stabes.

Unter vorgegeben Randbedingungen ($v = 0$ in $\varphi = 0$ und $\varphi = \alpha$ sowie $\vartheta = 0$ in $\varphi = 0$) ergeben sich im Falle $\alpha = \pi$ bzw. $\alpha = 2\pi$ Singularitäten in den Lösungsergebnissen für v und ϑ. Die Erfüllung der aufgezwungenen Randbedingungen wird unmöglich. Wohlgemerkt, für eine ebenfalls auf reine Torsion beanspruchte Spiralfeder gilt demgegenüber

$$\tau = \frac{H_0 z}{GI_d}, \qquad v = \frac{H_0 r z}{GI_d}$$

und der Drehwinkel ϑ ist überall gleich Null.

1.1.2 Wölbspannungszustand

1.1.2.1 Spannungen. Mit der eingangs gemachten Voraussetzung, daß nur schwach gekrümmte dünnwandige Stäbe behandelt werden, darf für die Normalspannung σ bei behinderter Profilverwölbung, unter Berücksichtigung von (4), geschrieben werden

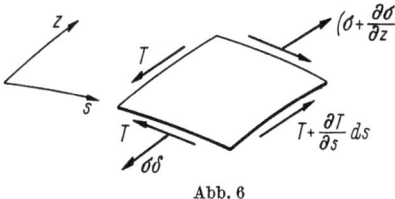

Abb. 6

$$\sigma = E w' = -E \tau'' \omega, \quad (8)$$

mit E als Elastizitätsmodul.

Auf Grund derselben Annahme lautet die Gleichgewichtsbedingung für ein Wandelement $dz \cdot ds$ (Abb. 6), belastet durch Normalkräfte $\sigma \delta$ und Schubkräfte T,

$$\frac{\partial \sigma}{\partial z} \delta + \frac{\partial T}{\partial s} = 0. \quad (9)$$

Die positive Richtung der Konturordinate s wird hier und im weiteren *unabhängig vom positiven Umfahrungssinn der sektoriellen Flächen ω* festgelegt.

Nach Einsetzen von (8) für σ und Integrieren ergibt sich hieraus für T

$$T = T_0 + E \tau''' \int_0^s \omega \, dA, \quad (10)$$

mit $dA = \delta \cdot ds$. Der Integralausdruck in (10) stellt eine weitere *Querschnittsfunktion* (in cm⁴) dar, die mit S_ω bezeichnet wird,

$$S_\omega = \int_0^s \omega \, dA. \quad (11)$$

Wenn das Integrieren in (10) vom Konturrandpunkt begonnen wird, dann gilt für $T_\omega \equiv T$ gemäß (10), mit $T_0 = 0$,

$$T_\omega = E \tau''' S_\omega. \quad (12)$$

Gemäß (8) und (12) ist die Normalspannung σ und die Schubkraft T_ω durch die Ableitungen von τ nach (3) ausgedrückt.

1.1.2.2 Geometrische Zusammenhänge für sektorielle Flächen ω. Es soll jetzt der Zusammenhang zwischen den sektoriellen Flächen ω, die auf zwei verschiedene Pole A und B bezogen sind, bestimmt werden.

1.1 Offene Profile

Die Ordinaten der Punkte A und B im beliebigen Koordinatensystem x, y (Abb. 7) sind gleich a_x, a_y bzw. b_x, b_y. Die Kontur wird im Uhrzeigersinn umfahren. Für die Differentiale $d\omega_A$ und $d\omega_B$ gilt

$$d\omega_A = (y - a_y)\,dx - (x - a_x)\,dy,$$
$$d\omega_B = (y - b_y)\,dx - (x - b_x)\,dy,$$

woraus mit $e_x = b_x - a_x$ und $e_y = b_y - a_y$ folgt:

$$d(\omega_B - \omega_A) = e_x dy - e_y dx. \quad (13)$$

Die Gl. (13) einmal nach s integriert, ergibt sich

$$\omega_B = \omega_A + e_x y - e_y x + C, \quad (14)$$

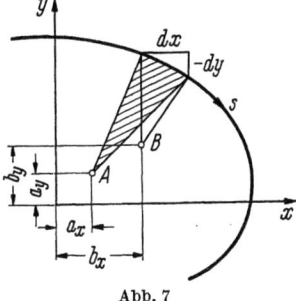

Abb. 7

wobei C eine Konstante ist.

Man betrachte A als beliebigen Ausgangspol und B als gesuchten sog. Hauptpol des biegefreien Wölbspannungszustandes (Abb. 4), wenn also die Normalkraft N und die Biegemomente M_x und M_y gleich Null sind. Es gilt

$$\int_A \sigma\,dA = 0, \quad \int_A \sigma y\,dA = 0, \quad \int_A \sigma x\,dA = 0. \quad (15)$$

Mit σ gemäß (8) und ω_B gemäß (14) folgen hieraus die Bestimmungsgleichungen für e_x, e_y und C im *Schwerachsen*system x, y:

$$\left.\begin{aligned}
\int_A \omega_A\,dA + CA &= 0, \\
\int_A \omega_A y\,dA + e_x I_x - e_y I_{xy} &= 0, \\
\int_A \omega_A x\,dA + e_x I_{xy} - e_y I_y &= 0.
\end{aligned}\right\} \quad (16)$$

A ist hierbei die Querschnittsfläche, I_x, I_y und I_{xy} axiale Trägheitsmomente bzw. Deviationsmoment.

Aus der ersten Gl. (16) folgt

$$C = -\frac{1}{A}\int_A \omega_A\,dA, \quad (17)$$

und aus der zweiten und dritten

$$\left.\begin{aligned}
e_x &= -\frac{I_y S_{\omega y} - I_{xy} S_{\omega x}}{I_x I_y - I_{xy}^2}, \\
e_y &= \frac{I_x S_{\omega x} - I_{xy} S_{\omega y}}{I_x I_y - I_{xy}^2},
\end{aligned}\right\} \quad (18)$$

wobei
$$S_{\omega x} = \int_A \omega_A x \, dA, \quad S_{\omega y} = \int_A \omega_A y \, dA. \tag{19}$$

Somit ist die Lage des Hauptpols, der mit dem *Schubmittelpunkt* identisch ist, und die Konstante C in (14) für beliebige Schwerachsen x, y bestimmt. Für die sektoriellen Flächen bezüglich des Schubmittelpunktes gilt also in Übereinstimmung mit (15)

$$\int_A \omega \, dA = \int_A \omega x \, dA = \int_A \omega y \, dA = 0. \tag{20}$$

Für *einfach-symmetrische* Profile mit y als Symmetrieachse wird man zweckmäßig den Ausgangspol auf der y-Achse festsetzen. Wegen Antisymmetrie des ω-Diagramms gilt sodann $\int_A \omega \, dA = 0$ und $\int_A \omega y \, dA = 0$ und man erhält mit $I_{xy} = 0$

$$\left.\begin{array}{l} C = e_x = 0, \\ e_y = \dfrac{1}{I_y} \int_A \omega_A x \, dA. \end{array}\right\} \tag{21}$$

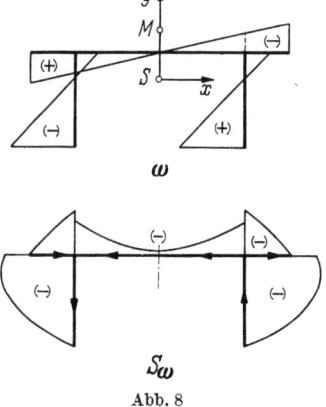

Abb. 8

Der Schubmittelpunkt liegt also auf der Symmetrieachse. Der Verlauf von ω und S_ω bezüglich des Schubmittelpunktes M ist für ein einfach-symmetrisches Profil in Abb. 8 dargestellt.

1.1.2.3 Schnittgrößen. Das *Bimoment* — auch als Wölbkraftmoment bekannt — wird wie folgt definiert:

$$B = \int_A \sigma \omega \, dA \tag{22}$$

(in kg · cm²). Mit σ gemäß (8) erhält man hieraus folgenden Ausdruck für das Bimoment:

$$B = -E I_\omega \tau'', \tag{23}$$

wobei
$$I_\omega = \int_A \omega^2 \, dA \tag{24}$$

(in cm⁶) als *Wölbträgheitsmoment* bezeichnet wird.

Wenn $E\tau''$ aus (23) in (8) eingesetzt wird, erhält man einen anderen Ausdruck für die Wölbnormalspannung σ

$$\sigma = \frac{B}{I_\omega} \omega. \tag{25}$$

Das *primäre* (StVenantsche) *Drillmoment* H_d ist bei dem betrachteten Wölbspannungszustand durch die Beziehung (6) gegeben,

$$H_d = GI_d \tau', \qquad (26)$$

mit I_d gemäß (7). Die zugehörigen Schubspannungen verlaufen linear über die Wanddicke (Abb. 9a) und ihr Extremalwert beträgt

$$\tau_d = \frac{H_d}{I_d} \delta. \qquad (27)$$

Das *sekundäre Drillmoment* H_ω stellt die Resultierende des Schubflußes T_ω nach Gl. (12) dar:

$$H_\omega = \int_A T_\omega h\, ds = E\tau''' \int_A S_\omega\, d\omega. \qquad (28)$$

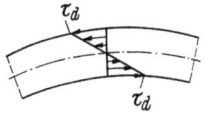

Der Integralausdruck in (28) wird durch partielle Integration unter Berücksichtigung der Beziehung $dS_\omega = \omega \cdot dA$ wie folgt umgeformt:

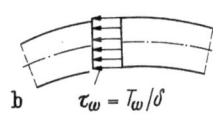

Abb. 9a und b

$$\int_A S_\omega\, d\omega = S_\omega \cdot \omega \,\big|_0^0 - \int_A \omega\, dS_\omega = -I_\omega. \qquad (29)$$

Damit folgt aus (28) unter Berücksichtigung von (23)

$$H_\omega = -EI_\omega \tau''' = B'. \qquad (30)$$

Wird in (12) τ''' durch H_ω gemäß (30) ausgedrückt, so erhält man für die zugehörige Schubspannung τ_ω des Schubflusses T_ω (Abb. 9b)

$$\tau_\omega = \frac{T_\omega}{\delta} \quad \text{mit} \quad T_\omega = -\frac{H_\omega S_\omega}{I_\omega}. \qquad (31)$$

Die Richtung des Schubflußes T_ω, der dem positiven Wert von H_ω entspricht, ist in Abb. 8 durch Pfeile an S_ω-Diagramm angegeben.

Das Gesamtdrillmoment H setzt sich, ähnlich wie bei einem geraden Stab, aus zwei Anteilen zusammen: $H = H_d + H_\omega$. Für den biegefreien Wölbzustand nach Abb. 4 gilt $H = 0$, wenn auch die beiden Anteile von Null verschieden sind. Es ist also $H_d = -H_\omega$ mit $H_\omega = B'$.

1.1.3 Geometrische Beziehungen für ein „regelmäßig" asymmetrisches Profil

Durch einseitige Neigung der Fahrbahn in gekrümmten Brücken können asymmetrische Profile entstehen, die sonst — auf einer geraden Strecke — einfach-symmetrisch wären. Man nehme an, daß Steghöhen,

1. Querschnittswerte für offene, geschlossene und offen-geschlossene Profile

Stegdicken und Gurtquerschnitte auf der Innen- und Außenseite gleich bleiben. Dann entsteht ein asymmetrisches Profil (Abb. 10b), dessen geometrische Querschnittswerte mit denen des verwandten einfach-symmetrischen Grundprofils (Abb. 10a) durch einfache Beziehungen verknüpft sind. Das Profil b sei als „regelmäßig" asymmetrisch bezeichnet.

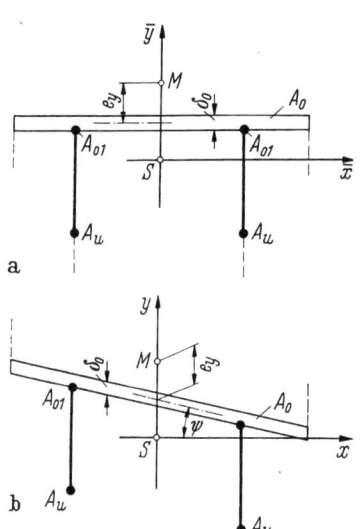

Alle Größen für das Profil a seien mit dem Index s, jene für das Profil b mit dem Index a gekennzeichnet. Für die Ordinaten der Profilpunkte des Profils b im Koordinatensystem x, y — durch Ordinaten $\bar{x}, \bar{y}$ entsprechender Punkte des Profils a ausgedrückt — ergibt sich

$$x = \bar{x}, \quad y = \bar{y} - \bar{x} \tan \psi,$$

wobei ψ den Fahrbahnneigungswinkel bezeichnet.

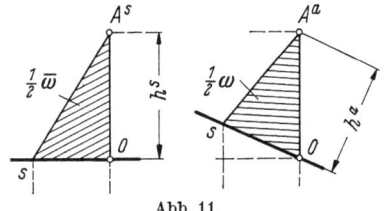

Abb. 10a und b | Abb. 11

Es ist offensichtlich I_y^a gleich I_y^s, und für I_x^a und I_{xy}^a erhält man mit $I_{xy}^s = 0$

$$I_x^a = \int_A (\bar{y} - \bar{x} \tan \psi)^2 \, dA = I_x^s + I_y^s \tan^2 \psi, \tag{32}$$

$$I_{xy}^a = \int_A \bar{x}(\bar{y} - \bar{x} \tan \psi) \, dA = -I_y^s \tan \psi. \tag{33}$$

Wird für beide Profile der Ausgangspol A in einander entsprechenden Punkten festgelegt (Abb. 11), dann gilt offensichtlich $\omega_A = \bar{\omega}_A$. Mit $x = \bar{x}$ ist auch $S_{\omega x}^a = S_{\omega x}^s$ und für $S_{\omega y}^a$ erhält man mit $S_{\omega y}^s = 0$

$$S_{\omega y}^a = \int_A \bar{\omega}(\bar{y} - \bar{x} \tan \psi) \, dA = -S_{\omega x}^s \tan \psi.$$

Für die Ordinaten des Schubmittelpunktes im Profil b gilt gemäß (18) unter Berücksichtigung von (32) und (33)

$$e_x^a = -\frac{I_y^a S_{\omega y}^a - I_{xy}^a S_{\omega x}^a}{I_x^a I_y^a - (I_{xy}^a)^2} = -\frac{-I_y^s \cdot S_{\omega x}^s \tan \psi + I_y^s \tan \psi \cdot S_{\omega x}^s}{(I_x^s + I_y^s \tan^2 \psi) I_y^s - (I_y^s)^2 \tan^2 \psi} = 0,$$

$$e_y^a = \frac{(I_x^s + I_y^s \tan^2 \psi) S_{\omega x}^s - I_y^s S_{\omega x}^s \tan^2 \psi}{(I_x^s + I_y^s \tan^2 \psi) I_y^s - (I_y^s)^2 \tan^2 \psi} = \frac{S_{\omega x}^s}{I_y^s} = e_y^s.$$

Somit ist auch der Abstand des Schubmittelpunktes vom Schwerpunkt in beiden Profilen identisch. Dasselbe trifft zu für auf Schubmittelpunkte bezogene sektorielle Flächen, Flächen-Integrale S_ω und Wölbträgheitsmomente:

$$\omega^a = \omega^s, \quad S_\omega^a = S_\omega^s, \quad I_\omega^a = I_\omega^s.$$

Die Asymmetrie eines Profils wird durch einen Formbeiwert ψ nach Gl. (98) gekennzeichnet. Dieser wird hier durch I_x^s und I_y^s ausgedrückt:

$$\psi = 1 - \frac{(I_{xy}^a)^2}{I_x^a I_y^a} = \frac{1}{1 + \frac{I_y^s}{I_x^s} \tan^2 \psi}. \tag{34}$$

Bei Berechnung des Trägheitsmomentes der reinen Torsion, I_d, gilt für die Beiträge der Fahrbahn

$$I_{d\,\text{Fahrb.}}^a = I_{d\,\text{Fahrb.}}^s \cos^2 \psi.$$

Die übrigen Beiträge zu I_d bleiben in beiden Profilen identisch.

1.2 Geschlossene und offen-geschlossene Profile

1.2.1 Reine Torsion eines gekrümmten Kastenträgers

Unter Beibehaltung der Voraussetzung über die Erhaltung der Profilform und die Kleinheit von Profilabmessungen gegenüber Krümmungsradius soll, in Unterschied zu offenen Profilen, die Schubverformung in Wandmittelfläche berücksichtigt werden.

Für die Schubverformung gilt jetzt an Stelle der Gl. (1), mit den Bezeichnungen gemäß Abb. 5,

$$\gamma = \frac{\partial w}{\partial s} + \frac{\partial u_s}{\partial z} = \frac{T}{G\delta}. \tag{35}$$

Hierbei bezeichnet T den *konstanten Schubfluß* im geschlossenen Profilteil, dessen Resultierende gleich dem Schnittdrillmoment H ist. Nach der *Bredt*schen Formel ist

$$T = \frac{H}{\Omega}, \tag{36}$$

wobei Ω den doppelten Wert der durch Wandmittellinie eingeschlossenen Fläche des einzelligen Profils nach Abb. 12a bedeutet:

$$\Omega = \oint h \, ds. \tag{37}$$

Der Schubverformungseinfluß der Querkräfte H_0/r gemäß Abb. 3a wird nicht berücksichtigt.

1. Querschnittswerte für offene, geschlossene und offen-geschlossene Profile

Mit $\partial u_s/\partial s$ gemäß (2) folgt aus (35) nach Integrieren über s folgender Ausdruck für die Axialverschiebung w in Wandmittellinie

$$w = w_0 + \int_0^s \frac{T}{G\delta}\,ds - \tau' \int_0^s h\,ds. \tag{38}$$

Im Falle offen-geschlossener Profile (Abb. 12a) beschränkt sich der erste Integralausdruck in (38) auf den geschlossenen Profilteil.

Nach Umfahrung der geschlossenen Kontur ergibt sich aus (38)

$$\oint \frac{T}{G\delta}\,ds - \tau'\Omega = 0. \tag{39}$$

Wird für T der Ausdruck (36) eingesetzt, so erhält man hieraus für die Einheitsverdrillung τ'

$$\tau' = \frac{H}{GI_d}, \tag{40}$$

wobei

$$I_d = \frac{\Omega^2}{\oint \frac{ds}{\delta}} \tag{41}$$

das *Trägheitsmoment der reinen (StVenantschen) Torsion* eines einzelligen Profils bedeutet. Das Integral in (41) erstreckt sich nur auf den geschlossenen Profilteil.

Wird nun in (38) T mit Hilfe von (36) und (40) durch τ' ausgedrückt, so ergibt sich für w

$$w = w_0 - \tau'\left(\omega - \frac{\Omega}{\oint \frac{ds}{\delta}} \int_0^s \frac{ds}{\delta}\right), \tag{42}$$

wobei ω, ähnlich wie in (5), die sektorielle Fläche

$$\omega = \int_0^s h\,ds \tag{43}$$

bezeichnet.

Der Klammerausdruck in (42) stellt die *Einheitsverwölbung* des geschlossenen bzw. offen-geschlossenen Profils dar. Beide Integralausdrücke darin erstrecken sich nur auf den geschlossenen Profilteil. Für offene Profilteile rührt hiervon eine Konstante, gleich dem Wert des zweiten Klammergliedes im Anschlußpunkt des offenen Profilteiles, her.

1.2 Geschlossene und offen-geschlossene Profile

Die Einheitsverwölbung wird mit $\hat{\omega}$ bezeichnet,

$$\hat{\omega} = \omega - \frac{\Omega}{\oint \frac{ds}{\delta}} \int_0^s \frac{ds}{\delta} \qquad (44)$$

(in cm²), und die Gl. (42) kann kürzer geschrieben werden:

$$w = w_0 - \tau' \hat{\omega}. \qquad (45)$$

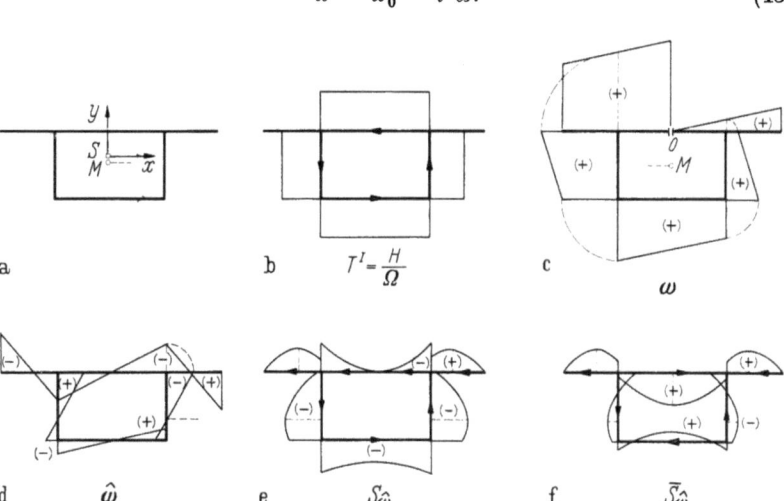

Abb. 12a–f

Die Lage des Schubmittelpunktes, und zugleich des Hauptpols für ω- und $\hat{\omega}$-Flächen, wird auf Grund der Bedingungen (15) ermittelt. In (14) bis (18) ist $\hat{\omega}$ an Stelle von ω zu setzen.

Der Verlauf von $T^I \equiv T$ gemäß (36), ω und $\hat{\omega}$ für ein offen-geschlossenes Profil ist in Abb. 12 dargestellt.

1.2.2 Wölbspannungszustand

Bei dem biegefreien Wölbspannungszustand nach Abb. 4 wird die Verwölbung, d. i. die Verformung laut Gl. (42), teilweise behindert. Es entstehen Wölbnormalspannungen σ. Als Folge gegenseitiger Beeinflußung von Wölbnormalspannungen σ und Wölbschubverformung gemäß dem zweiten Klammerglied in (42) darf jetzt für σ nicht, wie bei offenen Profilen, einfach $\sigma = Ew' = -E\tau''\hat{\omega}$ gesetzt werden. In analoger Weise, wie es von UMANSKIJ [12] und BENSCOTER [13] für gerade Stäbe gemacht wurde, wird hier angenommen, daß der Verlauf von w

und σ im Querschnitt zwar affin ist zu $\hat{\omega}$, aber der Zusammenhang nicht durch τ' bzw. τ'' beschrieben wird sondern durch die erste bzw. zweite Ableitung einer dimensionslosen Wölbfunktion $f = f(z)$:

$$w = -f'\hat{\omega}, \qquad (46)$$

und

$$\sigma = Ew' = -Ef''\hat{\omega}. \qquad (47)$$

Das Bimoment B lautet (in kg · cm²)

$$B = \int_A \sigma\hat{\omega}\,dA, \qquad (48)$$

oder mit σ nach (47)

$$B = -EI_{\hat{\omega}}f'', \qquad (49)$$

wobei

$$I_{\hat{\omega}} = \int_A \hat{\omega}^2\,dA \qquad (50)$$

das Wölbträgheitsmoment (in cm⁶) ist. Das Integral in (48) und (50) erstreckt sich auf die ganze Querschnittsfläche. Die Wölbnormalspannung σ ist nach (47) mit (49) gleich

$$\sigma = \frac{B}{I_{\hat{\omega}}}\hat{\omega}. \qquad (51)$$

Der *Gesamtschubfluß* T, dessen Resultierende — ganz allgemein betrachtet — gleich dem Schnittdrillmoment H ist, kann auf zwei verschiedenen Wegen ermittelt werden:

a) Aus der Gleichgewichtsbedingung (9) mit σ gemäß (51) erhält man durch Integrieren die Schubkraft T, die im nachfolgenden durch den Index (a) gekennzeichnet wird:

$$T_{(a)} = T_0 - \frac{B'}{I_{\hat{\omega}}}S_{\hat{\omega}}, \qquad (52)$$

wobei

$$S_{\hat{\omega}} = \int_0^s \hat{\omega}\,dA \qquad (53)$$

(in cm⁴) eine weitere Querschnittsfunktion darstellt. Die Konstante T_0 in (52) wird aus der Bedingung bestimmt, daß der Schubfluß T mit dem Gesamtschnittdrillmoment H in Gleichgewicht steht. Mit T nach (52) erhält man

$$H = \int_A T_{(a)}h\,ds = T_0\oint h\,ds - \frac{B'}{I_{\hat{\omega}}}\int_A S_{\hat{\omega}}h\,ds. \qquad (54)$$

1.2 Geschlossene und offen-geschlossene Profile

Der konstante Schubfluß T_0 ist nur über den geschlossenen Konturteil zu integrieren, während das zweite Integral in (54) für die ganze Konturlänge gilt. Unter Berücksichtigung von (37) erhält man aus (54)

$$T_0 = \frac{H}{\Omega} + \frac{B'}{I_{\hat{\omega}}\Omega} \int_A S_{\hat{\omega}} h\, ds, \tag{55}$$

und auf Grund von (52)

$$T_{(a)} = \frac{H}{\Omega} - \frac{B'}{I_{\hat{\omega}}} \left(S_{\hat{\omega}} - \frac{1}{\Omega} \int_A S_{\hat{\omega}} h\, ds \right). \tag{56}$$

Der Klammerausdruck in (56) stellt eine *reduzierte* $S_{\hat{\omega}}$-Funktion dar, die mit $\bar{S}_{\hat{\omega}}$ bezeichnet wird,

$$\bar{S}_{\hat{\omega}} = S_{\hat{\omega}} - \frac{1}{\Omega} \int_A S_{\hat{\omega}} h\, ds. \tag{57}$$

Der Verlauf von $S_{\hat{\omega}}$ und $\bar{S}_{\hat{\omega}}$ für das einfach-symmetrische Profil nach Abb. 12a ist in Abb. 12e, f dargestellt.

Man kann den Schubfluß $T_{(a)}$ gemäß (56) in zwei Anteile aufspalten: den *primären* konstanten *Schubfluß*

$$T^{\mathrm{I}} = \frac{H}{\Omega} \tag{58}$$

nur in geschlossenem Profilteil, dessen Resultierende offensichtlich dem Schnittdrillmoment H gleich ist, und den *sekundären Schubfluß*

$$T^{\mathrm{II}} = -\frac{B'}{I_{\hat{\omega}}} \bar{S}_{\hat{\omega}}, \tag{59}$$

der sich auf das ganze Profil erstreckt und ein Gleichgewichtssystem bildet. Er ist affin zu $\bar{S}_{\hat{\omega}}$. Durch Pfeile ist in Abb. 12e, f die Richtung des sekundären Schubflußes eingezeichnet, die dem positiven Wert von B' entspricht.

Für den Wölbspannungszustand nach Abb. 4 ist T^{I} gleich Null und T^{II} ist von Null verschieden.

b) Der zweite Weg ist folgender: Die Beziehung, die das Hookesche Gesetz für die Schubspannung ausdrückt — vgl. (35) mit (2) —

$$\frac{T}{\delta} = G \left(\frac{\partial w}{\partial s} + h\tau' \right), \tag{60}$$

ergibt nach Einführung von (46) und Berücksichtigung von (44) mit (43) folgenden Ausdruck für T, hier mit $T_{(b)}$ bezeichnet,

$$T_{(b)} = G \left[(\tau' - f')\, h\delta + \frac{\Omega}{\oint \frac{ds}{\delta}} f' \right]. \tag{61}$$

1. Querschnittswerte für offene, geschlossene und offen-geschlossene Profile

$T_{(b)}$ setzt sich aus einem Anteil, der affin ist zu $h\delta$, und einem konstanten Anteil, der sich nur auf den geschlossenen Teil bezieht, zusammen. Für das Profil nach Abb. 12a ergeben sich aus (61) konstante Schubflüße für einzelne Wandelemente.

Die Annahme der Normalspannung gemäß (47) führt also zu Widersprüchen in den Ausdrücken für die Schubkraft T. Es erhebt sich die Frage, welchem Ausdruck Vorzug zu geben ist.

Zum Vergleich seien einige Ergebnisse von verschärften Theorien, die allerdings nur für das gerade Rechteckrohr mit konstanter Wanddicke vorliegen, herangezogen. In der Lösung von KARMAN und CHIEN [*17*] wurde der Verlauf von Normalspannungen in wölbfest eingespannter Konsole, belastet durch ein Drehmoment am freien Ende, näher untersucht. In den ebenen Wandelementen ist er nicht linear — er zeigt ausgesprochene Spannungsspitzen in den Eckpunkten. Der Schubfluß verläuft in Wirklichkeit nicht nach der quadratischen Parabel, wie die Gl. (56) angibt, sondern etwas flacher.

In einer Arbeit von FLÜGGE und MARGUERRE [*18*] sind die Schubkräfte in einem wölbfest eingespannten Rechteckrohr ausführlich dargestellt. Für den Einspannquerschnitt ist die Übereinstimmung mit dem aus (61) folgenden Resultat, $T/\delta = Gh\tau'$, festzustellen. Aus dem Vergleich der T-Diagramme für andere Querschnitte dürfte prinzipiell bessere Annäherung durch die Gl. (56) gegeben sein. Beide Ausdrücke für T dürften daher etwa gleichwertig sein.

Im nachfolgenden wird grundsätzlich die Beziehung (56) benutzt, da diese den Übergang zu offenen Profilen, deren Theorie gut gegründet ist, sicherstellt.

Wird z. B. in einem geschlossenen oder offen-geschlossenen Profil die Wanddicke eines Profilelementes unendlich klein, dann gilt auf Grund von (44) und (53) $\hat{\omega} = \omega$, $I_{\hat{\omega}} = I_\omega$ und $S_{\hat{\omega}} = S_\omega - S_{\omega 0}$, wenn ω, I_ω und S_ω die Werte für das auf diese Weise entstandene offene Profil darstellen und $S_{\omega 0}$ gleich S_ω in $s = 0$ ist. Wenn man hierbei die Schubspannungen nach Abb. 9a außer acht läßt ($H_d = 0$), dann ist nach Ausführungen des Punktes 1.1.2.3 $H_\omega = B' = H$ und aus (56) folgt, unter Berücksichtigung der Beziehung (29),

$$T_{(a)} = \frac{H}{\Omega} - \frac{H}{I_\omega}\left[S_\omega - S_{\omega 0} - \frac{1}{\Omega}\left(\int_A S_\omega h\,ds - \oint S_{\omega 0} h\,ds\right)\right] =$$
$$= \frac{H}{\Omega} - \frac{H}{I_\omega}\left(S_\omega - \frac{1}{\Omega}\int_A S_\omega\,d\omega\right) = -\frac{H S_\omega}{I_\omega} = T_\omega.$$

Dieser Ausdruck für den Schubfluß T_ω gilt streng für offene Profile mit verschwindend kleiner StVenantscher Drillsteifigkeit ($I_d = 0$).

1.2.3 Mehrzellige Kastenträger

Die Querschnittswerte in einem mehrfach zusammenhängenden geschlossenen Profil (Abb. 13a) werden auf Grund der aus der Elastizitätstheorie bekannten Beziehung — vgl. [*19*], S. 296 —

$$G\Omega_i \tau' - \oint_i T \frac{ds}{\delta} = 0 \qquad (62)$$

berechnet. Hierbei bezieht sich das Integral $\oint_i$ auf die Kontur der Zelle i; Ω_i ist gleich der doppelten durch die Kontur der Zelle i eingeschlossenen Fläche; τ' ist die Einheitsverdrillung der gekrümmten Stabachse mit τ gemäß (3) und T ist der Schubfluß im allgemeinen.

Reine Torsion. Der Schubfluß der reinen Torsion ist in einzelnen Zellen konstant. Für das dreizellige Profil nach Abb. 13 sei er mit T_1^I, T_2^I bzw. T_3^I bezeichnet. Es versteht sich, daß der Schubfluß in den Mittelwänden gleich ist der Summe von zwei Schubflüssen in Nachbarzellen:

$$T_{i,i+1}^I = T_{i+1}^I - T_i^I.$$

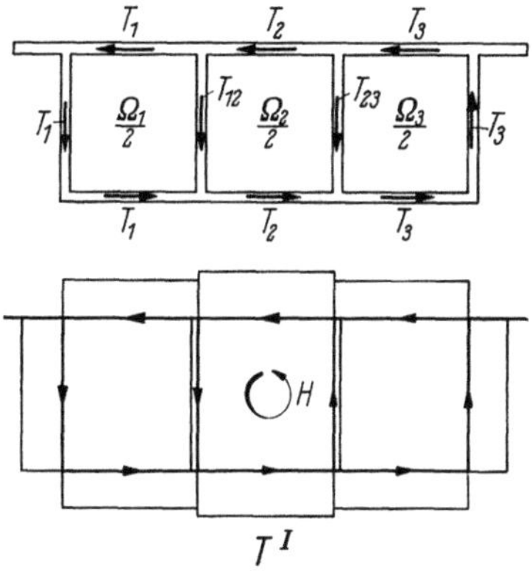

Abb. 13

Die Beziehung (62) wird auf alle drei Zellen der Reihe nach angewendet. Es ergeben sich die Gleichungen

$$\left.\begin{aligned}
\tau'\Omega_1 - \frac{T_1^I}{G}\oint_1 \frac{ds}{\delta} + \frac{T_2^I}{G}\frac{s_{12}}{\delta_{12}} &= 0, \\
\tau'\Omega_2 + \frac{T_1^I}{G}\frac{s_{12}}{\delta_{12}} - \frac{T_2^I}{G}\oint_2 \frac{ds}{\delta} + \frac{T_3^I}{G}\frac{s_{23}}{\delta_{23}} &= 0, \\
\tau'\Omega_3 + \frac{T_2^I}{G}\frac{s_{23}}{\delta_{23}} - \frac{T_3^I}{G}\oint_3 \frac{ds}{\delta} &= 0,
\end{aligned}\right\} \qquad (63)$$

wobei mit $s_{i,i+1}$ und $\delta_{i,i+1}$ die Länge und Dicke der Mittelwand zwischen den Zellen i und $i + 1$ bezeichnet wird.

Die Gleichgewichtsbedingung liefert

$$T_1^I \Omega_1 + T_2^I \Omega_2 + T_3^I \Omega_3 = H, \qquad (64)$$

mit H als Schnittdrillmoment. Bei Profilsymmetrie gilt $T_1^I = T_3^I$.

1. Querschnittswerte für offene, geschlossene und offen-geschlossene Profile

Mit den vier Gleichungen (63) und (64) sind für das gegebene Drillmoment H die Schubflüsse T_1^I, T_2^I, T_3^I und die Einheitsverdrillung τ' bestimmt. Das Trägheitsmoment der reinen Torsion I_d wird dann aus der Beziehung

$$I_d = \frac{H}{G\tau'},$$

die der Beziehung (40) gleichwertig ist, berechnet.

Die Lage des Schubmittelpunktes und die Funktionen $\hat{\omega}$ und $S_{\hat{\omega}}$. Die reduzierte sektorielle Fläche bezogen auf den Ausgangspol A wird gemäß

$$\hat{\omega}_A = \omega_A - \frac{1}{G}\int_0^s T_{\tau'=1}^I \frac{ds}{\delta} \tag{65}$$

berechnet. Mit $T_{\tau'=1}^I$ wird der „Einheitsschubfluß" bezeichnet. Er wird aus dem Gleichungssystem (63) mit $\tau' = 1$ für jede Zelle bestimmt. Das Integral in (65) ist jeweils von dem Schnittpunkt (gedachte Trennfuge) einer Zelle über deren Kontur bis zum Schnittpunkt zurück erstreckt; dadurch wird die Klaffung im ω_A-Diagramm der betreffenden Zelle beseitigt — vgl. Abb. 12 c, d.

Die Lage des Schubmittelpunktes für dieses einfach-symmetrische Profil wird durch den Abstand e_y vom Hilfspol A bestimmt — vgl. (21) —

$$e_y = \frac{1}{I_y}\int_A \hat{\omega}_A x \, dA.$$

Das Integral erstreckt sich hierbei auf die ganze Querschnittsfläche A.

Die Einheitsverwölbung $\hat{\omega}$ folgt aus der Beziehung (14):

$$\hat{\omega} = \hat{\omega}_A - e_y x,$$

und somit ist auch das Wölbträgheitsmoment gemäß (50) bestimmt. Die Normalspannung wird nach (51) berechnet.

Zur Bestimmung des sekundären Schubflußes T^{II} in Übereinstimmung mit der Gl. (59) wird die reduzierte Querschnittsfunktion $\bar{S}_{\hat{\omega}}$ benötigt. Sie wird für die Außenwände der Zelle i aus der Gleichung

$$T_i^{II} = -\frac{B'}{I_{\hat{\omega}}}\bar{S}_{\hat{\omega}} = -\frac{B'}{I_{\hat{\omega}}}S_{\hat{\omega}} + T_i^c \tag{66}$$

und für die Zwischenwände $i, i+1$ aus

$$T_{i,i+1}^{II} = -\frac{B'}{I_{\hat{\omega}}}\bar{S}_{\hat{\omega}} = -\frac{B'}{I_{\hat{\omega}}}S_{\hat{\omega}} + T_{i+1}^c - T_i^c \tag{67}$$

1.2 Geschlossene und offen-geschlossene Profile

auf indirektem Wege bestimmt. In (66) und (67) gilt in Übereinstimmung mit (53)

$$S_{\hat{\omega}} = \int_0^s \hat{\omega}\, dA.$$

Mit T_i^c ist der in Zelle i konstante Schubfluß bezeichnet, der sich aus zu (63) analogen Gleichungen bestimmen läßt, wobei offensichtlich τ' einen anderen Wert als in (63) annimmt:

$$\left.\begin{aligned}
\tau' G \Omega_1 - T_1^c \oint_1 \frac{ds}{\delta} + T_2^c \frac{s_{12}}{\delta_{12}} + \frac{B'}{I_{\hat{\omega}}} \oint_1 S_{\hat{\omega}} \frac{ds}{\delta} &= 0, \\
\tau' G \Omega_2 + T_1^c \frac{s_{12}}{\delta_{12}} - T_2^c \oint_2 \frac{ds}{\delta} + T_3^c \frac{s_{23}}{\delta_{23}} + \frac{B'}{I_{\hat{\omega}}} \oint_2 S_{\hat{\omega}} \frac{ds}{\delta} &= 0, \\
\tau' G \Omega_3 + T_2^c \frac{s_{23}}{\delta_{23}} - T_3^c \oint_3 \frac{ds}{\delta} + \frac{B'}{I_{\hat{\omega}}} \oint_3 S_{\hat{\omega}} \frac{ds}{\delta} &= 0.
\end{aligned}\right\} \quad (68)$$

Die zu (64) analoge Gleichgewichtsbedingung lautet

$$T_1^c \Omega_1 + T_2^c \Omega_2 + T_3^c \Omega_3 - \frac{B'}{I_{\hat{\omega}}} \int_A S_{\hat{\omega}} h\, ds = 0. \quad (69)$$

Wird in (68) und (69)

$$\frac{B'}{I_{\hat{\omega}}} = 1$$

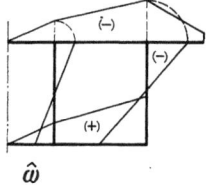

gesetzt, dann stellt $-T_i^c$, wie aus (66) hervorgeht, die gesuchte Konstante im Ausdruck für die reduzierte Querschnittsfunktion, $\bar{S}_{\hat{\omega}} = S_{\hat{\omega}} + C_i$, dar.

Der Verlauf von $\hat{\omega}$ und $\bar{S}_{\hat{\omega}}$ in einer Profilhälfte ist in Abb. 14 veranschaulicht. Zahlenbeispiele findet man z. B. in [20].

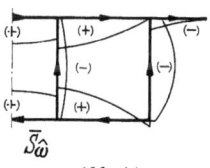

Abb. 14

1.2.4 Quasigeschlossene Profile

Durch einen horizontalen Fachwerkverband lassen sich die Wölbverformungen und Wölbspannungen eines gekrümmten dünnwandigen Trägers mit offenem Profil (Abb. 1b) wesentlich vermindern. Die Schnittkräfte in auf diese Weise ausgesteiftem System sind jenen eines Kastenträgers ähnlich. Solche Profile werden im nachfolgenden als „quasigeschlossen" bezeichnet.

Der Horizontalverband hat die Aufgabe, den aus Wölbkrafttorsion herrührenden Schubfluß T zu übernehmen und von einer Stegwand auf die andere zu übertragen. Der Schubfluß wird durch Stabkräfte im

1. Querschnittswerte für offene, geschlossene und offen-geschlossene Profile

Fachwerkverband weitergeleitet und in Gestalt von konzentrierten Knotenpunktlasten auf die Untergurte übertragen. Die Untergurte und ein mittragender Teil der Stegwand verformen sich dabei. Dies bleibt zwar ohne Einfluß auf den Verformungswinkel γ in dem Fachwerkverband (Abb. 15), vermindert aber die Drillsteifigkeit.

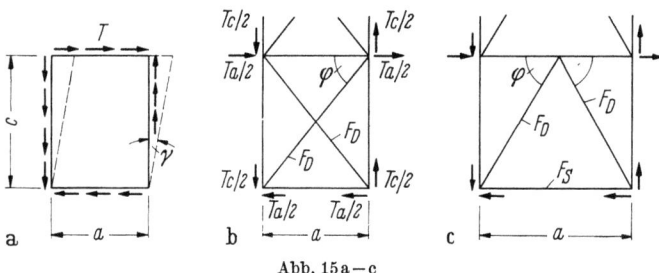

Abb. 15a—c

Zur Vereinfachung der weiteren Berechnung wird das Fachwerk in bekannter Weise durch eine äquivalente Membran mit der Dicke δ_{eq} ersetzt. δ_{eq} folgt aus dem Vergleich des Schubwinkels in der Membran, $\gamma = T/G\delta_{eq}$, mit dem Verformungswinkel γ zufolge derselben Belastung in der Ausfachung (Abb. 15b, c). Für den Kreuzstrebenverband nach Abb. 15b erhält man

$$\delta_{eq} = \frac{2EF_D}{Ga} \cos^2 \varphi \sin \varphi, \qquad (70)$$

und für die K-Ausfachung nach Abb. 15c

$$\delta_{eq} = \frac{E}{G} \frac{1}{\dfrac{a}{2F_D \cos^2 \varphi \sin \varphi} + \dfrac{a^2}{4F_S c}}. \qquad (71)$$

Hierbei bezeichnen F_D und F_S die Querschnittsfläche einer Diagonale bzw. eines Pfostens.

In der Schubmembran können keine Normalspannungen auftreten und aus der Gleichgewichtsbedingung (9) folgt, daß der Schubfluß T in der Membran konstant sein muß. Die Einheitsverwölbung $\hat{\omega}$ gemäß (44) ist in der Schubmembran grundsätzlich von Null verschieden — die Schubmembran verwölbt sich in Übereinstimmung mit der Gl. (44).

Eine Korrektur ist aber nötig in der Ausgangsgleichung (47), in der der Verlauf von Normalspannung σ als affin zu $\hat{\omega}$ angenommen wurde. Hier soll $\hat{\omega}$ auf der Membranstrecke unterdrückt werden; ebenso bei Bestimmung der Lage des Schubmittelpunktes und in den Ausdrücken für das Bimoment, Gl. (48), und das Wölbträgheitsmoment $I_{\hat{\omega}}$, Gl. (50). In dem Integralausdruck nach Gl. (53) ist $S_{\hat{\omega}}$ auf der Membranstrecke wegen $\hat{\omega} = 0$ konstant, wodurch bestätigt wird, daß der Schubfluß T gemäß (52) in der Membran konstant bleibt.

1.3 Zahlenbeispiele zur Berechnung von Querschnittswerten
1.3.1 Offen-geschlossenes Profil

Die Querschnittswerte werden für eine gekrümmte Verbundbrücke berechnet, und zwar für die Duwamish River Brücke im Zuge der Autobahn Seattle-Tacoma in den Vereinigten Staaten.[1] Der Querschnitt dieser Brücke ist in Abb. 16 dargestellt.

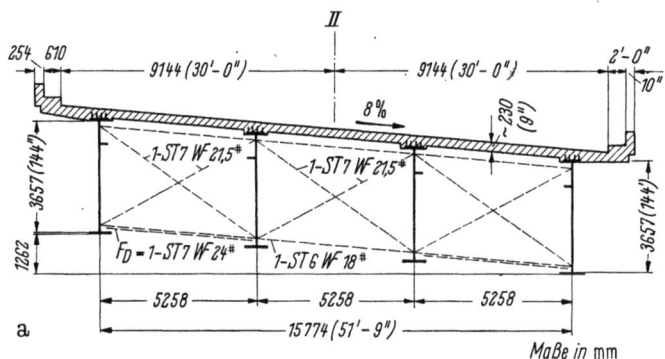

a

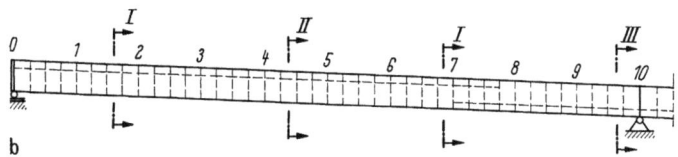

b

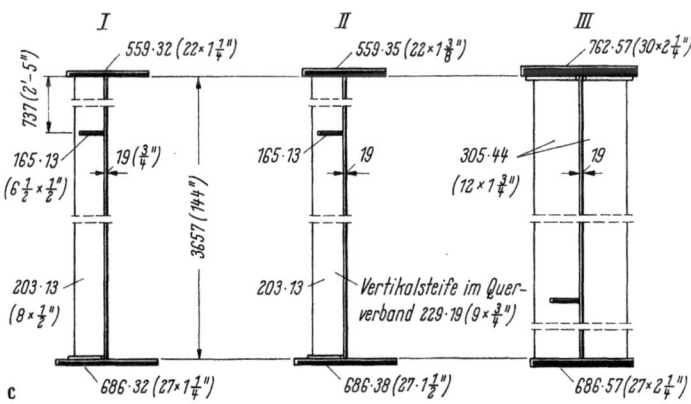

c

Abb. 16a–c. Typischer Querschnitt der Duwamish River Brücke und Abmessungen der Stahlelemente (Ausführende Firma: Isaacson Iron Works, Seattle)

[1] Nach den Angaben des Ausschreibungsentwurfs, der vom Herrn P. J. McKay, District Engineer, Washington State Highway Commission in Seattle, freundlicherweise zur Verfügung gestellt wurde.

1. Querschnittswerte für offene, geschlossene und offen-geschlossene Profile

Es handelt sich um ein „regelmäßig" asymmetrisches quasigeschlossenes Profil. Das Profil nach Abb. 16 bildet nur eine Brückenhälfte. Das Bauwerk besteht aus zwei konzentrisch angeordneten Zweifeldträgern mit gleichen Feldlängen $2 \cdot 83{,}82$ m.

1.3.1.1 Einfach-symmetrisches Grundprofil (nach Abb. 17)

Die Berechnung wird vereinfacht, wenn die Querschnittswerte zunächst für ein verwandtes einfach-symmetrisches Grundprofil (Abb. 17) bestimmt werden, und dann mit Hilfe der unter 1.1.3 angegebenen Formeln für das Profil nach Abb. 16 umgerechnet werden.

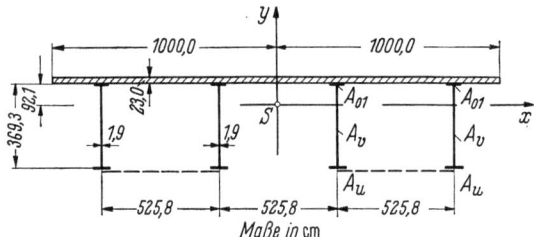

Abb. 17. Idealisiertes einfach-symmetrisches Grundprofil zum „regelmäßig" asymmetrischen Profil nach Abb. 16

Das Profil besteht aus vier in gleichen Abständen konzentrisch angeordneten stählernen Vollwandträgern von gleichen Abmessungen in Verbund mit einer Stahlbetonfahrbahnplatte. Der Berechnung wird der Querschnitt in Feldmitte zugrunde gelegt. Querschnittsflächen der Obergurte, $A_{01} = 195{,}6$ cm², und der Untergurte, $A_u = 260{,}7$ cm², werden als punktweise konzentriert betrachtet. Abstand der Schwerpunkte der Gurtflächen 369,3 cm. Gegenseitiger Abstand der Vollwandträger in Horizontalebene 525,8 cm; Stegdicke 19 mm. Die idealisierten Abmessungen der Stahlbetonfahrbahnplatte: Breite 2000 cm, Dicke 23,0 cm.

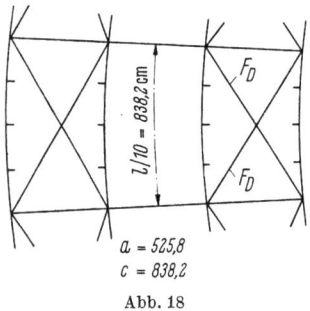

Abb. 18

In der Ebene der Untergurte sind zwei Fachwerkverbände (Abb. 18) angeordnet. Die Querverbände befinden sich in Abständen 838,2 cm, längs der Mittelachse gemessen.

Die Berechnung wird für ein Nennmaterial: den Stahl durchgeführt. Alle Beiträge der Fahrbahnplatte werden im Verhältnis der Moduli $E_\text{Beton} : E_\text{Stahl} = 0{,}10$ abgemindert.

a) *Querschnittswerte A, I_x, I_y.* Mit den Abmessungen nach Abb. 17 ist

$$A = 4\,(195{,}6 + 260{,}7 + 701{,}7) + 0{,}10 \cdot 2000 \cdot 23{,}0 = 9232 \text{ cm}^2.$$

Die axialen Trägheitsmomente I_x, I_y werden unter der Annahme berechnet, daß die Schwerpunkte der Obergurte mit der Unterkante der Fahrbahnplatte zusammenfallen.

$$I_x^s = 192{,}28 \cdot 10^6 \text{ cm}^4,^1 \quad I_y = 3134{,}1 \cdot 10^6 \text{ cm}^4.$$

---

[1] Mit dem Index s werden hier nur jene Querschnittswerte versehen, die für das Grundprofil und das „regelmäßig" asymmetrische Profil verschieden sind.

1.3 Zahlenbeispiele zur Berechnung von Querschnittswerten

Die äquivalente Membrandicke des unteren Horizontalverbandes wird nach (70) mit $F_D = 45{,}5$ cm², $a = 525{,}8$ cm, $\cos\varphi = 0{,}5314$, $\sin\varphi = 0{,}8471$ berechnet.

$$\delta_{eq} = 0{,}108 \text{ cm}.$$

b) *Sektorielle Flächen ω_A und reduzierte sektorielle Flächen $\hat{\omega}_A$ in bezug auf den Hilfspol A.* Eine weitere Vereinfachung wird hier getroffen: Es wird angenommen, daß die Mittelfläche der Fahrbahnplatte (durch eine stellvertretende Stahlplatte von der Dicke 2,3 cm ersetzt) und die Obergurtschwerpunkte auf der gleichen Höhe liegen (Abb. 19a). Der Hilfspol A liegt auf der Symmetrieachse, in Höhe der Fahrbahnmittelfläche.

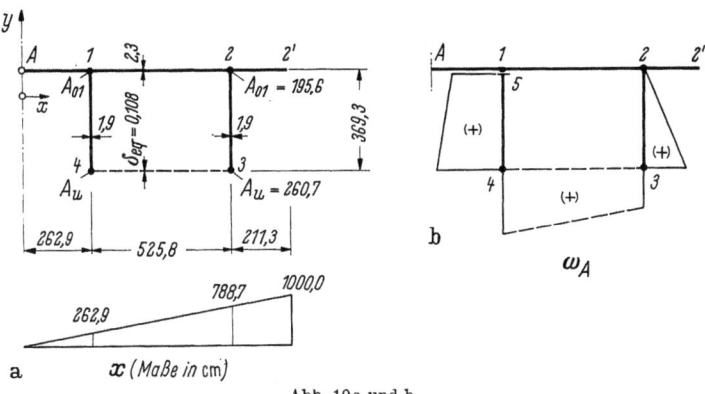

Abb. 19a und b

Die Werte werden für eine Profilhälfte geschrieben. Die Umfahrungsfolge (Abb. 19b): $A-1-2-(2')-3-4-5$. Zwischen den Punkten 1 und 5 ist eine gedachte Trennfuge vorzusehen, damit die Berechnung von ω_A wie in einem offenem Profil möglich ist. Gemäß (5) erhält man für ω_A

$$\omega_{A1} = \omega_{A2} = \omega_{A2'} = 0,$$
$$\omega_{A3} = 788{,}7 \cdot 369{,}3 = 291{,}27 \cdot 10^3 \text{ cm}^2,$$
$$\omega_{A4} = \omega_{A3} + 525{,}8 \cdot 369{,}3 = 485{,}45 \cdot 10^3,$$
$$\omega_{A5} = \omega_{A4} - 262{,}9 \cdot 369{,}3 = 388{,}36 \cdot 10^3.$$

ω_A-Verlauf ist aus Abb. 19b ersichtlich.

Die reduzierten sektoriellen Flächen $\hat{\omega}_A$ gemäß (44). Eine Profilhälfte wird betrachtet.

$$\frac{1}{2}\Omega = 2 \cdot 525{,}8 \cdot 369{,}3 = 388{,}36 \cdot 10^3 \text{ cm}^2,$$

$$\frac{1}{2}\oint \frac{ds}{\delta} = \frac{525{,}8}{2{,}3} + \frac{369{,}3}{1{,}9} + \frac{525{,}8}{0{,}108} + \frac{369{,}3}{1{,}9} = 5485{,}9$$

28   1. Querschnittswerte für offene, geschlossene und offen-geschlossene Profile

und somit
$$\frac{\Omega}{\oint \frac{ds}{\delta}} = 70{,}792 \text{ cm}^2.$$

$\hat{\omega}_{A1} = 0,$
$\hat{\omega}_{A2} = -70{,}792 \cdot 228{,}6 = -16{,}18 \cdot 10^3 \text{ cm}^2,$
$\hat{\omega}_{A2'} = -16{,}18 \cdot 10^3,$
$\hat{\omega}_{A3} = 291{,}27 \cdot 10^3 - 70{,}792(228{,}6 + 194{,}4) = 261{,}33 \cdot 10^3,$
$\hat{\omega}_{A4} = 485{,}45 \cdot 10^3 - 70{,}792(423{,}0 + 4868{,}5) = 110{,}85 \cdot 10^3,$
$\hat{\omega}_{A5} = 388{,}36 \cdot 10^3 - 70{,}792 \cdot 5485{,}9 = 0.$

$\hat{\omega}_A$-Verlauf ist in Abb. 20a dargestellt.

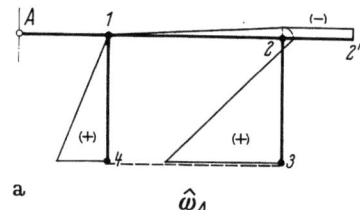

a $\hat{\omega}_A$

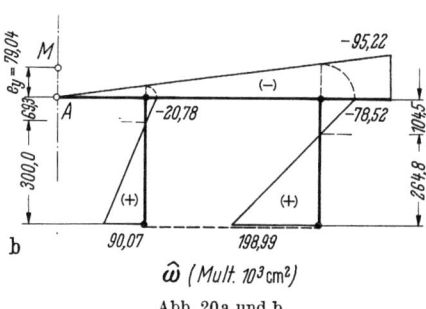

b $\hat{\omega}$ (Mult. 10^3 cm²)

Abb. 20a und b

c) *Die Lage des Schubmittelpunktes. Einheitsverwölbung* $\hat{\omega}$. Der Schubmittelpunktabstand e_y wird nach einer zu (21) analogen Gleichung berechnet.

$$\frac{1}{2}\int_A \hat{\omega}_A x\,dA = -16{,}18 \cdot 10^3 \frac{1}{6}(262{,}9 + 2 \cdot 788{,}7)\,525{,}8 \cdot 2{,}3 -$$

$$- 16{,}18 \cdot 10^3 \frac{1}{2}(788{,}7 + 1000)\,211{,}3 \cdot 2{,}3 - 16{,}18 \cdot 10^3 \cdot 788{,}7 \cdot 195{,}6 +$$

$$+ \frac{10^3}{2}(-16{,}18 + 261{,}33)\,788{,}7 \cdot 701{,}7 + 10^3(261{,}33 \cdot 788{,}7 +$$

$$+ 110{,}85 \cdot 262{,}9)\,260{,}7 + 110{,}85 \cdot 10^3 \frac{1}{2} 262{,}9 \cdot 701{,}7 = 123{,}863 \cdot 10^9 \text{ cm}^5$$

und
$$e_y = \frac{\int \hat{\omega}_A x\,dA}{I_y} = \frac{2 \cdot 123{,}863 \cdot 10^9}{3134{,}1 \cdot 10^6} = 79{,}043 \text{ cm}.$$

1.3 Zahlenbeispiele zur Berechnung von Querschnittswerten

Die Einheitsverwölbung $\hat{\omega}$ wird mit Hilfe einer zu (14) analogen Gleichung bestimmt. Mit $e_x = 0$:

$$\hat{\omega} = \hat{\omega}_A - e_y x = \hat{\omega}_A - 79{,}043 x,$$
$$\hat{\omega}_1 = 0 - 79{,}043 \cdot 262{,}9 = -20{,}78 \cdot 10^3 \text{ cm}^2,$$
$$\hat{\omega}_2 = -16{,}18 \cdot 10^3 - 62{,}34 \cdot 10^3 = -78{,}52 \cdot 10^3,$$
$$\hat{\omega}_{2'} = -16{,}18 \cdot 10^3 - 79{,}04 \cdot 10^3 = -95{,}22 \cdot 10^3,$$
$$\hat{\omega}_3 = 261{,}33 \cdot 10^3 - 62{,}34 \cdot 10^3 = 198{,}99 \cdot 10^3,$$
$$\hat{\omega}_4 = 110{,}85 \cdot 10^3 - 20{,}78 \cdot 10^3 = 90{,}07 \cdot 10^3.$$

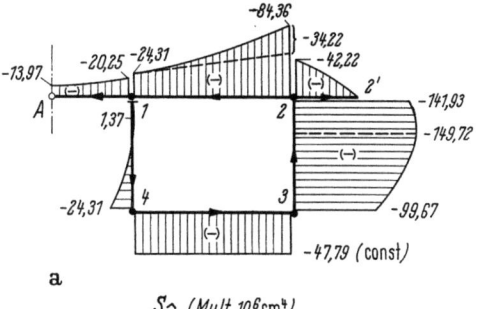

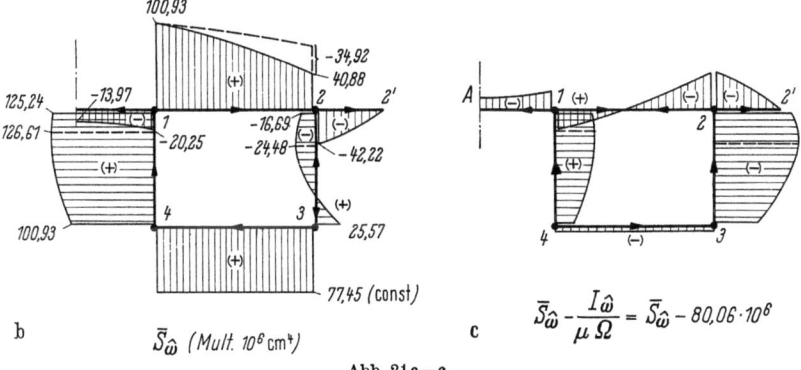

Abb. 21a–c

Der Verlauf von $\hat{\omega}$ ist in Abb. 20b dargestellt. Er ist, ähnlich wie bei ω und $\hat{\omega}_A$, antisymmetrisch zur y-Achse.

d) *Querschnittsfunktionen* $S_{\hat{\omega}}$ *und* $\bar{S}_{\hat{\omega}}$. Das Integral gemäß (53) wird vom Schnittpunkt „1 unten" gegen Umfahrungsrichtung gerechnet.

$$S_{\hat{\omega}1}^{\text{unten}} = 0,$$
$$S_{\hat{\omega}4}^{\text{oben}} = -\frac{1}{2}(-20{,}78 + 90{,}07)\,10^3 \cdot 701{,}7 = -24{,}31 \cdot 10^6 \text{ cm}^4,$$
$$S_{\hat{\omega}4}^{\text{rechts}} = S_{\hat{\omega}4}^{\text{oben}} - 90{,}07 \cdot 10^3 \cdot 260{,}7 = -47{,}79 \cdot 10^6,$$
$$S_{\hat{\omega}3}^{\text{links}} = S_{\hat{\omega}4}^{\text{rechts}},$$

1. Querschnittswerte für offene, geschlossene und offen-geschlossene Profile

$$S_{\hat{\omega}3}^{\text{oben}} = S_{\hat{\omega}3}^{\text{links}} - 198{,}99 \cdot 10^3 \cdot 260{,}7 = -99{,}67 \cdot 10^6,$$

$$S_{\hat{\omega}2}^{\text{unten}} = S_{\hat{\omega}3}^{\text{oben}} - \frac{1}{2}(198{,}99 - 78{,}52) \cdot 10^3 \cdot 701{,}7 = -141{,}93 \cdot 10^6,$$

$$S_{\hat{\omega}2}^{\text{rechts}} = \frac{1}{2}(-78{,}52 - 95{,}22) \cdot 10^3 \cdot 211{,}3 \cdot 2{,}3 = -42{,}22 \cdot 10^6,$$

$$S_{\hat{\omega}2}^{\text{links}} = S_{\hat{\omega}2}^{\text{unten}} - S_{\hat{\omega}2}^{\text{rechts}} + 78{,}52 \cdot 10^3 \cdot 195{,}6 = -84{,}36 \cdot 10^6,$$

$$S_{\hat{\omega}1}^{\text{rechts}} = S_{\hat{\omega}2}^{\text{links}} + \frac{1}{2}(20{,}78 + 78{,}52) \cdot 10^3 \cdot 525{,}8 \cdot 2{,}3 = -24{,}31 \cdot 10^6,$$

$$S_{\hat{\omega}1}^{\text{links}} = S_{\hat{\omega}1}^{\text{rechts}} + 20{,}78 \cdot 10^3 \cdot 195{,}6 = -20{,}25 \cdot 10^6,$$

$$S_{\hat{\omega}A} = S_{\hat{\omega}1}^{\text{links}} + \frac{1}{2} 20{,}78 \cdot 10^3 \cdot 262{,}9 \cdot 2{,}3 = -13{,}97 \cdot 10^6,$$

$$S_{\hat{\omega}5-4}^{\text{extr}} = \frac{1}{2} 20{,}78 \cdot 10^3 \cdot 69{,}3 \cdot 1{,}9 = 1{,}37 \cdot 10^6,$$

$$S_{\hat{\omega}3-2}^{\text{extr}} = S_{\hat{\omega}3}^{\text{oben}} - \frac{1}{2} 198{,}99 \cdot 10^3 \cdot 264{,}8 \cdot 1{,}9 = -149{,}72 \cdot 10^6.$$

Die $S_{\hat{\omega}}$-Funktion ist in Abb. 21a dargestellt. Durch Pfeile ist die Richtung des zugehörigen Schubflußes angegeben. Es ist zu bemerken, daß auf der Konsole 2—2′ und auf der Strecke A—1—2, trotz gleichen Vorzeichens von $S_{\hat{\omega}}$, die Schubflüsse entgegengesetzt gerichtet sind. Als Überprüfung dient die Bedingung, daß der zu $S_{\hat{\omega}}$ affine Schubfluß keine resultierende Querkraft Q_x ergeben darf.

Die reduzierte Querschnittsfunktion $\bar{S}_{\hat{\omega}}$ wird gemäß Gl. (57) berechnet. Bei Bestimmung der Konstante in dieser Gleichung auf Grund von Angaben für eine Profilhälfte gilt h als Abstand der Konturtangente vom beliebigen Bezugspunkt in der Symmetrieachse. Punkt A (Abb. 21a) wird als Bezugspunkt gewählt.

$$\frac{1}{2}\int_A S_{\hat{\omega}} h\, ds = -47{,}79 \cdot 10^6 \cdot 369{,}3 \cdot 525{,}8 - 10^6 (149{,}72 \cdot 369{,}3 -$$
$$- \frac{1}{3} 7{,}79 \cdot 104{,}5 - \frac{1}{3} 50{,}05 \cdot 264{,}8) 788{,}7 + 10^6 (-1{,}37 \cdot 369{,}3 +$$
$$+ \frac{1}{3} 1{,}37 \cdot 69{,}3 + \frac{1}{3} 25{,}68 \cdot 300{,}0) 262{,}9 = -48{,}639 \cdot 10^{12}.$$

Mit $\Omega/2 = 388{,}36 \cdot 10^3$ ergibt sich die Konstante

$$-\frac{\frac{1}{2}\int S_{\hat{\omega}} h\, ds}{\frac{1}{2}\Omega} = -\frac{-48{,}639 \cdot 10^{12}}{388{,}36 \cdot 10^6} = 125{,}24 \cdot 10^6.$$

Somit
$$\bar{S}_{\hat{\omega}} = S_{\hat{\omega}} + 125{,}24 \cdot 10^6.$$

Die Konstante ist auf dem geschlossenen Konturteil zu addieren. $\bar{S}_{\hat{\omega}}$-Verlauf ist aus Abb. 21b ersichtlich.

Die $\bar{S}_{\hat{\omega}}$-Funktion ist nach (59) affin zum sekundären Schubfluß T^{II}. Es ist interessant, gleich hier die Schubflüße T^I und T^{II} gemäß (58) bzw. (59) im betrachteten quasigeschlossenen Profil gegenüberzustellen. Man betrachte — um das

1.3 Zahlenbeispiele zur Berechnung von Querschnittswerten

Wesentlichste herauszustellen — einen wölbfest eingespannten, am freien Ende durch Einzeldrehmoment M belasteten *geraden* Kragträger. Es gilt dann $H = M =$ = konst., und B' in (59) — wenn nicht bereits aus anderen Quellen bekannt — kann aus Tafel V mit $r \to \infty$ erhalten werden:

$$B' = \mu M \frac{\cosh k(l-z)}{\cosh kl}.$$

Der Gesamtschubfluß im Einspannquerschnitt $(z = 0)$ ist somit gleich

$$T = T^I + T^{II} = \frac{H}{\Omega} - \frac{B' \bar{S}_{\hat{\omega}}}{I_{\hat{\omega}}} = -\frac{\mu M}{I_{\hat{\omega}}} \left(\bar{S}_{\hat{\omega}} - \frac{I_{\hat{\omega}}}{\mu \Omega} \right)$$

(μ ist hier gleich 0,9462 — siehe unten). Die Klammerfunktion ist in Abb. 21c dargestellt. Es leuchtet ein, daß der T-Verlauf im Einspannquerschnitt dem Schubfluß in einem offenen Profil sehr ähnlich ist. In Querschnitten am Kragende dagegen überwiegt der konstante Schubfluß M/Ω. (Das erste Resultat spricht für die Zweckmäßigkeit, den Schubfluß in quasigeschlossenen Profilen, mit einem verhältnismäßig schwachen Horizontalverband, nach (56) statt (61) anzusetzen.)

e) *Trägheitsmomente $I_{\hat{\omega}}$, I_d und I_c sowie Parameter $\varkappa$, μ und k* (Querschnittswerte I_c, μ und k werden in dem nächsten Abschnitt eingeführt, der Querschnittswert $\varkappa$ — im Abschnitt 4). Das Wölbträgheitsmoment $I_{\hat{\omega}}$ wird gemäß (50) berechnet.

$$\frac{1}{2} I_{\hat{\omega}} = \frac{1}{2} \int_A \hat{\omega}^2 dA = \frac{10^6}{3} [20,78^2 \cdot 262,9 \cdot 2,3 + (20,78^2 + 20,78 \cdot 78,52 +$$
$$+ 78,52^2) 525,8 \cdot 2,3 + (78,52^2 + 78,52 \cdot 95,22 + 95,22^2) 211,3 \cdot 2,3 +$$
$$+ (78,52^2 - 78,52 \cdot 198,99 + 198,99^2) 701,7 + (90,07^2 - 90,07 \cdot 20,78 +$$
$$+ 20,78^2) 701,7] + 10^6 [(20,78^2 + 78,52^2) 195,6 + (90,07^2 +$$
$$+ 198,99^2) 260,7] = 29421 \cdot 10^9 \text{ cm}^6$$

und

$$I_{\hat{\omega}} = 58,842 \cdot 10^{12} \text{ cm}^6.$$

Eine willkommene Überprüfung der bisherigen Rechenergebnisse ist auf Grund der Beziehung (114a) möglich. Das Integrieren über den geschlossenen Konturteil mit $\bar{S}_{\hat{\omega}}$ nach Abb. 21b liefert

$$\frac{1}{2} \oint \bar{S}_{\hat{\omega}} \frac{ds}{\delta} = 10^6 \left[\left(100,93 - \frac{1}{2} 25,13 - \frac{1}{3} 34,92 \right) \frac{525,8}{2,3} - \right.$$
$$- \left(24,48 \cdot 369,3 - \frac{1}{3} 7,79 \cdot 104,5 - \frac{1}{3} 50,05 \cdot 264,8 \right) \frac{1}{1,9} + 77,45 \frac{525,8}{0,108} +$$
$$+ \left. \left(126,61 \cdot 369,3 - \frac{1}{3} 1,37 \cdot 69,3 - \frac{1}{3} 25,68 \cdot 300 \right) \cdot \frac{1}{1,9} \right] = 415,55 \cdot 10^9 \text{ cm}^4$$

und somit

$$I_{\hat{\omega}} = \frac{\Omega}{\oint \frac{ds}{\delta}} \oint \bar{S}_{\hat{\omega}} \frac{ds}{\delta} = 2 \cdot 70,792 \cdot 415,55 \cdot 10^9 = 58,836 \cdot 10^{12} \text{ cm}^6.$$

1. Querschnittswerte für offene, geschlossene und offen-geschlossene Profile

Gemäß (41) erhält man das Trägheitsmoment der reinen Torsion. Es ist zu beachten, daß die Gl. (41) für einzelliges Profil gilt.

$$I_d^s = 2 \frac{\left(\frac{1}{2}\Omega\right)^2}{\frac{1}{2}\oint \frac{ds}{\delta}} = 2\,\frac{388{,}36^2 \cdot 10^6}{5485{,}9} = 54{,}986 \cdot 10^6 \text{ cm}^4.$$

Mit diesem Wert kann der Querschnittswert $\varkappa$ nach Gl. (188) bestimmt werden,

$$\varkappa^s = \frac{E I_x^s}{G I_d^s} = 2{,}6\,\frac{192{,}28 \cdot 10^6}{54{,}986 \cdot 10^6} = 9{,}09.$$

Im Abschnitt 2 wird das sog. zentrale Trägheitsmoment I_c nach Gl. (117) eingeführt.

$$\frac{1}{2} I_c^s = \frac{1}{2}\int_A h^2 dA = 2300 \cdot 79{,}05^2 + 701{,}7\,(262{,}9^2 + 788{,}7^2) +$$
$$+ 525{,}8 \cdot 0{,}108\,(369{,}3 + 79{,}04)^2 = 510{,}7 \cdot 10^6 \text{ cm}^4$$

und somit
$$I_c^s = 1021{,}4 \cdot 10^6 \text{ cm}^4.$$

Es sei bemerkt, daß die in Eckpunkten konzentrierten Flächen A_{01} und A_u von dem obigen Ausdruck für I_c weggeblieben sind — vergl. hierzu Ableitung der Gl. (115).

Jetzt kann der sog. Wölbschubparameter μ nach Gl. (116) bestimmt werden,

$$\mu^s = 1 - \frac{I_d^s}{I_c^s} = 1 - \frac{54{,}986 \cdot 10^6}{1021{,}4 \cdot 10^6} = 0{,}9462.$$

Hiermit erhält man für den Abklingungsbeiwert k gemäß Gl. (120) mit $E/G = 2{,}6$

$$k^s = \sqrt{\mu^s \frac{G I_d^s}{E I_{\hat\omega}^s}} = \sqrt{\frac{0{,}9462}{2{,}6}\,\frac{54{,}986 \cdot 10^6}{58{,}84 \cdot 10^{12}}} = 0{,}5832 \cdot 10^{-3} \text{ cm}^{-1}.$$

Mit $l = 8382$ cm ist $k^s l = 4{,}89$.

1.3.1.2 „Regelmäßig" asymmetrisches Profil (nach Abb. 16)

Die Ausführungen des Punktes 1.1.3 gelten sinngemäß auch für geschlossene bzw. offen-geschlossene Profile. Nun sind sowohl die Größen I_y und ω als auch (näherungsweise) $\hat\omega$, $I_{\hat\omega}$, $S_{\hat\omega}$ und $\bar S_{\hat\omega}$ für das Grundprofil und das „regelmäßig" asymmetrische Profil gleich. Die Trägheitsmomente I_x^a und I_{xy}^a sind gemäß (32) und (33) zu berechnen. Mit $\tan\psi = 0{,}08$:

$$I_x^a = I_x^s + \tan^2\psi\, I_y^s = 192{,}28 \cdot 10^6 + 0{,}08^2 \cdot 3134{,}7 \cdot 10^6 =$$
$$= 212{,}34 \cdot 10^6 \text{ cm}^4,$$

$$I_{xy}^a = -\tan\psi\, I_y^s = -0{,}08 \cdot 3134{,}7 \cdot 10^6 = -250{,}78 \cdot 10^6 \text{ cm}^4.$$

Nach (34) erhält man für den Formbeiwert ψ

$$\frac{1}{\psi} = 1 + \tan^2\psi\,\frac{I_y^s}{I_x^s} = 1{,}104.$$

1.3 Zahlenbeispiele zur Berechnung von Querschnittswerten

Der Querschnittswert $\varkappa$ nach Gl. (188) beträgt mit $I_d^a \approx I_d^s$

$$\varkappa^a = \frac{E I_x^a}{G I_d^a} = 2{,}6 \, \frac{212{,}34 \cdot 10^6}{54{,}986 \cdot 10^6} = 10{,}04.$$

Beim Vergleich der zentralen Trägheitsmomente I_c nach Gl. (117) für beide verwandte Profile ist zu beachten, daß der Beitrag der geneigten Elemente im „regelmäßig" asymmetrischen Profil, ΔI_c^a, gegenüber ΔI_c^s im symmetrischen Grundprofil wie folgt zu korrigieren ist:

$$\Delta I_c^a = \Delta I_c^s \cos^2 \psi,$$

Der Unterschied zwischen I_c^a und I_c^s ist sehr klein, der Unterschied in Querschnittswerten μ und k ist praktisch belanglos.[1]

1.3.2 Offenes Profil

Zum Vergleich soll nun das einfach-symmetrische Profil nach Abb. 17 — jedoch ohne die horizontalen Fachwerkverbände — berechnet werden.

Die Trägheitsmomente I_x und I_y sind mit den unter 1.3.1.1a berechneten identisch. Für weitere Berechnungen wird die unter 1.3.1.1b gemachte Annahme beibehalten: die Obergurtschwerpunkte und die Fahrbahnmittelfläche liegen in einer Ebene.

a) *Sektorielle Flächen ω_A und die Einheitsverwölbung ω.* Der Hilfspol A liegt auf der Symmetrieachse in der Fahrbahnmittellinie. Der Verlauf von ω_A gemäß (5) ist in Abb. 22a für eine Profilhälfte dargestellt.

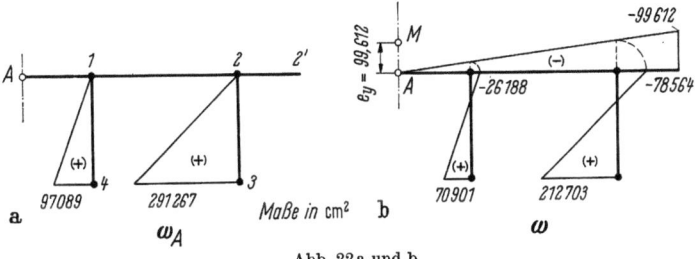

Abb. 22a und b

Das Integral in (21) beträgt

$$\int_A \omega_A x \, dA = 312\,192 \cdot 10^6 \text{ cm}^5,$$

und mit $I_y = 3134{,}0 \cdot 10^6$ cm^4 erhält man nach (21) für e_y

$$e_y = \frac{\int_A \omega_A x \, dA}{I_y} = \frac{312\,192 \cdot 10^6}{3134{,}1 \cdot 10^6} = 99{,}612 \text{ cm}.$$

---

[1] Die Berechnung der Querschnittswerte eines echten offen-geschlossenen Profils — in welchem an Stelle eines horizontalen Fachwerkverbandes eine durchgehende Untergurtplatte vorhanden ist — verläuft in ähnlicher Weise. Offensichtlich soll dann $\hat{\omega}$ auf der Strecke der Untergurtplatte als von Null verschieden sowohl in der Ausgangsgleichung (47) als auch bei Bestimmung der Lage des Schubmittelpunkts und in den Ausdrücken für das Bimoment, Gl. (48), und das Wölbträgheitsmoment $I_{\hat{\omega}}$, Gl. (50), mit berücksichtigt werden.

34 1. Querschnittswerte für offene, geschlossene und offen-geschlossene Profile

Die auf den Schubmittelpunkt bezogenen sektoriellen Flächen ω (Einheitsverwölbung) sind in Abb. 22b dargestellt.

b) *Querschnittsfunktion S_ω.* Diese wird gemäß (11) berechnet. Wenn die Werte für die rechte Profilhälfte von den Randpunkten aus berechnet werden, so ist im Ausdruck (11) ein Minuszeichen zu setzen. Der Verlauf von S_ω ist in Abb. 23 dargestellt.

c) *Trägheitsmomente I_ω und I_d sowie die Parameter k, $\bar{\gamma}$ bzw. $\varkappa$.* Nach (24) erhält man, ähnlich wie unter 1.3.1.1 e,

$$I_\omega = \int_A \omega^2\, dA = 62\,146 \cdot 10^9 \text{ cm}^6.$$

Das Trägheitsmoment der StVenantschen Torsion I_d wird nach (7) berechnet. Mit $G_{\text{Beton}} : G_{\text{Stahl}} \approx 0{,}10$ erhält man für die auf den Stahl bezogene Drillsteifigkeit

$$I_d^s = 4\,\frac{1}{3}\,369{,}3 \cdot 1{,}9^3 + 0{,}10 \cdot \frac{1}{3}\,2000 \cdot 23{,}0^3 = 0{,}8145 \cdot 10^6 \text{ cm}^4.$$

Der Abklingungsbeiwert k wird nach (93) berechnet.

$$k^s = \sqrt{\frac{G I_d^s}{E I_\omega}} = \sqrt{\frac{1}{2{,}6}\,\frac{0{,}8145 \cdot 10^6}{62{,}146 \cdot 10^{12}}} = 0{,}710 \cdot 10^{-4} \text{ cm}^{-1}.$$

Mit $l = 83{,}82$ m erhält man für die Abklingungszahl

$$k^s l = 0{,}595.$$

Wie im nachfolgenden empfohlen wird, kann im Falle $kl < 1$ einfach mit $kl = 0$ gerechnet werden. Sodann ist der Parameter $\bar{\gamma}$ gemäß (195) zu bestimmen.

$$\bar{\gamma}^s = \frac{I_x^s l^2}{I_\omega} = \frac{192{,}28 \cdot 10^6 \cdot 8382^2}{62{,}146 \cdot 10^{12}} = 217{,}4.$$

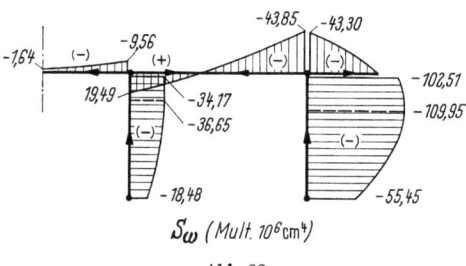

Abb. 23

Vergleichsweise erhält man für den Parameter $\varkappa^s$

$$\varkappa^s = \frac{E I_x^s}{G I_d^s} = 2{,}6\,\frac{192{,}28 \cdot 10^6}{0{,}8145 \cdot 10^6} = 613{,}8.$$

d) Für das verwandte „*regelmäßig*" *asymmetrische* offene Profil erhält man die Werte von I_x, I_y und I_{xy} wie unter 1.3.1. Die Querschnittsfunktionen ω und S_ω sind entsprechend gleich den in Abb. 22 und Abb. 23 dargestellten. Ferner ist auch

I_ω für beide Profile gleich. Im Ausdruck für I_d ist eine Korrektur des Fahrbahnbeitrages nötig:

$$I_d^a = 4\frac{1}{3} 369{,}3 \cdot 1{,}9^3 + 0{,}10 \frac{1}{3} 2000 \cdot 23{,}0^2 \cos^2 \psi = 0{,}8093 \cdot 10^6 \text{ cm}^4.$$

Mit diesem Wert und $I_x^a = 212{,}34 \cdot 10^6$ cm^4 erhält man die Parameter $\varkappa^a$ und $\bar{\gamma}^a$, die gegenüber $\varkappa^s$ bzw. $\bar{\gamma}^s$ etwas größer sind.

2. Grundgleichungen der Wölbkrafttorsion

In diesem Abschnitt wird gleichzeitige Biegung und Wölbkrafttorsion des *kreisförmig gekrümmten* Trägers mit dünnwandigem *konstantem* Profil betrachtet. Die übliche Annahme über die Erhaltung der Profilform bleibt in Kraft. Dasselbe gilt für die Voraussetzung, daß Profilabmessungen gegenüber dem Krümmungsradius klein sind. Ansonsten können die Profile sowohl *symmetrisch* als auch *asymmetrisch* sein.

2.1 Offene Profile

2.1.1. Gleichgewichtsbedingungen und elastostatische Beziehungen

Ein durch benachbarte Radialebenen herausgeschnittenes Element des gekrümmten dünnwandigen Trägers ist in Abb. 24 gezeigt. Die Komponenten der stetigen Last p_x und p_y sowie die stetigen Drehmomente m

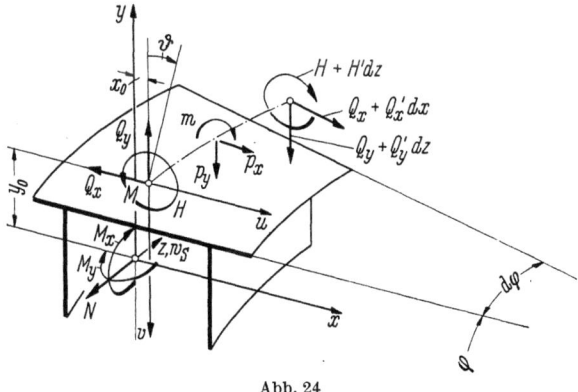

Abb. 24

werden auf die von Haus aus gekrümmte Schubachse bezogen; desgleichen folgende Schnittkräfte: die Querkräfte Q_x und Q_y sowie das Gesamtdrillmoment H. Demgegenüber werden die Biegemomente M_x und M_y bezüglich der durch Querschnittsschwerpunkt durchgehenden

Achsen x und y gerechnet. Die x-Achse liegt hierbei in der Krümmungsebene. Die Normalkraft N greift im Schwerpunkt S an.

Die x, y-Achsen sind im allgemeinen keine Hauptachsen. Asymmetrische Profile mit $I_{xy} \neq 0$ werden mit berücksichtigt. Andererseits wird angenommen, daß der Schubmittelpunktabstand x_0 gegenüber y_0 klein ist. Für die „regelmäßig" asymmetrischen Profile im Sinne des Punktes 1.1.3 gilt $x_0 = 0$.

Aus dem Gleichgewicht der Kräftekomponenten in Richtung x, y und z folgen die Gleichungen

$$\left.\begin{array}{r}Q'_x + \dfrac{N}{r} + p_x = 0,\\ Q'_y + p_y = 0,\\ N' - \dfrac{Q_x}{r} = 0,\end{array}\right\} \quad (72)$$

mit r als Krümmungsradius der Schwerachse und $(\ )' = d(\ )/dz$.

Die Gleichgewichtsbedingungen der Momente bezüglich der x- und y-Achse und der Tangente zur gekrümmten Schubachse liefern drei weitere Gleichungen

$$\left.\begin{array}{r}M'_x + \dfrac{1}{r}(H + Q_x y_0) - Q_y = 0,\\ M'_y - Q_x = 0,\\ H' - \dfrac{1}{r}(M_x + N y_0) + m = 0.\end{array}\right\} \quad (73)$$

Zur Aufstellung der elastostatischen Beziehungen wird der Ausdruck für die Dehnung einer Faser benötigt. Dieser setzt sich aus zwei Anteilen zusammen. Der erste enthält die Krümmungsanteile $-u''x$, $v''y$, wie bei geraden Stäben, als auch den Beitrag aus *Verwindung* der von Haus aus gekrümmten Schubachse:

$$\varepsilon_I = -u''x + v''y - \tau''\omega, \quad (74)$$

wobei die Verwindung des gekrümmten Stabes als zweite Ableitung des reduzierten Drehwinkels τ gemäß (3) zu nehmen ist,

$$\tau'' = \vartheta'' + \frac{v''}{r}. \quad (75)$$

Hierbei bezeichnet ϑ den Drehwinkel (positive Werte werden im Uhrzeigersinn gerechnet, wenn die z-Achse in Blickrichtung zeigt, Abb. 24) und v die Verschiebung des Schubmittelpunktes M normal zur Krümmungsebene (positive Werte werden in Richtung $-y$ gemessen). Die

Einheitsverwölbung ω wird bei Umfahrung des Profils im Uhrzeigersinn, vom Schubmittelpunkt als Hauptpol aus, berechnet — siehe hierzu Abschnitt 1.

Der zweite Anteil rührt von der Längsverschiebung und der Radialverschiebung u (Abb. 24) einer Faser in Krümmungsebene her:

$$\varepsilon_{II} = w'_S - \frac{u + (y - y_0)\vartheta}{r - x} \approx w'_S - \frac{u + (y - y_0)\vartheta}{r^2}(r + x) \qquad (76)$$

mit w_S als Axialverschiebung des Querschnittsschwerpunktes. In (76) ist der in x-Richtung gemessene Abstand des Schubmittelpunktes vom Schwerpunkt, x_0, nicht enthalten. Er ist als klein gegenüber y_0 unterdrückt. (Für „regelmäßig" asymmetrische Profile ist er übrigens gleich Null.)

Die Normalspannung σ ist somit gleich

$$\sigma = E(\varepsilon_I + \varepsilon_{II}). \qquad (77)$$

Dieser Wert wird unter Berücksichtigung von (74) mit (75) und von (76) in die nachfolgenden Ausdrücke für die Biegemomente M_x und M_y, die Normalkraft N und das Bimoment B eingesetzt:

$$M_x = -\int_A \sigma y \, dA, \quad M_y = \int_A \sigma x \, dA, \quad N = \int_A \sigma \, dA, \qquad (78)$$

$$B = \int_A \sigma \omega \, dA, \qquad (79)$$

woraus sich folgende elastostatische Beziehungen ergeben:

$$M_x = -E\left[I_x\left(v'' - \frac{\vartheta}{r}\right) - I_{xy}\left(u'' + \frac{u}{r^2}\right) + \left(I_{xy}y_0 - \int_A y^2 x \, dA\right)\frac{\vartheta}{r^2}\right], \qquad (80)$$

$$M_y = -E\left[I_y\left(u'' + \frac{u}{r^2}\right) - I_{xy}\left(v'' - \frac{\vartheta}{r}\right) - \left(I_y y_0 - \int_A x^2 y \, dA\right)\frac{\vartheta}{r^2}\right], \qquad (81)$$

$$N = EA\left(w'_S - \frac{u - y_0\vartheta}{r}\right) - EI_{xy}\frac{\vartheta}{r^2}, \qquad (82)$$

$$B = -E\left(I_\omega \tau'' + \frac{\vartheta}{r^2}\int_A \omega x y \, dA\right). \qquad (83)$$

I_x und I_y sind axiale Trägheitsmomente, I_{xy} Deviationsmoment und I_ω Wölbträgheitsmoment gemäß (24).

In den Gl. (80) bis (83) wurden die Beziehungen (20) für die sektoriellen Flächen berücksichtigt, da die zu ω affinen Wölbspannungen auch im

Falle der gleichzeitigen Biegung und Wölbkrafttorsion keine Normalkraft und keine Biegemomente ergeben.

Die Ausdrücke (80) bis (83) sind selbst für symmetrische Profile, $I_{xy} = 0$, etwas zu schwerfällig und können eine nicht vorhandene Genauigkeit vortäuschen. In (80), (82) und (83) können die mit dem Multiplikator ϑ/r^2 behafteten Klammerausdrücke gegenüber übrigen Klammerausdrücken gestrichen werden. Eine Ausnahme stellt die Gl. (81) dar. Nach Streichung des letzten Klammerausdruckes in (81) würde man z. B. im Falle $I_{xy} = 0$ folgende Gleichung erhalten:

$$M_y = -EI_y \left(u'' + \frac{u}{r^2} \right). \tag{84}$$

Aus (84) würde für die Lastfälle, wenn $M_y = 0$ ist, $u = 0$ folgen, wonach Drillruhepunkte in der Schubachse liegen sollten. Dieses Ergebnis kann aber — auch als eine Näherung — nicht immer zufriedenstellend sein.

Es gelten demnach im Falle $I_{xy} \neq 0$ folgende Beziehungen:

$$M_x = -EI_x \left(v'' - \frac{\vartheta}{r} \right) + EI_{xy} \left(u'' + \frac{u}{r^2} \right), \tag{85}$$

$$M_y = -EI_y \left(u'' + \frac{u}{r^2} - \frac{y_0 - r_x}{r^2} \vartheta \right) + EI_{xy} \left(v'' - \frac{\vartheta}{r} \right), \tag{86}$$

$$N = EA \left(w'_S - \frac{u - y_0 \vartheta}{r} \right) \tag{87}$$

und

$$B = -EI_\omega \tau'', \tag{88}$$

mit der Abkürzung

$$r_x = \frac{1}{I_y} \int_A x^2 y \, dA. \tag{89}$$

Für die Profile wie in Abb. 1a, b ist $|r_x| \ll |y_0|$.[1]

Bezüglich der Schubspannungen gilt das unter 1.1.2 Gesagte. Das Gesamtdrillmoment H (Abb. 24) setzt sich aus dem *primären* (StVenantschen) Drillmoment H_d nach Gl. (26),

$$H_d = GI_d \tau',$$

---

[1] Die Bedeutung der Anteile mit y_0 in (86) und (87) kann an einfachem Beispiel eines Kreisringträgers mit einfach-symmetrischem Profil unter drehsymmetrischer Gleichgewichtslast $m =$ konst. veranschaulicht werden. Es gilt $N = 0$ und $M_x = mr$. Die Gl. (85) liefert $\vartheta = mr^2/EI_x$ und aus (87) folgt die Beziehung $u = y_0 \vartheta$, wonach die Drillruheachse mit Schwerachse zusammenfällt. Dies unterscheidet sich prinzipiell von dem aus (84) folgenden Resultat. Ferner erhält man aus (86) M_y als verschwindend klein gegenüber M_x.

und dem *sekundären* Drillmoment H_ω nach Gl. (30),

$$H_\omega = -EI_\omega \tau'''.$$

Das Gesamtdrillmoment H lautet somit

$$H = GI_d \tau' - EI_\omega \tau'''. \tag{90}$$

Mit (85) bis (90) sind alle Schnittkräfte durch Verformungsgrößen ausgedrückt.

2.1.2 Bestimmungsgleichung für Bimomente

Man könnte die sechs Gleichgewichtsbedingungen (72) und (73) durch Elimination von Q_x und Q_y auf vier Gleichungen reduzieren. Setzt man in die letzteren für M_x, M_y, N und H die Ausdrücke gemäß (85), (86), (87) bzw. (90) ein, so erhält man ein System von vier Differentialgleichungen bezüglich u, v, w_S und ϑ, die für einen geraden Stab mit einfach-symmetrischem Profil in vier unabhängige Gleichungen übergehen. Da aber die Biegemomente und die Normalkraft in dem (ein Grundsystem zur Berechnung von gekrümmten Durchlaufträgern darstellenden) Einfeldträger nach Abb. 27 von der Veränderlichkeit des Profils unabhängig sind und als statisch bestimmte Größen betrachtet werden können, läßt sich die Bestimmung der Bimomente auf die Lösung einer einzigen Differentialgleichung zurückführen.

Die Gl. (90) wird einmal nach z differenziert und für H' die aus der dritten Gl. (73) folgende Beziehung

$$H' = -\left(m - \frac{M_x + N y_0}{r}\right) \tag{91}$$

eingesetzt. Es ergibt sich folgende Differentialgleichung bezüglich des reduzierten Drehwinkels τ:

$$\tau^{IV} - k^2 \tau'' = \frac{1}{EI_\omega}\left(m - \frac{M_x + N y_0}{r}\right), \tag{92}$$

wobei

$$k = \sqrt{\frac{GI_d}{EI_\omega}} \tag{93}$$

(in cm^{-1}) *Abklingungsbeiwert* genannt wird.

Nach Einführung des Bimomentes B gemäß (88) erhält man aus (91) folgende Differentialgleichung bezüglich B:

$$B'' - k^2 B = -\left(m - \frac{M_x + N y_0}{r}\right). \tag{94}$$

2. Grundgleichungen der Wölbkrafttorsion

Die Differentialgleichung (92) wird im Unterabschnitt 3.2 mit Hilfe der Methode der Anfangsparameter für eine Reihe von Lastfällen im Grundsystem Abb. 27 gelöst. Man kann sich auch der Analogie zwischen den Gl. (92) bzw. (94) und entsprechenden Gleichungen des geraden dünnwandigen Stabes bedienen. Die rechte Seite in der Gl. (92) bzw. (94) kann als eine Ersatzlast eines geraden Ersatzstabes mit derselben Feldlänge l und denselben Randbedingungen wie das Grundsystem Abb. 27 gedeutet werden. Das Bimoment kann sodann mit Hilfe der Einflußlinien für das Bimoment des geraden Stabes bestimmt werden, wenn der letztere durch Einzeldrehmoment M, wenn vorhanden, und stetig verteilte Ersatzdrehmomente $\overline{m}$ gleich

$$\overline{m} = m - \frac{M_x + N y_0}{r} \tag{95}$$

belastet wird. M_x und N gelten hierbei als bekannt — siehe 3.1 und 7.1.

Ist nun auch B bekannt, so kann man die Normalspannung im beliebigen Querschnittspunkt nach der allgemeingültigen Formel

$$\sigma = \frac{N}{A} - \frac{M_x}{\psi I_x}\left(y - \frac{I_{xy}}{I_y}x\right) + \frac{M_y}{\psi I_y}\left(x - \frac{I_{xy}}{I_x}y\right) + \frac{B}{I_\omega}\omega \tag{96}$$

bestimmen, die für einfach-symmetrische Profile in

$$\sigma = \frac{N}{A} - \frac{M_x}{I_x}y + \frac{M_y}{I_y}x + \frac{B}{I_\omega}\omega \tag{97}$$

übergeht. In (96) ist ein dimensionsloser Formbeiwert

$$\psi = 1 - \frac{I_{xy}^2}{I_x I_y} \tag{98}$$

eingeführt, der für einfach-symmetrische Profile gleich eins ist.

Durch Differenzieren von B erhält man $H_\omega = B'$ und gemäß (90) folgt $H_d = H - H_\omega$, wobei das Gesamtdrillmoment H im Grundsystem Abb. 27 bekannt ist. Die zugehörigen Schubspannungen τ_d und τ_ω berechnet man nach Gl. (27) bzw. (31). Die Schubspannungen aus den Querkräften Q_x und Q_y werden in bekannter Weise bestimmt.

2.1.3 Bestimmungsgleichung für Verformungskomponenten

Die Verformung wird hier ausschließlich für die Belastung normal zur Krümmungsebene ($M_y = Q_x = N = 0$) bestimmt. Aus der Gl. (81) mit $M_y = 0$ wird $u'' + u/r^2$ durch die restlichen Glieder in eckigen Klammern dieser Gleichung ausgedrückt und in die Gl. (80) eingesetzt.

2.1 Offene Profile

Wenn in (80) ϑ durch τ und v gemäß (3) ausgedrückt wird, so ergibt sich folgende Differentialgleichung bezüglich v und τ:

$$v'' + \left(1 - \frac{\varrho}{\psi}\right)\frac{v}{r^2} = -\frac{M_x}{\psi E I_x} + \left(1 - \frac{\varrho}{\psi}\right)\frac{\tau}{r}, \qquad (99)$$

wobei der Beiwert ψ durch (98) gegeben ist und

$$\varrho = \frac{1}{rI_x^2}\left(I_{xy}\int_A x^2 y\, dA - I_x \int_A y^2 x\, dA\right) \qquad (100)$$

einen weiteren dimenionslosen Formbeiwert darstellt. Der letztere verschwindet für einfach-symmetrische Profile. Aber auch für asymmetrische Profile ist der Quotient ϱ/ψ klein gegenüber eins. Im Hinblick auf die eingangs gemachte Voraussetzung, daß Profilabmessungen gegenüber dem Krümmungsradius r klein sind, kann ϱ in (99) gestrichen werden und es ergibt sich folgende Differentialgleichung bezüglich v und τ:

$$v'' + \frac{v}{r^2} = -\frac{M_x}{\psi E I_x} + \frac{\tau}{r}. \qquad (101)$$

M_x ist hierbei als bekannt anzusehen und τ wird mit Hilfe einer weiteren Beziehung, gegebenenfalls unabhängig von der Gl. (101), bestimmt.

Die Genauigkeit der Gl. (101) ist identisch mit der Genauigkeit der vereinfachten Beziehungen (85) bis (88), wenn auch in (86) das letzte Glied im ersten Klammerausdruck gestrichen wird.

Nun kann τ durch Integration von H_d aus (26) gewonnen werden,

$$\tau = \frac{1}{GI_d}\int H_d\, dz. \qquad (102)$$

Mit bekannten Biegemomenten M_x, und τ gemäß (102), kann aus (101) die Durchbiegung v bestimmt werden. Sodann erhält man aus (3) durch Subtrahieren den Drehwinkel ϑ. Somit sind die wichtigsten Verformungskomponenten ermittelt.

Durch Differenzieren von v und τ nach z erhält man für $z = 0$ und $z = l$ zwei wichtige Größen zur Berechnung von normal zur Krümmungsebene belasteten Durchlaufträgern, nämlich die *Stützneigung* $\delta_{(\ )}$,

$$\delta_{z=0} = v'_{z=0}, \quad \delta_{z=l} = -v'_{z=l}, \qquad (103)$$

und die *Stützverwölbung* $\mu_{(\ )}$, die auf Grund von (4) als erste Ableitung von τ definiert wird,

$$\mu_{z=0} = \tau'_{z=0}, \quad \mu_{z=l} = -\tau'_{z=l}. \qquad (104)$$

Will man alle Verformungskomponenten haben, so verfährt man wie folgt. Mit $M_y = 0$ und bereits bekannten v und ϑ kann aus (86) die Radialverschiebung u ermittelt werden. Für *einfach-symmetrische* Profile ist hierbei die Kenntnis von v nicht nötig. Es gilt im letzteren Fall einfach

$$u'' + \frac{u}{r^2} = \frac{\vartheta}{r^2}(y_0 - \hat{r}_x), \qquad (105)$$

wobei r_x nach (89) meistens unterdrückt werden kann.

Mit $N = 0$ folgt schließlich aus (87) die Bestimmungsgleichung für die Axialverschiebung w_S des Profilschwerpunktes

$$w_S' = \frac{1}{r}(u - y_0\vartheta). \qquad (106)$$

Wenn das Biegemoment M_y und die Normalkraft N von Null verschieden sind, treten an Stelle von (105) und (106) die Gl. (86) bzw. (87).

2.2 Geschlossene und offen-geschlossene Profile [11]

2.2.1 Elastostatische Beziehungen

Gleichgewichtsbedingungen für gekrümmte Träger mit geschlossenem Profil sind ebenfalls durch die Gl. (72) und (73) gegeben. Auch die meisten Anteile für die Dehnung einer Faser, Gl. (74) und (76), bleiben unverändert. Unterschiedlich wird sich die Dehnung aus Verwindung der gekrümmten Schubachse darstellen. Im Falle der reinen (StVenantschen) Torsion erhält man die Verwölbung w gemäß (45). Durch formelle Analogie mit den Beziehungen für offene Profile könnte man den Ausdruck $\varepsilon = w' = -\tau''\hat{\omega}$ im Falle behinderter Wölbkrafttorsion in Rechnung stellen. Im letzteren Fall treten neben den Wölbnormalspannungen sekundäre Schubkräfte T^{II} gemäß (59) auf, deren Einfluß auf die Verwölbung in (45) noch nicht zum Ausdruck kommt. Diesem Verformungseinfluß wird — in analoger Weise, wie es A. A. Umanskij [12] und S. U. Benscoter [13] für gerade Kastenträger getan haben — dadurch Rechnung getragen, daß im Ausdruck für Verwölbung w an Stelle von τ'' die zweite Ableitung einer ebenfalls dimensionslosen Funktion $f = f(z)$ kommt. Die Verwölbung w wird daher durch (46) ausgedrückt und somit erhält man für die Dehnung zufolge Verwindung der Schubachse den Ausdruck

$$\varepsilon = w' = -f''\hat{\omega}. \qquad (107)$$

2.2 Geschlossene und offen-geschlossene Profile

Durch (107) wird die Normalspannung der behinderten Wölbkrafttorsion als affin zu der Einheitsverwölbung $\hat{\omega}$ gemäß (44) angenommen. Dies ist in der Tatsache eine grobe Näherungsmaßnahme, die aber den Verformungseinfluß der Schubkräfte im Mittel ausdrückt — vgl. diesbezügliche Bemerkungen unter 1.2.2 — und die Randbedingungen bezüglich der Verschiebung w prinzipiell richtig formulieren läßt.

Die Gesamtdehnung einer Faser ist auf Grund von (74) und (76), unter Berücksichtigung von (107), gleich

$$\varepsilon = v''y - u''x - f''\hat{\omega} + w'_S - \frac{u + \vartheta(y - y_0)}{r^2}(r + x). \tag{108}$$

Wird nun der allgemeine Ausdruck für die Normalspannung $\sigma = E\varepsilon$, mit ε gemäß (108) in die Gleichungen (78) und in die nachfolgende Gleichung für das Bimoment B,

$$B = \int_A \sigma\hat{\omega}\,dA, \tag{109}$$

eingesetzt, so erhält man für M_x, M_y und N identische Ausdrücke mit den Gl. (80) bis (82) und für das Bimoment einen zu (83) analogen Ausdruck mit f'' an Stelle von τ''. Nun ist die Vereinfachung der Ausdrücke (80) bis (82) auf die Form der Gl. (85) bis (87) zweckmäßig und noch mehr berechtigt als im Falle offener Profile. Der vereinfachte Ausdruck für das Bimoment lautet dementsprechend

$$B = -EI_{\hat{\omega}}f'', \tag{110}$$

mit $I_{\hat{\omega}}$ gemäß (50).

2.2.2 Grundgleichungen

Die Gl. (60) — die sich nur auf die Schubverformung aus den Torsionsschubkräften und Wölbschubkräften, und nicht aus den Querkräften Q_x und Q_y, bezieht — kann bezüglich w gelöst werden:

$$w = w_{s=0} + \frac{1}{G}\int_0^s T\frac{ds}{\delta} - \tau'\int_0^s h\,ds. \tag{111}$$

Nach Umfahrung der geschlossenen Kontur eines einzelligen Profils erhält man hieraus die Zusammenhangsbedingung

$$\frac{1}{G}\oint T\frac{ds}{\delta} - \tau'\Omega = 0. \tag{112}$$

2. Grundgleichungen der Wölbkrafttorsion

Diese wird durch $T_{(b)}$ gemäß (61) identisch erfüllt. Andererseits erfüllt $T_{(a)}$ gemäß (56) offensichtlich die Gleichgewichtsbedingung

$$\int_A T h \, ds = H \qquad (113)$$

ebenfalls identisch. Es liegt nahe zu fordern, daß die Ausdrücke $T_{(a)}$ und $T_{(b)}$ jeweils auch die andere Bedingung erfüllen. Hieraus ergeben sich folgende Differentialgleichungen bezüglich τ und f:

$$E I_{\hat{\omega}} f''' - G I_d \tau' = -H^1 \qquad (114)$$

und

$$\tau' = \mu f' + \frac{H}{G I_c}, \qquad (115)$$

wobei der Beiwert

$$\mu = 1 - \frac{I_d}{I_e} \qquad (116)$$

Wölbschubparameter genannt wird, und

$$I_c = \int_A h^2 \, dA \qquad (117)$$

das sogenannte *zentrale Trägheitsmoment* ist.

Aus (114) und (115) kann τ' eliminiert werden. Es ergibt sich eine Differentialgleichung bezüglich der Wölbfunktion f

$$E I_{\hat{\omega}} f''' - \mu G I_d f' = -\mu H. \qquad (118)$$

Die Gl. (118) wird einmal nach z differenziert. Unter Berücksichtigung von (91) und (110) folgt hieraus die Bestimmungsgleichung für die Bimomente B

$$B'' - k^2 B = -\mu \left(m - \frac{M_x + N y_0}{r} \right), \qquad (119)$$

---

[1] Hierbei wurde folgende geometrische Beziehung benutzt:

$$\frac{\Omega}{\oint \frac{ds}{\delta}} \oint \bar{S}_{\hat{\omega}} \frac{ds}{\delta} = \int_A \hat{\omega}^2 \, dA = I_{\hat{\omega}}. \qquad (114\text{a})$$

Diese kann mit Hilfe von (57), (53) und (44) durch partielle Integration abgeleitet werden. Das Integral $\oint$ bezieht sich nur auf den geschlossenen Teil, während das Integral $\int_A$ auf die ganze Querschnittsfläche auszudehnen ist.

2.2 Geschlossene und offen-geschlossene Profile

mit

$$k = \sqrt{\mu \frac{GI_d}{EI_{\hat\omega}}} \qquad (120)$$

als Abklingungsbeiwert.[1]

Die Gl. (119) unterscheidet sich von der analogen Gleichung für offene Profile, Gl. (94), nur durch den Wölbschubparameter am Lastterm und im Wurzelausdruck für den Abklingungsbeiwert. Ein wesentlicher Unterschied liegt aber in Aufstellung von Rand- bzw. Übergangsbedingungen. Im Falle einer vollständigen Wölbbehinderung in einem Querschnitt lautet die entsprechende Bedingung bei geschlossenen Profilen, in Übereinstimmung mit (46),

$$f' = 0,$$

und aus (115) folgt dann $\tau' = H/GI_c$, während es bei offenen Profilen

$$\tau' = 0$$

gilt.

Unterschiedlich werden auch die Verformungsgrößen bestimmt. Das Bimoment im Grundsystem (Abb. 27) gilt als bekannt. Wird nun das Bimoment B gemäß (110) einmal integriert, so ergibt sich

$$f' = -\frac{1}{EI_{\hat\omega}} \int B \, dz. \qquad (121)$$

Durch nochmalige Integration erhält man auf Grund von (115)

$$\tau = \mu \int f' \, dz + \frac{1}{GI_c} \int H \, dz, \qquad (122)$$

wobei H ebenfalls als bekannt gilt.

Ist nun τ auf Grund von Gl. (121) und (122) bestimmt, so kann die Verschiebung v aus der Gl. (101), die auch für geschlossene Profile in Kraft bleibt, ermittelt werden. Mit bekannten τ und v erhält man aus (3) den Drehwinkel ϑ durch Subtrahieren.

---

[1] Wenn man bei Ableitung der Bimomentengleichung ähnlich wie G. J. DSHANELIDZE und J. G. PANOWKO [21] oder R. HEILIG [22] im Falle gerader Kastenträger verfährt, erhält man für den Wölbschubparameter einen anderen Ausdruck — hier mit μ_1 bezeichnet —

$$\mu_1 = \frac{I_{\hat\omega}}{\Omega} \frac{\oint \bar S_{\hat\omega} \frac{ds}{\delta}}{\oint \bar S_{\hat\omega}^2 \frac{ds}{\delta}},$$

der sich etwas schwieriger als μ nach (116) berechnen läßt. Ansonsten werden die Resultate kaum genauer [23].

Die Verschiebungskomponenten u und w_S können für einfach-symmetrische Profile auf Grund von (105) und (106) bestimmt werden, vorausgesetzt, daß die Bedingung $M_y = N = 0$ erfüllt ist. Andernfalls gelten hierzu die Gl. (86) und (87).

Die Stützneigung ist sowohl für offene als auch für geschlossene Profile durch die Gl. (103) definiert. Die *Stützverwölbung* wird auf Grund der Beziehung (46) — unterschiedlich zur Gl. (104) — wie folgt ausgedrückt:

$$\mu_{z=0} = f'_{z=0}, \quad \mu_{z=l} = -f'_{z=l}, \tag{123}$$

wobei die Ableitung f' der Wölbfunktion entweder auf Grund der Gl. (118) mit Hilfe der Anfangsparameter, wie unter 3.3.1, bestimmt wird oder aus den Beziehungen (121) und (122) durch Integration herauskommt.

3. Schnittkräfte für Hauptlastfälle. Bestimmung von Bimomenten mit Hilfe der Methode der Anfangsparameter

3.1 Biegemomente M_x und Gesamtdrillmomente H

3.1.1 Statisch bestimmtes Ausgangssystem

Man betrachte zunächst den in Abb. 25a gezeigten *statisch bestimmt* gestützten Einfeldträger, der durch *normal zur Krümmungsebene* gerichtete Einzellast P bzw. stetige Last p beansprucht ist (die letztere Last wird je Längeneinheit der gekrümmten Schubachse gemessen).

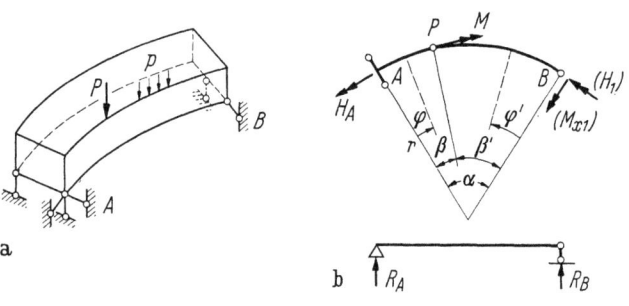

Abb. 25a und b

Die außermittig wirkende Einzellast P kann gemäß Abb. 26 durch mittige Einzellast P und ein Einzeldrehmoment M gleich Pe dargestellt werden (die Außermittigkeit wird bezüglich der Schubachse gemessen).

3.1 Biegemomente M_x und Gesamtdrillmomente H

Sinngemäß kann auch die außermittig angreifende stetige Last p durch mittige Belastung p und stetig verteilte Drehmomente $m = pe$ dargestellt werden.

Für den *Lastfall P, M* erhält man aus der Gleichgewichtsbedingung der Momente bezüglich der Sehne $A-B$ (Abb. 25b) mit $M_{xA} = M_{x1} = H_1 = 0$

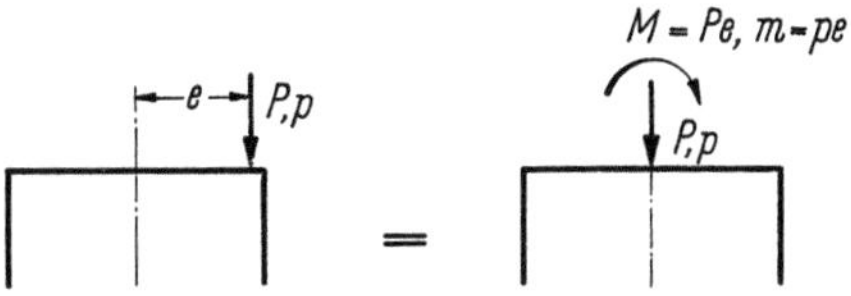

Abb. 26

$$H_A = Pr\left(1 - \frac{\sin\beta + \sin\beta'}{\sin\alpha}\right) + M\frac{\sin\beta + \sin\beta'}{\sin\alpha},$$

und aus der Gleichgewichtsbedingung der Momente bezüglich der durch Stütze B durchgehenden Radialachse

$$R_A = P\left(1 - \frac{\sin\beta}{\sin\alpha}\right) + \frac{M}{r}\frac{\sin\beta}{\sin\alpha},$$

$$R_B = \left(P - \frac{M}{r}\right)\frac{\sin\beta}{\sin\alpha}.$$

Mit diesen Anfangswerten erhält man die Schnittkräfte M_x und H im linken Bereich mit $0 < \varphi < \beta$

$$M_x = (Pr - M)\frac{\sin\beta' \sin\varphi}{\sin\alpha},$$

$$H = (M - Pr)\frac{\sin\beta + \sin\beta' \cos\varphi}{\sin\alpha} + Pr,$$

und im rechten Bereich mit $0 < \varphi' < \beta'$

$$M_x = (Pr - M)\frac{\sin\beta \sin\varphi'}{\sin\alpha},$$

$$H = (M - Pr)\frac{\sin\beta \,(1 - \cos\varphi')}{\sin\alpha}.$$

Für die Belastung normal zur Krümmungsebene gilt, wie bereits vermerkt wurde, $M_y = N = 0$.

Für die *Belastung durch Endbiegemoment* $M_{x1} = 1$ folgt

$$H_A = -\frac{1 - \cos\alpha}{\sin\alpha}, \qquad R_A = -R_B = \frac{1}{r \tan\alpha},$$

und für den ganzen Bereich $0 < \varphi < \alpha$ gilt

$$M_x = \frac{\sin\varphi}{\sin\alpha}, \quad H = -\frac{\cos\varphi - \cos\alpha}{\sin\alpha}.$$

Die *Belastung durch Enddrillmoment* $H_1 = 1$ liefert

$$H_A = -1, \qquad R_A = -R_B = -\frac{1}{r},$$

und ferner
$$M_x = 0, \quad H = -1 = \text{konst.}$$

Für stetige Lasten p, m erhält man M_x und H durch Integrieren entsprechender Ausdrücke für den Lastfall P, M.

3.1.2 Einfach statisch unbestimmtes Grundsystem

Von praktischem Interesse ist die Kenntnis der Schnittkräfte in nach Abb. 27 einfach statisch unbestimmt gestütztem Einfeldträger. Eine solche Stützungsart ist beispielsweise in gekrümmten Brückentragwerken anzutreffen. Der Einfeldträger nach Abb. 27 bildet zugleich das *Grundsystem* zur Berechnung von gekrümmten Durchlaufträgern.

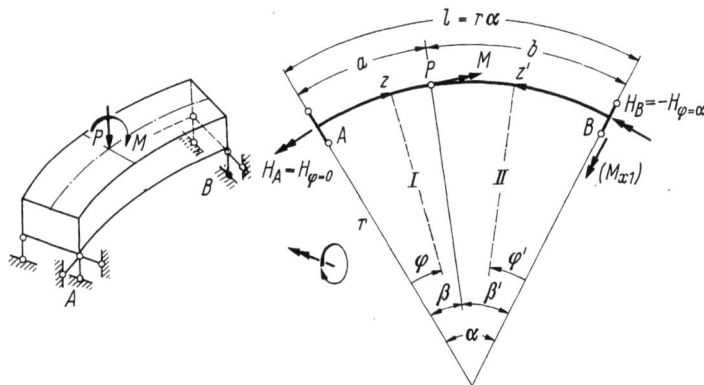

Abb. 27. Einfach statisch unbestimmt gestützter Einfeldträger (das Grundsystem)

Die Schnittkräfte im Grundsystem erhält man aus dem Ausgangssystem Abb. 26, indem die Werte für gegebene Feldbelastung mit jenen zufolge eines zunächst unbekannten Stützdrillmomentes H_1 superponiert werden. Die Überzählige H_1 wird aus der Bedingung bestimmt, daß der Drehwinkel ϑ an der Stütze B gleich Null ist:

$$H_1 \vartheta_{11} + \vartheta_{10} = 0.$$

Die Gleichungskoeffizienten lauten

$$\vartheta_{11} = \int_0^l H_1^2(z) \frac{dz}{GI_d} = \frac{l}{GI_d},$$

$$\vartheta_{10} = \int_0^l H_1(z) H_0(z) \frac{dz}{GI_d} = -\int_0^l H_0(z) \frac{dz}{GI_d},$$

wobei $H_1(z)$ und $H_0(z)$ das Drillmoment im Ausgangssystem zufolge $H_1 = 1$ bzw. Feldbelastung bedeuten. Hierbei wurde berücksichtigt,

3.1 Biegemomente M_x und Gesamtdrillmomente H

daß $M_{x1}(z) = 0$ ist. Für in z-Richtung veränderliche Profile ergibt sich daher

$$H_1 = \frac{\int_0^l H_0(z) \frac{dz}{GI_d}}{\int_0^l \frac{dz}{GI_d}}.$$

Für in z-Richtung konstantes Profil folgt hieraus einfach

$$H_1 = \frac{1}{l} \int_0^l H_0(z)\, dz. \qquad (124)$$

Die Biegemomente M_x bleiben in beiden Systemen identisch. Die Drillmomente H unterscheiden sich nur durch die Konstante H_1 gemäß (124). Sie ist für konstantes Profil gleich dem über die Länge l genommenen Mittelwert der Schnittdrillmomente $H_0(z)$ im Ausgangssystem.

Die Ausdrücke für Biegemomente M_x und Drillmomente H im Grundsystem für die Belastung durch Einzellast P und Einzeldrehmoment M, die stetigen Lasten p, m als auch die Belastung durch Endbiegemoment sind in den Tafeln I, II und III zusammengestellt (S. 49 bis 53).

Tafel I. *Schnittgrößen im Grundsystem für die Belastung durch Einzellast P und Einzeldrehmoment M*

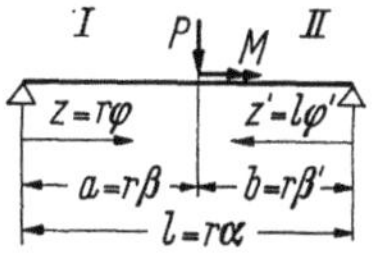

Größe	Bereich	Ausdruck	Umgeformter Ausdruck [1]
M_x	I	$(Pr - M) \dfrac{\sin \beta'}{\sin \alpha} \sin \varphi$	$\left(\dfrac{Pl}{\alpha} - M\right) \varphi_1$
	II	$(Pr - M) \dfrac{\sin \beta}{\sin \alpha} \sin \varphi'$	$\left(\dfrac{Pl}{\alpha} - M\right) \varphi_1'$
H	I	$(M - Pr) \dfrac{\sin \beta'}{\sin \alpha} \cos \varphi + Pr \dfrac{\beta'}{\alpha}$	$M\varphi_2 - Pl\varphi_3$
	II	$-(M - Pr) \dfrac{\sin \beta}{\sin \alpha} \cos \varphi' - Pr \dfrac{\beta}{\alpha}$	$-M\varphi_2' + Pl\varphi_3'$
$\dfrac{B}{\mu}$	I	$\dfrac{M(1-\eta) + Pr\eta}{k} \dfrac{\sinh kb}{\sinh kl} \sinh kz +$ $+ (Mr - Pr^2)\eta \dfrac{\sin \beta'}{\sin \alpha} \sin \varphi$	$Ml\left[(1-\eta)\varphi_1^* + \dfrac{\eta}{\alpha}\varphi_1\right] +$ $+ \dfrac{Pl^2}{\alpha} \eta \left(\varphi_1^* - \dfrac{1}{\alpha}\varphi_1\right)$

3. Schnittkräfte für Hauptlastfälle

Tafel I. (*Fortsetzung*)

Größe	Bereich	Ausdruck	Umgeformter Ausdruck [1]
$\dfrac{B}{\mu}$	II	$\dfrac{M(1-\eta)+Pr\eta}{k}\dfrac{\sinh ka}{\sinh kl}\sinh kz' +$ $+ (Mr - Pr^2)\eta\,\dfrac{\sin\beta}{\sin\alpha}\sin\varphi'$	$Ml\left[(1-\eta)\varphi_1^{*\prime} + \dfrac{\eta}{\alpha}\varphi_1'\right] +$ $+ \dfrac{Pl^2}{\alpha}\eta\left(\varphi_1^{*\prime} - \dfrac{1}{\alpha}\varphi_1'\right)$
$\dfrac{B'}{\mu}$	I	$[M(1-\eta)+Pr\eta]\dfrac{\sinh kb}{\sinh kl}\cosh kz +$ $+ (M - Pr)\eta\,\dfrac{\sin\beta'}{\sin\alpha}\cos\varphi$	$M[(1-\eta)\varphi_2^* + \eta\varphi_2] +$ $+ Pl\,\dfrac{\eta}{\alpha}(\varphi_2^* - \varphi_2)$
	II	$-[M(1-\eta)+Pr\eta]\dfrac{\sinh ka}{\sinh kl}\cosh kz' -$ $- (M - Pr)\eta\,\dfrac{\sin\beta}{\sin\alpha}\cos\varphi'$	$-M[(1-\eta)\varphi_2^{*\prime} + \eta\varphi_2'] -$ $- Pl\,\dfrac{\eta}{\alpha}(\varphi_2^{*\prime} - \varphi_2')$

Für *offene* Profile gilt hierbei $\mu = 1$, $H_\omega = B'$ und $H_d = H - H_\omega$ wie folgt:

H_d	I	$(M-Pr)(1-\eta)\dfrac{\sin\beta'}{\sin\alpha}\cos\varphi + Pr\dfrac{\beta'}{\alpha} -$ $- [M(1-\eta)+Pr\eta]\dfrac{\sinh kb}{\sinh kl}\cosh kz$	$M(1-\eta)(\varphi_2 - \varphi_2^*) -$ $- Pl\left[\varphi_3 + \dfrac{\eta}{\alpha}(\varphi_2^* - \varphi_2)\right]$
	II	$-(M-Pr)(1-\eta)\dfrac{\sin\beta}{\sin\alpha}\cos\varphi' - Pr\dfrac{\beta}{\alpha} +$ $+ [M(1-\eta)+Pr\eta]\dfrac{\sinh ka}{\sinh kl}\cosh kz'$	$-M(1-\eta)(\varphi_2' - \varphi_2^{*\prime}) +$ $+ Pl\left[\varphi_3' + \dfrac{\eta}{\alpha}(\varphi_2^{*\prime} - \varphi_2')\right]$

Im Sonderfall $kl = \infty$: M_x und H wie oben und $B = H_\omega = 0$.

Im Sonderfall $kl = 0$: M_x und H wie oben, $H_\omega = H$, $H_d = 0$ und B wie folgt:

B	I	$Pr\,\dfrac{bz}{l} + (Mr - Pr^2)\dfrac{\sin\beta'}{\sin\alpha}\sin\varphi$	$\dfrac{Ml}{\alpha}\varphi_1 - Pl^2\varphi_4$
	II	$Pr\,\dfrac{az'}{l} + (Mr - Pr^2)\dfrac{\sin\beta}{\sin\alpha}\sin\varphi'$	$\dfrac{Ml}{\alpha}\varphi_1' - Pl^2\varphi_4'$

Es bedeutet $k = \sqrt{\mu G I_d / E I_{\hat{\omega}}}$ mit $\mu = 1 - I_d/I_c$. Für *offene* Profile gilt $k = \sqrt{G I_d / E I_\omega}$.

---

[1] Hilfsfunktionen φ_1 bis φ_4, φ_1^* und φ_2^* sind in der Tafel VII zusammengestellt. Hilfsfunktionen φ_1' bis φ_4', $\varphi_1^{*\prime}$ und $\varphi_2^{*\prime}$ werden aus obigen Funktionen durch Vertauschen der Argumente erhalten.

3.1 Biegemomente M_x und Gesamtdrillmomente H

Tafel II. *Schnittgrößen im Grundsystem zufolge stetiger Gleichlast p und gleichmäßig verteilter Drehmomente m*

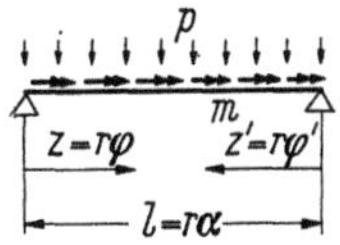

Größe	Ausdruck	Umgeformter Ausdruck[1]
M_x	$(pr^2 - mr)\left(\dfrac{\sin\varphi + \sin\varphi'}{\sin\alpha} - 1\right)$	$(pl^2 - ml\alpha)\varphi_5$
H	$(mr - pr^2)\dfrac{\cos\varphi - \cos\varphi'}{\sin\alpha} - pr^2\dfrac{\varphi - \varphi'}{2}$	$ml\varphi_6 - pl^2\varphi_7$
$\dfrac{B}{\mu}$	$\dfrac{m(1-\eta) + pr\eta}{k^2}\left(1 - \dfrac{\sinh kz + \sinh kz'}{\sinh kl}\right) +$ $+ (mr^2 - pr^3)\eta\left(\dfrac{\sin\varphi + \sin\varphi'}{\sin\alpha} - 1\right)$	$ml^2[(1-\eta)\varphi_3^* + \eta\varphi_5] -$ $- pl^3\dfrac{\eta}{\alpha}(\varphi_5 - \varphi_3^*)$
$\dfrac{B'}{\mu}$	$-\dfrac{m(1-\eta) + pr\eta}{k}\dfrac{\cosh kz - \cosh kz'}{\sinh kl} +$ $+ (mr^2 - pr^2)\eta\dfrac{\cos\varphi - \cos\varphi'}{\sin\alpha}$	$ml[(1-\eta)\varphi_4^* + \eta\varphi_6] -$ $- pl^2\dfrac{\eta}{\alpha}(\varphi_6 - \varphi_4^*)$

Für *offene* Profile gilt $\mu = 1$, $H_\omega = B'$ und $H_d = H - H_\omega$ wie folgt:

H_d	$(mr - pr^2)(1-\eta)\dfrac{\cos\varphi - \cos\varphi'}{\sin\alpha} - pr^2\dfrac{\varphi - \varphi'}{2} +$ $+ [m(1-\eta) + pr\eta]\dfrac{\cosh kz - \cosh kz'}{k\sinh kl}$	$ml(1-\eta)(\varphi_6 - \varphi_4^*) -$ $- pl^2\left[\varphi_7 - \dfrac{\eta}{\alpha}(\varphi_6 - \varphi_4^*)\right]$

Im Sonderfall $kl = \infty$: M_x und H wie oben und $B = H_\omega = 0$.

Im Sonderfall $kl = 0$: M_x und H wie oben, $H_\omega = H$ und B wie folgt:

B	$\dfrac{pr}{2}z(l-z) + (mr^2 - pr^3)\left(\dfrac{\sin\varphi + \sin\varphi'}{\sin\alpha} - 1\right)$	$ml^2\varphi_5 - pl^3\varphi_8$

---

[1] Hilfsfunktionen φ_5 bis φ_8, φ_3^* und φ_4^* sind in der Tafel VII zusammengestellt.

4*

3. Schnittkräfte für Hauptlastfälle

Tafel III. *Schnittgrößen im Grundsystem Feld* $i-1$, i *für die Belastung durch Endbiegemomente und Endbimomente*

Größe	Ausdruck	Umgeformter Ausdruck[1]
\multicolumn{3}{c}{*Lastfall* M_{i-1}, M_i}		
M_x	$M_{i-1}\dfrac{\sin\varphi'}{\sin\alpha} + M_i\dfrac{\sin\varphi}{\sin\alpha}$	$M_{i-1}s' + M_i s$
H	$M_{i-1}\left(\dfrac{\cos\varphi'}{\sin\alpha}-\dfrac{1}{\alpha}\right) - M_i\left(\dfrac{\cos\varphi}{\sin\alpha}-\dfrac{1}{\alpha}\right)$	$M_{i-1}\varphi_9' - M_i\varphi_9$
$\dfrac{B}{\mu}$	$-r\eta\left[M_{i-1}\left(\dfrac{\sin\varphi'}{\sin\alpha}-\dfrac{\sinh kz'}{\sinh kl}\right) + M_i\left(\dfrac{\sin\varphi}{\sin\alpha}-\dfrac{\sinh kz}{\sinh kl}\right)\right]$	$-\dfrac{\eta l}{\alpha}[M_{i-1}(s'-s^{*\prime}) + M_i(s-s^*)]$
$\dfrac{B'}{\mu}$	$\eta\left[M_{i-1}\left(\dfrac{\cos\varphi'}{\sin\alpha}-kr\dfrac{\cosh kz'}{\sinh kl}\right) - M_i\left(\dfrac{\cos\varphi}{\sin\alpha}-kr\dfrac{\cosh kz}{\sinh kl}\right)\right]$	$\eta\left[M_{i-1}\left(c'-\dfrac{kl}{\alpha}c^{*\prime}\right) - M_i\left(c-\dfrac{kl}{\alpha}c^*\right)\right]$

Für *offene* Profile gilt $\mu=1$, $H_\omega = B'$ und $H_d = H - H_\omega$ wie folgt:

H_d	$M_{i-1}\left[(1-\eta)\dfrac{\cos\varphi'}{\sin\alpha} - \dfrac{1}{\alpha} + \eta kr\dfrac{\cosh kz'}{\sinh kl}\right] - M_i\left[(1-\eta)\dfrac{\cos\varphi}{\sin\alpha} - \dfrac{1}{\alpha} + \eta kr\dfrac{\cosh kz}{\sinh kl}\right]$	$M_{i-1}\left[\varphi_9' - \eta\left(c'-\dfrac{kl}{\alpha}c^{*\prime}\right)\right] - M_i\left[\varphi_9 - \eta\left(c-\dfrac{kl}{\alpha}c^*\right)\right]$

Im Sonderfall $kl=\infty$: M_x und H wie oben und $B = H_\omega = 0$.

Im Sonderfall $kl=0$: M_x und H wie oben, $H_\omega = H$ und B wie folgt:

B	$-M_{i-1}r\left(\dfrac{\sin\varphi'}{\sin\alpha}-\dfrac{\varphi'}{\alpha}\right) - M_i r\left(\dfrac{\sin\varphi}{\sin\alpha}-\dfrac{\varphi}{\alpha}\right)$	$-\dfrac{l}{\alpha}(M_{i-1}\varphi_{10}' + M_i\varphi_{10})$

	Lastfall B_{i-1}, B_i[2]	
M_x	—	—
H	$\dfrac{1}{l}(B_i - B_{i-1})$	$\dfrac{1}{l}(B_i - B_{i-1})$
B	$B_{i-1}\dfrac{\sinh kz'}{\sinh kl} + B_i\dfrac{\sinh kz}{\sinh kl}$	$B_{i-1}s^{*\prime} + B_i s^*$

3.1 Biegemomente M_x und Gesamtdrillmomente H

Tafel III (*Fortsetzung*)

Größe	Ausdruck	Umgeformter Ausdruck[1]
B'	$-B_{i-1} k \dfrac{\cosh kz'}{\sinh kl} + B_i k \dfrac{\cosh kz}{\sinh kl}$	$k(B_i c^* - B_{i-1} c^{*\prime})$
	Für *offene* Profile gilt $\mu = 1$ und $H_d = H - H_\omega$ gleich	
H_d	$-B_{i-1}\left(\dfrac{1}{l} - k\dfrac{\cosh kz'}{\sinh kl}\right) + B_i\left(\dfrac{1}{l} - k\dfrac{\cosh kz}{\sinh kl}\right)$	$-B_{i-1}\left(\dfrac{1}{l} - kc^{*\prime}\right)$ $+ B_i\left(\dfrac{1}{l} - kc^*\right)$
	Im Sonderfall $kl = 0$: $M_x = 0$, H wie oben, $H_\omega = H$ und B wie folgt:	
B	$B_{i-1} \dfrac{z'}{l} + B_i \dfrac{z}{l}$	$B_{i-1}\xi' + B_i\xi$ mit $\xi = \dfrac{z}{l}$, $\xi' = \dfrac{z'}{l}$

---

[1] Hilfsfunktionen φ_9, φ_{10}, s, c, s^* und c^* sind in der Tafel VII zusammengestellt.
[2] In den Ausdrücken für B und B' zu diesem Lastfall ist der Wölbschubparameter μ nur indirekt — im Wurzelausdruck für k gemäß Gl. (120) — enthalten.

3.1.3 Kragträger

Biegemomente M_x und Gesamtdrillmomente H in einem eingespannten Kragträger (Abb. 28) für die Belastung durch Einzellast P und Ein-

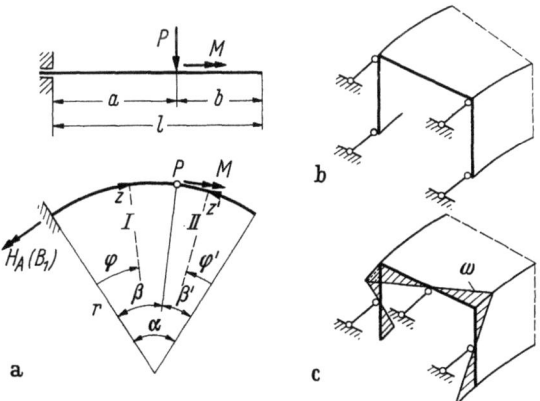

Abb. 28 a—c

zeldrehmoment M im beliebigen Querschnitt sind im oberen Teil der Tafel IV oder V zu finden.

54   3. Schnittkräfte für Hauptlastfälle

Tafel IV. *Schnittgrößen in einem wölbfrei eingespannten Kragträger für die Belastung durch Einzellast P und Einzeldrehmoment M bzw. durch Endbimoment B_1 in $z = 0$*

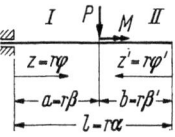

Größe	Bereich	Ausdruck	Umgeformter Ausdruck [1]
		Lastfall P, M	
M_x	I	$(M - Pr)\sin(\beta - \varphi)$	$-\dfrac{Pl}{\alpha}\sin(\beta - \varphi) + M\sin(\beta - \varphi)$
	II	—	—
H	I	$(M - Pr)\cos(\beta - \varphi) + Pr$	$M\cos(\beta - \varphi) + \dfrac{Pl}{\alpha}[1 - \cos(\beta - \varphi)]$
	II	—	—
$\dfrac{B}{\mu}$	I	$\dfrac{M(1-\eta) + Pr\eta}{k}\dfrac{\sinh kb}{\sinh kl}\sinh kz +$ $+ (Pr^2 - Mr)\eta\left[\sin(\beta - \varphi) - \sin\beta\dfrac{\sinh k(l-z)}{\sinh kl}\right]$	$Ml\left\{(1-\eta)\varphi_1^* + \dfrac{\eta}{\alpha}[\varphi_5^{*\prime} - \sin(\beta - \varphi)]\right\} + Pl^2\dfrac{\eta}{\alpha}\left\{\varphi_1^* - \dfrac{1}{\alpha}[\varphi_5^{*\prime} - \sin(\beta - \varphi)]\right\}$
	II	$\left[\dfrac{M(1-\eta) + Pr\eta}{k}\sinh ka +\right.$ $\left. + (Mr - Pr^2)\eta\sin\beta\right]\dfrac{\sinh kz'}{\sinh kl}$	$Ml\left[(1-\eta)\varphi_1^{*\prime} + \dfrac{\eta}{\alpha}\varphi_5^{*\prime}\right] +$ $+ Pl^2\dfrac{\eta}{\alpha}\left[\varphi_1^{*\prime} - \dfrac{1}{\alpha}\varphi_5^{*\prime}\right]$
$\dfrac{B'}{\mu}$	I	$[M(1-\eta) + Pr\eta]\dfrac{\sinh kb}{\sinh kl}\cosh kz +$ $+ (M - Pr)\eta\left[\cos(\beta - \varphi) - kr\sin\beta\dfrac{\cosh k(l-z)}{\sinh kl}\right]$	$M\{(1-\eta)\varphi_2^* - \eta[\varphi_6^{*\prime} - \cos(\beta - \varphi)]\} + Pl\dfrac{\eta}{\alpha}[\varphi_2^* + \varphi_6^{*\prime} - \cos(\beta - \varphi)]$
	II	$-\{[M(1-\eta) + Pr\eta]\sinh ka +$ $+ (M - Pr)\eta kr\sin\beta\}\dfrac{\cosh kz'}{\sinh kl}$	$-M[(1-\eta)\varphi_2^{*\prime} + \eta\varphi_6^{*\prime}] -$ $- Pl\dfrac{\eta}{\alpha}(\varphi_2^{*\prime} - \varphi_6^{*\prime})$

Für *offene* Profile gilt $\mu = 1$, $H_\omega = B'$ und $H_d = H - H_\omega$.

Im Sonderfall $kl = \infty$: M_x und H wie oben und $B = H_\omega = 0$.

Im Sonderfall $kl = 0$ verliert das System die Tragfähigkeit

Lastfall B_1 (vgl. Abb. 28)

Für diesen Lastfall gilt im ganzen Bereich $M_x = H = 0$, $B = B_1 s^{*\prime}$, $B' = -B_1 k c^*$ und für offene Profile zusätzlich $H_\omega = B' = -H_d$.

[1] Hilfsfunktionen φ_1^*, φ_2^*, $\varphi_5^{*\prime}$ und $\varphi_6^{*\prime}$ sind in der Tafel VII angegeben.

3.1. Biegemomente M_x und Gesamtdrillmomente H

Tafel V. *Schnittgrößen in einem wölb- und biegefest eingespannten Kragträger belastet durch Einzellast P und Einzeldrehmoment M*

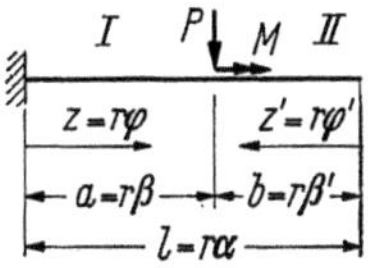

Größe	Bereich	Ausdruck
M_x	I	$(M - Pr)\sin(\beta - \varphi)$
	II	—
H	I	$(M - Pr)\cos(\beta - \varphi) + Pr$
	II	—
$\dfrac{B}{\mu}$	I	$\dfrac{M(1-\eta) + Pr\eta}{k} \cdot \dfrac{\sinh kb \cosh kz - \cos\beta \sinh k(l-z)}{\cosh kl} -$ $- \dfrac{Pr(1-\cos\beta)}{k} \dfrac{\sinh k(l-z)}{\cosh kl} + (Pr^2 - Mr)\eta \sin(\beta - \varphi)$
	II	$\dfrac{M(1-\eta) + Pr\eta}{k}\left[\dfrac{\sinh kb \cosh kz - \cos\beta \sinh kz'}{\cosh kl} -\right.$ $\left. - \sinh k(b-z')\right] - \dfrac{Pr(1-\cos\beta)}{k} \dfrac{\sinh kz'}{\cosh kl}$
$\dfrac{B'}{\mu}$	I	$[M(1-\eta) + Pr\eta] \dfrac{\sinh kb \sinh kz + \cos\beta \cosh k(l-z)}{\cosh kl} +$ $+ Pr(1-\cos\beta) \dfrac{\cosh k(l-z)}{\cosh kl} + (M - Pr)\eta \cos(\beta - \varphi)$
	II	$[M(1-\eta) + Pr\eta] \cdot \left[\dfrac{\sinh kb \sinh kz + \cos\beta \cosh kz'}{\cosh kl} -\right.$ $\left. - \cosh k(b-z')\right] + Pr(1-\cos\beta) \dfrac{\cosh kz'}{\cosh kl}$

Für *offene* Profile gilt $\mu = 1$, $H_\omega = B'$ und $H_d = H - H_\omega$.

Im Sonderfall $kl = \infty$: M_x und H wie oben und $B = H_\omega = 0$.

Im Sonderfall $kl = 0$: M_x und H wie oben, $H_\omega = H$ und B wie folgt:

B	I	$(Pr^2 - Mr)\sin(\beta - \varphi) - Pr^2(\beta - \varphi)$
	II	—

3.2 Lösung der Grundgleichung der Wölbkrafttorsion für offene Profile. Bimomente B und sekundäre Drillmomente H_ω

3.2.1 Methode der Anfangsparameter

Die Grundgleichung (92) bezüglich des reduzierten Drehwinkel τ wird, ähnlich wie im Falle gerader dünnwandiger Träger, mit Hilfe der Anfangsparameter gelöst.

Die Lösung der homogenen Gleichung (92),

$$\tau^{IV} - k^2 \tau'' = 0, \tag{125}$$

lautet

$$\tau = C_1 \sinh kz + C_2 \cosh kz + C_3 z + C_4. \tag{126}$$

Die Konstanten $C_1 \ldots C_4$ können durch die Anfangswerte (in $z = 0$) von τ, τ', B und H ausgedrückt werden. Man erhält unter Berücksichtigung der Beziehungen (88) und (90)

$$\tau = \tau_0 + \tau_0' \frac{\sinh kz}{k} + \frac{B_0}{GI_d}(1 - \cosh kz) + \frac{H_0}{GI_d} \frac{kz - \sinh kz}{k}, \tag{127}$$

und weiterhin

$$\tau' = \tau_0' \cosh kz - \frac{B_0 k}{GI_d} \sinh kz + \frac{H_0}{GI_d}(1 - \cosh kz), \tag{128}$$

$$B = -\tau_0' GI_d \frac{\sinh kz}{k} + B_0 \cosh kz + H_0 \frac{\sinh kz}{k}, \tag{129}$$

$$H = H_0, \tag{130}$$

wobei τ_0, τ_0', B_0 und H_0 die Werte von τ, τ', B und H in $z = 0$ bedeuten (Abb. 29).

Ist nun M_x und N im Grundsystem bekannt, so kann die rechte Gleichungsseite in (92) als eine Ersatzlast $\overline{m}$ gemäß (95) gedeutet werden. In analoger Weise mit Berechnung von geraden Stäben erhält man folgenden Ausdruck für τ an beliebiger Stelle unter Berücksichtigung eines Einzeldrehmomentes M, der gleichmäßig verteilten Drehmomente m und der äquivalenten Torsionslast $-\frac{M_x + N y_0}{r}$ zufolge Stabkrümmung (Abb. 29):

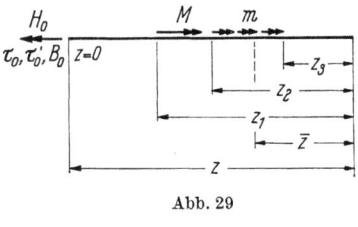

Abb. 29

$$\tau = \tau_0 + \tau_0' \frac{\sinh kz}{k} + \frac{B_0}{GI_d}(1 - \cosh kz) + \frac{H_0}{GI_d} \frac{kz - \sinh kz}{k} -$$

$$- \frac{M}{GI_d} \frac{kz_1 - \sinh kz_1}{k} - \frac{m}{GI_d}\left(\frac{z_2^2 - z_3^2}{2} - \frac{\cosh kz_2 - \cosh kz_3}{k^2}\right) +$$

$$+ \int_0^z \frac{M_x + N y_0}{r GI_d} \frac{k\bar{z} - \sinh k\bar{z}}{k} d\bar{z}, \tag{131}$$

und ferner

$$\tau' = \tau'_0 \cosh kz - \frac{B_0 k}{GI_d} \sinh kz + \frac{H_0}{GI_d}(1 - \cosh kz) -$$

$$- \frac{M}{GI_d}(1 - \cosh kz_1) - \frac{m}{GI_d}\left(z_2 - z_3 - \frac{\sinh kz_2 - \sinh kz_3}{k}\right) +$$

$$+ \int_0^z \frac{M_x + Ny_0}{rGI_d}(1 - \cosh k\bar{z})\,d\bar{z}, \tag{132}$$

$$B = -\tau'_0 GI_d \frac{\sinh kz}{k} + B_0 \cosh kz + H_0 \frac{\sinh kz}{k} - M \frac{\sinh kz_1}{k} -$$

$$- m \frac{\cosh kz_2 - \cosh kz_3}{k^2} + \int_0^z \frac{M_x + Ny_0}{r} \frac{\sinh k\bar{z}}{k}\,d\bar{z}, \tag{133}$$

$$H = H_0 - M - m(z_2 - z_3) + \int_0^z \frac{M_x + Ny_0}{r}\,d\bar{z}. \tag{134}$$

In dem Grundsystem Abb. 27 sind zwei Anfangsparameter gleich Null: $\tau_0 = B_0 = 0$. Die zwei verbleibenden Anfangsparameter τ'_0 und H_0 werden aus den Bedingungen an der rechten Stütze ($z = l$) bestimmt:

$$\left.\begin{array}{l} \tau_{z=l} = 0, \\ B_{z=l} = 0 \quad \text{bzw.} \quad B_{z=l} = B_{\text{End}}. \end{array}\right\} \tag{135}$$

Die Bedingungen (135) gelten für alle unter 3.2.2 betrachteten Lastfälle.

3.2.2 Bimomente und sekundäre Drillmomente im Grundsystem. Sonderfall $kl = 0$

3.2.2.1 Lastfall P, M (Abb. 27). Die Tafel I liefert für $0 < \varphi < \beta$

$$M_x = (Pr - M)\frac{\sin \beta'}{\sin \alpha} \sin \varphi,$$

und für $0 < \varphi' < \beta'$

$$M_x = (Pr - M)\frac{\sin \beta}{\sin \alpha} \sin \varphi',$$

wobei im ganzen Bereich $N = 0$ ist.

3. Schnittkräfte für Hauptlastfälle

Die Bedingung $\tau_{z=l}=0$ nimmt somit folgende Form an:

$$\tau_0' \frac{\sinh kl}{k} + \frac{H_0}{GI_d} \frac{kl-\sinh kl}{k} - \frac{M}{GI_d} \frac{kb-\sinh kb}{k} +$$

$$+ \int_0^\beta \left(P - \frac{M}{r}\right) \frac{\sin \beta'}{\sin \alpha} \sin \varphi \, \frac{kr(\alpha-\varphi) - \sinh kr(\alpha-\varphi)}{kGI_d} r d\varphi +$$

$$+ \int_0^{\beta'} \left(P - \frac{M}{r}\right) \frac{\sin \beta}{\sin \alpha} \sin \varphi' \, \frac{kr\varphi' - \sinh kr\varphi'}{kGI_d} r d\varphi' = 0.$$

Nach Ausrechnung der Integrale

$$\int_0^\beta \sin \varphi \sinh kr\varphi \, d\varphi = \frac{1}{1+(kr)^2} (kr \sin \beta \cosh kr\beta - \cos \beta \sinh kr\beta),$$

$$\int_0^\beta \sin \varphi \cosh kr\varphi \, d\varphi = \frac{1}{1+(kr)^2} (1 - \cos \beta \cosh kr\beta + kr \sin \beta \sinh kr\beta)$$

erhält man die erste Bestimmungsgleichung für die Parameter τ_0' und H_0, die hier noch durch kGI_d multipliziert wird,

$$GI_d \tau_0' \sinh kl + H_0(kl - \sinh kl) - M(kb - \sinh kb) + \quad (136)$$

$$+ \frac{Pr-M}{\sin \alpha} [kr(\alpha \sin \beta' - \beta' \sin \alpha) - \eta(\sin \beta' \sinh kl - \sin \alpha \sinh kb)] = 0,$$

wobei der Beiwert

$$\eta = \frac{1}{1+(kr)^2} \quad (137)$$

eingeführt wurde.

Aus der Bedingung $B_{z=l} = 0$ folgt auf Grund der Gl. (133)

$$-\tau_0' GI_d \frac{\sinh kl}{k} + H_0 \frac{\sinh kl}{k} - M \frac{\sinh kb}{k} +$$

$$+ \frac{1}{k} \int_0^\beta (Pr - M) \frac{\sin \beta'}{\sin \alpha} \sin \varphi \sinh kr(\alpha-\varphi) \, d\varphi +$$

$$+ \frac{1}{k} \int_0^{\beta'} (Pr - M) \frac{\sin \beta}{\sin \alpha} \sin \varphi' \sinh kr\varphi' \, d\varphi' = 0.$$

3.2 Lösung der Grundgleichung der Wölbkrafttorsion für offene Profile

Nach Ausrechnung der Integrale erhält man hieraus die zweite Bestimmungsgleichung

$$- GI_d \tau'_0 \sinh kl + H_0 \sinh kl - M \sinh kb +$$
$$+ \frac{Pr - M}{\sin \alpha} \eta (\sin \beta' \sinh kl - \sin \alpha \sinh kb) = 0. \tag{138}$$

Durch Addieren von (136) und (138) folgt sofort in Übereinstimmung mit auf anderem Wege erhaltenem Wert nach Tafel I

$$H_0 = M \frac{b}{l} - (Pr - M) \left(\frac{\sin \beta'}{\sin \alpha} - \frac{\beta'}{\alpha} \right) =$$
$$= M \frac{\sin \beta'}{\sin \alpha} - Pr \left(\frac{\sin \beta'}{\sin \alpha} - \frac{\beta'}{\alpha} \right) \tag{139}$$

und direkt aus (138)

$$\tau'_0 = \frac{1}{GI_d} \left[H_0 - M \frac{\sinh kb}{\sinh kl} + (Pr - M) \eta \left(\frac{\sin \beta'}{\sin \alpha} - \frac{\sinh kb}{\sinh kl} \right) \right], \tag{140}$$

wobei H_0 durch (139) gegeben ist.

Betrachtet man noch einmal die Bedingungen $\tau_{z=l} = B_{z=l} = 0$ auf Grund der allgemeinen Ausdrücke (131) und (133), so läßt sich nach Reduktion gleicher Anteile folgende allgemeine Beziehung für den Anfangswert H_0 anschreiben:

$$H_0 = M \frac{b}{l} + \frac{1}{l} \int_0^l \overline{m} \, (l - z) \, dz, \tag{141}$$

wobei für die Belastung normal zu Krümmungsebene gilt: $\overline{m} = m - M_x/r$. Somit bleibt die für gerade Stäbe gültige Regel bestehen. Nur tritt an Stelle der stetigen Torsionslast m die Ersatzlast $\overline{m}$. In der ersten Zeile von (139) sind beide Anteile gemäß (141) getrennt geschrieben.

Das Bimoment B wird nun auf Grund von (133) bestimmt. Für $0 < \varphi < \beta$ gilt

$$B = -\tau'_0 GI_d \frac{\sinh kz}{k} + H_0 \frac{\sinh kz}{k} +$$
$$+ \frac{1}{k} \int_0^\varphi (Pr - M) \frac{\sin \beta'}{\sin \alpha} \sin \lambda \sinh kr(\varphi - \lambda) \, d\lambda,$$

wobei der Hilfswinkel λ von der linken Stütze aus gerechnet wird. Nach Einsetzen von τ'_0 und H_0 aus (140) und (139) und Ausführung der Integration ergibt sich hieraus

$$B = \frac{M}{k} \frac{\sinh kb}{\sinh kl} \sinh kz + \frac{M - Pr}{k} \eta \left(kr \frac{\sin \beta'}{\sin \alpha} \sin \varphi - \frac{\sinh kb}{\sinh kl} \sinh kz \right). \tag{142}$$

Das erste Glied nach dem Gleichungszeichen in (142) stellt das Bimoment des geraden Stabes dar. Durch Differenzieren von (142) erhält man, auf Grund von (30), unmittelbar das sekundäre Drillmoment $H_\omega = B'$ und ferner, durch Subtrahieren, das primäre (StVenantsche) Drillmoment H_d gleich $H - H_\omega$. Die Ausdrücke für B, B' und H_d für beide Bereiche sind in der Tafel I angegeben, wobei überall $\mu = 1$ zu setzen ist.

Bei verschwindend kleiner StVenantscher Drillsteifigkeit GI_d wird der Parameter kl mit k nach (93) gegen Null gehen. Für den *Sonderfall* $kl = 0$ erhält man die Bimomente mit Hilfe des Grenzüberganges mit $k \to 0$. Dann gilt auch

$$\sinh kz \to 0, \quad \frac{\sinh kz}{\sinh kl} \to \frac{z}{l}, \quad \eta \to 1. \tag{143}$$

Die Ausdrücke des Bimomentes für $kl = 0$ sind im unteren Teil der Tafel I zu finden. Das sekundäre Drillmoment H_ω ist gleich dem Gesamtdrillmoment H.

3.2.2.2 Belastung p, m auf der ganzen Feldlänge. Hierbei gelten ebenfalls die Randbedingungen (135). Wegen Symmetrie ist H_0 von vornherein bekannt. Nach Tafel I ist für $z = 0$

$$H_0 = H_{z=0} = (mr - pr^2)\frac{1 - \cos \alpha}{\sin \alpha} + pr^2 \frac{\alpha}{2}. \tag{144}$$

Der einzige unbekannte Parameter τ_0' kann z. B. aus der Bedingung $B_{z=l} = 0$ bestimmt werden. Nach Einsetzen von B aus der Tafel II in (133) folgt

$$-\tau_0' GI_d \frac{\sinh kl}{k} + H_0 \frac{\sinh kl}{k} - m \frac{\cosh kl - 1}{k} +$$

$$+ \frac{pr^2 - mr}{k} \int_0^\alpha \left[\frac{\sin \varphi + \sin(\alpha - \varphi)}{\sin \alpha} - 1\right] \sinh kr(\alpha - \varphi) \, d\varphi = 0.$$

Nach Ausrechnung der Integrale, darunter

$$\int_0^\alpha \cos \varphi \cosh kr\varphi \, d\varphi = \eta(kr \cos \alpha \sinh kl + \sin \alpha \cosh kl),$$

$$\int_0^\alpha \cos \varphi \sinh kr\varphi \, d\varphi = \eta(kr \cos \alpha \cosh kl + \sin \alpha \sinh kl - kr),$$

$$\int_0^\alpha \sin \varphi \cosh kr\varphi \, d\varphi = \eta(kr \sin \alpha \sinh kl - \cos \alpha \cosh kl + 1),$$

$$\int_0^\alpha \sin \varphi \sinh kr\varphi \, d\varphi = \eta(kr \sin \alpha \cosh kl - \cos \alpha \sinh kl),$$

3.2 Lösung der Grundgleichung der Wölbkrafttorsion für offene Profile

und Multiplizieren durch $k/\sinh kl$ erhält man

$$GI_d \tau_0' = H_0 + m\frac{\cosh kl - 1}{\sinh kl} + \frac{pr^2 - mr}{\sinh kl}\eta\left[kr(\cosh kl - 1) + \right.$$
$$\left. + \frac{\sinh kl}{\sin \alpha}(1 - \cos \alpha) - \frac{1}{kr}(\cosh kl - 1)\right], \quad (145)$$

wobei H_0 durch (144) gegeben ist.
Der Ausdruck für das Bimoment B lautet

$$B = -\tau_0' GI_d \frac{\sinh kz}{k} + H_0 \frac{\sinh kz}{k} - m\frac{\cosh kz - 1}{k^2} +$$
$$+ \frac{pr^2 - mr}{k}\int_0^\varphi \left[\frac{\sin \lambda + \sin(\alpha - \lambda)}{\sin \alpha} - 1\right]\sinh kr(\varphi - \lambda)\, d\lambda.$$

Nach Einsetzen von τ_0' gemäß (145) und H_0 gemäß (144) und einiger Zwischenrechnung folgt

$$B = \frac{m}{k^2}\left(1 - \frac{\sinh kz + \sinh kz'}{\sinh kl}\right) + \frac{mr - pr^2}{k}\eta\left[kr\left(\frac{\sin \varphi + \sin \varphi'}{\sin \alpha} - 1\right) - \right.$$
$$\left. - \frac{1}{kr}\left(1 - \frac{\sinh kz + \sinh kz'}{\sinh kl}\right)\right]. \quad (146)$$

Der erste Anteil auf der rechten Gleichungsseite in (146) stellt das Bimoment des geraden Stabes dar. Der umgeformte Ausdruck für das Bimoment B und die Ausdrücke für Drillmomente $H_\omega = B'$ und H_d sind in der Tafel II angegeben. Daselbst ist auch der Wert von B für $kl = 0$ zu finden.

3.2.2.3 Belastung durch Endbiegemoment M_{x1}.
Das Biegemoment M_{x1} (im weiteren als M_1 bezeichnet) greift an der rechten Stütze des Grundsystems Abb. 27 an. Der unbekannte Anfangsparameter τ_0' wird, unter Berücksichtigung von M_x nach Tafel III, aus der Bedingung $B_{z=l} = 0$ bestimmt:

$$\tau_0' GI_d \frac{\sinh kl}{k} + H_0 \frac{\sinh kl}{k} + M_1 \int_0^\alpha \frac{\sin \varphi}{\sin \alpha} \cdot \frac{\sinh kr(\alpha - \varphi)}{k} d\varphi = 0. \quad (147)$$

Nach vorhergehender Betrachtung ist H_0 als bekannt zu betrachten. Die Tafel III liefert für $z = 0$

$$H_0 = H_{z=0} = -M_1\left(\frac{1}{\sin \alpha} - \frac{1}{\alpha}\right). \quad (148)$$

Mit τ_0' und H_0 gemäß (147) und (148) bestimmt man das Bimoment in bekannter Weise:

$$B = M_1 r\eta \left(\frac{\sinh kz}{\sinh kl} - \frac{\sin \varphi}{\sin \alpha} \right). \tag{149}$$

Mit wachsendem Krümmungsradius $(r \to \infty)$ geht das Bimoment B gegen Null $(r\eta \to 0)$. Die Ausdrücke für B, B' und H_d sind in der Tafel III angegeben.

3.2.2.4 Belastung durch Endbimoment B_1. Das Grundsystem ist an der rechten Stütze durch das Bimoment B_1 belastet (Abb. 30). Die Größe des Biegemomentes M_x ist zunächst unbekannt. Es läßt sich aber leicht beweisen, daß M_x für diesen Lastfall überall gleich Null ist.

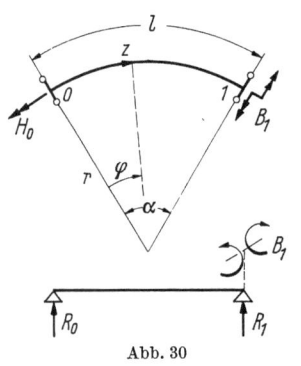

Abb. 30

Der Zusammenhang zwischen dem Auflagerdrillmoment H_0 und der Auflagerreaktion R_0 wird aus der Bedingung $M_{x(z=l)} = 0$ ermittelt. Es folgt sofort

$$R_0 = -R_1 = \frac{H_0}{r} \tag{150}$$

und somit

$$M_x = R_0 r \sin \varphi - H_0 \sin \varphi = 0,$$
$$H = R_0 r (1 - \cos \varphi) + H_0 \cos \varphi = H_0,$$

wobei H_0 in (150) zunächst unbekannt ist.

Die Anfangsparameter τ_0' und H_0 werden aus den Bedingungen $\tau_{z=l} = 0$ und $B_{z=l} = B_1$ bestimmt:

$$\tau_0' \frac{\sinh kl}{k} + H_0 \frac{kl - \sinh kl}{kGI_d} = 0,$$

$$-\tau_0' GI_d \frac{\sinh kl}{k} + H_0 \frac{\sinh kl}{k} = B_1,$$

woraus

$$H_0 = \frac{B_1}{l} \tag{151}$$

und

$$\tau_0' = \frac{B_1}{l\, GI_d} \left(1 - \frac{kl}{\sinh kl} \right) \tag{152}$$

folgt.

Mit τ_0' und H_0 gemäß (151) bzw. (152) erhält man auf Grund von (129) einfach

$$B = B_1 \frac{\sinh kz}{\sinh kl}, \tag{153}$$

3.2 Lösung der Grundgleichung der Wölbkrafttorsion für offene Profile 63

und sodann

$$\left.\begin{array}{l}H_\omega = B' = B_1 k \dfrac{\cosh kz}{\sinh kl}, \\[2mm] H_d = H - H_\omega = \dfrac{B_1}{l}\left(1 - kl\dfrac{\cosh kz}{\sinh kl}\right).\end{array}\right\} \qquad (154)$$

Mit H_0 gemäß (151) folgt schließlich aus (150)

$$R_0 = \frac{B_1}{rl} = \frac{\alpha B_1}{l^2}. \qquad (155)$$

3.2.3 Wölbfrei eingespannter Kragträger

Belastung durch Einzellast P und Einzeldrehmoment M. Nach Tafel IV lauten die Biegemomente M_x und Drillmomente H bei $0 < \varphi < \beta$ (Abb. 28a)

$$M_x = (M - Pr)\sin(\beta - \varphi),$$
$$H = M\cos(\beta - \varphi) + Pr[1 - \cos(\beta - \varphi)],$$

und es ist $M_x = H = 0$ bei $\beta < \varphi < \alpha$.

Es gelten die Randbedingungen (Abb. 28c)

$$\tau_0 = 0, \quad B_0 = 0, \quad H_0 = M\cos\beta + Pr(1 - \cos\beta) \qquad (156)$$

und

$$B_{z=l} = 0. \qquad (157)$$

Der einzige unbekannte Anfangsparameter τ_0' folgt aus der Bedingung (157):

$$-\tau_0' GI_d \frac{\sinh kl}{k} + H_0 \frac{\sinh kl}{k} - M\frac{\sinh kb}{k} +$$
$$+ \frac{M - Pr}{k}\int_0^\beta \sin(\beta - \varphi)\sinh kr(\alpha - \varphi)\,d\varphi = 0.$$

Nach Ausrechnung des Integrals ergibt sich

$$\tau_0' = \frac{1}{GI_d}\left\{[M(1-\eta) + Pr\eta]\left(\cos\beta - \frac{\sinh kb}{\sinh kl}\right) + \right.$$
$$\left. + Pr(1-\cos\beta) + \eta kr(M - Pr)\frac{\sin\beta}{\tanh kl}\right\}. \qquad (158)$$

Es sei hier gleich bemerkt, daß τ_0' gemäß (158) zugleich auch die Stützverwölbung, wie sie durch Gl. (104) definiert ist, darstellt. Diese

3. Schnittkräfte für Hauptlastfälle

Größe wird zur Berechnung von Durchlaufträgern mit Konsolen im Abschnitt 5 benötigt.

Auf Grund von (133), mit den Anfangsparametern gemäß (156) und (158), ergibt sich für den Bereich I ($0 < \varphi < \beta$)

$$B = \frac{M(1-\eta) + Pr\eta}{k} \frac{\sinh kb}{\sinh kl} \sinh kz +$$
$$+ \eta(Pr^2 - Mr)\left[\sin(\beta - \varphi) - \sin\beta \frac{\sinh kz'}{\sinh kl}\right], \qquad (159)$$

und für den Bereich II ($0 < \varphi' < \beta'$)

$$B = \left[\frac{M(1-\eta) + Pr\eta}{k}\sinh ka - \eta(Pr^2 - Mr)\sin\beta\right]\frac{\sinh kz'}{\sinh kl}. \qquad (160)$$

Eine Sonderstellung nimmt für die betrachtete Stützungsart der Fall $kl = 0$ ein. Man berechne hierfür

$$\lim_{k \to 0} \tau_0' = \lim_{I_d \to 0} \frac{1}{GI_d}\left[(M - Pr)\frac{\sin\beta}{\alpha} + Pr\left(1 - \frac{b}{l}\right)\right] = \infty.$$

Für $kl = 0$ verliert das System die Tragfähigkeit — die Verformungen werden unendlich groß, wenn auch für die Bimomente endliche Werte herausfallen. Hierin liegt auch der wesentliche Unterschied zwischen einer wölbfreien Einspannung, wie sie in Abb. 28c veranschaulicht wurde, und einer wölbfesten Einspannung gemäß Abb. 28b. (Nicht eingezeichnet sind die „Pendelstäbe", welche die Querkräfte und das Drillmoment aufzunehmen haben.)

Die Schnittkräfte sind in der Tafel IV zusammengestellt.

Belastung durch Endbimoment B_1 in $z = 0$ (Abb. 28a). Hierbei ist offensichtlich $M_x = H = 0$. Aus der Bedingung $B_{z=l} = 0$ folgt

$$\tau_0' = \frac{B_1}{GI_d}\frac{k}{\tanh kl} \qquad (161)$$

und

$$\left.\begin{array}{l} B = B_1 \dfrac{\sinh kz'}{\sinh kl}, \\[2mm] H_\omega = B' = -B_1 k \dfrac{\cosh kz'}{\sinh kl}, \\[2mm] H_d = -H_\omega. \end{array}\right\} \qquad (162)$$

Die Gl. (162) beschreiben den *Wölbspannungszustand* nach Abb. 4, wobei $B_1 \equiv B_0$ ist.

3.2.4 Wölbfest eingespannter Kragträger

Belastung durch Einzellast P und Einzeldrehmoment M. Hierbei gelten dieselben Ausdrücke für M_x und H wie im Falle einer wölbfreien Einspannung. Die Anfangsparameter lauten (Abb. 28b)

$$\tau_0 = 0, \quad \tau_0' = 0, \quad H_0 = M\cos\beta + Pr(1 - \cos\beta), \tag{163}$$

und der Parameter B_0 wird aus der Bedingung $B_{z=l} = 0$ bestimmt:

$$B_0 \cosh kl + H_0 \frac{\sinh kl}{k} - M\frac{\sinh kb}{k} +$$
$$+ \frac{M - Pr}{k} \int_0^\beta \sin(\beta - \varphi) \sinh kr(\alpha - \varphi)\, d\varphi = 0. \tag{164}$$

Mit B_0 gemäß (164) und H_0 nach (163) können die Bimomente für beide Bereiche auf Grund von (133) bestimmt werden. Nach Ausrechnung der Integrale und einiger Zwischenrechnung erhält man die in der Tafel V zusammengestellten Ausdrücke für Bimomente B und sekundäre Drillmomente $H_\omega = B'$. Hierbei ist, ähnlich wie in vorhergehenden Fällen, $\mu = 1$ zu setzen.

3.3 Lösung der Grundgleichung der Wölbkrafttorsion für geschlossene Profile

3.3.1 Anfangsparameter

Die Grundgleichung (118), nach einmaligem Differenzieren und Einführung von (91), lautet

$$f^{IV} - k^2 f'' = \frac{\mu}{EI_{\hat{\omega}}}\left(m - \frac{M_x + Ny_0}{r}\right) \tag{165}$$

mit k und μ gemäß (120) bzw. (116).

Die Lösung der homogenen Differentialgleichung (165),

$$f^{IV} - k^2 f'' = 0, \tag{166}$$

hat die Form der Gl. (126):

$$f = C_1 \sinh kz + C_2 \cosh kz + C_3 z + C_4. \tag{167}$$

Sie kann durch die Anfangsparameter f_0, f_0', B_0 und H_0 ausgedrückt werden:

$$f = f_0 + f_0' \frac{\sinh kz}{k} + \frac{B_0}{\mu G I_d}(1 - \cosh kz) + \frac{H_0}{kGI_d}(kz - \sinh kz). \tag{168}$$

Weiterhin

$$f' = f'_0 \cosh kz - \frac{B_0 k}{\mu G I_d} \sinh kz + \frac{H_0}{G I_d}(1 - \cosh kz), \quad (169)$$

$$B = -E I_{\hat{\omega}} f'' = -f'_0 \mu G I_d \frac{\sinh kz}{k} + B_0 \cosh kz + H_0 \mu \frac{\sinh kz}{k}, \quad (170)$$

$$H = H_0. \quad (171)$$

Zur Aufstellung der Randbedingungen wird neben der ersten Ableitung f' der Wölbfunktion der reduzierte Winkel τ benötigt. Durch Integration von (115) erhält man unter Berücksichtigung von (168)

$$\tau = \mu f + \frac{Hz}{GI_c} + C = f'_0 \frac{\mu \sinh kz}{k} +$$

$$+ \frac{B_0}{GI_d}(1 - \cosh kz) + \frac{H_0}{GI_d} \frac{\mu(kz - \sinh kz)}{k} + \frac{H_0 z}{GI_c} + C, \quad (172)$$

wobei die Konstante C offensichtlich gleich τ_0 sein muß. Der Zusammenhang zwischen I_c, I_d und μ ist durch (116) gegeben.

Die Aufstellung der Randbedingungen und Ableitung der Bimomentenausdrücke wird durch die Tafel VI erleichtert. Sie wurde auf Grund von Gl. (169) bis (172) unter Berücksichtigung der von $z = 0$ aus gleichmäßig verteilten Drehmomente m und der äquivalenten Torsionslast $-(M_x + N y_0)/r$ aufgestellt (Abb. 29).

Die Randbedingungen für geschlossene und offen-geschlossene Profile unterscheiden sich von jenen für offene Profile insofern, daß f' an Stelle von τ' treten soll. Für das wölbfest eingespannte Ende (Abb. 28b) gilt jetzt

$$\tau_0 = f'_0 = 0. \quad (173)$$

3.3.2 Bimomente

Die vorher für offene Profile behandelten Lastfälle können mit Hilfe der Tafel VI auf geschlossene und offengeschlossene Profile erweitert werden. Als Beispiel wird hier die unter 3.2.2.3 behandelte Belastung durch Endbiegemoment M_1 betrachtet. Mit H_0 nach (148) wird der unbekannte Anfangsparameter f'_0 aus der Bedingung $B_{z=l} = 0$ bestimmt:

$$-f'_0 \mu G I_d \frac{\sinh kl}{k} + H_0 \frac{\mu \sinh kl}{k} + M_1 \int_0^\alpha \frac{\sin \varphi}{\sin \alpha} \frac{\mu \sinh kr(\alpha - \varphi)}{k} d\varphi = 0. \quad (174)$$

Tafel VI. *Schnittgrößen τ, f', B und H ausgedrückt durch Anfangsparameter τ_0, f'_0, B_0, H_0, Einzeldrehmoment M und stetige Ersatzlast $\overline{m}$*

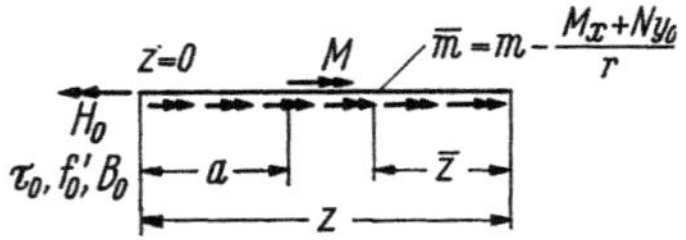

	τ_0	f'_0	B_0	H_0	M	m von 0 bis z	Krümmungsbeitrag
τ	1	$\dfrac{\mu \sinh kz}{k}$	$\dfrac{1-\cosh kz}{GI_d}$	$\dfrac{kz-\mu\sinh kz}{kGI_d}$	$\dfrac{k(z-a)-\mu\sinh k(z-a)}{kGI_d}$	$\dfrac{\tfrac{1}{2}(kz)^2+\mu(1-\cosh kz)}{k^2 GI_d}$	$\dfrac{1}{r}\int\limits_0^z (M_x+Ny_0)\dfrac{k\overline{z}-\mu\sinh k\overline{z}}{kGI_d}\,d\overline{z}$
f'	—	$\cosh kz$	$-\dfrac{k\sinh kz}{\mu GI_d}$	$\dfrac{1-\cosh kz}{GI_d}$	$-\dfrac{1-\cosh k(z-a)}{GI_d}$	$\dfrac{kz-\sinh kz}{kGI_d}$	$\dfrac{1}{r}\int\limits_0^z (M_x+Ny_0)\dfrac{1-\cosh k\overline{z}}{GI_d}\,d\overline{z}$
B	—	$-\dfrac{\mu GI_d}{k}\cdot\sinh kz$	$\cosh kz$	$\dfrac{\mu\sinh kz}{k}$	$-\dfrac{\mu\sinh k(z-a)}{k}$	$-\mu\,\dfrac{\cosh kz-1}{k^2}$	$\dfrac{1}{r}\int\limits_0^z (M_x+Ny_0)\dfrac{\mu\sinh k\overline{z}}{k}\,d\overline{z}$
H	—	—	—	1	-1	$-z$	$\dfrac{1}{r}\int\limits_0^z (M_x+Ny_0)\,d\overline{z}$

5*

67

Wird nun f'_0 gemäß (174) mit H_0 nach (148) in den Ausdruck des Bimomentes nach Tafel VI eingesetzt, so ergibt sich

$$B = -\mu M_1 r \eta \left(\frac{\sin \varphi}{\sin \alpha} - \frac{\sinh kz}{\sinh kl} \right). \tag{175}$$

Man erhält also einen Ausdruck für das Bimoment B, der sich von demjenigen für offene Profile nur durch den Multiplikator μ gemäß (116) unterscheidet. (Allerdings ist hierbei der Abklingungsbeiwert k durch (120) statt (93) gegeben.) Es läßt sich zeigen, daß diese einfache Regel auch für die Lastfälle P, M bzw. p, m in Kraft bleibt. Für den Lastfall $B_1 = 1$ wird offensichtlich die Gl. (153) in unveränderter Form gelten.

Es sei nochmals darauf hingewiesen, daß in den mit Hilfe von Anfangsparametern gelösten Lastfällen das Biegemoment M_x im voraus bekannt war. Der einfache Zusammenhang zwischen den Bimomenten für offene und geschlossene Profile geht verloren, wenn die Stützungsverhältnisse derart sind, daß M_x nicht mehr im voraus bekannt ist und eine statisch unbestimmte Größe darstellt. Dies ist aus der Bimomentengleichung für einen *geraden*[1] Träger deutlich erkennbar. Als Beispiel sei der an einem Ende ($z = 0$) wölbfest eingespannte und an anderem Ende frei biegedrehbar gestützte Einfeldträger genannt; für stetige Torsionslast m auf der ganzen Feldlänge gilt

$$B = -\frac{\mu m}{k^2} \left[\frac{\frac{kl}{2} \sinh kl + 1 - \cosh kl}{\cosh kl - \frac{\mu}{kl} \sinh kl} \left(\cosh kz - \frac{\mu}{kl} \sinh kz \right) - \frac{kl}{2} \sinh kz - 1 + \cosh kz \right].$$

Die Ausdrücke für Bimomente und deren erste Ableitung für Hauptlastfälle in dem Grundsystem bzw. dem Kragträger sind in den Tafeln I bis V zusammengestellt. Die erste Ableitung des Bimomentes verliert bei geschlossenen Profilen den statischen Sinn, den sie bei offenen Profilen hatte, Gl. (30). Es gibt eigentlich kein sekundäres Drillmoment im Falle eines geschlossenen Profils, wohl aber einen sekundären Schubfluß, Gl. (59), der aber kein resultierendes Schnittdrillmoment liefert.

---

[1] Für gerade dünnwandige Träger verschwindet die letzte Kolonne der Tafel VI. Da die Bimomente in einem solchen Fall von den Biegemomenten unabhängig sind, und getrennt zu berechnen sind, können mit Hilfe der Tafel VI die Bimomente in statisch unbestimmt gestützten geraden Einfeldträgern direkt, ohne Einführung von Überzähligen, bestimmt werden.

3.3 Lösung der Grundgleichung der Wölbkrafttorsion für geschlossene Profile

Tafel VII. *Hilfsfunktionen φ_1 bis φ_{10} und φ_1^* bis φ_6^* zur Berechnung der Schnittkräfte*

	Hilfsfunktion[1]	Näherungsausdruck im Bereich $0 < \alpha \lesssim 0{,}5$
φ_1	$\dfrac{\sin \beta'}{\sin \alpha} \sin \varphi$	
φ_2	$\dfrac{\sin \beta'}{\sin \alpha} \cos \varphi$	
φ_3	$\dfrac{1}{\alpha} \left(\dfrac{\sin \beta'}{\sin \alpha} \cos \varphi - \dfrac{\beta'}{\alpha} \right)$	$\dfrac{\alpha \beta'}{6 \sin \alpha} \left[1 - 3\varepsilon^2 - \xi'^2 - \dfrac{\alpha^2}{20}(1 - 5\varepsilon^4 - 10\varepsilon^2 \xi'^2 - \xi'^4) \right]$
φ_4	$\dfrac{1}{\alpha^2} \left(\dfrac{\sin \beta'}{\sin \alpha} \sin \varphi - \dfrac{\beta' \varphi}{\alpha} \right)$	$\dfrac{\beta' \varphi}{6 \sin \alpha} \left[1 - \varepsilon^2 - \xi'^2 - \dfrac{\alpha^2}{20}(1 - \varepsilon^4 - \dfrac{10}{3} \varepsilon^2 \xi'^2 - \xi'^4) \right]$
φ_5	$\dfrac{1}{\alpha^2} \left(\dfrac{\sin \varphi + \sin \varphi'}{\sin \alpha} - 1 \right)$	$\dfrac{\alpha}{6 \sin \alpha} \left[1 - \varepsilon^3 - \varepsilon'^3 - \dfrac{\alpha^2}{20}(1 - \varepsilon^5 - \varepsilon'^5) \right]$
φ_6	$\dfrac{1}{\alpha} \dfrac{\cos \varphi - \cos \varphi'}{\sin \alpha}$	$\dfrac{\alpha}{2 \sin \alpha} \left[\varepsilon' - \varepsilon - \dfrac{\alpha^2}{12}(\varepsilon'^4 - \varepsilon^4) \right]$
φ_7	$\dfrac{1}{\alpha^2} \left(\dfrac{\cos \varphi - \cos \varphi'}{\sin \alpha} + \dfrac{\varphi - \varphi'}{2} \right)$	$\dfrac{\alpha^2}{12 \sin \alpha} \left\{ \varepsilon' - \varepsilon - \dfrac{1}{2}(\varepsilon'^4 - \varepsilon^4) - \dfrac{\alpha^2}{20} \left[\varepsilon' - \varepsilon - \dfrac{1}{3}(\varepsilon'^6 - \varepsilon^6) \right] \right\}$
φ_8	$\dfrac{1}{\alpha^3} \left(\dfrac{\sin \varphi + \sin \varphi'}{\sin \alpha} - 1 - \dfrac{\varphi \varphi'}{2} \right)$	$\dfrac{\alpha^2}{120 \sin \alpha} \left[10 \varepsilon \varepsilon' - 1 + \varepsilon^5 + \varepsilon'^5 - \dfrac{\alpha^2}{42}(21 \varepsilon \varepsilon' - 1 + \varepsilon^7 + \varepsilon'^7) \right]$
φ_9	$\dfrac{\cos \varphi}{\sin \alpha} - \dfrac{1}{\alpha}$	$\dfrac{\alpha^2}{6 \sin \alpha} \left[1 - 3\varepsilon^2 - \dfrac{\alpha^2}{20}(1 - 5\varepsilon^4) + \dfrac{\alpha^4}{840}(1 - 7\varepsilon^6) \right] $

3. Schnittkräfte für Hauptlastfälle

Tafel VII (*Fortsetzung*)

	Hilfsfunktion [1]	Näherungsausdruck im Bereich $0 < \alpha \lesssim 0{,}5$
φ_{10}	$\dfrac{\sin \varphi}{\sin \alpha} - \dfrac{\varphi}{\alpha}$	$\dfrac{\alpha^2 \varphi}{6 \sin \alpha} \left[1 - \varepsilon^2 - \dfrac{\alpha^2}{20}(1-\varepsilon^4) + \dfrac{\alpha^4}{840}(1-\varepsilon^6) \right]$
φ_1^*	$\dfrac{\sinh kb}{kl \sinh kl} \sinh kz$	mit $\varepsilon = \dfrac{\varphi}{\alpha}$, $\varepsilon' = \dfrac{\varphi'}{\alpha}$, $\xi = \dfrac{\beta}{\alpha}$ und $\xi' = \dfrac{\beta'}{\alpha}$.
φ_2^*	$\dfrac{\sinh kb}{\sinh kl} \cosh kz$	Ferner wurden eingeführt:
φ_3^*	$\dfrac{1}{(kl)^2}\left(1 - \dfrac{\sinh kz + \sinh kz'}{\sinh kl}\right)$	$s \qquad \dfrac{\sin \varphi}{\sin \alpha}$
φ_4^*	$\dfrac{1}{kl}\dfrac{\cosh kz' - \cosh kz}{\sinh kl}$	$c \qquad \dfrac{\cos \varphi}{\sin \alpha}$
φ_5^*	$\dfrac{\sin \beta' \sinh kz}{\sinh kl}$	$s^* \qquad \dfrac{\sinh kz}{\sinh kl}$
φ_6^*	$\dfrac{kl}{\alpha} \sin \beta' \dfrac{\cosh kz}{\sinh kl}$	$c^* \qquad \dfrac{\cosh kz}{\sinh kl}$

[1] Hilfsfunktionen φ_1' bis φ_4', s' und c' erhält man aus entsprechenden Funktionen φ_1 bis φ_4, s und c durch Vertauschen von Argumenten φ mit φ' und, gegebenenfalls, von β' mit β. Die Hilfsfunktionen $\varphi_1^{*'}$, $\varphi_2^{*'}$, $\varphi_5^{*'}$, $\varphi_6^{*'}$, $s^{*'}$ und $c^{*'}$ erhält man aus entsprechenden Funktionen durch Vertauschen der Argumente z mit z', b mit a bzw. β' mit β. In den Näherungsausdrücken wird dementsprechend ε mit ε' und ξ' mit ξ vertauscht.

Hilfsfunktionen φ_n und φ_n^*. Für kleine Zentralwinkel α (Abb. 27) sind die Ausdrücke für Bimomente sehr empfindlich auf die Genauigkeit in Auswertung der darin enthaltenen trigonometrischen Funktionen. Diese Feststellung gilt in geringerem Maße auch für M_x und H. Es erweist sich als zweckmäßig, Hilfsfunktionen — als Summen von trigonometrischen Ausdrücken gleicher Größenordnung und entgegengesetzten Vorzeichens — einzuführen. Die Hilfsfunktionen können mit Hilfe der Reihenentwicklung leicht und genügend genau ausgewertet werden. Näherungsausdrücke der in den umgeformten Ausdrücken (jeweils in der letzten Kolonne der Tafeln I bis IV) benutzten Hilfsfunktionen φ_n, φ_n^*, neben den „empfindlichen" expliziten Ausdrücken, sind in der Tafel VII zusammengestellt. Die mit dem Stern versehenen Funktionen φ_n^* enthalten neben den trigonometrischen Funktionen auch hyperbolische Funktionen des Parameters kl.

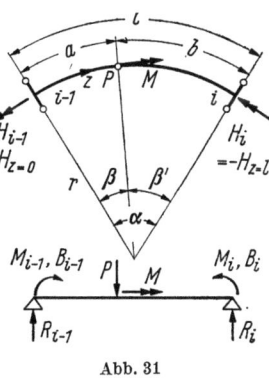

Abb. 31

3.4 Auflagerkräfte im Grundsystem

Das Grundsystem wird durch die Einzellast P, Einzeldrehmoment M, gleichmäßig auf der ganzen Feldlänge verteilte Lasten p, m die Endbiegemomente M_{i-1}, M_i und die Endbimomente B_{i-1} und B_i belastet (Abb. 31).

Mit den Ergebnissen der Tafeln I bis III und unter Berücksichtigung der Gl. (151) erhält man für die Stützdrillmomente H_{i-1} und H_i

$$H_{i-1} = H_{z=0} = (M - Pr)\frac{\sin \beta'}{\sin \alpha} + Pr\frac{\beta'}{\alpha} + (mr - pr^2)\frac{1 - \cos \alpha}{\sin \alpha} -$$

$$- pr^2\frac{\alpha}{2} - M_{i-1}\left(\frac{1}{\alpha} - \frac{1}{\tan \alpha}\right) - M_i\left(\frac{1}{\sin \alpha} - \frac{1}{\alpha}\right) - \frac{B_{i-1} - B_i}{l}, \quad (176)$$

$$H_i = -H_{z=l} = (M - Pr)\frac{\sin \beta}{\sin \alpha} + Pr\frac{\beta}{\alpha} + (mr - pr^2)\frac{1 - \cos \alpha}{\sin \alpha} +$$

$$+ pr^2\frac{\alpha}{2} - M_{i-1}\left(\frac{1}{\sin \alpha} - \frac{1}{\alpha}\right) - M_i\left(\frac{1}{\alpha} - \frac{1}{\tan \alpha}\right) + \frac{B_{i-1} - B_i}{l}. \quad (177)$$

Für $\alpha = \pi$ und $\alpha = 2\pi$ werden einzelne Anteile unendlich groß.

Der Beitrag der stetigen Lasten p und m zu den Auflagerreaktionen R_{i-1} und R_i beträgt $pl/2$. Die Auflagerreaktionen aus Feldlasten P, M und Stützmomenten M_{i-1} und M_i erhält man aus der Gleichgewichtsbedingung der Momente bezüglich der durch Stütze i durchgehenden Radialachse:

$$R_{i-1} r \sin \alpha - H_{i-1} \sin \alpha - Pr \sin \beta' + M \sin \beta' +$$
$$+ M_{i-1} \cos \alpha - M_i = 0,$$

woraus

$$R_{i-1} = \frac{H_{i-1}}{r} + \left(P - \frac{M}{r}\right) \frac{\sin \beta'}{\sin \alpha} + \frac{M_i - M_{i-1} \cos \alpha}{r \sin \alpha}. \tag{178}$$

Wird in (178) der Ausdruck (176) für H_{i-1} — jedoch ohne den Beitrag der stetigen Lasten p, m — eingesetzt, so ergeben sich, nach Reduktion gleicher Terme und Hinzufügen des Beitrages $pl/2$ von den stetigen Lasten, folgende Ausdrücke für R_{i-1} und R_i:

$$\left. \begin{aligned} R_{i-1} &= P \frac{\beta'}{\alpha} + \frac{pl}{2} - \frac{M_{i-1} - M_i}{l} - \alpha \frac{B_{i-1} - B_i}{l^2}, \\ R_i &= P \frac{\beta}{\alpha} + \frac{pl}{2} + \frac{M_{i-1} - M_i}{l} + \alpha \frac{B_{i-1} - B_i}{l^2}. \end{aligned} \right\} \tag{179}$$

Hieraus folgt die einfache Regel: Die Auflagerreaktionen im gekrümmten Grundsystem aus Felbelastung und Endbiegemomenten berechnet man ähnlich wie in einem frei drehbar gestützten *geraden* Einfeldträger von der Länge $l = r\alpha$. Nur ein Bimomentenbeitrag kommt noch hinzu — er verschwindet mit kleiner werdendem Zentralwinkel α.

4. Verformung gekrümmter dünnwandiger Träger

4.1 Verformungskomponente v in Trägern mit offenem Profil

Die Verformung eines Trägers wird durch den Drehwinkel ϑ und die Verschiebungskomponenten des Schubmittelpunktes: normal zur Krümmungsebene, v, und in der Krümmungsebene, u, w_S, bestimmt (Abb. 24). In diesem Abschnitt werden zwei Verformungsgrößen bestimmt: die Verschiebung v und der reduzierte Drehwinkel τ, der mit dem Drehwinkel ϑ durch einfache Beziehung, Gl. (3), verknüpft ist. Dies sind jene Größen, die zur Berechnung der Stützneigung und Stützverwölbung gemäß (103) bzw. (104) benutzt werden.

4.1.1 Lastfall P, M im Grundsystem

Bestimmung von τ und v. Zunächst wird τ aus der Gl. (102) bestimmt. Mit H_d nach Tafel I lautet die zu integrierende Gleichung im Bereich I bei $0 < \varphi < \beta$ (Abb. 27)

$$GI_d \tau' = a_1 \cos \varphi + a_2 - a_3 \cosh kz, \tag{180}$$

4.1 Verformungskomponente v in Trägern mit offenem Profil

mit den Abkürzungen

$$\left.\begin{array}{l} a_1 = (M - Pr)(1 - \eta)\dfrac{\sin\beta'}{\sin\alpha}, \\[6pt] a_2 = Pr\dfrac{b}{l}, \\[6pt] a_3 = [M(1-\eta) + Pr\eta]\dfrac{\sinh kb}{\sinh kl}. \end{array}\right\} \qquad (181)$$

Die Gl. (180), einmal integriert, ergibt

$$GI_d\tau = a_1 r \sin\varphi + a_2 z - a_3 \frac{\sinh kz}{k} + C_1.$$

Die Konstante C_1 wird aus der Bedingung $\tau_{z=0} = 0$ bestimmt: $C_1 = 0$. Der Ausdruck für τ_I (der Index I steht zur Kennzeichnung des Gültigkeitsbereiches) nimmt folgende Form an:

$$GI_d\tau_I = (Mr - Pr^2)(1-\eta)\frac{\sin\beta'}{\sin\alpha}\sin\varphi + Prb\frac{z}{l} - $$

$$- \frac{M(1-\eta) + Pr\eta}{k}\frac{\sinh kb}{\sinh kl}\sinh kz. \qquad (182)$$

Mit τ nach (182) wird nun v aus der Differentialgleichung (101) berechnet. Nach Einsetzen von M_x aus Tafel I nimmt sie folgende Form an:

$$v'' + \frac{v}{r^2} = -\frac{Pr - M}{\psi E I_x}\frac{\sin\beta'}{\sin\alpha}\sin\varphi + $$

$$+ \frac{1}{rGI_d}\left(a_1 r \sin\varphi + a_2 z - a_3\frac{\sinh kz}{k}\right). \qquad (183)$$

Zweimalige Integration von (183) liefert für den Bereich I, nach Einführung von a_1, a_2 und a_3 aus (181),

$$v_I = \frac{Pr^3 - Mr^2}{2}\left(\frac{1}{\psi E I_x} + \frac{1-\eta}{GI_d}\right)\frac{\sin\beta'}{\sin\alpha}\varphi\cos\varphi + \frac{Pr^2}{GI_d}\frac{bz}{l} - $$

$$- \frac{\eta r}{kGI_d}[M(1-\eta) + Pr\eta]\sinh kz + C_2\sin\varphi + C_3\cos\varphi. \qquad (184)$$

Aus der Bedingung $v_{I(z=0)} = 0$ folgt sofort $C_3 = 0$. Sinngemäß erhält man für den Bereich II $(0 < \varphi' < \beta')$

$$v_{II} = \frac{Pr^3 - Mr^2}{2}\left(\frac{1}{\psi E I_x} + \frac{1-\eta}{GI_d}\right)\frac{\sin\beta}{\sin\alpha}\varphi'\cos\varphi' + \frac{Pr^2}{GI_d}\frac{az'}{l} - $$

$$- \frac{\eta r}{kGI_d}[M(1-\eta) + Pr\eta]\sinh kz' + C_2'\sin\varphi'. \qquad (185)$$

4. Verformung gekrümmter dünnwandiger Träger

Die Konstanten C_2 und C'_2 in (184) bzw. (185) werden aus den Übergangsbedingungen

$$v_{I(z=a)} = v_{II(z'=b)}, \quad v'_{I(z=a)} = -v'_{II(z'=b)}. \tag{186}$$

bestimmt. Nach Bestimmung der Konstanten erhält man schließlich

$$EI_x v_I = (Pr^3 - Mr^2)\frac{1/\psi + \varkappa(1-\eta)}{2}\left[\frac{\sin\beta'}{\sin\alpha}\varphi\cos\varphi - \right.$$

$$\left. - \left(\beta\cos\beta' + \sin\beta' - \alpha\frac{\sin\beta}{\sin\alpha}\right)\frac{\sin\varphi}{\sin\alpha}\right] - \varkappa Pr^3\left(\frac{\sin\beta'}{\sin\alpha}\sin\varphi - \frac{\beta'\varphi}{\alpha}\right) + $$

$$+ \varkappa\eta[Mr^2(1-\eta) + Pr^3\eta]\left(\frac{\sin\beta'}{\sin\alpha}\sin\varphi - \frac{\sinh kb}{kr\sinh kl}\sinh kz\right), \tag{187}$$

wobei die Abkürzung

$$\varkappa = \frac{EI_x}{GI_d}, \tag{188}$$

das *Verhältnis der Biegesteifigkeit zur StVenantschen Drillsteifigkeit* kennzeichnet.

Durchbiegung v_{II} im Bereich II folgt aus (187), indem β' durch β (und umgekehrt), φ durch φ', b durch a und z durch z' ersetzt wird (Bezeichnungen nach Abb. 27). Drehwinkel ϑ wird gemäß (3) durch Subtrahieren erhalten.

Greifen die Lasten P, M im Mittelquerschnitt an, dann liefern die Gl. (187) und (182) folgende extremale Verformungen in demselben Querschnitt:

$$EI_x v_{\text{extr}} = (Pr^3 - Mr^2)\left[\frac{1}{\psi} + \varkappa(1-\eta)\right]\frac{\alpha - \sin\alpha}{4(1+\cos\alpha)} - $$

$$- \varkappa\frac{Pr^3}{2}\left(\tan\frac{\alpha}{2} - \frac{\alpha}{2}\right) + \frac{\varkappa\eta}{2}[Mr^2(1-\eta) + $$

$$+ Pr^3\eta]\left(\tan\frac{\alpha}{2} - \frac{1}{kr}\tanh\frac{kl}{2}\right) \tag{189}$$

und

$$GI_d \vartheta_{\text{extr}} = \frac{Mr - Pr^2}{2}(1-\eta)\tan\frac{\alpha}{2} + \frac{Pr^2\alpha}{4} - $$

$$- \frac{M(1-\eta) + Pr\eta}{2k}\tanh\frac{kl}{2}. \tag{190}$$

Diese Werte werden zweckmäßig unter Einführung von Hilfsfunktionen berechnet. Die umgeformten Ausdrücke (189) und (190) sind in der Tafel VIII, Lastfall a, angegeben. Hilfsfunktionen F_n und F_n^* sind in der Tafel XI zusammengestellt.

4.1 Verformungskomponente v in Trägern mit offenem Profil

Tafel VIII. Umgeformte Ausdrücke der Durchbiegung v und des reduzierten Drehwinkels τ bzw. des Drehwinkels ϑ für einzelne Lastfälle im Grundsystem[1]

	Lastfall a: P, M in Feldmitte	Lastfall b: p, m auf der ganzen Feldlänge
$EI_x v_{0,5}$	$Pl^3 \dfrac{1}{2\alpha^3}\left\{\dfrac{1}{\psi}F_1 + \varkappa[F_2 - \mu\eta(F_1 - \eta F_1^*)]\right\} -$ $- Ml^2 \dfrac{1}{2\alpha^2}\left\{\dfrac{1}{\psi}F_1 + \varkappa[(1-\mu\eta)F_1 - \mu(1-\eta)\eta F_1^*]\right\}$	$pl^4 \dfrac{1}{\alpha^4}\left\{\dfrac{1}{\psi}F_6 + \varkappa[F_7 - \mu\eta(F_6 - F_2^*)]\right\} -$ $- ml^3 \dfrac{1}{\alpha^3}\left\{\dfrac{1}{\psi}F_6 + \varkappa[(1-\mu\eta)F_6 - \mu(1-\eta)F_2^*]\right\}$
$EI_x \tau_{0,5}$	$\varkappa\left\{Ml\dfrac{1}{2\alpha}\left[\mu(1-\eta)F_1^* + (1-\mu)\tan\dfrac{\alpha}{2}\right] - \right.$ $\left. - Pl^2 \dfrac{1}{2\alpha^2}(F_3 - \mu\eta F_1^*)\right\}$	$\varkappa\left\{ml^2 \dfrac{1}{\alpha^2}[(1-\mu\eta)F_9 - \mu(1-\eta)F_3^*] - \right.$ $\left. - pl^3 \dfrac{1}{\alpha^3}[F_8 - \mu\eta(F_9 - F_3^*)]\right\}$

Für *offene Profile* gilt hierbei $\mu = 1$. Im Sonderfall $kl = 0$ gilt

| $EI_x v_{0,5}$ | $Pl^3 \dfrac{1}{2\alpha^3}\left(\dfrac{1}{\psi}F_1 + \dfrac{\bar{\gamma}}{\alpha^2}F_4\right) - Ml^2 \dfrac{1}{2\alpha^2}\left(\dfrac{1}{\psi}F_1 + \dfrac{\bar{\gamma}}{\alpha^2}F_2\right)$ | $pl^4 \dfrac{1}{\alpha^4}\left(\dfrac{1}{\psi}F_6 + \dfrac{\bar{\gamma}}{\alpha^2}F_{10}\right) - ml^3 \dfrac{1}{\alpha^3}\left(\dfrac{1}{\psi}F_6 + \dfrac{\bar{\gamma}}{\alpha^2}F_7\right)$ |
| $EI_x \tau_{0,5}$ | $\bar{\gamma}\left(Ml\dfrac{1}{2\alpha^3}F_3 - Pl^2 \dfrac{1}{2\alpha^4}F_5\right)$ | $\bar{\gamma}\left(ml^2 \dfrac{1}{\alpha^4}F_8 - pl^3 \dfrac{1}{\alpha^5}F_{11}\right)$ |

[1] Hilfsfunktionen F_1 bis F_{11} und F_1^* bis F_3^* sowie Hilfsfunktionen $\Phi_{()}$ und $\Phi_{()}^*$ sind in der Tafel XI zusammengestellt.

4. Verformung gekrümmter dünnwandiger Träger

Tafel VIII (*Fortsetzung*)

	Lastfall c: M_i am rechten Ende 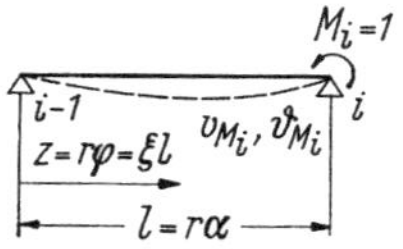	Lastfall d: B_i am rechten Ende 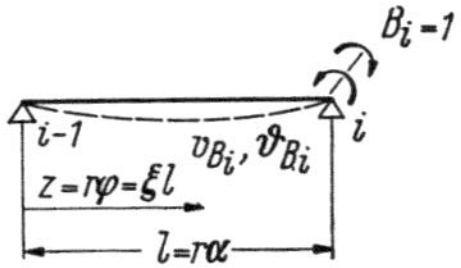
$EI_x v_{Mi}$	$l^2 \dfrac{1}{\alpha^2} \left\{ \dfrac{1}{\psi} \Phi_1 + \varkappa [\Phi_2 - \mu\eta(\Phi_1 - \eta\Phi_1^*)] \right\}$	$-l \dfrac{\varkappa}{\alpha}(\Phi_3 - \eta\Phi_1^*)$
$EI_x \vartheta_{Mi}$	$-l \dfrac{1}{\alpha} \left\{ \dfrac{1}{\psi} \Phi_1 + \varkappa[(1-\mu\eta)\Phi_1 - \mu(1-\eta)\eta\Phi_1^*] \right\}$	$\varkappa(1-\eta)\Phi_1^*$
	Für *offene* Profile gilt hierbei $\mu = 1$. Im Sonderfall $kl = 0$ gilt	
$EI_x v_{Mi}$	$l^2 \dfrac{1}{\alpha^2} \left(\dfrac{1}{\psi} \Phi_1 + \bar{\gamma}\Phi_4 \right)$	$-l \dfrac{\bar{\gamma}}{\alpha} \Phi_6$
$EI_x \vartheta_{Mi}$	$-l \dfrac{1}{\alpha} \left(\dfrac{1}{\psi} \Phi_1 + \bar{\gamma}\Phi_5 \right)$	$\dfrac{\bar{\gamma}}{\alpha^2} \Phi_3$

Es bedeuten: $\psi = 1 - \dfrac{I_{xy}^2}{I_x I_y}$, $\varkappa = \dfrac{EI_x}{GI_d}$, $\eta = \dfrac{1}{1 + (kr)^2}$, $k = \sqrt{\mu \dfrac{GI_d}{EI_\omega}}$ mit $\mu = 1 - \dfrac{I_d}{I_c}$; für *offene* Profile gilt

$k = \sqrt{GI_d/EI_\omega}$, $\gamma = I_x r^2/I_\omega$ bzw. $\bar{\gamma} = I_x l^2/I_\omega$.

4.1 Verformungskomponente v in Trägern mit offenem Profil

Durch einen Grenzübergang mit $r \to \infty$ kommen aus (189) und (190) die Werte für einen geraden Träger heraus:

$$v_{\text{extr}} = \frac{Pl^3}{48\psi E I_x}, \quad \tau_{\text{extr}} = \frac{Ml}{4GI_d}\left(1 - \frac{2}{kl}\tanh\frac{kl}{2}\right).$$

Die Werte für gekrümmte Träger mit *Vollquerschnitt* ($kl = \infty$) folgen aus (189) und (190), nachdem die Terme mit dem Multiplikator $\eta = 0$ oder mit $k = \infty$ im Nenner gestrichen sind.

Zur Berechnung der Extremalwerte für *drillweiche* Profile ($kl = 0$) wird man $\varkappa$ und $1 - \eta$ folgendermaßen ausdrücken:

$$\varkappa = \frac{I_x}{I_\omega k^2}, \quad 1 - \eta = \frac{(kr)^2}{1 + (kr)^2}. \tag{191}$$

Für $\lim\limits_{k \to 0} \varkappa(1 - \eta)$ wird die Bezeichnung

$$\gamma = \frac{r^2 I_x}{I_\omega} \tag{192}$$

eingeführt. Durch den dimensionslosen Parameter Gl. (192) wird das *Verhältnis der Biege- zur Wölbsteifigkeit* gekennzeichnet. Man bestimmt ferner für den Beitrag von M

$$\lim_{k \to 0} \frac{\eta(1 - \eta)}{k^2}\left(\tan\frac{\alpha}{2} - \frac{1}{kr}\tanh\frac{kl}{2}\right) = r^2\left(\tan\frac{\alpha}{2} - \frac{\alpha}{2}\right),$$

und mit Hilfe der Reihenentwicklung für den Beitrag von P

$$\lim_{k \to 0} \frac{1}{k^2}\left[\frac{\alpha}{2} - (1 - \eta^2)\tan\frac{\alpha}{2} - \frac{\eta^2}{kr}\tanh\frac{kl}{2}\right] =$$

$$= \lim_{k \to 0} \frac{1}{k^2(1 + k^2r^2)^2}\left[(1 + k^2r^2)^2\frac{\alpha}{2} - (2k^2r^2 + k^4r^4)\tan\frac{\alpha}{2} - \right.$$

$$\left. - \frac{1}{kr}\left(\frac{kl}{2} - \frac{k^3l^3}{24}\cdots\right)\right] = 2r^2\left(\frac{\alpha}{2} - \tan\frac{\alpha}{2} + \frac{\alpha^3}{48}\right).$$

Somit ergibt sich für $kl = 0$

$$EI_x v_{\text{extr}} = (Pr^3 - Mr^2)\left(\frac{1}{\psi} + \gamma\right)\frac{\alpha - \sin\alpha}{4(1 + \cos\alpha)} -$$

$$- \gamma\left[\left(Pr^3 - \frac{Mr^2}{2}\right)\left(\tan\frac{\alpha}{2} - \frac{\alpha}{2}\right) - \frac{Pl^3}{48}\right], \tag{193}$$

$$EI_x \tau_{\text{extr}} = \gamma\left[\frac{Mr - Pr^2}{2}\left(\tan\frac{\alpha}{2} - \frac{\alpha}{2}\right) + \frac{Pl^2\alpha}{48}\right]. \tag{194}$$

Der Grenzübergang mit $r \to \infty$ liefert $\tau_{\text{extr}} = Ml^3/48 E I_\omega$.

Die unter Benutzung von Hilfsfunktionen F_n umgeformten Ausdrücke für v_{extr} und τ_{extr} für $kl = 0$ sind ebenfalls in der Tafel VIII

4. Verformung gekrümmter dünnwandiger Träger

enthalten. Es ist hierbei zweckmäßig, an Stelle von γ gemäß (192) mit dem *modifizierten* Parameter

$$\bar{\gamma} = \frac{l^2 I_x}{I_\omega} = \alpha^2 \gamma \qquad (195)$$

zu rechnen. In den im Anhang zusammengestellten Zahlentabellen wird er ausschließlich benutzt.

Stützverformungen. Bei Berechnung von gekrümmten Durchlaufträgern ist die Kenntnis der Stützneigung $\delta_{()}$ und der Stützverwölbung $\mu_{()}$ nach (103) bzw. (104) unerläßlich. Die Werte für die linke und rechte Stütze im Felde $i-1$, i (Grundsystem) lauten

$$\left.\begin{array}{ll} \delta_{i-1,0} = v'_{I(z=0)}, & \delta_{i0} = v'_{II(z'=0)}, \\ \mu_{i-1,0} = \tau'_{I(z=0)}, & \mu_{i0} = \tau'_{II(z'=0)}. \end{array}\right\} \qquad (196)$$

Mit dem Index 0 (Null) soll die Feldbelastung vermerkt sein. Die expliziten Ausdrücke für $\delta_{i-1,0}$, δ_{i0}, $\mu_{i-1,0}$ und μ_{i0} im Grundsystem sind in der Tafel IX zusammengestellt. Daselbst findet man auch die unter Einführung von Hilfsfunktionen Φ_n und Φ_n^* umgeformten Ausdrücke. Hilfsfunktionen Φ_n, Φ_n^* sind in der Tafel XI zusammengestellt.

Die Stützverformungen für den *Sonderfall* $kl = \infty$ erhält man einfach nach Streichung der Terme mit dem Multiplikator η oder mit k im Nenner.

Für den *Sonderfall* $kl = 0$ ist für einige Glieder der Grenzübergang mit $k \to 0$ durchzuführen. Man benutzt die Umformung (191) und setzt $\lim_{k \to 0} \varkappa(1-\eta) = \gamma$. Ferner

$$\lim_{k \to 0} \frac{1}{k^2} \left[\frac{\beta'}{\alpha} - (1-\eta^2) \frac{\sin\beta'}{\sin\alpha} - \eta^2 \frac{\sinh kb}{\sinh kl} \right] =$$

$$= \lim_{k \to 0} \frac{(1+k^2 r^2)^2 \frac{\beta'}{\alpha} - (2k^2 r^2 + k^4 r^4) \frac{\sin\beta'}{\sin\alpha} - \frac{b}{l} \frac{1 + 1/6 \, k^2 b^2 + \cdots}{1 + 1/6 \, k^2 l^2 + \cdots}}{k^2 (1 + k^2 r^2)^2} =$$

$$= r^2 \left[2\left(\frac{\beta'}{\alpha} - \frac{\sin\beta'}{\sin\alpha}\right) + \frac{\beta\beta'}{6}\left(1 + \frac{\beta'}{\alpha}\right) \right] \qquad (197)$$

und

$$\lim_{k \to 0} \left(\frac{\sin\beta'}{\sin\alpha} - \frac{\sinh kb}{\sinh kl} \right) = \frac{\sin\beta'}{\sin\alpha} - \frac{\beta'}{\alpha}. \qquad (198)$$

Die mit Hilfe der Beziehungen (197) und (198) erhaltenen Ausdrücke der Stützneigung $\delta_{()}$ und Stützverwölbung $\mu_{()}$ sind in der Tafel IX unter $kl = 0$ enthalten.

Stützneigung und Stützverwölbung kann auch mit Hilfe des Mohrschen Satzes berechnet werden. Für δ_{i0} gilt beispielsweise

$$\delta_{i0} = \int_0^l \left[\frac{M_{x0}(z) M_{xi}(z)}{\psi E I_x} + \frac{B_0(z) B_i(z)}{E I_\omega} + \frac{H_{d0}(z) H_{di}(z)}{G I_d} \right] dz. \qquad (199)$$

4.1 Verformungskomponente v in Trägern mit offenem Profil

Tafel IX. Lastglieder (Stützneigung $\delta_{(\ )}$ und Stützverwölbung $\mu_{(\ )}$) im Grundsystem Feld $i-1$, i für die Belastung durch Einzellast P und Einzeldrehmoment M bzw. stetige Gleichlast p und gleichmäßig verteilte Drehmomente m

Größe	Ausdruck für den Beitrag des Feldes $i-1, i$		Umgeformter Ausdruck [1]
	Lastfall P, M		
$\delta_{i-1,0}$	$\dfrac{r^2}{EI_x}\left\{\left(P-\dfrac{M}{r}\right)\left[\dfrac{1}{\psi}+\varkappa(1-\mu\eta)\right]\dfrac{\alpha\sin\beta-\beta\cos\beta'\sin\alpha}{2\sin^2\alpha}-\right.$ $\left.-\varkappa P\left(\dfrac{\sin\beta'}{\sin\alpha}-\dfrac{\beta'}{\alpha}\right)+\varkappa\mu\eta\left[\dfrac{M}{r}(1-\eta)+P\eta\right]\left(\dfrac{\sin\beta'}{\sin\alpha}-\dfrac{\sinh kb}{\sinh kl}\right)\right\}$		$\dfrac{Pl^2}{EI_x}\dfrac{1}{\alpha^2}\left\{\dfrac{1}{\psi}\Phi_1'+\varkappa[\Phi_2'-\mu\eta(\Phi_1-\eta\Phi_1^*)-\right.$ $\left.-\dfrac{Ml}{EI_x}\dfrac{1}{\alpha}\left\{\dfrac{1}{\psi}\Phi_1'+\varkappa[(1-\mu\eta)\Phi_1'-\eta_1]\mu'(1-\eta)\eta\mu(l_u)\Phi_1^*\right]\right\}$
δ_{i0}	$\dfrac{r^2}{EI_x}\left\{\left(P-\dfrac{M}{r}\right)\left[\dfrac{1}{\psi}+\varkappa(1-\mu\eta)\right]\dfrac{\alpha\sin\beta'-\beta'\cos\beta\sin\alpha}{2\sin^2\alpha}-\right.$ $\left.-\varkappa P\left(\dfrac{\sin\beta}{\sin\alpha}-\dfrac{\beta}{\alpha}\right)+\varkappa\mu\eta\left[\dfrac{M}{r}(1-\eta)+P\eta\right]\left(\dfrac{\sin\beta}{\sin\alpha}-\dfrac{\sinh ka}{\sinh kl}\right)\right\}$		$\dfrac{Pl^2}{EI_x}\dfrac{1}{\alpha^2}\left\{\dfrac{1}{\psi}\Phi_1+\varkappa[\Phi_2-\mu\eta(\Phi_1-\eta\Phi_1^*)-\right.$ $\left.-\dfrac{Ml}{EI_x}\dfrac{1}{\alpha}\left\{\dfrac{1}{\psi}\Phi_1+\varkappa[(1-\mu\eta)\Phi_1-\mu(1-\eta)\eta\mu(l_u)\Phi_1^*]\right\}-\right.$
$\mu_{i-1,0}$	$\dfrac{1}{GI_d}\left\{(M-Pr)(1-\eta)\dfrac{\sin\beta'}{\sin\alpha}+Pr\dfrac{\beta'}{\alpha}-[M(1-\eta)+Pr\eta]\dfrac{\sinh kb}{\sinh kl}\right\}$		$-\dfrac{Pl}{EI_x}\dfrac{\varkappa}{\alpha}(\Phi_3'-\eta\Phi_1^{*\prime})+\dfrac{M}{EI_x}\varkappa(1-\eta)\Phi_1^{*\prime}$
μ_{i0}	$\dfrac{1}{GI_d}\left\{(M-Pr)(1-\eta)\dfrac{\sin\beta}{\sin\alpha}+Pr\dfrac{\beta}{\alpha}-[M(1-\eta)+Pr\eta]\dfrac{\sinh ka}{\sinh kl}\right\}$		$-\dfrac{Pl}{EI_x}\dfrac{\varkappa}{\alpha}(\Phi_3-\eta\Phi_1^*)+\dfrac{M}{EI_x}\varkappa(1-\eta)\Phi_1^*$

4. Verformung gekrümmter dünnwandiger Träger

Tafel IX (*Fortsetzung*)

Größe	Ausdruck für den Beitrag des Feldes $i-1, i$	Umgeformter Ausdruck[1]
	Im Sonderfall $kl = \infty$ gilt mit $\mu_{i-1,0} = \mu_{i0} = 0$	
$\delta_{i-1,0}$	$\dfrac{r^2}{EI_x}\left[\left(P - \dfrac{M}{r}\right)\left(\dfrac{1}{\psi} + \varkappa\right)\dfrac{\alpha\sin\beta - \beta\cos\beta'\sin\alpha}{2\sin^2\alpha} - \varkappa P\left(\dfrac{\sin\beta'}{\sin\alpha} - \dfrac{\beta'}{\alpha}\right)\right]$	$\dfrac{Pl^2}{EI_x}\dfrac{1}{\alpha^2}\left(\dfrac{1}{\psi}\Phi_1' + \varkappa\Phi_2'\right) - \dfrac{Ml}{EI_x}\dfrac{1}{\alpha}\left(\dfrac{1}{\psi} + \varkappa\right)\Phi_1'$
δ_{i0}	$\dfrac{r^2}{EI_x}\left[\left(P - \dfrac{M}{r}\right)\left(\dfrac{1}{\psi} + \varkappa\right)\dfrac{\alpha\sin\beta' - \beta'\cos\beta\sin\alpha}{2\sin^2\alpha} - \varkappa P\left(\dfrac{\sin\beta}{\sin\alpha} - \dfrac{\beta}{\alpha}\right)\right]$	$\dfrac{Pl^2}{EI_x}\dfrac{1}{\alpha^2}\left(\dfrac{1}{\psi}\Phi_1 + \varkappa\Phi_2\right) - \dfrac{Ml}{EI_x}\dfrac{1}{\alpha}\left(\dfrac{1}{\psi} + \varkappa\right)\Phi_1$
	Im Sonderfall $kl = 0$ gilt	
$\delta_{i-1,0}$	$\dfrac{r^2}{EI_x}\left[\left(P - \dfrac{M}{r}\right)\left(\dfrac{1}{\psi} + \gamma\right)\dfrac{\alpha\sin\beta - \beta\cos\beta'\sin\alpha}{2\sin^2\alpha} - \right.$ $\left. - \gamma\left(2P - \dfrac{M}{r}\right)\left(\dfrac{\sin\beta'}{\sin\alpha} - \dfrac{\beta'}{\alpha}\right) + \gamma P\dfrac{\beta\beta'}{6}\left(1 + \dfrac{\beta'}{\alpha}\right)\right]$	$\dfrac{Pl^2}{EI_x}\dfrac{1}{\alpha^2}\left(\dfrac{1}{\psi}\Phi_1' + \bar{\gamma}\Phi_4'\right) - \dfrac{Ml}{EI_x}\dfrac{1}{\alpha}\left(\dfrac{1}{\psi}\Phi_1' + \bar{\gamma}\Phi_5'\right)$
δ_{i0}	$\dfrac{r^2}{EI_x}\left[\left(P - \dfrac{M}{r}\right)\left(\dfrac{1}{\psi} + \gamma\right)\dfrac{\alpha\sin\beta' - \beta'\cos\beta\sin\alpha}{2\sin^2\alpha} - \right.$ $\left. - \gamma\left(2P - \dfrac{M}{r}\right)\left(\dfrac{\sin\beta}{\sin\alpha} - \dfrac{\beta}{\alpha}\right) + \gamma P\dfrac{\beta\beta'}{6}\left(1 + \dfrac{\beta}{\alpha}\right)\right]$	$\dfrac{Pl^2}{EI_x}\dfrac{1}{\alpha^2}\left(\dfrac{1}{\psi}\Phi_1 + \bar{\gamma}\Phi_4\right) - \dfrac{Ml}{EI_x}\dfrac{1}{\alpha}\left(\dfrac{1}{\psi}\Phi_1 + \bar{\gamma}\Phi_5\right)$
$\mu_{i-1,0}$	$\dfrac{r^2}{EI_\omega}\left[(M - Pr)\left(\dfrac{\sin\beta'}{\sin\alpha} - \dfrac{\beta'}{\alpha}\right) + Pr\dfrac{\beta\beta'}{6}\left(1 + \dfrac{\beta'}{\alpha}\right)\right]$	$-\dfrac{Pl}{EI_x}\dfrac{\bar{\gamma}}{\alpha}\Phi_6' + \dfrac{M}{EI_x}\dfrac{\bar{\gamma}}{\alpha^2}\Phi_3'$
μ_{i0}	$\dfrac{r^2}{EI_\omega}\left[(M - Pr)\left(\dfrac{\sin\beta}{\sin\alpha} - \dfrac{\beta}{\alpha}\right) + Pr\dfrac{\beta\beta'}{6}\left(1 + \dfrac{\beta}{\alpha}\right)\right]$	$-\dfrac{Pl}{EI_x}\dfrac{\bar{\gamma}}{\alpha}\Phi_6 + \dfrac{M}{EI_x}\dfrac{\bar{\gamma}}{\alpha^2}\Phi_3$

4.1 Verformungskomponente v in Trägern mit offenem Profil

Tafel IX *(Fortsetzung)*

Größe	Ausdruck für den Beitrag des Feldes $i-1, i$	Umgeformter Ausdruck[1]
	Lastfall p, m	
$\delta_{i-1,0} = \delta_{i0}$	$\dfrac{r^3}{EI_x}\left\{\left(p-\dfrac{m}{r}\right)\left[\dfrac{1}{\psi}+\varkappa(1-\mu\eta)\right]\dfrac{\alpha-\sin\alpha}{2(1+\cos\alpha)}-\varkappa p\left(\tan\dfrac{\alpha}{2}-\dfrac{\alpha}{2}\right)+\right.$ $\left.+\varkappa\mu\eta\left[\dfrac{m}{r}(1-\eta)+p\eta\right]\left(\tan\dfrac{\alpha}{2}-\dfrac{1}{kr}\tanh\dfrac{kl}{2}\right)\right\}$	$\dfrac{pl^3}{EI_x}\dfrac{1}{\alpha^3}\left\{\dfrac{1}{\psi}F_1+\varkappa[F_2-\mu\eta(F_1-\eta F_1^*)]\right\}-$ $-\dfrac{ml^2}{EI_x}\dfrac{1}{\alpha^2}\left\{\dfrac{1}{\psi}F_1+\varkappa[(1-\mu\eta)F_1-\mu(1-\eta)\eta F_1^*]\right\}$
$\mu_{i-1,0} = \mu_{i0}$	$\dfrac{r}{GI_d}\left\{(m-pr)(1-\eta)\tan\dfrac{\alpha}{2}+pr^2\dfrac{\alpha}{2}-[m(1-\eta)+pr\eta]\dfrac{1}{kr}\tanh\dfrac{kl}{2}\right\}$	$-\dfrac{pl^2}{EI_x}\dfrac{\varkappa}{\alpha^2}(F_3-\eta F_1^*)+\dfrac{ml}{EI_x}\dfrac{\varkappa}{\alpha}(1-\eta)F_1^*$
	Im Sonderfall $kl = \infty$ gilt mit $\mu_{i-1\ 0} = \mu_{i0} = 0$	
$\delta_{i-1,0} = \delta_{i0}$	$\dfrac{r^3}{EI_x}\left[\left(p-\dfrac{m}{r}\right)\left(\dfrac{1}{\psi}+\varkappa\right)\dfrac{\alpha-\sin\alpha}{2(1+\cos\alpha)}-\varkappa p\left(\tan\dfrac{\alpha}{2}-\dfrac{\alpha}{2}\right)\right]$	$\dfrac{pl^3}{EI_x}\dfrac{1}{\alpha^3}\left(\dfrac{1}{\psi}F_1+\varkappa F_2\right)-\dfrac{ml^2}{EI_x}\dfrac{1}{\alpha^2}\left(\dfrac{1}{\psi}+\varkappa\right)F_1$
	Im Sonderfall $kl = 0$ gilt	
$\delta_{i-1,0} = \delta_{i0}$	$\dfrac{r^3}{EI_x}\left[\left(p-\dfrac{m}{r}\right)\left(\dfrac{1}{\psi}+\gamma\right)\dfrac{\alpha-\sin\alpha}{2(1+\cos\alpha)}-\gamma\left(2p-\dfrac{m}{r}\right)\cdot\right.$ $\left.\cdot\left(\tan\dfrac{\alpha}{2}-\dfrac{\alpha}{2}\right)+\gamma\dfrac{p\alpha^3}{24}\right]$	$\dfrac{pl^3}{EI_x}\dfrac{1}{\alpha^3}\left(\dfrac{1}{\psi}F_1+\dfrac{\overline\gamma}{\alpha^2}F_4\right)-\dfrac{ml^2}{EI_x}\dfrac{1}{\alpha^2}\left(\dfrac{1}{\psi}F_1+\dfrac{\overline\gamma}{\alpha^2}F_2\right)$
$\mu_{i-1,0} = \mu_{i0}$	$\dfrac{r^3}{EI_\omega}\left[(m-pr)\left(\tan\dfrac{\alpha}{2}-\dfrac{\alpha}{2}\right)+\dfrac{pr\alpha^3}{24}\right]$	$-\dfrac{pl^2}{EI_x}\dfrac{\overline\gamma}{\alpha^4}F_5+\dfrac{ml}{EI_x}\dfrac{\overline\gamma}{\alpha^3}F_3$

Tafel IX (*Fortsetzung*)

Lastglied (Stützverwölbung μ_{10}) für einen wölbfrei eingespannten Kragträger belastet durch Einzellast P und Einzeldrehmoment M

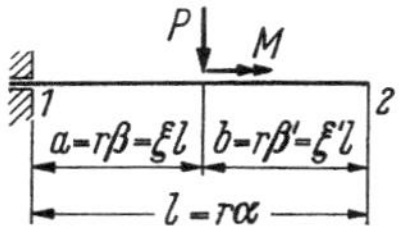

Größe	Ausdruck	Umgeformter Ausdruck[1]
μ_{10}	$\dfrac{1}{GI_d}\left\{[M(1-\eta)+Pr\eta]\left(\cos\beta - \dfrac{\sinh kb}{\sinh kl}\right) + Pr(1-\cos\beta) + (M-Pr)\eta kr\,\dfrac{\sin\beta}{\tanh kl}\right\}$	$\dfrac{Pl}{EI_x}\,\dfrac{\varkappa}{\alpha}\,[\eta(\Phi_2^* - \Phi_3^*) + 1 - \cos\beta] +$ $+ \dfrac{M}{EI_x}\varkappa[(1-\eta)\Phi_2^* + \eta\Phi_3^*]$

Im Sonderfall $kl = 0$ verliert das System die Tragfähigkeit — die Verformungen werden unendlich groß.

---

[1] Hilfsfunktionen Φ_1 bis Φ_6, Φ_1^* bis Φ_3^*, F_1 bis F_5 und F_1^* sind in der Tafel XI zusammengestellt.

4.1 Verformungskomponente v in Trägern mit offenem Profil

$M_{x0}(z)$, $B_0(z)$ und $H_{d0}(z)$ sind das Biegemoment, Bimoment und das StVenantsche Drillmoment zufolge äußerer Belastung. Mit $M_{xi}(z)$, $B_i(z)$ und $H_{di}(z)$ sind entsprechende Größen zufolge virtuellen Endbiegemomentes $M_{xi} = 1$ bezeichnet. Die Anwendung der Gl. (199) führt meistens zu langwierigen Berechnungen. Hier sei nur ein Teil der Berechnung von δ_{i0} für den verhältnismäßig einfacheren Fall $kl = 0$ — wenn das dritte Integral in (199) verschwindet und die Bimomente eine etwas einfachere Form annehmen — angeführt:

$$\delta_{i0} = \frac{1}{\psi E I_x} \int_0^l M_{x0}(z) M_{xi}(z)\, dz + \frac{1}{E I_\omega} \int_0^l B_0(z) B_i(z)\, dz = \delta_{i0}^I + \delta_{i0}^{II}.$$

$M_{x0}(z)$, $B_0(z)$, $M_{xi}(z)$ und $B_i(z)$ sind der Tafel I bzw. III zu entnehmen. Im nachfolgenden wird der Anteil δ_{i0}^{II} berechnet.

$$\delta_{i0}^{II} = -\frac{r^2}{E I_\omega} \int_0^\beta \left[Pr^2 \frac{\beta'}{\alpha} \varphi + (Mr - Pr^2) \frac{\sin\beta'}{\sin\alpha} \sin\varphi \right] \left(\frac{\sin\varphi}{\sin\alpha} - \frac{\varphi}{\alpha} \right) d\varphi -$$

$$- \frac{r^2}{E I_\omega} \int_0^{\beta'} \left[Pr^2 \frac{\beta}{\alpha} \varphi' + (Mr - Pr^2) \frac{\sin\beta}{\sin\alpha} \sin\varphi' \right] \left[\frac{\sin(\alpha-\varphi')}{\sin\alpha} - \right.$$

$$\left. - \frac{\alpha - \varphi'}{\alpha} \right] d\varphi' = -\frac{1}{E I_\omega}(I_1 + I_2).$$

Für die Integrale I_1 und I_2 erhält man

$$I_1 = Pr^4 \frac{\beta'}{\alpha} \left(\frac{\sin\beta - \beta\cos\beta}{\sin\alpha} - \frac{\beta^3}{3\alpha} \right) +$$

$$+ (Mr^3 - Pr^4) \frac{\sin\beta'}{\sin\alpha} \left(\frac{\beta - \sin\beta\cos\beta}{2\sin\alpha} - \frac{\sin\beta - \beta\cos\beta}{\alpha} \right),$$

$$I_2 = Pr^4 \frac{\beta}{\alpha} \left(\frac{\sin\beta + \beta'\cos\beta}{\sin\alpha} - 1 - \frac{\beta'^2}{2} - \frac{\beta'^3}{3\alpha} \right) +$$

$$+ (Mr^3 - Pr^4) \frac{\sin\beta}{\sin\alpha} \left(\frac{\sin\beta'\cos\beta - \beta'\cos\alpha}{2\sin\alpha} - 1 + \cos\beta' + \right.$$

$$\left. + \frac{\sin\beta' - \beta'\cos\beta'}{\alpha} \right).$$

Nach einiger Zwischenrechnung ergibt sich

$$\delta_{i0}^{II} = \frac{r^4}{E I_\omega} \left[\left(P - \frac{M}{r} \right) \frac{\alpha\sin\beta' - \beta'\cos\beta\sin\alpha}{2\sin^2\alpha} - \right.$$

$$\left. - \left(2P - \frac{M}{r} \right) \left(\frac{\sin\beta}{\sin\alpha} - \frac{\beta}{\alpha} \right) + P \frac{\beta\beta'}{6} \left(1 + \frac{\beta}{\alpha} \right) \right].$$

Dieser Ausdruck stimmt mit dem mit γ behafteten Anteil von δ_{i0} nach Tafel IX überein.

4.1.2 Lastfall p, m auf der ganzen Feldlänge

Verformungskomponenten τ *und* v. Das Integrieren der Gl. (102), mit H_d nach Tafel II, liefert

$$GI_d\tau = (mr^2 - pr^3)(1-\eta)\frac{\sin\varphi + \sin\varphi'}{\sin\alpha} - \frac{pr^3}{6\alpha}(\varphi^3 + \varphi'^3) +$$

$$+ \frac{m(1-\eta) + pr\eta}{k^2}\frac{\sinh kz + \sinh kz'}{\sinh kl} + C_1.$$

Die Konstante C_1 folgt, wie früher, aus der Bedingung $\tau_{z=0} = 0$. Somit

$$GI_d\tau = (mr^2 - pr^3)(1-\eta)\left(\frac{\sin\varphi + \sin\varphi'}{\sin\alpha} - 1\right) + \frac{pr^3}{2}\varphi\varphi' -$$

$$- \frac{m(1-\eta) + pr\eta}{k^2}\left(1 - \frac{\sinh kz + \sinh kz'}{\sinh kl}\right). \tag{200}$$

τ für $kl = \infty$ erhält man hieraus durch Streichen des letzten Gliedes mit k^2 im Nenner. τ für $kl = 0$ kann, wie früher, durch Grenzübergang mit $k \to 0$ ermittelt werden. Man kann auch anders vorgehen. Die Beziehung (88) mit B nach Tafel II wird zweimal integriert:

$$EI_\omega\tau = -\iint\left[\frac{pr}{2}z(l-z) + (mr^2 - pr^3)\left(\frac{\sin\varphi + \sin\varphi'}{\sin\alpha} - 1\right)\right]dz \cdot dz.$$

Die zwei Integrationskonstanten folgen aus den Bedingungen $\tau_{z=0} = \tau_{z=l} = 0$. Man erhält

$$EI_\omega\tau = (mr^4 - pr^5)\left(\frac{\sin\varphi + \sin\varphi'}{\sin\alpha} - 1 - \frac{\varphi\varphi'}{2}\right) + \frac{pr^5}{24}\varphi\varphi'(\alpha^2 + \varphi\varphi'). \tag{201}$$

Die Durchbiegung v wird auf Grund von (101) bestimmt. Mit M_x nach Tafel II und τ gemäß (200) nimmt sie folgende Form an:

$$v'' + \frac{v}{r^2} = \frac{1}{EI_x}\left\{(mr - pr^2)\left[\frac{1}{\psi} + \varkappa(1-\eta)\right]\left(\frac{\sin\varphi + \sin\varphi'}{\sin\alpha} - 1\right) + \right.$$

$$\left. + \varkappa\left[\frac{pr^2}{2}\varphi\varphi' - \frac{(1-\eta)m/r + \eta p}{k^2}\left(1 - \frac{\sinh kz + \sinh kz'}{\sinh kl}\right)\right]\right\}. \tag{202}$$

Die Lösung von (202) lautet

$$v = \frac{1}{EI_x}\left\{(pr^4 - mr^3)\left[\frac{1}{\psi} + \varkappa(1-\eta)\right]\left(\frac{\varphi\cos\varphi + \varphi'\cos\varphi'}{2\sin\alpha} + 1\right) + \right.$$

$$\left. + \varkappa\left[\frac{pr^4}{2}(2+\varphi\varphi') - \frac{mr(1-\eta) + pr^2\eta}{k^2}\left(1 - \eta\frac{\sinh kz + \sinh kz'}{\sinh kl}\right)\right]\right\} +$$

$$+ C_1\sin\varphi + C_1'\sin\varphi'.$$

4.1 Verformungskomponente v in Trägern mit offenem Profil

Die Konstanten C_1, C_1' folgen aus den symmetrischen Bedingungen $v_{z=0} = v_{z'=0} = 0$ und es ergibt sich schließlich

$$EI_x v = (pr^4 - mr^3)\left[\frac{1}{\psi} + \varkappa(1-\eta)\right]\left[1 + \frac{\varphi \cos\varphi + \varphi' \cos\varphi'}{2\sin\alpha} - \left(1 + \frac{\alpha}{2\tan\alpha}\right)\frac{\sin\varphi + \sin\varphi'}{\sin\alpha}\right] - \varkappa pr^4\left(\frac{\sin\varphi + \sin\varphi'}{\sin\alpha} - 1 - \frac{\varphi\varphi'}{2}\right) + $$
$$+ \varkappa\frac{mr(1-\eta) + pr^2\eta}{k^2}\left[(1-\eta)\frac{\sin\varphi + \sin\varphi'}{\sin\alpha} - 1 + \eta\frac{\sinh kz + \sinh kz'}{\sinh kl}\right]. \tag{203}$$

Die Extremalwerte von v und τ in $z = l/2$ betragen

$$EI_x v_{\text{extr}} = (pr^4 - mr^3)\left[\frac{1}{\psi} + \varkappa(1-\eta)\right]\frac{\cos\frac{\alpha}{2} - 1 - \frac{\alpha}{4}\tan\frac{\alpha}{2}}{\cos\frac{\alpha}{2}} - $$
$$- \varkappa pr^4\left(\frac{1}{\cos\frac{\alpha}{2}} - 1 - \frac{\alpha^2}{8}\right) + \varkappa\frac{mr(1-\eta) + pr^2\eta}{k^2}\left(\frac{1-\eta}{\cos\frac{\alpha}{2}} - 1 + \frac{\eta}{\cosh\frac{kl}{2}}\right), \tag{204}$$

$$GI_d \tau_{\text{extr}} = (mr^2 - pr^3)(1-\eta)\left(\frac{1}{\cos\frac{\alpha}{2}} - 1\right) + \frac{pr^3\alpha^2}{8} - $$
$$- \frac{m(1-\eta) + pr\eta}{k^2}\left(1 - \frac{1}{\cosh\frac{kl}{2}}\right). \tag{205}[1]$$

Wird r unendlich groß, so erhält man aus (204) und (205) die Extremalwerte des geraden Stabes

$$v_{\text{extr}} = \frac{5}{384}\frac{pl^4}{\psi EI_x}, \quad \tau_{\text{extr}} = \frac{m}{GI_d}\left[\frac{l^2}{8} - \frac{1}{k^2}\left(1 - \frac{1}{\cosh\frac{kl}{2}}\right)\right].$$

Die Werte für $kl = \infty$ folgen aus (204) und (205) mit $\eta = 0$ und nach Streichung des letzten Gliedes mit k^2 im Nenner. Für $kl = 0$ erhält man nach entsprechendem Grenzübergang

$$EI_x v_{\text{extr}} = (pr^4 - mr^3)\left(\frac{1}{\psi} + \gamma\right)\frac{\cos\frac{\alpha}{2} - 1 + \frac{\alpha}{4}\tan\frac{\alpha}{2}}{\cos\frac{\alpha}{2}} - $$
$$- \gamma\left[(2pr^4 - mr^3)\left(\frac{1}{\cos\frac{\alpha}{2}} - 1 - \frac{\alpha^2}{8}\right) - \frac{5}{384}pl^4\right] \tag{206}$$

---

[1] Der Zahlenbeiwert am Term $pr^3\alpha^2$ ist hier gegenüber Gl. (33) in [7] berichtigt worden.

86   4. Verformung gekrümmter dünnwandiger Träger

und

$$EI_x \tau_{\text{extr}} = \gamma \left[(mr^2 - pr^3) \left(\frac{1}{\cos\frac{\alpha}{2}} - 1 - \frac{\alpha^2}{8} \right) + \frac{5}{384} pl^3 \alpha \right]. \quad (207)$$

Mit $r \to \infty$ erhält man für den geraden Stab

$$v_{\text{extr}} = \frac{5}{384} \frac{pl^4}{\psi EI_x}, \qquad \tau_{\text{extr}} = \frac{5}{384} \frac{ml^4}{EI_\omega}.$$

Die unter Einführung von Hilfsfunktionen umgeformten Ausdrücke für extremale Verformungen nach (204) bis (207) sind in der Tafel VIII, Lastfall b, zusammengestellt. Den Extremalwinkel ϑ_{extr} erhält man gemäß (3).

Stützverformungen. Die Stützneigung $\delta_{i-1,0} = \delta_{i0}$ und Stützverwölbung $\mu_{i-1,0} = \mu_{i0}$ wird durch Differenzieren gemäß (103) und (104) erhalten. Sie sind für das Grundsystem $i-1$, i in der Tafel IX angegeben. Die umgeformten Ausdrücke enthalten die Hilfsfunktionen F_n und F_n^*, die in der Tafel XI zusammengestellt sind. Die Werte für $kl = \infty$ und $kl = 0$ wurden in üblicher Weise, durch Grenzübergang mit $k \to \infty$ bzw. $k \to 0$, bestimmt.

4.1.3 Belastung durch Endbiegemoment $M_{x1} = 1$ im Grundsystem

Verformungskomponenten v und ϑ. Aus (102), mit H_d nach Tafel II, ermittelt man für die Belastung durch Einheitsmoment an der rechten Stütze (Abb. 27)

$$\tau = \frac{r}{GI_d} \left[\frac{\varphi}{\alpha} - (1-\eta) \frac{\sin\varphi}{\sin\alpha} - \eta \frac{\sinh kz}{\sinh kl} \right] + C_1, \quad (208)$$

wobei die Konstante C_1 wegen $\tau_{z=0} = 0$ gleich Null sein muß.

Mit M_x nach Tafel III und τ gemäß (208) nimmt die Bestimmungsgleichung (101) folgende Form an:

$$v'' + \frac{v}{r^2} = -\frac{1}{\psi EI_x} \frac{\sin\varphi}{\sin\alpha} + \frac{1}{GI_d} \left[\frac{z}{l} - (1-\eta) \frac{\sin\varphi}{\sin\alpha} - \eta \frac{\sinh kz}{\sinh kl} \right].$$

Die Lösung lautet

$$v = \frac{r^2}{EI_x} \left\{ \left[\frac{1}{\psi} + \varkappa(1-\eta) \right] \frac{\varphi\cos\varphi}{2\sin\alpha} + \varkappa \left(\frac{z}{l} - \eta^2 \frac{\sinh kz}{\sinh kl} \right) \right\} + $$
$$+ C_2 \sin\varphi + C_3 \cos\varphi.$$

Aus der Bedingung $v_{z=0} = 0$ folgt sofort $C_3 = 0$. Die Konstante C_2 wird aus der Bedingung $v_{z=l} = 0$ bestimmt. Es ergibt sich

4.1 Verformungskomponente v in Trägern mit offenem Profil

schließlich

$$v = \frac{r^2}{EI_x}\left\{\left[\frac{1}{\psi} + \varkappa(1-\eta)\right]\frac{\varphi\cos\varphi - \alpha\sin\varphi/\tan\alpha}{2\sin\alpha} - \varkappa\left(\frac{\sin\varphi}{\sin\alpha} - \frac{\varphi}{\alpha}\right) + \right.$$
$$\left. + \varkappa\eta^2\left(\frac{\sin\varphi}{\sin\alpha} - \frac{\sinh kz}{\sinh kl}\right)\right\}. \tag{209}$$

Die trigonometrischen Funktionen am ersten Klammerausdruck in (209) können wie folgt umgeformt werden:

$$\frac{1}{\sin\alpha}\left(\varphi\cos\varphi - \alpha\frac{\sin\varphi}{\tan\alpha}\right) = \frac{\alpha\sin\varphi' - \varphi'\sin\alpha\cos\varphi}{\sin^2\alpha}.$$

und sodann nimmt der Ausdruck (209) folgende Gestalt an:

$$v = \frac{r^2}{EI_x}\left\{\left[\frac{1}{\psi} + \varkappa(1-\eta)\right]\frac{\alpha\sin\varphi' - \varphi'\sin\alpha\cos\varphi}{2\sin^2\alpha} - \varkappa\left(\frac{\sin\varphi}{\sin\alpha} - \frac{\varphi}{\alpha}\right) + \right.$$
$$\left. + \varkappa\eta^2\left(\frac{\sin\varphi}{\sin\alpha} - \frac{\sinh kz}{\sinh kl}\right)\right\}. \tag{210}$$

Mit τ und v gemäß (208) bzw. (210) erhält man für den Drehwinkel $\vartheta = \tau - v/r$

$$\vartheta = -\frac{r}{EI_x}\left\{\left[\frac{1}{\psi} + \varkappa(1-\eta)\right]\frac{\alpha\sin\varphi' - \varphi'\sin\alpha\cos\varphi}{2\sin^2\alpha} + \right.$$
$$\left. + \varkappa\eta(1-\eta)\left(\frac{\sin\varphi}{\sin\alpha} - \frac{\sinh kz}{\sinh kl}\right)\right\}. \tag{211}$$

Es sollen nach dem Reziprozitätssatz von MAXWELL-BETTI folgende Beziehungen für die soeben ermittelten Durchbiegung v, Gl. (210), und Drehwinkel ϑ, Gl. (211), aus Endbiegemoment $M_{xi} = 1$ bestehen:

$$v_{M_{xi}} = \delta_{i0}^P, \qquad \vartheta_{M_{xi}} = \delta_{i0}^M, \tag{212}$$

wenn δ_{i0}^P und δ_{i0}^M die Stützneigung an der rechten Stütze im Grundsystem $i-1, i$, hervorgerufen durch Einzellast $P=1$ bzw. Einzeldrehmoment $M=1$, bedeuten. Die Ausdrücke (210) und (211) stimmen mit entsprechenden Anteilen von δ_{i0} nach Tafel IX überein.

Die mittels Hilfsfunktionen Φ_n und Φ_n^* umgeformten Ausdrücke für v und ϑ sind in der Tafel VIII, Lastfall c, enthalten.

Stützverformungen. Stützneigungen und Stützverwölbungen im Grundsystem zufolge $M_{xi} = 1$, die folgerichtig durch $\delta_{i-1,M_{xi}}$, $\delta_{iM_{xi}}$ bzw. $\mu_{i-1,M_{xi}}$, $\mu_{iM_{xi}}$ ausgedrückt werden sollten, werden zur Abkürzung, der Reihe nach, mit $\delta_{i-1,i}^M$, δ_{ii}^M bzw. $\mu_{i-1,i}^M$, μ_{ii}^M bezeichnet. Die Lastquelle wird durch Kombination des oberen Index M (statt vollständig M_x) mit dem unteren Index i angegeben. Stützneigungen und Stützverwölbungen erhält man auf Grund von (103) und (104) durch Differenzieren. Die Werte für die Belastung $M_{x,i-1} = 1$ und $M_{xi} = 1$ sind in der Tafel X zusammengestellt. Die umgeformten Ausdrücke enthalten Hilfsfunktionen f_n und f_n^*, die in der Tafel XI zusammengestellt sind.

4. Verformung gekrümmter dünnwandiger Träger

Tafel X. Gleichungskoeffizienten (Stützneigung $\delta_{(\,)}$ und Stützverwölbung $\mu_{(\,)}$) an der Stütze $i-1$ bzw. i im Grundsystem für die Belastung durch Endbiegemomente $M_{i-1} = 1$ bzw. $M_i = 1$ und Endbimomente $B_{i-1} = 1$ bzw. $B_i = 1$

Größe	Ausdruck für den Beitrag des Feldes $i-1, i$	Umgeformter Ausdruck[1]
$\delta_{i, i-1}^M = \delta_{ii}^M$	$\dfrac{r}{EI_x}\left\{\left[\dfrac{1}{\psi}+\varkappa(1-\mu\eta)\right]\dfrac{\alpha/\sin\alpha-\cos\alpha}{2\sin\alpha}-\varkappa\left(\dfrac{1}{\alpha}-\dfrac{1}{\tan\alpha}\right)-\varkappa\mu\eta^2\left(\dfrac{1}{\tan\alpha}-\dfrac{kr}{\tanh kl}\right)\right\}$	$\dfrac{l}{EI_x}\dfrac{1}{\alpha}\left\{\dfrac{1}{\psi}f_1 + \varkappa[f_2 - \mu\eta(f_1 - \eta f_1^*)]\right\}$
$\mu_{i, i-1}^M = \mu_{ii}^M$ $= \delta_{i, i-1}^B$ $= \delta_{ii}^B$	$-\dfrac{1}{GI_d}\left(\dfrac{1}{\alpha}-\dfrac{1-\eta}{\tan\alpha}-\dfrac{\eta kr}{\tanh kl}\right)$	$-\dfrac{\varkappa}{EI_x}(f_3 - \eta f_1^*)$
$\mu_{i, i-1}^B = \mu_{ii}^B$	$\dfrac{1}{lGI_d}\left(\dfrac{kl}{\mu\tanh kl} - 1\right)$	$\dfrac{\varkappa}{lEI_x}f_2^*$
$\delta_{i-1, i}^M = \delta_{ii}^M$	$\dfrac{r}{EI_x}\left\{\left[\dfrac{1}{\psi}+\varkappa(1-\mu\eta)\right]\dfrac{1-\alpha/\tan\alpha}{2\sin\alpha}-\varkappa\left(\dfrac{1}{\sin\alpha}-\dfrac{1}{\alpha}\right)-\varkappa\mu\eta^2\left(\dfrac{kr}{\sinh kl}-\dfrac{1}{\sin\alpha}\right)\right\}$	$\dfrac{l}{EI_x}\dfrac{1}{\alpha}\left\{\dfrac{1}{\psi}f_4 + \varkappa[f_5 - \mu\eta(f_4 - \eta f_3^*)]\right\}$
$\mu_{i-1, i}^M = \mu_{i, i}^M =$ $= \delta_{i-1, i}^B =$ $= \delta_{i, i}^B$	$-\dfrac{1}{GI_d}\left(\dfrac{1-\eta}{\sin\alpha}-\dfrac{1}{\alpha}+\dfrac{\eta kr}{\sinh kl}\right)$	$-\dfrac{\varkappa}{EI_x}(f_6 - \eta f_3^*)$
$\mu_{i-1, i}^B = \mu_{i, i}^B$	$\dfrac{1}{lGI_d}\left(1 - \dfrac{kl}{\mu\sinh kl}\right)$	$\dfrac{\varkappa}{lEI_x}f_4^*$

$M_{i-1}=1, B_{i-1}=1 \qquad M_i=1, B_i=1$

$l = r\alpha$

4.1 Verformungskomponente v in Trägern mit offenem Profil

Tafel X (*Fortsetzung*)

Größe	Ausdruck für den Beitrag des Feldes i-1, i	Umgeformter Ausdruck[1]
	Im Sonderfall $kl = \infty$ verschwinden die Bimomente und es gilt	
$\delta^M_{i-1,i-1} = \delta^M_{ii}$	$\dfrac{r}{EI_x}\left[\left(\dfrac{1}{\psi}+\varkappa\right)\dfrac{\alpha/\sin\alpha - \cos\alpha}{2\sin\alpha} - \varkappa\left(\dfrac{1}{\alpha} - \dfrac{1}{\tan\alpha}\right)\right]$	$\dfrac{l}{EI_x}\dfrac{1}{\alpha}\left(\dfrac{1}{\psi}f_1 + \varkappa f_2\right)$
$\delta^M_{i,i-1} = \delta^M_{i-1,i}$	$\dfrac{r}{EI_x}\left[\left(\dfrac{1}{\psi}+\varkappa\right)\dfrac{1 - \alpha/\tan\alpha}{2\sin\alpha} - \varkappa\left(\dfrac{1}{\sin\alpha} - \dfrac{1}{\alpha}\right)\right]$	$\dfrac{l}{EI_x}\dfrac{1}{\alpha}\left(\dfrac{1}{\psi}f_4 + \varkappa f_5\right)$
	Im Sonderfall $kl = 0$ gilt	
$\delta^M_{i-1,i-1} = \delta^M_{ii}$	$\dfrac{r}{EI_x}\left[\left(\dfrac{1}{\psi}+\overline{\gamma}\right)\dfrac{\alpha/\sin\alpha - \cos\alpha}{2\sin\alpha} - \overline{\gamma}\left(\dfrac{2}{\alpha} - \dfrac{2}{\tan\alpha} - \dfrac{\alpha}{3}\right)\right]$	$\dfrac{l}{EI_x}\dfrac{1}{\alpha}\left(\dfrac{1}{\psi}f_1 + \overline{\gamma}f_7\right)$
$\mu^M_{i-1,i-1} = \mu^M_{ii}$ $= \delta^B_{i-1,i-1}$ $= \delta^B_{ii}$	$-\dfrac{r^2}{EI_\omega}\left(\dfrac{1}{\alpha} - \dfrac{1}{\tan\alpha} - \dfrac{\alpha}{3}\right)$	$-\dfrac{\overline{\gamma}}{EI_x}f_8$
$\mu^B_{i-1,i-1} = \mu^B_{ii}$	$\dfrac{l}{3EI_\omega}$	$\dfrac{1}{3}\dfrac{\overline{\gamma}}{lEI_x}$
$\delta^M_{i,i-1} = \delta^M_{i-1,i}$	$\dfrac{r}{EI_x}\left[\left(\dfrac{1}{\psi}+\overline{\gamma}\right)\dfrac{1 - \alpha/\tan\alpha}{2\sin\alpha} - \overline{\gamma}\left(\dfrac{2}{\sin\alpha} - \dfrac{2}{\alpha} - \dfrac{\alpha}{6}\right)\right]$	$\dfrac{l}{EI_x}\dfrac{1}{\alpha}\left(\dfrac{1}{\psi}f_4 + \overline{\gamma}f_9\right)$

4. Verformung gekrümmter dünnwandiger Träger

Tafel X (*Fortsetzung*)

Größe	Ausdruck für den Beitrag des Feldes $i-1, i$	Umgeformter Ausdruck[1]
$\mu^M_{i-1,i} = \mu^M_{i,i-1}$ $= \delta^B_{i,i-1}$ $= \delta^B_{i-1,i}$	$-\dfrac{r^2}{EI_\omega}\left(\dfrac{1}{\sin\alpha} - \dfrac{1}{\alpha} - \dfrac{\alpha}{6}\right)$	$-\dfrac{\bar{\gamma}}{EI_x} f_{10}$
$\mu^B_{i-1,i} = \mu^B_{i,i-1}$	$\dfrac{l}{6EI_\omega}$	$\dfrac{1}{6}\dfrac{\bar{\gamma}}{lEI_x}$

Stützverwölbung μ^B_{11} in einem wölbfrei eingespannten Kragträger für die Belastung durch Stützbimoment $B_1 = 1$

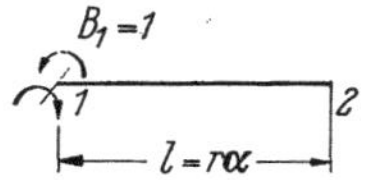

Größe	Ausdruck	Umgeformter Ausdruck[1]
μ^B_{11}	$\dfrac{1}{lGI_d}\dfrac{kl}{\mu\tanh kl}$	$\dfrac{\varkappa}{lEI_x} f^*_5$

[1] Hilfsfunktionen f_1 bis f_{10} und f^*_1 bis f^*_5 sind in der Tafel XI zusammengestellt.

4.1 Verformungskomponente v in Trägern mit offenem Profil

Tafel XI. Hilfsfunktionen f_n, f_n^*, Φ_n, Φ_n^*, F_n und F_n^* zur Berechnung der Verformungskomponenten

	Hilfsfunktion[1]	Näherungsausdruck im Bereich $0 < \alpha \lesssim 0{,}5$
f_1	$\dfrac{\alpha/\sin \alpha - \cos \alpha}{2 \sin \alpha}$	$\dfrac{\alpha^3}{3 \sin^2 \alpha}\left(1 - \dfrac{\alpha^2}{5} + \dfrac{2}{105}\alpha^4\right)$
f_2	$f_1 - f_3$	$\dfrac{\alpha^5}{45 \sin^2 \alpha}\left(1 - \dfrac{\alpha^2}{7}\right)$
f_3	$\dfrac{1}{\alpha} - \dfrac{1}{\tan \alpha}$	$\dfrac{\alpha^2}{3 \tan \alpha}\left(1 + \dfrac{2}{5}\alpha^2 + \dfrac{17}{105}\alpha^4\right)$
f_4	$\dfrac{1 - \alpha/\tan \alpha}{2 \sin \alpha}$	$\dfrac{\alpha^3}{6 \sin^2 \alpha}\left(1 - \dfrac{\alpha^2}{10} + \dfrac{\alpha^4}{280}\right)$
f_5	$f_4 - f_6$	$\dfrac{7}{360}\dfrac{\alpha^5}{\sin^2 \alpha}\left(1 - \dfrac{6}{49}\alpha^2\right)$
f_6	$\dfrac{1}{\sin \alpha} - \dfrac{1}{\alpha}$	$\dfrac{\alpha^2}{6 \sin \alpha}\left(1 - \dfrac{\alpha^2}{20} + \dfrac{\alpha^4}{840}\right)$
f_7	$\dfrac{1}{\alpha^2}\left[f_1 - \left(2f_3 - \dfrac{\alpha}{3}\right)\right]$	$0{,}002117 \dfrac{\alpha^5}{\sin^2 \alpha}(1 - 0{,}051\,\alpha^2)$
f_8	$\dfrac{1}{\alpha^2}\left(f_3 - \dfrac{\alpha}{3}\right)$	$0{,}02222 \dfrac{\alpha^2}{\tan \alpha}(1 + 0{,}428\,\alpha^2 + 0{,}173\,\alpha^4)$
f_9	$\dfrac{1}{\alpha^2}\left[f_4 - \left(2f_6 - \dfrac{\alpha}{6}\right)\right]$	$0{,}002051 \dfrac{\alpha^5}{\sin^2 \alpha}(1 - 0{,}214\,\alpha^2)$
f_{10}	$\dfrac{1}{\alpha^2}\left(f_6 - \dfrac{\alpha}{6}\right)$	$0{,}01944 \dfrac{\alpha^2}{\sin \alpha}(1 - 0{,}061\,\alpha^2)$
f_1^*	$\dfrac{kl}{\alpha \tanh kl} - \dfrac{1}{\tan \alpha}$	
f_2^*	$\dfrac{kl}{\mu \tanh kl} - 1$	
f_3^*	$\dfrac{1}{\sin \alpha} - \dfrac{kl}{\alpha \sinh kl}$	
f_4^*	$1 - \dfrac{kl}{\mu \sinh kl}$	
f_5^*	$\dfrac{kl}{\mu \tanh kl}$	
Φ_1	$\dfrac{\alpha \sin \beta' - \beta' \cos \beta \sin \alpha}{2 \sin^2 \alpha}$	$\dfrac{\alpha^3 \beta}{6 \sin^2 \alpha}\left[(1 - \xi^2) - \dfrac{\alpha^2}{10}(1 - \xi^4) + \right.$ $\left. + \dfrac{\alpha^4}{1680}(6 + 14\xi^2 - 14\xi^4 - 6\xi^6)\right]$

4. Verformung gekrümmter dünnwandiger Träger

Tafel XI (*Fortsetzung*)

	Hilfsfunktion	Näherungsausdruck im Bereich $0 < \alpha \lessgtr 0{,}5$
Φ_2	$\Phi_1 - \Phi_3$	$\dfrac{\alpha^5 \beta}{360 \sin^2 \alpha}\left[(7 - 10\xi^2 + 3\xi^4) - \dfrac{\alpha^2}{7}(6 - 7\xi^2 + \xi^6)\right]$
Φ_3	$\dfrac{\sin \beta}{\sin \alpha} - \dfrac{\beta}{\alpha}$	$\dfrac{\alpha^2 \beta}{6 \sin \alpha}\left[(1 - \xi^2) - \dfrac{\alpha^2}{20}(1 - \xi^4) + \dfrac{\alpha^4}{840}(1 - \xi^6)\right]$
Φ_4	$\dfrac{1}{\alpha^2}\left[\Phi_1 - 2\Phi_3 + \dfrac{\beta\beta'}{6}\left(1 + \dfrac{\beta}{\alpha}\right)\right]$	$\dfrac{\alpha^5 \beta}{15120 \sin^2 \alpha}\left[(31 - 49\xi^2 + 21\xi^4 - 3\xi^6) - \dfrac{\alpha^2}{60}(239 - 360\xi^2 + 126\xi^4 - 5\xi^8)\right]$
Φ_5	$\dfrac{1}{\alpha^2}(\Phi_1 - \Phi_3)$	$\dfrac{\alpha^3 \beta}{360 \sin^2 \alpha}\left[(7 - 10\xi^2 + 3\xi^4) - \dfrac{\alpha^2}{7}(6 - 7\xi^2 + \xi^6)\right]$
Φ_6	$\dfrac{1}{\alpha^2}\left[\Phi_3 - \dfrac{\beta\beta'}{6}\left(1 + \dfrac{\beta}{\alpha}\right)\right]$	$\dfrac{\alpha^2 \beta}{360 \sin \alpha}\left[(7 - 10\xi^2 + 3\xi^4) - \dfrac{\alpha^2}{14}(6 - 7\xi^2 + \xi^6)\right]$
Φ_1^*	$\dfrac{\sin \beta}{\sin \alpha} - \dfrac{\sinh ka}{\sinh kl}$	
Φ_2^*	$\cos \beta - \dfrac{\sinh kb}{\sinh kl}$	
Φ_3^*	$\dfrac{\sin \beta}{\alpha} \cdot \dfrac{kl}{\tanh kl}$	
F_1	$\dfrac{\alpha - \sin \alpha}{2(1 + \cos \alpha)}$	$\dfrac{\alpha^3}{12(1 + \cos \alpha)}\left(1 - \dfrac{\alpha^2}{20} + \dfrac{\alpha^4}{840}\right)$
F_2	$F_1 - F_3$	$\dfrac{\alpha^5}{120(1 + \cos \alpha)}\left(1 - \dfrac{\alpha^2}{21}\right)$
F_3	$\tan \dfrac{\alpha}{2} - \dfrac{\alpha}{2}$	$\dfrac{\alpha^3}{24}\left(1 + \dfrac{\alpha^2}{10} + \dfrac{17}{1680}\alpha^4\right)$
F_4	$F_1 - 2F_3 + \dfrac{\alpha^3}{24}$	$0{,}0008433 \dfrac{\alpha^7}{1 + \cos \alpha}(1 - 0{,}047\alpha^2)$
F_5	$F_3 - \dfrac{\alpha^3}{24}$	$0{,}004167\,\alpha^5(1 + 0{,}101\,\alpha^2 + 0{,}010\,\alpha^4)$
F_6	$\dfrac{\cos \dfrac{\alpha}{2} - 1 + \dfrac{\alpha}{4}\tan \dfrac{\alpha}{2}}{\cos \dfrac{\alpha}{2}}$	$\dfrac{\alpha^4}{384 \cos \dfrac{\alpha}{2}}(5 + 0{,}3917\,\alpha^2 + 0{,}0405\,\alpha^4)$
F_7	$F_6 - F_8$	$0{,}0013238 \dfrac{\alpha^6}{\cos \dfrac{\alpha}{2}}(1 + 0{,}0777\,\alpha^2)$

4.1 Verformungskomponente v in Trägern mit offenem Profil

Tafel XI (*Fortsetzung*)

	Hilfsfunktion[1]	Näherungsausdruck im Bereich $0 < \alpha \lesssim 0,5$
F_8	$\dfrac{1}{\cos\frac{\alpha}{2}} - 1 - \dfrac{\alpha^2}{8}$	$\dfrac{\alpha^4}{384\cos\frac{\alpha}{2}}(5 - 0,1167\,\alpha^2 + 0,0010\,\alpha^4)$
F_9	$\dfrac{1}{\cos\frac{\alpha}{2}} - 1$	$\dfrac{\alpha^2}{8\cos\frac{\alpha}{2}}(1 - 0,0208\,\alpha^2 + 0,0002\,\alpha^4)$
F_{10}	$F_6 - 2F_8 + \dfrac{5}{384}\alpha^4$	$0,0001342\,\dfrac{\alpha^8}{\cos\frac{\alpha}{2}}(1 + 0,0774\,\alpha^2)$
F_{11}	$F_8 - \dfrac{5}{384}\alpha^4$	$0,0013238\,\dfrac{\alpha^6}{\cos\frac{\alpha}{2}}(1 - 0,00315\,\alpha^2)$
F_1^*	$\tan\dfrac{\alpha}{2} - \dfrac{\alpha}{kl}\tanh\dfrac{kl}{2}$	
F_2^*	$\left(\dfrac{\alpha}{kl}\right)^2\left(\dfrac{\eta}{\cosh\frac{kl}{2}} + \dfrac{1-\eta}{\cos\frac{\alpha}{2}} - 1\right)$	
F_3^*	$\left(\dfrac{\alpha}{kl}\right)^2\left(1 - \dfrac{1}{\cosh\frac{kl}{2}}\right)$	mit $\xi = \dfrac{\beta}{\alpha}$ und $\xi' = \dfrac{\beta'}{\alpha} = 1 - \xi$.

[1] Hilfsfunktionen Φ_1' bis Φ_6' und $\Phi_1^{*\prime}$ erhält man aus obigen Funktionen Φ_1 bis Φ_6 bzw. Φ_1^* durch Vertauschen von β mit β', ξ mit ξ' sowie a mit b, oder umgekehrt.

4.1.4 Belastung durch Endbimoment $B_1 = 1$ im Grundsystem

Verformungskomponenten v und ϑ. Die Belastung durch $B_i = 1$ an der rechten Stütze (Abb. 30) wird betrachtet. Aus (102) folgt mit H_d gemäß (154), unter Berücksichtigung der Bedingung $\tau_{z=0} = 0$,

$$\tau = \frac{1}{GI_d}\left(\frac{z}{l} - \frac{\sinh kz}{\sinh kl}\right). \tag{213}$$

Aus (101) mit $M_x = 0$ und τ gemäß (213) erhält man unter Berücksichtigung der Bedingungen $v_{z=0} = v_{z=l} = 0$

$$v = -\frac{r}{GI_d}\left[(1-\eta)\frac{\sin\varphi}{\sin\alpha} - \frac{\varphi}{\alpha} + \eta\frac{\sinh kz}{\sinh kl}\right]. \tag{214}$$

Mit (213) und (214) folgt

$$\vartheta = \tau - \frac{v}{r} = \frac{1-\eta}{GI_d}\left(\frac{\sin\varphi}{\sin\alpha} - \frac{\sinh kz}{\sinh kl}\right). \tag{215}$$

Aus dem Vergleich mit den aus P bzw. M herrührenden Anteilen von μ_{i0} nach Tafel IX werden folgende Reziprozitätsbeziehungen bestätigt:

$$v_{B_i} = \mu_{i0}^P, \qquad \vartheta_{B_i} = \mu_{i0}^M, \tag{216}$$

wenn mit μ_{i0}^P bzw. μ_{i0}^M die Stützverwölbung an der rechten Stütze im Grundsystem $i-1, i$, hervorgerufen durch Einzellast $P = 1$ bzw. Einzeldrehmoment $M = 1$, bezeichnet wird. Die Beziehungen (216) sind analog zu (212).

Mittels Hilfsfunktionen Φ_n und Φ_n^* ausgedrückte Werte von v und ϑ sind in der Tafel VIII, Lastfall d, angegeben.

Stützverformungen. Die Ausdrücke für die Stützneigungen $\delta_{i-1,i}^B$, δ_{ii}^B und die Stützverwölbungen $\mu_{i-1,i}^B$, μ_{ii}^B zufolge $B_i = 1$ (die Lastquelle wird durch Kombination des oberen Index B mit dem unteren Index i beschrieben) werden auf Grund von (103) bzw. (104) erhalten. Sie sind in der Tafel X angegeben. Die umgeformten Ausdrücke enthalten, ähnlich wie im Falle der Endmomentenlast, die Hilfsfunktionen f_n und f_n^*.

Weitere allgemeingültige Reziprozitätsbeziehungen, wie z. B.

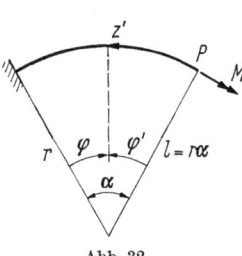

Abb. 32

$$\delta_{ii}^B = \mu_{ii}^M, \quad \delta_{i-1,i}^B = \mu_{i,i-1}^M, \quad \mu_{i-1,i}^B = \mu_{i,i-1}^B,$$

sind zu vermerken. Für konstante Profile und konstante Krümmung im Felde $i-1, i$ gilt ferner

$$\delta_{ii}^B = \delta_{i-1,i-1}^B, \quad \mu_{ii}^B = \mu_{i-1,i-1}^B.$$

4.1.5 Wölbfest eingespannter Kragträger. Lastfall P, M am Kragende

Mit $H_d = H - B'$, wobei H und B' in der Tafel V bereitgestellt sind, gilt folgende Bestimmungsgleichung für τ (Abb. 32):

$$GI_d\tau' = M(1-\eta)\cos\varphi' + Pr[1-(1-\eta)\cos\varphi'] - \\ - \{M(1-\eta)\cos\alpha + Pr[1-(1-\eta)\cos\alpha]\}\frac{\cosh kz'}{\cosh kl}.$$

Unter Berücksichtigung der Bedingung $\tau_{z=0} = 0$ ergibt sich

$$\tau = \frac{1}{GI_d}\left\{Pr^2\varphi + (Mr - Pr^2)(1-\eta)(\sin\alpha - \sin\varphi') - \right. \\ \left. - [Pr + (M - Pr)(1-\eta)\cos\alpha]\frac{\sinh kl - \sinh kz'}{k\cosh kl}\right\}. \tag{217}$$

4.1 Verformungskomponente v in Trägern mit offenem Profil

Mit M_x nach Tafel V nimmt die Bestimmungsgleichung für v, Gl. (101), folgende Form an:

$$v'' + \frac{v}{r^2} = \frac{Pr - M}{\psi E I_x} \sin \varphi' + \frac{\tau}{r}, \qquad (218)$$

wobei für τ der Ausdruck (217) einzusetzen ist. Die Lösung von (218) lautet

$$v = \frac{Mr^2 - Pr^3}{\psi E I_x} \frac{\varphi' \cos \varphi'}{2} + \frac{r}{G I_d} \Big\{ Pr^2(\alpha - \varphi') + (Mr - Pr^2)(1-\eta) \cdot$$

$$\cdot \Big(\sin \alpha + \frac{\varphi' \cos \varphi'}{2} \Big) + [Pr + (M - Pr)(1-\eta) \cos \alpha] \cdot$$

$$\cdot \frac{\eta \sinh kz' - \sinh kl}{k \cosh kl} \Big\} + C_1 \sin \varphi' + C_2 \cos \varphi'.$$

Die Konstanten C_1, C_2 sind aus den Bedingungen $v_{z=0} = v'_{z=0} = 0$ zu bestimmen. Es ergibt sich schließlich

$$E I_x v = (Pr^3 - Mr^2) \Big[\frac{1}{\psi} + \varkappa(1-\eta) \Big] \frac{\varphi \cos \varphi' - \cos \alpha \sin \varphi}{2} +$$

$$+ \varkappa \Big\{ Pr^3 (\varphi - \sin \varphi) - (Pr^3 - Mr^2)(1-\eta) \sin \alpha (1 - \cos \varphi) +$$

$$+ [Pr^3 - (Pr^3 - Mr^2)(1-\eta) \cos \alpha] \cdot$$

$$\cdot \Big[\frac{\eta \sinh kz' - [1-(1-\eta) \cos \varphi] \sinh kl}{kr \cosh kl} + \eta \sin \varphi \Big] \Big\}. \qquad (219)$$

Tafel XII. Umgeformte Ausdrücke extremaler Verformungskomponenten eines wölb- und biegefest eingespannten Kragträgers belastet durch Einzellast P und Einzeldrehmoment M am Kragende ($\mu = 1$)[1]

$E I_x v_1$	$P l^3 \dfrac{1}{\alpha^3} \Big\{ \dfrac{1}{\psi} F_{12} + \varkappa \Big[F_{13} + \eta F_{14} + \eta^2 \sin \alpha \cos \alpha -$ $- [1-(1-\eta) \cos \alpha] F_4^* \Big] \Big\} + M l^2 \dfrac{1}{\alpha^2} \Big\{ -\dfrac{1}{\psi} F_{12} +$ $+ \varkappa [F_{15} + \eta F_{16} - \eta^2 \sin \alpha \cos \alpha - (1-\eta) \cos \alpha F_4^*] \Big\}$
$E I_x \tau_1$	$P l^2 \dfrac{\varkappa}{\alpha^2} (F_{19} + \eta \sin \alpha - F_4^*) + M l \varkappa (1-\eta) \Big(\dfrac{\sin \alpha}{\alpha} - F_5^* \Big)$
	Im Sonderfall $kl = 0$:
$E I_x v_1$	$P l^3 \dfrac{1}{\alpha^3} \Big(\dfrac{1}{\psi} F_{12} + \bar{\gamma} F_{17} \Big) + M l^2 \dfrac{1}{\alpha^2} \Big(-\dfrac{1}{\psi} F_{12} + \bar{\gamma} F_{18} \Big)$
$E I_x \tau_1$	$P l^2 \bar{\gamma} F_{20} + M l \bar{\gamma} F_{21}$

[1] Hilfsfunktionen F_{12} bis F_{21}, F_4^* und F_5^* sind in der Tafel XIII zusammengestellt.

4. Verformung gekrümmter dünnwandiger Träger

Tafel XIII. Hilfsfunktionen F_{12} bis F_{21}, F_4^* und F_5^* zur Berechnung der extremalen Verformungskomponenten eines wölb- und biegefest eingespannten Kragträgers

Hilfsfunktion		Näherungsausdruck im Bereich $0 < \alpha \lesssim 0{,}5$
F_{12}	$\dfrac{\alpha - \sin\alpha \cos\alpha}{2}$	$\dfrac{\alpha^3}{3}\left(1 - \dfrac{\alpha^2}{5} + \dfrac{2}{105}\alpha^4\right)$
F_{13}	$F_{12} + \alpha - \sin\alpha(2 - \cos\alpha)$	$\dfrac{\alpha^5}{20}\left(1 - \dfrac{5}{42}\alpha^2\right)$
F_{14}	$2\sin\alpha(1 - \cos\alpha) - F_{12}$	$\dfrac{2}{3}\alpha^3\left(1 - \dfrac{11}{40}\alpha^2 + \dfrac{47}{1680}\alpha^4\right)$
F_{15}	$\sin\alpha(1 - \cos\alpha) - F_{12}$	$\dfrac{\alpha^3}{6}\left(1 - \dfrac{7}{20}\alpha^2 + \dfrac{31}{840}\alpha^4\right)$
F_{16}	$\sin 2\alpha - \sin\alpha + F_{12}$	$\alpha\left(1 - \dfrac{5}{6}\alpha^2 + \dfrac{23}{120}\alpha^4\right)$
F_{17}	$\dfrac{1}{\alpha^2}\left[\dfrac{\alpha^3}{3} - 2(\sin\alpha - \alpha\cos\alpha) + \dfrac{\alpha}{2} - \dfrac{\sin 2\alpha}{4}\right]$	$\dfrac{\alpha^5}{252}\left(1 - \dfrac{7}{90}\alpha^2\right)$
F_{18}	$\dfrac{1}{\alpha^2}\left[\sin\alpha - \alpha\cos\alpha - \dfrac{\alpha}{2} + \dfrac{\sin 2\alpha}{4}\right]$	$\dfrac{\alpha^3}{30}\left(1 - \dfrac{13}{84}\alpha^2\right)$
F_{19}	$\alpha - \sin\alpha$	$\dfrac{\alpha^3}{6}\left(1 - \dfrac{\alpha^2}{20} + \dfrac{\alpha^4}{840}\right)$
F_{20}	$\dfrac{1}{\alpha^4}\left(\dfrac{\alpha^3}{3} + \alpha\cos\alpha - \sin\alpha\right)$	$\dfrac{\alpha}{30}\left(1 - \dfrac{\alpha^2}{28}\right)$
F_{21}	$\dfrac{1}{\alpha^3}(\sin\alpha - \alpha\cos\alpha)$	$\dfrac{1}{3}\left(1 - \dfrac{\alpha^2}{10} + \dfrac{\alpha^4}{280}\right)$
F_4^*	$[1 - (1-\eta)\cos\alpha]\,\alpha\,\dfrac{\tanh kl}{kl}$	
F_5^*	$\cos\alpha\,\dfrac{\tanh kl}{kl}$	

Extremale Durchbiegung in $z = l$ oder $z' = 0$ beträgt

$$EI_x v_\text{extr} = (Pr^3 - Mr)\left[\dfrac{1}{\psi} + \varkappa(1-\eta)\right]\dfrac{\alpha - \sin\alpha\cos\alpha}{2} +$$
$$+ \varkappa\left\{Pr^3(\alpha - \sin\alpha) - (Pr^3 - Mr^2)(1-\eta)\sin\alpha(1 - \cos\alpha) + \right.$$
$$+ [Pr^3 - (Pr^3 - Mr^2)(1-\eta)\cos\alpha] \cdot$$
$$\left.\cdot\left[\dfrac{(1-\eta)\cos\alpha - 1}{kr}\tanh kl + \eta\sin\alpha\right]\right\} \qquad (220)$$

und ferner erhält man für denselben Querschnitt

$$GI_d \tau_{\text{extr}} = Pr^2 \alpha + (Mr - Pr^2)(1-\eta) \sin \alpha -$$
$$- [Pr + (M - Pr)(1-\eta) \cos \alpha] \frac{\tanh kl}{k}. \qquad (221)$$

Die umgeformten Ausdrücke (220) und (221) sind in der Tafel XII angegeben. Die Hilfsfunktionen F_{12} bis F_{21} sowie F_4^* und F_5^* sind in der Tafel XIII zusammengestellt.

4.2 Verformungskomponenten in Trägern mit geschlossenem oder offen-geschlossenem Profil

Der Lastfall P, M im Grundsystem wird unter 4.2.1 im einzelnen behandelt. Für die übrigen Lastfälle werden nur die wichtigsten Resultate mitgeteilt.

4.2.1 Lastfall P, M im Grundsystem

Mit B nach Tafel I erhält man auf Grund von (121) für den Bereich I bei $0 < \varphi < \beta$ (Abb. 27)

$$f_I' = \frac{\mu}{EI_\omega^\wedge} \left[(Mr - Pr^2) \eta r \frac{\sin \beta'}{\sin \alpha} \cos \varphi - \frac{M(1-\eta) + Pr\eta}{k^2} \cdot \frac{\sinh kb}{\sinh kl} \right.$$
$$\left. \cdot \cosh kz + C_1 \right] \qquad (222)$$

und für den Bereich II bei $0 < \varphi' < \beta'$

$$f_{II}' = \frac{\mu}{EI_\omega^\wedge} \left[(Mr - Pr^2) \eta r \frac{\sin \beta}{\sin \alpha} \cos \varphi' - \frac{M(1-\eta) + Pr\eta}{k^2} \cdot \frac{\sinh ka}{\sinh kl} \right.$$
$$\left. \cdot \cosh kz' + C_1' \right]. \qquad (223)$$

Zur Bestimmung von zwei Konstanten steht zunächst nur die Bedingung

$$f_{I(z=a)}' = -f_{II(z'=b)}' \qquad (224)$$

zur Verfügung. Diese liefert den Zusammenhang

$$C_1 + C_1' = (Mr^2 - Pr^3)\eta - \frac{M(1-\eta) + Pr\eta}{k^2}. \qquad (225)$$

Durch Integrieren von (222) erhält man auf Grund von (122) mit H nach Tafel I

$$\tau_I = \frac{\mu^2}{EI_\omega^\wedge} \left[(Mr - Pr^2) r^2 \eta \cdot \frac{\sin \beta'}{\sin \alpha} \sin \varphi - \frac{M(1-\eta) + Pr\eta}{k^3} \cdot \frac{\sinh kb}{\sinh kl} \right.$$
$$\left. \cdot \sinh kz + C_1 z \right] + \frac{1}{GI_c} \left[(Mr - Pr^2) \frac{\sin \beta'}{\sin \alpha} \sin \varphi + Pr^2 \frac{\beta' \varphi}{\alpha} \right] + C_2.$$
$$(226)$$

4. Verformung gekrümmter dünnwandiger Träger

Sinngemäß folgt auch der Ausdruck für den Bereich II, wobei die Konstanten mit C_1' und C_2' bezeichnet werden.

Weitere Bedingungen beziehen sich gerade auf den reduzierten Drehwinkel $\tau = \vartheta + v/r$:

$$\tau_{I(z=0)} = 0, \qquad \tau_{II(z'=0)} = 0, \qquad \tau_{I(z=a)} = \tau_{II(z'=b)}. \tag{227}$$

Aus den zwei ersten Bedingungen (227) folgt $C_2 = C_2' = 0$. Die dritte Bedingung (227) liefert die einfache Beziehung

$$C_1 a = C_1' b. \tag{228}$$

Durch (225) und (228) sind die restlichen Konstanten bestimmt. Für die Wölbfunktion f_I im Bereich I erhält man somit

$$f_I = \frac{\mu}{E I_\omega^\wedge} \left[(Mr - Pr^2) r^2 \eta \left(\frac{\sin \beta'}{\sin \alpha} \sin \varphi - \frac{\beta' \varphi}{\alpha} \right) + \right.$$
$$\left. + \frac{M(1-\eta) + Pr\eta}{k^3} \left(\frac{b}{l} kz - \frac{\sinh kb}{\sinh kl} \sinh kz \right) \right]. \tag{229}$$

Von Interesse ist eigentlich nicht die Funktion f selbst, sondern deren erste Ableitung.

Nach einiger Zwischenrechnung, unter Benutzung der Beziehungen

$$\frac{\mu}{k^2 E I_\omega^\wedge} = \frac{1}{G I_d}, \qquad \frac{1}{G I_c} = \frac{1-\mu}{G I_d},$$

wird auch die Endformel für τ_I erhalten:

$$\tau_I = \frac{1}{G I_d} \left[(Mr - Pr^2)(1 - \mu\eta) \frac{\sin \beta'}{\sin \alpha} \sin \varphi + Pr^2 \frac{\beta' \varphi}{\alpha} - \right.$$
$$\left. - \mu \frac{M(1-\eta) + Pr\eta}{k} \frac{\sinh kb}{\sinh kl} \sinh kz \right]. \tag{230}$$

Für die Stützverwölbung an der linken Stütze $i-1$ im Grundsystem $i-1$, i folgt gemäß (123), durch Differenzieren von (229) unter Berücksichtigung der Beziehung $\eta k^2 r^2 = 1 - \eta$,

$$\mu_{i-1,0} = f'_{I(z=0)} = \frac{1}{G I_d} \left\{ (M - Pr)(1-\eta) \frac{\sin \beta'}{\sin \alpha} + Pr \frac{\beta'}{\alpha} - \right.$$
$$\left. - [M(1-\eta) + Pr\eta] \frac{\sinh kb}{\sinh kl} \right\}. \tag{231}$$

Merkwürdigerweise ist in diesem Ausdruck der Wölbschubparameter μ nicht enthalten. Der Ausdruck f' bei geschlossenem Profil ist daher identisch mit dem Ausdruck τ' für offene Profile. τ' für ein geschlossenes Profil lautet demgegenüber

$$\tau'_{z=0} = \frac{1}{G I_d} \left\{ (M - Pr)(1 - \mu\eta) \frac{\sin \beta'}{\sin \alpha} + Pr \frac{\beta'}{\alpha} - \right.$$
$$\left. - \mu[M(1-\eta) + Pr\eta] \frac{\sinh kb}{\sinh kl} \right\} \neq f'_{z=0}. \tag{232}$$

Mit $\mu = 1$ geht die Gl. (232) in (231) über.

4.2 Verformungskomponenten in Trägern

Vertikale Verschiebung v wird auf Grund von (101) bestimmt. M_x nach Tafel I und τ gemäß (230) in (101) eingesetzt, ergibt sich für den Bereich I

$$v_I'' + \frac{v_I}{r^2} = -a_1 \sin \varphi + a_2 z - a_3 \sinh kz, \tag{233}$$

mit den Abkürzungen

$$\left.\begin{aligned} a_1 &= (Pr - M)\left(\frac{1}{\psi E I_x} + \frac{1-\mu\eta}{G I_d}\right) \frac{\sin \beta'}{\sin \alpha}, \\ a_2 &= \frac{P}{G I_d} \frac{b}{l}, \\ a_3 &= \mu \frac{M(1-\eta) + Pr\eta}{kr \, G I_d} \frac{\sinh kb}{\sinh kl}. \end{aligned}\right\} \tag{234}$$

Die Lösung von (233) lautet

$$v_I = a_1 \frac{r^2}{2} \varphi \cos \varphi + a_2 r^2 z - a_3 \eta r^2 \sinh kz + C_1 \sin \varphi + C_2 \cos \varphi. \tag{235}$$

Sinngemäß erhält man v_{II} im Bereich II, indem in (234) und (235) β' durch β, b durch a, φ durch φ', und z durch z' ersetzt wird. Die Konstanten werden mit C_1' und C_2' bezeichnet.

Aus den Bedingungen $v_{I(z=0)} = 0$ und $v_{II(z'=0)} = 0$ folgt sofort $C_2 = C_2' = 0$. Die Konstanten C_1 und C_1' lassen sich aus den Bedingungen (186) bestimmen. Der Endausdruck für v_I lautet

$$v_I = \frac{Pr^3 - Mr^2}{E I_x} \frac{1}{2}\left[\frac{1}{\psi} + \varkappa(1-\mu\eta)\right]\left[\frac{\sin \beta'}{\sin \alpha} \varphi \cos \varphi - \left(\beta \cos \beta' + \sin \beta' - \alpha \cdot \right.\right.$$
$$\left.\left. \cdot \frac{\sin \beta}{\sin \alpha}\right) \frac{\sin \varphi}{\sin \alpha}\right] - \varkappa Pr^3 \left(\frac{\sin \beta'}{\sin \alpha} \sin \varphi - \frac{\beta' \varphi}{\alpha}\right) + \mu \varkappa \eta [Mr^2(1-\eta) + Pr^3\eta] \cdot$$
$$\cdot \left(\frac{\sin \beta'}{\sin \alpha} \sin \varphi - \frac{\sinh kb}{kr \sinh kl} \sinh kz\right). \tag{236}$$

Sinngemäß folgt der Ausdruck für v_{II} im Bereich II.

Für die Belastung durch Einzellast P und Einzeldrehmoment M im Mittelquerschnitt erhält man nach einiger Umformung v_extr in demselben Querschnitt

$$v_\text{extr} = \frac{r^2}{E I_x} \left\{ (Pr - M)\left[\frac{1}{\psi} + \varkappa(1-\mu\eta)\right] \frac{\alpha - \sin \alpha}{4(1 + \cos \alpha)} - \right.$$
$$\left. - \varkappa \frac{Pr}{2}\left(\tan \frac{\alpha}{2} - \frac{\alpha}{2}\right) + \mu \varkappa \eta \frac{M(1-\eta) + Pr\eta}{2}\left(\tan \frac{\alpha}{2} - \frac{1}{kr} \tanh \frac{kl}{2}\right)\right\}. \tag{237}$$

und aus (230) τ_extr hierfür

$$\tau_\text{extr} = \frac{1}{G I_d}\left[\frac{Mr - Pr^2}{2}(1-\mu\eta) \tan \frac{\alpha}{2} + \frac{Pr^2 \alpha}{4} - \right.$$
$$\left. - \mu \frac{M(1-\eta) + Pr\eta}{2k} \tanh \frac{kl}{2}\right]. \tag{238}$$

100   4. Verformung gekrümmter dünnwandiger Träger

Die unter Benutzung von Hilfsfunktionen umgeformten Ausdrücke für v_{extr} und τ_{extr} für die Laststellung im Mittelquerschnitt sind in der Tafel VIII, Lastfall a, angegeben. Beim Vergleich der Ausdrücke für τ_{extr} ist folgende einfache Umformung zu beachten $1 - \mu\eta = \mu(1 - \eta) + (1 - \mu)$.

Die Stützneigung wird gemäß (103) bestimmt, dagegen die Stützverwölbung nach (123). Die Ausdrücke sind in der Tafel IX zusammengestellt.

4.2.2 Gleichmassig verteilte Last p, m im Grundsystem

Die Integrationskonstante in der Gl. (121) folgt aus der Symmetriebedingung $f'_{z=l/2} = 0$. Die zweite Integrationskonstante in (122) ergibt sich aus der Bedingung $\tau_{z=0} = \tau_{z'=0} = 0$.

Man erhält somit für τ und f'

$$\tau = \frac{1}{GI_d}\left[(mr^2 - pr^3)(1 - \mu\eta)\left(\frac{\sin\varphi + \sin\varphi'}{\sin\alpha} - 1\right) + pr^3\frac{\varphi\varphi'}{2} - \mu\frac{m(1-\eta) + pr\eta}{k^2}\left(1 - \frac{\sinh kz + \sinh kz'}{\sinh kl}\right)\right], \quad (239)$$

$$f' = \frac{1}{GI_d}\left[(mr - pr^2)(1 - \eta)\left(\frac{\cos\varphi - \cos\varphi'}{\sin\alpha} + \varphi - \frac{\alpha}{2}\right) + [m(1-\eta) + pr\eta]\left(\frac{\cosh kz - \cosh kz'}{k\sinh kl} - z + \frac{l}{2}\right)\right]. \quad (240)$$

Aus (240) folgt für $z = 0$ die in der Tafel IX angegebene Stützverwölbung $\mu_{i0} = \mu_{i-1,0}$.

Die Durchbiegung v wird mit M_x nach Tafel II aus (101) unter Berücksichtigung der Randbedingungen $v_{z=0} = v_{z'=0} = 0$ bestimmt:

$$v = \frac{1}{EI_x}\left\{(pr^4 - mr^3)\left[\frac{1}{\psi} + \varkappa(1 - \mu\eta)\right]\left[1 + \frac{\varphi\cos\varphi + \varphi'\cos\varphi'}{2\sin\alpha} - \left(1 + \frac{\alpha}{2\tan\alpha}\right)\frac{\sin\varphi + \sin\varphi'}{\sin\alpha}\right] - \varkappa pr^4\left(\frac{\sin\varphi + \sin\varphi'}{\sin\alpha} - 1 - \frac{\varphi\varphi'}{2}\right) + \mu\varkappa\frac{mr(1-\eta) + pr^2\eta}{k^2}\left[(1-\eta)\frac{\sin\varphi + \sin\varphi'}{\sin\alpha} - 1 + \eta\frac{\sinh kz + \sinh kz'}{\sinh kl}\right]\right\}. \quad (241)$$

Die umgeformten Ausdrücke für Extremalwerte von (239) und (241) findet man in der Tafel VIII, Lastfall b, die Stützneigung $\delta_{i-1,0} = \delta_{i0}$ in der Tafel IX.

4.2.3 Belastung durch Endbiegemoment $M_{x1} = 1$ im Grundsystem

Die Endresultate für die Momentenbelastung an der rechten Stütze im Grundsystem Abb. 27 werden mitgeteilt.

$$\tau = \frac{r}{GI_d}\left[\frac{\varphi}{\alpha} - (1 - \mu\eta)\frac{\sin\varphi}{\sin\alpha} - \mu\eta\frac{\sinh kz}{\sinh kl}\right], \quad (242)$$

$$f' = \frac{1}{GI_d}\left[\frac{1}{\alpha} - (1 - \eta)\left(\frac{\cos\varphi}{\sin\alpha} + \frac{1}{kr}\frac{\cosh kz}{\sinh kl}\right)\right]. \quad (243)$$

4.2 Verformungskomponenten in Trägern

Aus (243) erhält man die in der Tafel X angegebenen Stützverwölbungen $\mu_{i-1,i}^M$ und μ_{ii}^M. Beim Vergleich der Resultate ist die einfache Beziehung $(1-\eta)/kr = \eta kr$ zu beachten.

Ferner

$$v = \frac{r^2}{EI_x}\left\{\left[\frac{1}{\psi} + \varkappa(1-\mu\eta)\right]\frac{\alpha\sin\varphi' - \varphi'\sin\alpha\cos\varphi}{2\sin^2\alpha} - \varkappa\left(\frac{\sin\varphi}{\sin\alpha} - \frac{\varphi}{\alpha}\right) + \mu\varkappa\eta^2\left(\frac{\sin\varphi}{\sin\alpha} - \frac{\sinh kz}{\sinh kl}\right)\right\}. \quad (244)$$

Durch Differenzieren von (244) erhält man gemäß (103) die in der Tafel X angegebenen Stützneigungen $\delta_{i-1,i}^M$ und δ_{ii}^M. Aus (242) und (244) folgt für den Drehwinkel ϑ

$$\vartheta = -\frac{r}{EI_x}\left\{\left[\frac{1}{\psi} + \varkappa(1-\mu\eta)\right]\frac{\alpha\sin\varphi' - \varphi'\sin\alpha\cos\varphi}{2\sin^2\alpha} + \mu\varkappa\eta(1-\eta)\left(\frac{\sin\varphi}{\sin\alpha} - \frac{\sinh kz}{\sinh kl}\right)\right\}. \quad (245)$$

Die umgeformten Ausdrücke (244) und (245) sind in der Tafel VIII, Lastfall c, angegeben.

4.2.4 Belastung durch Endbimoment $B_1 = 1$ im Grundsystem

Das Grundsystem Abb. 30 wird durch das Bimoment $B_1 = 1$ an der rechten Stütze belastet. Man erhält hierfür

$$\tau = \frac{1}{GI_d}\left(\frac{z}{l} - \frac{\sinh kz}{\sinh kl}\right), \quad (246)$$

$$f' = \frac{1}{lGI_d}\left(1 - \frac{kl}{\mu}\frac{\cosh kz}{\sinh kl}\right). \quad (247)$$

Aus (247) erhält man die in der Tafel X angegebenen Stützverwölbungen $\mu_{i-1,i}^B$ und μ_{ii}^B.

Ferner

$$v = \frac{r}{GI_d}\left[\left(\frac{\varphi}{\alpha} - \frac{\sin\varphi}{\sin\alpha}\right) + \eta\left(\frac{\sin\varphi}{\sin\alpha} - \frac{\sinh kz}{\sinh kl}\right)\right], \quad (248)$$

woraus, durch Differenzieren, die in der Tafel X angegebenen Stützneigungen $\delta_{i-1,i}^B$ und δ_{ii}^B erhalten werden. Der Drehwinkel ϑ beträgt

$$\vartheta = \frac{1}{GI_d}(1-\eta)\left(\frac{\sin\varphi}{\sin\alpha} - \frac{\sinh kz}{\sinh kl}\right). \quad (249)$$

Die umgeformten Ausdrücke (248) und (249) sind in der Tafel VIII, Lastfall d, zusammengestellt.

5. Durchlaufende gekrümmte Träger

5.1 Übergangsbedingungen und überzählige Größen

Mit den in Abschnitten 3 und 4 abgeleiteten Schnittkräften und Stützverformungen in dem unter Torsionseinspannung frei biegedrehbar gestützten Einfeldträger (Grundsystem nach Abb. 27) als auch in dem wölbfrei eingespannten Kragträger (Abb. 28) können nunmehr hochgradig statisch unbestimmt gestützte gekrümmte dünnwandige Träger, darunter Durchlaufträger, ohne weiteres berechnet werden.

Die Berechnung erfolgt nach dem Kraftgrößenverfahren, wobei die Überzähligen in Gestalt von Stützbiegemomenten und Stützbimomenten auftreten. Sie werden, wie es beim Kraftgrößenverfahren üblich ist, aus den Übergangsbedingungen bestimmt. Durch diese Bedingungen wird die Kontinuität der Verformungen an der betreffenden Stütze ausgedrückt, und zwar der Stützneigung $\delta_{()}$ gemäß (103) und der Stützverwölbung $\mu_{()}$ gemäß (104) (im Falle offener Profile) bzw. (123) (im Falle geschlossener und offen-geschlossener Profile).

Von vornherein soll eine u. U. nicht belanglose Einschränkung getroffen werden. Die Stützung soll, streng genommen, in der Krümmungsebene statisch bestimmt sein — auch wenn es sich ausschließlich um die normal zur Krümmungsebene wirkende Belastung handelt. Mit anderen Worten, das System darf in der Krümmungsebene durch nicht mehr als drei „Pendelstäbe" (vgl. Abb. 33a) gestützt sein. Dann sind neben den Stützbimomenten an den Zwischenstützen, B_i, nur die Stützbiegemomente M_{xi} die überzähligen Größen. (Der Index i steht für die Stütze i). Für diese Stützungsart werden die Resultate in Form von gebrauchsfertigen Zahlentabellen und Diagrammen (siehe Anhang) dargestellt.

Ist dagegen die Stützung in der Krümmungsebene statisch unbestimmt (Abb. 33b), dann müssen grundsätzlich — auch im Falle der Belastung normal zur Krümmungsebene — die Stützbiegemomente M_{yi} als zusätzliche Überzählige eingeführt werden.

Wenn in einem Durchlaufträger (oder auch im Einfeldträger) die Längsbeweglichkeit an zwei Stützpunkten eines Stützquerschnittes i verhindert ist, dann erscheint eine längsgerichtete Reaktion des zusätzlichen Festlagers als zusätzliche Unbekannte. An Zwischenstützquerschnitten eines Durchlaufträgers wird man diese Kraft am besten von vornherein in zwei gleiche, auf die Nachbarfelder der Stütze i antisymmetrisch einwirkende Anteile aufspalten. In Abb. 33c ist der auf das rechte Nachbarfeld $i, i+1$ einwirkende Anteil von X_i gezeigt. Gemäß Abb. 33c wird die Zugkraft am inneren Festlager als Überzählige gewählt. Es ist zweckmäßig, diese gleich $X_i(1 + a/2r)$ anzusetzen. Das äußere

Festlager übernimmt dann eine entgegengesetzt gerichtete Kraft gleich $X_i(1 - a/2r)$. Der Lastzustand X_i ist gleichbedeutend mit Einführung von folgenden Schnittkräften im Stützquerschnitt i (diese werden mit oberem Strich gekennzeichnet und für einfach-symmetrisches Profil angeschrieben): Biegemomenten $\overline{M}_{yi} = X_i a$, $\overline{M}_{xi} = X_i ae/r \approx 0$ und Bimoment $\overline{B}_i = 2X_i \omega_R$ (die Normalkraft $\overline{N}_i = X_i a/r$ ist als Reaktion

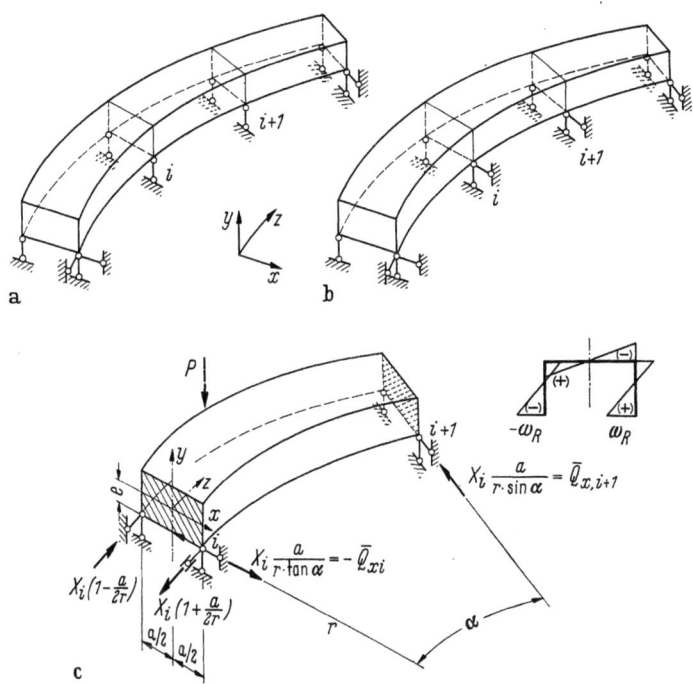

Abb. 33 — a) Gekrümmter Durchlaufträger mit statisch bestimmter Stützung in der Krümmungsebene. b) Statisch unbestimmte Stützung in der Krümmungsebene. c) Zusätzliche Überzählige X_i bei zwei Festlagern im Stützquerschnitt i

zu M_{yi} aufzufassen). Mit ω_R wird die Einheitsverwölbung des mit dem inneren Festlager zusammenfallenden Profilrandpunktes bezeichnet. Die Schnittkräfte $\overline{M}_{yi}$, $\overline{M}_{xi}$ und $\overline{B}_i$ — ungleich die Überzähligen M_{yi}, M_{xi} und B_i — wirken auf die Nachbarfelder $i-1, i$ und $i, i+1$ antisymmetrisch ein. Alle Überzähligen werden aus einem gekoppelten Gleichungssystem bestimmt. Die zusätzliche Kontinuitätsbedingung zur Bestimmung von X_i besagt, daß die Längsverschiebung des zusätzlichen Lagers gleich Null ist. (Die übrigen Bedingungen werden im Abschnitt 7 abgeleitet.) Die endgültigen Diagramme von M_y, M_x und B weisen im Stützquerschnitt i einen Sprung um die Werte aus dem Lastzustand X_i auf. Bei gleichen Nachbarfeldern $i-1, i$ und $i, i+1$ wird die Überzählige X_i von den übrigen Überzähligen M_{yi}, M_{xi} und B_i desselben Stützquerschnittes entkoppelt.

Unter *einseitiger außermittiger Verikalbelastung* können erhebliche Zwängungskräfte X_i entstehen, die die Festlager sehr ungünstig beanspruchen — vgl. [*10*]. Dies gilt gleichermaßen für *gerade* dünnwandige Träger und solche Tragsysteme wie Trägerroste und orthotrope Platten (als auch Fachwerkbrücken mit zwei Windverbänden — vgl. hierzu die Berechnung von F. STÜSSI in [*33*]). Durch eine rechenmäßig schwer nachzuweisende elastische Nachgiebigkeit des ganzen Fundamentkörpers

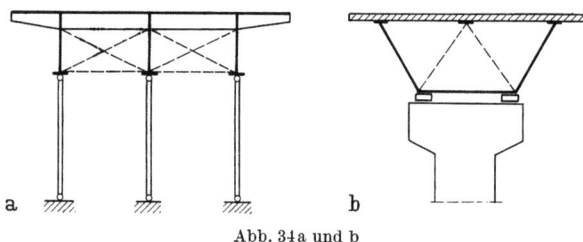

Abb. 34a und b

dürften die Zwängungskräfte X_i wesentlich herabgesetzt werden. Das Problem wird im Rahmen dieses Buches nicht weiter verfolgt.

Die Lagerung nach Abb. 33a ist prinzipiell erstrebenswert — u. a. werden Zwängungskräfte zufolge gleichmäßiger Erwärmung eliminiert — und durchaus möglich, z. B. durch Pendelstützen gemäß Abb. 34a. (Der Stützungsart gemäß Abb. 33a gilt noch folgende Bemerkung. Ist der durch die in Radialrichtung unverschieblichen Stützen eingeschlossene Winkel gleich oder nahe 180°, dann wird die Stützung in der Krümmungsebene labil und Zwängungskräfte treten bei gleichmäßiger Erwärmung auf. Solche Anordnung soll vermieden werden.) In anderen Fällen (Abb. 34b) ist die Sicherstellung der Radialbeweglichkeit von Zwischenlagern mit einer Verteuerung der Lagerkonstruktion verbunden und wird meistens durch herkömmliche, bei geraden Brücken übliche Lagerung umgangen.

Die Größe der Zwängungskräfte M_{yi} unter Vertikalbelastung im Lagerungsfall Abb. 33b hängt von der Profilform ab — vgl. Abschnitt 7. Bei doppelt-symmetrischen Profilen, in denen der Schwerpunkt mit dem Schubmittelpunkt zusammenfällt, und bei Vollquerschnitten im besonderen treten keine Zwängungskräfte unter Vertikalbelastung auf. In Trägern mit einfach-symmetrischem geschlossenem Profil, in denen der Schubmittelpunkt nicht weit vom Schwerpunkt wegkommt (Abb. 35a), sind diese Kräfte verschwindend klein und brauchen nicht nachgewiesen zu werden. Dagegen können im Falle offener Profile nach

5.1 Übergangsbedingungen und überzählige Größen

Abb. 35b, wenn der normal zur Krümmungsebene gemessene Schubmittelpunktabstand y_0 in die Größenordnung der Profilhöhe fällt, als auch bei Profilasymmetrie die Zwängungskräfte M_{yi} nicht ohne weiteres vernachlässigbar sein. Einen Sonderfall stellt der im Sinne der Abb. 33b gestützte (nicht zerschnittene) Kreisringträger dar. Außer den Biegemomenten und Bimomenten in allen Stützquerschnitten erscheint hier eine Normalkraft im beliebigen Stützquerschnitt als zusätzliche Unbekannte.[1] Andererseits verschwinden mit $r \to \infty$ (gerade Träger) die Biegemomente M_y unter Vertikalbelastung unabhängig von der Profilform — vorausgesetzt, daß es sich weiterhin um konstante Profile handelt.

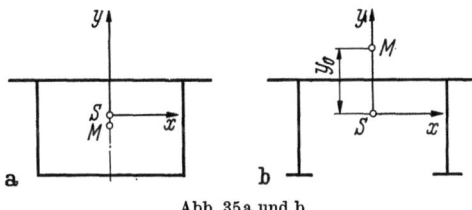

Abb. 35a und b

Es fragt sich, inwieweit das im Anhang beigefügte Tabellenwerk — gültig für einfach-symmetrische Profile und Stützung gemäß Abb. 33a[2] — zur Berechnung von durchlaufenden gekrümmten Brücken brauchbar ist. Wie aus Vergleichsberechnungen hervorgeht, sind — für die bei Brückentragwerken anzutreffenden verhältnismäßig kleinen Zentralwinkel ($\alpha < 0{,}4$) und einfach-symmetrische (offene) Profile — die Unterschiede in Hauptschnittkräften M_x und B, sowie in Drillmomenten H und H_ω, für die Stützungsarten gemäß Abb. 33a und b vernachlässigbar klein. Die beigefügten Tabellen können praktisch *für beide Stützungsarten* gelten. Die zusätzlichen Biegemomente M_y für die Stützungsart Abb. 33b bilden in diesen Fällen einen kleinen Bruchteil der Hauptbiegemomente M_x. Sie können allerdings für asymmetrische Profile schon be-

---

[1] Dünnwandige Kreisringträger findet man z. B. in Geräten der Fördertechnik (Tagebaugroßgeräte) als Verbindung zwischen drehbarem Oberteil und fahrbarem Unterwagen. Bei statisch bestimmter Stützung des dünnwandigen Kreisringträgers, beliebiger Belastung und beliebiger Profilform erscheinen alle Schnittkräfte gemäß Abb. 24 und dazu noch das Bimoment B in beliebigem Querschnitt als unbekannte Größen. Bei in Krümmungsebene symmetrischen Profilen und Belastung normal zur Krümmungsebene verbleiben davon nur vier Größen: M_x, H, Q_y und B als unbekannt.

[2] Die Voraussetzung über statisch bestimmte Stützung in der Krümmungsebene bleibt auch bei einem einseitig wölbfest eingespannten gekrümmten Einfeldträger in Kraft — siehe Einflußliniendiagramme im Anhang. Der Träger kann demnach in der Krümmungsebene entweder als ein frei aufliegender Balken oder als ein Kragträger wirken.

trächtlich werden. Es genügt dann im allgemeinen, die Biegemomente M_y als zusätzliche Beanspruchung zu betrachten und nur für einige Lastfälle abzuschätzen. Die Ansätze hierzu sind in Abschnitt 7 gegeben.

Nun sollen die *Randbedingungen* bei der in Krümmungsebene statisch bestimmten Lagerung allgemein betrachtet werden. Eine Außenstütze kann entweder frei biegedrehbar gestützt oder eingespannt oder ganz frei sein, wie z. B. in einem Kragbalken. Der Stützquerschnitt kann hierbei entweder wölbfrei oder wölbbehindert sein. In dem als ein Beispiel gezeigten Einfeldträger nach Abb. 36a ist die linke Stütze frei biegedrehbar und wölbfrei, die rechte Stütze ist dagegen wölbfest eingespannt. Die Überzähligen sind das Biegemoment M_{x1} (kurz mit M_1 bezeichnet) und das Bimoment B_1 an der rechten Stütze. Der Träger kann an einem Ende unter völliger Wölbbehinderung frei biegedrehbar gestützt sein oder auch wölbfrei eingespannt sein (vgl. linke bzw. rechte Stütze in Abb. 36b). Die Überzähligen heißen B_1 und M_2. In einem zweifeldrigen Kragbalken nach

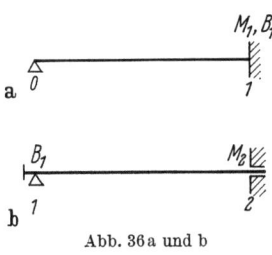

Abb. 36a und b

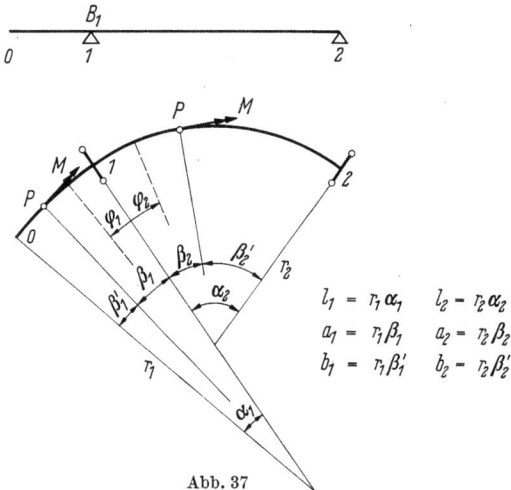

Abb. 37

Abb. 37, in dem das auskragende Ende wölbfrei und sonst die Stützung frei biegedrehbar ist, stellt das Stützbimoment B_1 die einzige Unbekannte dar.

Bei Brückentragwerken sind vornehmlich gekrümmte *Durchlaufträger* von Interesse, wobei alle Stützen in der Regel frei biegedrehbar und darüber hinaus die Außenstützen wölbfrei sind. In einem Vierfeldträger

5.1 Übergangsbedingungen und überzählige Größen

nach Abb. 38 gibt es sechs Überzähligen — je zwei für jede Zwischenstütze.

Die Übergangsbedingungen werden für die Mittelstütze i des Vierfeldträgers nach Abb. 38 angeschrieben. In einem Durchlaufträger ist die *gegenseitige Stützneigung* und *Stützverwölbung* anschließender Felder

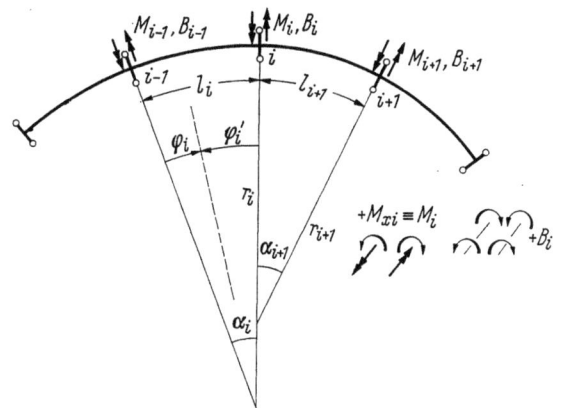

Abb. 38. Gekrümmter Durchlaufträger mit statisch bestimmter Stützung in der Krümmungsebene

— als Summe der Beiträge aus Feldbelastung und Stützlasten — gleich Null. Die Gleichungen lauten

$$\left.\begin{aligned}
M_{i-1}\delta^M_{i,i-1} + M_i \delta^M_{ii} + M_{i+1}\delta^M_{i,i+1} + \\
+ B_{i-1}\delta^B_{i,i-1} + B_i \delta^B_{ii} + B_{i+1}\delta^B_{i,i+1} + \delta_{i0} = 0, \\
M_{i-1}\mu^M_{i,i-1} + M_i \mu^M_{ii} + M_{i+1}\mu^M_{i,i+1} + \\
+ B_{i-1}\mu^B_{i,i-1} + B_i \mu^B_{ii} + B_{i+1}\mu^B_{i,i+1} + \mu_{i0} = 0.
\end{aligned}\right\} \quad (250)$$

Die *Lastglieder* δ_{i0} und μ_{i0} für die Belastung durch Einzellast P und Einzeldrehmoment M bzw. stetige Lasten p, m auf der ganzen Feldlänge sind in der Tafel IX angegeben. Dem Beitrag aus dem Feld $i-1, i$ ist hierbei noch der Beitrag aus dem Nachbarfeld $i, i+1$ hinzuzufügen. Es sind jeweils die Werte l_i, α_i, I_{xi}, k_i, $\varkappa_i$ bzw. $\bar{\gamma}_i$ und l_{i+1}, α_{i+1}, $I_{x,i+1}$, k_{i+1}, $\varkappa_{i+1}$ bzw. $\bar{\gamma}_{i+1}$ in Rechnung zu stellen.

Die *Gleichungskoeffizienten* $\delta^M_{i,i-1}$, $\delta^B_{i,i-1} = \mu^M_{i,i-1}$ und $\mu^B_{i,i-1}$ sind in der Tafel X angegeben. Sinngemäß erhält man die Koeffizienten $\delta^M_{i,i+1}$, $\delta^B_{i,i+1} = \mu^M_{i,i+1}$ und $\mu^B_{i,i+1}$. In den Gleichungskoeffizienten δ^M_{ii}, $\delta^B_{ii} = \mu^M_{ii}$ und μ^B_{ii} sind die Beiträge aus dem Felde $i-1, i$ mit jenen aus dem Felde $i, i+1$ zu addieren.

Als Beispiel werden die Gleichungskoeffizienten für den Kragbalken nach Abb. 37 voll ausgeschrieben. Die einzige Unbekannte, das Bimoment B_1, folgt aus der Gleichung

$$B_1 \mu_{11}^B + M_1 \mu_{11}^M + \mu_{10} = 0,$$

wobei M_1 als bekannt gilt:

$$M_1 = -(Pr - M) \sin \beta_1.$$

Auf Grund der Tafel X und IX erhält man im Falle offener Profile für μ_{11}^B, μ_{11}^M und μ_{10}

$$\mu_{11}^B = \frac{1}{l_1 G I_{d1}} \frac{k_1 l_1}{\tanh k_1 l_1} + \frac{1}{l_2 G I_{d2}} \left(\frac{k_2 l_2}{\tanh k_2 l_2} - 1 \right),$$

$$\mu_{11}^M = -\frac{1}{G I_{d2}} \left(\frac{1}{\alpha_2} - \frac{1-\eta_2}{\tan \alpha_2} - \frac{\eta_2 k_2 l_2}{\alpha_2 \tanh k_2 l_2} \right),$$

$$\mu_{10} = \frac{1}{G I_{d1}} \left\{ [-M(1-\eta_1) + Pr_1 \eta_1] \left(\cos \beta_1 - \frac{\sinh k_1 b_1}{\sinh k_1 l_1} \right) + \right.$$
$$+ Pr_1(1 - \cos \beta_1) - \eta_1 k_1 r_1 (M + Pr_1) \frac{\sin \beta_1}{\tanh k_1 l_1} \Big\} +$$
$$+ \frac{1}{G I_{d2}} \Big\{ (M - Pr_2)(1 - \eta_2) \frac{\sin \beta_2'}{\sin \alpha_2} +$$
$$+ Pr_2 \frac{\beta_2'}{\alpha_2} - [M(1-\eta_2) + Pr_2 \eta_2] \frac{\sinh k_2 b_2}{\sinh k_2 l_2} \Big\}.$$

Da die Laststellung P, M beliebig ist, wurde somit auch die Einflußlinie von B_1 bestimmt. Im allgemeinen Fall ist die Kehrmatrix zum Gleichungssystem (250) zu bestimmen.

5.2 Schnittkräfte und Verformung

Nach Bestimmung der Überzähligen aus dem Gleichungssystem (250) werden die Schnittkräfte und Verformungen nach der bekannten Regel der Stabstatik — durch Superposition bestimmt. Die Biegemomente M_x und Bimomente B im Felde $i-1, i$ lauten

$$\left. \begin{array}{l} M_x = [M_x] + M_{i-1}(M_x)_{M_{i-1}} + M_i (M_x)_{M_i}, \\ B = [B] + M_{i-1} B_{M_{i-1}} + M_i B_{M_i} + B_{i-1} B_{B_{i-1}} + B_i B_{B_i}. \end{array} \right\} \quad (251)$$

Mit $[M_x]$ und $[B]$ werden die Werte im Grundsystem zufolge Feldbelastung bezeichnet. Sie können den Tafeln I und II entnommen

5.2 Schnittkräfte und Verformung

werden. $(M_x)_{M_i}$, B_{M_i} und B_{B_i} bezeichnen die Schnittkräfte zufolge Stützlasten $M_i = 1$ bzw. $B_i = 1$; hierbei wurde berücksichtigt, daß $(M_x)_{Bi}$ überall gleich Null ist. Diese Schnittkräfte werden durch die Tafel III gegeben.

Sinngemäß schreibt man für die Gesamtdrillmomente H und sekundäre Drillmomente $H_\omega = B'$

$$\left.\begin{aligned}H &= [H] + M_{i-1} H_{M_{i-1}} + M_i H_{M_i} - B_{i-1} \frac{1}{l_i} + B_i \frac{1}{l_i},\\ H_\omega &= [H_\omega] + M_{i-1}(H_\omega)_{M_{i-1}} + M_i (H_\omega)_{M_i} +\\ &\quad + B_{i-1}(H_\omega)_{B_{i-1}} + B_i (H_\omega)_{B_i}.\end{aligned}\right\} \quad (252)$$

Die *Auflagerkraft* R_i an der Stütze i setzt sich aus den Beiträgen beider Nachbarfelder zusammen (Abb. 39):

$$R_i = R_i^{\text{links}} + R_i^{\text{rechts}}. \quad (253)$$

Beide Anteile von (253) erhält man aus (179), wobei in der ersten Gl. (179) die Kennwerte des Feldes $i, i+1$ einzuführen sind, während in der zweiten Gleichung diejenigen des Feldes $i-1, i$ verbleiben.

In ähnlicher Weise werden auch die *Auflagerdrehmomente* H_i berechnet. Diese setzen sich aus den Gesamtdrillmomenten H links und rechts der Stütze i (Abb. 39) zusammen:

$$H_i = H_i^{\text{links}} + H_i^{\text{rechts}}. \quad (254)$$

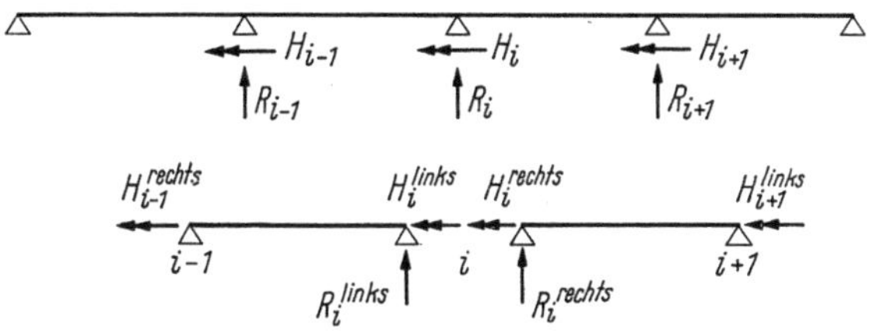

Abb. 39

Beide Anteile ergeben sich aus den Gl. (176) und (177), wobei in die erste die Kennwerte des Feldes $i, i+1$ einzusetzen sind. Es sei darauf aufmerksam gemacht, daß in (177) $H_i = -H_{z=l}$ ist.

Verformung. Durch Superposition wird auch die Durchbiegung v und der Drehwinkel ϑ bestimmt. Für den Mittelquerschnitt des Feldes $i-1, i$ gilt beispielsweise

$$\left.\begin{aligned}v_{0,5} &= [v_{0,5}] + (M_{i-1} + M_i)(v_{0,5})_{M_i} + (B_{i-1} + B_i)(v_{0,5})_{B_i},\\ \vartheta_{0,5} &= [\vartheta_{0,5}] + (M_{i-1} + M_i)(\vartheta_{0,5})_{M_i} + (B_{i-1} + B_i)(\vartheta_{0,5})_{B_i}.\end{aligned}\right\} \quad (255)$$

Die Werte $[v_{0,5}]$ und $[\vartheta_{0,5}] = [\tau_{0,5}] - (1/r)[v_{0,5}]$ für die Belastung P, M in Feldmitte bzw. für stetige Last p, m auf der ganzen Feldlänge können aus der Tafel VIII, Lastfall a, b, entnommen werden. Die Werte $(v_{0,5})_{Mi}$, $(\vartheta_{0,5})_{Mi}$, $(v_{0,5})_{Bi}$ und $(\vartheta_{0,5})_{Bi}$ sind in der Tafel VIII, unter Lastfall c und d, in allgemeingültiger Form zusammengestellt.

In dem *auskragenden* Feld eines Durchlaufträgers, z. B. im Feld $0-1$ des Trägers nach Abb. 37, gilt einfach

$$M_x = [M_x], \quad H = [H], \tag{256}$$

wenn mit $[M_x]$ und $[H]$ die Schnittkräfte zufolge Belastung durch Einzellast P und Einzeldrehmoment M gemäß Tafel IV bezeichnet werden. Ferner gilt für dieses Feld

$$\left.\begin{aligned} B &= [B] + B_1 \cdot B_{B_1}, \\ H_\omega &= [H_\omega] + B_1 (H_\omega)_{B_1}, \end{aligned}\right\} \tag{257}$$

wobei die Schnittkräfte $[B]$ und $[H_\omega]$ als auch B_{B_1} und $(H_\omega)_{B_1}$ ebenfalls in der Tafel IV angegeben sind.

Die Schnittkräfte im Felde $1-2$ bestimmt man nach (251) und (252), wobei M_1 als bekannt gilt. Die Verformung im Felde $1-2$ folgt sinngemäß aus den Gl. (255).

Die Verformung der Konsole $0-1$ setzt sich aus der Verformung eines *wölbfrei* eingespannten Kragbalkens unter gegebener Feldbelastung der Konsole, dem Beitrag des Bimomentes B_1 und dem Beitrag der Stützneigung an der Stütze 1 zusammen. Für die zwei ersten Anteile kann angenähert die Verformung eines *wölbfest* eingespannten Kragbalkens gesetzt werden. Dann gilt mit den Bezeichnungen der Abb. 37

$$\left.\begin{aligned} v &\approx v_{\text{wölbfeste Einsp.}} - \delta_1 l_1 \frac{\sin \varphi_1}{\alpha_1}, \\ \vartheta &\approx \vartheta_{\text{wölbfeste Einsp.}} + \delta_1 \sin \varphi_1. \end{aligned}\right\} \tag{258}$$

Für den Sonderfall, wenn die Lasten P, M am Kragende angreifen, können die Extremalwerte von ersten Anteilen aus der Tafel XII entnommen werden.[1] Die Stützneigung δ_1 in (258) wird durch Superposition berechnet:

$$\delta_1 = \delta_{10}^{1-2} + M_1 \delta_{11}^M + B_1 \delta_{11}^B,$$

wobei das Lastglied δ_{10} und die Koeffizienten $\delta_{11}^M, \delta_{11}^B$ aus den Tafeln IX und X entnommen werden können.

---

[1] Die Zahlenwerte hierzu wurden im Anhang, in der Tabelle 25, mit eingefügt.

5.3 Hilfsfunktionen f_n, F_n, φ_n und Φ_n zur Berechnung der Schnittkräfte und der Gleichungskoeffizienten

Die Gleichungskoeffizienten in (250) und die Schnittkräfte in (251) und (252) sind für kleine Zentralwinkel α als Differenzen von Werten gleicher Größenordnung zu berechnen. Die Resultate machen einen kleinen Bruchteil von Summanden, in denen trigonometrische und gegebenenfalls auch hyperbolische Funktionen enthalten sind, aus. Die Genauigkeit verfügbarer Tabellen der trigonometrischen Funktionen reicht nicht aus, um einigermaßen genaue Resultate zu erzielen. Es war daher nötig, die in Frage kommenden Ausdrücke in Teilsummen aufzuspalten. In den Teilsummen sind Summande gleicher Größenordnung und entgegengesetzten Vorzeichens enthalten, die mit einem und demselben Beiwert, wie η, $\varkappa$, $\bar{\gamma}$ oder μ, behaftet sind. Die sich mehrmals wiederholenden Teilsummen aus trigonometrischen Funktionen wurden durch f_n, F_n, φ_n und Φ_n, mit der laufenden Nummer n als Index, bezeichnet und werden *Hilfsfunktionen* genannt. Mit dem Stern * sind jene Funktionen vermerkt, die neben den trigonometrischen Funktionen auch hyperbolische Funktionen, oder ausschließlich die letzteren, enthalten.

Die Ausdrücke für Schnittkräfte in den Tafeln I bis IV als auch die Ausdrücke für Stützverformungen in den Tafeln IX und X wurden unter Einführung der Hilfsfunktionen umgeformt. Die Tafeln VIII und XII enthalten umgeformte Ausdrücke für extremale Verformungskomponenten.

Die in den Hilfsfunktionen f_n, F_n, φ_n und Φ_n vorkommenden trigonometrischen Funktionen wurden in Reihen entwickelt und hierbei so viele Glieder berücksichtigt, daß im Endausdruck für die betreffende Hilfsfunktion zumindestens noch zwei Terme mit verschiedenen Potenzen von α verbleiben. Dies sind die *Näherungsausdrücke* der Hilfsfunktionen. Hilfsfunktionen φ_n und deren Näherungsausdrücke sind in der Tafel VII zusammengestellt. Hilfsfunktionen f_n, F_n und Φ_n sind mit zugehörigen Näherungsausdrücken in der Tafel XI zusammengestellt, ein Teil von F_n ist in die Tafel XIII versetzt worden.

Die Hilfsfunktionen f_n und F_n sind Funktionen ausschließlich des Zentralwinkels α bzw. — wenn mit dem Stern versehen — auch der Abklingungszahl kl mit k gemäß (93) oder (120) und l als Feldlänge. Die Hilfsfunktionen φ_n und Φ_n sind nicht nur vom Zentralwinkel α bzw. — wenn mit dem Stern versehen — nicht nur von α und kl abhängig, sondern auch von den bezogenen Ordinaten des Lastquerschnittes,

$$\xi = \frac{\beta}{\alpha} \quad \text{oder} \quad \xi' = \frac{\beta'}{\alpha},$$

(nur im Falle der Einzellasten P und M) und des Bezugsquerschnittes,

$$\varepsilon = \frac{\varphi}{\alpha} \quad \text{oder} \quad \varepsilon' = \frac{\varphi'}{\alpha}.$$

Die Genauigkeit der Näherungsausdrücke wächst mit kleiner werdendem Zentralwinkel α an. Die Näherungsausdrücke sind im Bereich $0 < \alpha \gtrsim 0{,}5$ gut brauchbar. Die ohne Reihenentwicklung erreichbare Genauigkeit von Hilfsfunktionen f_n^*, F_n^*, φ_n^* und Φ_n^* ist für den ganzen Winkelbereich $0 < \alpha < 2\pi$ und die meisten kl-Parameter (darunter für die Werte $kl = 2, 3, 4, 6, 8$ — die dem beigefügten Tabellenwerk zugrunde liegen) zufriedenstellend. Nur für einen relativ kleinen Bereich $0 < kl < 1{,}5$ wäre auch hier die Reihenentwicklung wünschenswert. Davon wurde hier Abstand genommen — es werden keine Näherungsausdrücke für die mit * behafteten Funktionen entwickelt. Nur für einen dem Tabellenwerk zugrunde liegenden kl-Wert, nämlich für $kl = 1$, mußte in der Folge eine verminderte Genauigkeit der Endresultate (in Gestalt von Schnittkräften und Verformungskomponenten) in Kauf genommen werden. Demgegenüber wird für den Sonderfall $kl = 0$ gute Genauigkeit wiederhergestellt, denn f_n^*, F_n^*, φ_n^* und Φ_n^* gehen für $kl = 0$ in rein trigonometrische Hilfsfunktionen über.

5.4 Hilfstabellen zur Berechnung von gekrümmten dünnwandigen Durchlaufträgern mit gleichen Feldlängen und Krümmungsradien und konstantem Profil

Mit Hilfe der Ausdrücke für Lastglieder und Gleichungskoeffizienten nach Tafel IX und X können mehrfach statisch unbestimmte gekrümmte dünnwandige Träger berechnet werden. Es bleibt immerhin übrig, ein Gleichungssystem aufzustellen und zu lösen oder die Kehrmatrix für die Einflußlinien der Überzähligen zu bestimmen. Dann können die Schnittkräfte durch Superposition der Beiträge aus Feld- und Stützlasten bestimmt werden. Dies wird immer nötig sein, wenn z. B. in einem Durchlaufträger die Feldlängen und Krümmungsradien in einzelnen Feldern verschieden sind. Aber gerade bei gekrümmten Durchlaufträgern ist es viel öfter als bei geraden Trägern der Fall, daß die Feldlängen (und Krümmungsradien) in allen Feldern gleich sind. Es lag der Gedanke nahe, für solche Träger Zahlentabellen aufzustellen, aus denen die Werte der Schnittkräfte direkt oder durch einfache Interpolation entnommen werden können.

Im Anhang ist ein beträchtliches Tabellenwerk zusammengestellt, das diesem Zwecke dienen soll. Die den vorhergehenden Betrachtungen zugrunde liegende Annahme, daß die Träger an den Stützen *gegen Tor-*

5.4 Hilfstabellen zur Berechnung

sion eingespannt sind (d. i. gegen Verdrehung um die Tangente zur gekrümmten Längsachse), trifft bei Brückentragwerken zu. Das Tabellenwerk wurde für solche Stützungsart aufgestellt. (Auf die einleitenden Bemerkungen unter 5.1 sei hier verwiesen.)

Vor allem werden die *Einflußlinien der Schnittkräfte* für die wandernde Belastung durch *Einzellast P* bzw. *Einzeldrehmoment M* in zwei gekrümmten Trägern dargestellt:

— dem beiderseits frei biegedrehbar gestützten Einfeldträger (*Grundsystem*, Abb. 40a) für alle Querschnitte in Abständen gleich $1/_{10}$ der gekrümmten Feldlänge, und

— dem an allen Stützen frei biegedrehbar gestützten *Zweifeldträger* mit gleichen Feldern (Abb. 40b) für ausgewählte Querschnitte.

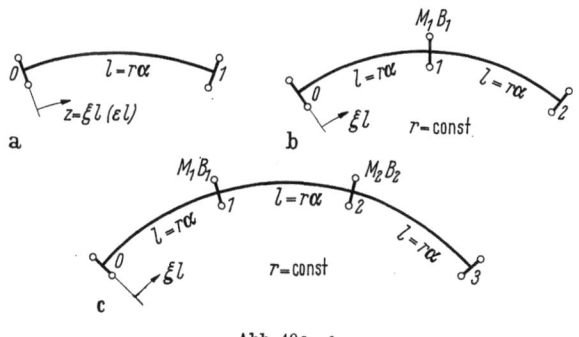

Abb. 40a—c

Darüber hinaus werden für die Belastung durch stetige Last p und stetige Drehmomente m die Schnittkräfte an den Stützen und in Feldmitten angegeben. Ferner wurden für das Grundsystem die Schnittkräfte zufolge Belastung durch Endbiegemoment und Endbimoment für Querschnitte in Abständen gleich $1/_{10}$ der gekrümmten Feldlänge sowie die zugehörigen Verformungskomponenten in Feldmitte angegeben. Für den *Dreifeldträger* (Abb. 40c) sind für fünf Lastfälle p, m die Schnittkräfte an den Stützen und in Feldmitten angegeben.

Die Tabellen sind nach Parametern geordnet. Folgende dimensionslose Parameter waren zu berücksichtigen:

a) *Formbeiwert* ψ gemäß (98). Die Schnittkräfte im Grundsystem (Tabellen 1 bis 22) sind davon unabhängig. Alle übrigen Tabellen (23 bis 50) gelten für *einfach-symmetrische* Profile ($\psi = 1$).

b) *Wölbschubparameter* $\mu = 1 - I_d/I_c$ gemäß (116). Dieser Parameter, der bekanntlich zwischen 0 und 1 schwanken kann, ist nur bei geschlossenen bzw. offen-geschlossenen Profilen zu berücksichtigen. *Für offene Profile gilt einfach* $\mu = 1$.

Da in den Ausdrücken für das Bimoment B und dessen erste Ableitung B' (gleich H_ω) im Grundsystem der Beiwert μ als Multiplikator erscheint, sind die Tabellenwerte von B und B' im Grundsystem sowohl für offene als auch für geschlossene bzw. offen-geschlossene Profile gültig. Die Biegemomente M_x und Gesamtdrillmomente H im Grundsystem sind für beide Profilarten identisch. Alle übrigen Tabellen gelten nur für offene Profile ($\mu = 1$), auch wenn es nicht besonders vermerkt wurde. Ausnahmsweise sind für den Zweifeldträger einige Angaben für $\mu \neq 1$, und zwar für Vergleichszwecke, mit eingefügt. Eine einfache Regel zum Gebrauch der Tabellen zu einer Näherungsberechnung von Durchlaufträgern mit geschlossenem Profil wird im Anhang angegeben.

c) *Abklingungszahl* kl, wobei k für offene Profile durch (93) und für geschlossene bzw. offen-geschlossene Profile durch (120) gegeben ist. Den Tabellen wurden folgende kl-Werte zugrunde gelegt:

$$kl = 0, 1, 2, 3, 4, 6 \text{ und } 8.$$

Einige Angaben im Grundsystem wurden auf $kl = 1,5; 2,5; 5; 10$ und 16 erweitert. Andererseits wurden die Angaben für den Dreifeldträger auf $kl = 0, 2, 4, 6$ und 8 beschränkt, unter Einfügung einiger Zwischenwerte für $kl = 1$ und 3. Trotzdem dürfte diese Aufteilung noch ausreichen.

Der Sonderfall $kl = 0$ bezieht sich auf dünnwandige Profile mit verschwindend kleiner Drillsteifigkeit GI_d. (Der Fall $kl = \infty$ gilt dagegen für Vollquerschnitte bzw. Rohrquerschnitte in Form eines regelmäßigen Vieleckes oder Kreises, bei denen die Bimomente verschwinden.) Bei $kl > 8$ werden die Bimomente ganz klein; sie können, wenn nötig, mit Hilfe einer einfachen Extrapolationsformel nachgewiesen werden (siehe Anhang).

d) *Zentralwinkel* α. Der Krümmungsradius r, die Feldlänge l und der Öffnungswinkel α sind durch die einfache Beziehung

$$r = \frac{l}{\alpha}$$

verknüpft. Der Krümmungsradius wurde überall durch l und α ausgedrückt. Die Länge l erscheint bei allen Größen in dem Multiplikator. Es bleibt also die Veränderlichkeit des Zentralwinkels α zu berücksichtigen.

Drei Werte von α wurden den Tabellen zugrunde gelegt (bei Durchlaufträgern gilt α für ein Feld):

$$\alpha = 0; \quad 0,2 \quad \text{und} \quad 0,4.$$

(Der Fall $\alpha = 0$ entspricht einem geraden Träger.) Dies mag auf den ersten Blick als unzureichend erscheinen. Die Einführung von mehreren Zwischenwerten würde eine Vervielfachung des Tabellenwerkes bedeuten. Es zeigt sich indessen, daß man mit einer parabolischen Interpolation auf Grund der Angaben für $\alpha = 0$; 0,2 und 0,4 zu recht guten Zwischenwerten der Schnittkräfte kommt, und darüber hinaus bis zu etwa $\alpha = 0{,}5$ extrapolieren darf. Meistens wird eine lineare Interpolation zwischen den Werten für $\alpha = 0$ und $\alpha = 0{,}2$ bzw. zwischen den Werten für $\alpha = 0{,}2$ und $\alpha = 0{,}4$ ausreichen.

Der Zentralwinkel $\alpha = 0{,}5$ wird in dünnwandigen Brückentragwerken kaum überschritten werden. Es sei hier nochmals betont, daß die allgemeingültigen Ausdrücke nach den Tafeln I bis V und den Tafeln VIII bis X als auch nach Tafel XII im ganzen Winkelbereich $0 < \alpha < 2\pi$ gelten — wohl mit Ausnahme von Singularitäten für $\alpha = \pi$ in dem frei biegedrehbar gestützten Grundsystem; vgl. hierzu die Diagramme der Biege- und Drillmomente in [16]. Nur die Näherungsausdrücke der Hilfsfunktionen nach den Tafeln VII und XI als auch nach Tafel XIII sollen, wie gesagt, auf $0 < \alpha \gtrsim 0{,}5$ beschränkt werden.

e) Das *Verhältnis* der *Biege-* zur *Drillsteifigkeit*, $\varkappa = EI_x/GI_d$, bzw. im Sonderfall $kl = 0$ das *Verhältnis* der *Biege-* zur *Wölbsteifigkeit*, $\bar{\gamma} = I_x l^2/I_\omega$. Für den Parameter $\bar{\gamma}$ werden die Werte

$$\bar{\gamma} = 0, \quad 100 \quad \text{und} \quad 200$$

festgelegt. Der Fall $\bar{\gamma} = 0$ ist nur von theoretischem Interesse und wurde zwecks Interpolation mit eingefügt. (Es ist praktisch unmöglich, daß das Trägheitsmoment I_x verschwindet oder das Wölbträgheitsmoment I_ω unendlich groß wird.)

Die Wahl des Parameters $\varkappa$ ist von der Abklingungszahl kl abhängig, da in beiden Parametern die StVenantsche Drillsteifigkeit GI_d enthalten ist. Für größere kl-Werte ist mit kleinerem $\varkappa$ und, umgekehrt, für kleinere Werte von kl mit höherem $\varkappa$ zu rechnen. Durch die Parameter $\varkappa$ werden in erster Linie die Biegemomente M_x^M zufolge Drehmomentenlast M beeinflußt. Der Parameter $\varkappa$ ist ohne Einfluß auf die Schnittkräfte in geraden Durchlaufträgern und in geradem als auch gekrümmtem Grundsystem.

Für jeden kl-Wert, und jeweils für die Winkel $\alpha = 0{,}2$ und $\alpha = 0{,}4$, wurden je zwei Parameter $\varkappa$ festgelegt, und zwar:

Für $kl = 1$: $\varkappa = 25, 100,$
$kl = 2$: $\varkappa = 5, 20,$
$kl = 3, 4, 6$: $\varkappa = 2, 10,$
$kl = 8$: $\varkappa = 1, 10.$

116   5. Durchlaufende gekrümmte Träger

Diese sind als praktisch zu erwartende Grenzwerte gewählt, die hier und da sowohl überschritten als auch unterschritten werden können. Die Biegemomente M_x^M zufolge Drehmomentenlast M wurden auch für Zwischenwerte von $\varkappa$ angegeben. Mit denselben Grenzwerten für mehrere kl-Parameter ist das Interpolieren bezüglich kl erleichtert. Andererseits war es notwendig, für $kl = 1$ und 2 höhere Grenzwerte von $\varkappa$ festzulegen.

Näheres über Tabellen, darunter ausführliche Interpolationshinweise, findet man im Anhang.

5.5 Untersuchung des Krümmungseinflusses auf die Gesamtspannungen der gleichzeitigen Biegung und Torsion

Es ist interessant zu wissen, wie groß ist die Spannungsumlagerung als Folge der von Haus aus gegebenen Krümmung eines dünnwandigen Durchlaufträgers.

Der Untersuchung liegt ein frei biegedrehbar gestützter Zweifeldträger mit einfach-symmetrischem Profil nach Abb. 17 zugrunde. Alternativ wird sowohl das offene als auch das (durch untere Horizontalverbände ausgesteifte) ,,quasigeschlossene" Profil betrachtet. Die Feldlängen von je 83,82 m stimmen mit jenen der Duwamish River Brücke überein; das wirkliche Brückenprofil (Abb. 16) ist durch Transformierung in ein verwandtes einfach-symmetrisches Profil nach Abb. 17 in gewissem Maße entstellt — vgl. die Angaben unter 1.3.1.1 und 1.3.1.2. Dies dürfte für die Zwecke dieser Untersuchung belanglos sein. Darüber hinaus wird der Krümmungsradius gegenüber dem wirklichen Radius beinahe zweimal verkleinert (207,05 m statt 436,5 m), damit der Zentralwinkel α den Tabellengrenzwert 0,4 erreicht (Abb. 41 a).

Für beliebige Laststellung $P = 10\,\text{t}$ im Feldquerschnitt $z = 0,5\,l$ soll die Gesamtnormalspannung σ im außenseitigen unteren Eckpunkt A des Stützquerschnittes nachgewiesen werden (Abb. 41 b).[1]

Die Schnittkräfte M_1^P, B_1^P, M_1^M und B_1^M erhält man aus den Tabellen 31, 33, 35 und 37 durch Interpolation, und zwar:

— Für das offene Profil mit $kl = 0$ und $\bar{y} = 217$ — durch Extrapolieren über $\bar{y} = 200$ hinaus und
— für das ,,quasigeschlossene" Profil mit $kl = 4,89$ und $\varkappa = 9,09$ — durch Interpolation zwischen den Werten für $kl = 4$ und $kl = 6$, sowie zwischen den Werten für $\varkappa = 6$ und $\varkappa = 10$ bei Bestimmung von M_1^M.

---

[1] Bezüglich der Mitwirkung des Betons in der Zugzone im Mittelstützenbereich sei verwiesen auf die Bestimmungen der DIN 7078, Blatt 1 — Verbundträger-Straßenbrücken, Richtlinien für die Berechnung und Ausbildung.

5.5 Untersuchung des Krümmungseinflusses auf die Gesamtspannungen

Die einzelnen Beiträge zu σ_A für das offene Profil, mit $I_x = 192{,}28 \times 10^6$ cm^4, $y_A = -277{,}2$ cm, $I_\omega = 62{,}146 \cdot 10^{12}$ cm^6 und $\omega_A = -212{,}70 \cdot 10^3$ cm^2, betragen

$(\sigma_A)_{M_1^P} = -12{,}07$,

$(\sigma_A)_{B_1^P} = -3{,}04$,

$(\sigma_A)_{M_1^M} = -3{,}57$,

$(\sigma_A)_{B_1^M} = -19{,}58$

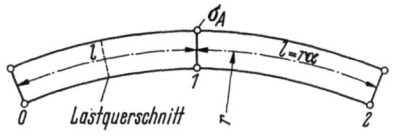

a $\quad l = 83{,}82$ m, $\alpha = 0{,}4$ ($r = 207{,}05$ m)

(in kg/cm^2). Die Werte mit dem Index M_1^M und B_1^M wurden für das negative Drehmoment $M = -(3/2)Pe$, wenn die Last über dem linken außenseitigen Steg steht (Abb. 41 b), berechnet.

Die Anteile für einen geraden Zweifeldträger mit gleichen Abmessungen sind gleich

$(\sigma_A)_{M_1} = -11{,}33$,

$(\sigma_A)_{B_1} = -21{,}21$

(in kg/cm^2).

Die Quereinflußlinie für die Spannung σ_A ist in Abb. 41 c dargestellt. Strichliniert ist die Quereinflußlinie für den geraden Zweifeldträger dargestellt. Der Krümmungseinfluß resultiert in einem Zuwachs der Ordinaten σ_A durchschnittlich um 33%.

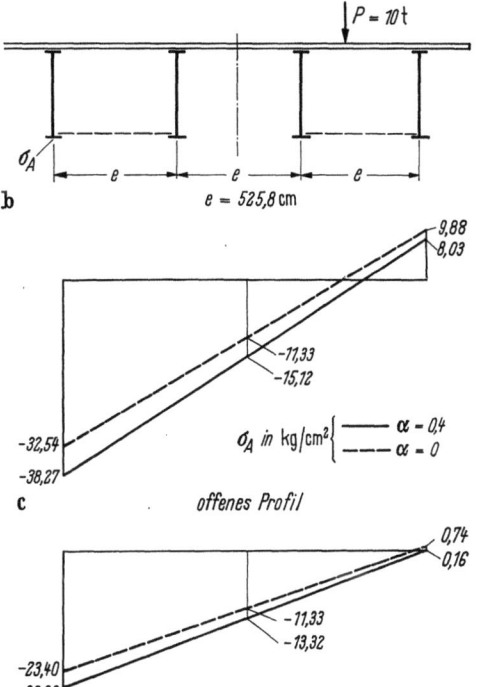

Abb. 41 a–d. Quereinflußlinien der Normalspannung σ_A im Stützquerschnitt eines gekrümmten Zweifeldträgers: c) für offenes Profil ohne Horizontalverband, d) für quasigeschlossenes Profil mit Horizontalverband

Die Beiträge zu σ_A für das „quasigeschlossene" Profil, mit M_x und y_A wie oben und $I_{\hat\omega} = 58{,}84 \cdot 10^{12}$ cm^6 und $\hat\omega_A = -198{,}99 \cdot 10^3$ cm^2, sind entsprechend gleich ($\mu \approx 1$)

$(\sigma_A)_{M_1^P} = -11{,}80$, $\quad (\sigma_A)_{B_1^P} = -1{,}52$,

$(\sigma_A)_{M_1^M} = -1{,}97$, $\quad (\sigma_A)_{B_1^M} = -11{,}51$.

Die Anteile für den geraden Träger sind gleich

$$(\sigma_A)_{M_1} = -11{,}33, \qquad (\sigma_A)_{B_1} = -12{,}07.$$

Die Quereinflußlinie für σ_A ist in Abb. 41 d gezeigt. Strichliniert ist die Einflußlinie für den geraden Träger dargestellt. Der Ordinatenzuwachs beträgt im Durchschnitt 17%.

Aus dem Vergleich der Diagramme c und d in Abb. 41 leuchtet ein, daß durch die Horizontalverbände eine wesentliche Reduktion der extremalen Normalspannung erzielt werden kann — besonders für die äußere Laststellung, wenn der Träger stark auf Torsion beansprucht wird. Die Extremalordinate wird in diesem Beispiel um rund 30% herabgesetzt. Allerdings wird hier der Beitrag des Fachwerkverbandes durch Annahme von δ_{eq} gemäß Gl. (70) etwas überschätzt.

Der untersuchte Fall kann — im Hinblick auf den recht großen Zentralwinkel $\alpha = 0{,}4$ — als ein extremer Fall angesehen werden. Mit kleiner werdendem Winkel α nehmen die Differenzen im Vergleich mit einem geraden Träger ab. Andererseits ist der Krümmungseinfluß auf die Normalspannung im *Feldmitten*querschnitt — wegen relativ größeren Beitrages des Bimomentes B^P (vgl. Tabellen 31 bis 38) — in der Regel ungünstiger.

6. Berechnung gekrümmter Durchlaufträger von in Längsachse veränderlichem Profil bei verschwindend kleiner StVenantscher Drillsteifigkeit

6.1 Allgemeine Betrachtung

Gerade Durchlaufträger von großen Spannweiten werden oft mit voutenartigen Profilverstärkungen in der Nähe von Zwischenstützen ausgebildet, wodurch mit geeigneter Aufteilung der Spannweiten eine günstige Verteilung von Biegemomenten zwischen Feld und Stütze erzielt werden kann. Bei gekrümmten Trägern mit dünnwandigem Profil werden solche voutenartigen Verstärkungen seltener vorkommen. Denn es zieht konstruktive Erschwerung nach sich und ist, bei mittleren Spannweiten, nicht unbedingt nötig. Ferner ist die voutenartige Stegerhöhung bei Kastenträgern, die für gekrümmte Brückentragwerke besonders geeignet sind, weniger zweckmäßig, da zur Aufnahme der Ablenkungskräfte in Stützennähe, auf der ganzen Breite der Untergurtplatte, besondere Vorkehrungen nötig sind.

6.1 Allgemeine Betrachtung

Die Schwierigkeit in der Berechnung von gekrümmten dünnwandigen Trägern mit veränderlichem Profil liegt u. a. darin, daß im Hinblick auf Willkürlichkeit im Verlauf der Querschnittscharakteristik explizite Ausdrücke für die Gleichungskoeffizienten kaum zu erwarten sind.

Verhältnismäßig einfach lassen sich gekrümmte Durchlaufträger veränderlichen Profils mit verschwindend kleiner StVenantscher Drillsteifigkeit GI_d berechnen. Dies entspricht dem Parameter $k = 0$, wenn auch k in diesem Fall mit z veränderlich ist,

$$k(z) = \sqrt{\frac{GI_d(z)}{EI_\omega(z)}}.$$

Der Fall $k(z) = 0$ ist vom praktischen Standpunkt wohl der wichtigste. Hierzu gehören gekrümmte Stahl- und Stahlverbundbrücken mit offenem Profil, bei denen meistens

$$k(z)\,l < 1,$$

gilt. Wie aus den umfangreichen Berechnungen von gekrümmten Durchlaufträgern mit konstantem Profil hervorgeht, kann man im Falle $kl < 1$, ohne groben Fehler zu begehen, einfach mit $kl = 0$ rechnen; die Resultate werden in der Regel auf der sicheren Seite liegen.

Der Fall $k(z) = 0$ zeichnet sich dadurch aus, daß die Bimomente im Grundsystem (Abb. 27) von dem Verlauf von $I_x(z)$ und $I_\omega(z)$ (I_d ist ohnehin gleich Null) unabhängig sind und aus den Tafeln I bis III entnommen werden können. Dies ist wie folgt begründet. Es wird eine „langsame" Profilveränderlichkeit vorausgesetzt. Die Gültigkeit der Beziehung (30), $H_\omega = B'$, wird beibehalten. Da aber im Falle $k(z) = 0$ H_d gemäß (26) ebenfalls gleich Null sein muß, gilt $H_\omega = H$ und somit

$$B' = H. \tag{259}$$

Ferner, wie aus dem Unterabschnitt 3.1 hervorgeht, sind die Biegemomente M_x im Grundsystem von der Profilveränderlichkeit unabhängig und die Gesamtdrillmomente H für beliebig veränderliches Profil und für konstantes Profil unterscheiden sich nur um eine Konstante C_1. Nun ist aber, im Falle $k(z) = 0$, diese Konstante gleich Null. Daher ist H in (259) jeweils durch die Werte nach Tafel I bis III gegeben. Das Bimoment ist auf Grund von (259) gleich

$$B = \int_0^z H\,dz + C_2,$$

und somit erhält man für B die in den Tafeln I bis III unter $kl = 0$ angegebenen Ausdrücke.

6.2 Übergangsbedingungen

Gekrümmte dünnwandige Durchlaufträger mit veränderlichem offenen Profil werden, wie üblich, unter Einführung von überzähligen Stützbiegemomenten $M_{xi} \equiv M_i$ und Stützbimomenten B_i berechnet. In einem frei biegedrehbar gestützten Dreifeldträger nach Abb. 42 wird das Tragwerk in drei Grundsysteme unter Einführung von vier Überzähligen aufgeteilt.

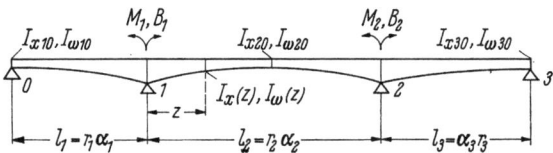

Abb. 42. Gekrümmter Durchlaufträger mit veränderlichem dünnwandigem Profil
(voutenförmiger Untergurtverlauf unter Einhaltung konstanter Profilbreite)

Die Übergangsbedingungen (Kontinuität der Stützverformungen) werden für die Stütze 1 angeschrieben:

$$\left.\begin{aligned} M_1 \delta_{11}^M + M_2 \delta_{12}^M + B_1 \delta_{11}^B + B_2 \delta_{12}^B + \delta_{10} &= 0, \\ M_1 \mu_{11}^M + M_2 \mu_{12}^M + B_1 \mu_{11}^B + B_2 \mu_{12}^B + \mu_{10} &= 0. \end{aligned}\right\} \quad (260)$$

Die Gleichungskoeffizienten: Stützneigungen $\delta_{(\,)}$ und Stützverwölbungen $\mu_{(\,)}$ werden auf Grund des Prinzips von der virtuellen Arbeit bestimmt und in folgender Form angegeben:

$$EI_c \delta_{11}^M = j_1 \int_{0-1} [M_1^M(z)]^2 \zeta_{x1} \, dz + j_2 \int_{1-2} [M_1^M(z)]^2 \zeta_{x2} \, dz +$$
$$+ \bar{\gamma}_1 \int_{0-1} [B_1^M(z)]^2 \zeta_{\omega 1} \, dz + \bar{\gamma}_2 \int_{1-2} [B_1^M(z)]^2 \zeta_{\omega 2} \, dz,$$

$$EI_c \delta_{12}^M = j_2 \int_{1-2} M_1^M(z) \, M_2^M(z) \zeta_{x2} \, dz + \bar{\gamma}_2 \int_{1-2} B_1^M(z) \, B_2^M(z) \zeta_{\omega 2} \, dz,$$

$$EI_c \delta_{11}^B = \bar{\gamma}_1 \int_{0-1} B_1^M(z) B_1^B(z) \, \zeta_{\omega 1} \, dz + \bar{\gamma}_2 \int_{1-2} B_1^M(z) \, B_1^B(z) \, \zeta_{\omega 2} \, dz = EI_c \mu_{11}^M,$$

$$EI_c \delta_{12}^B = \bar{\gamma}_2 \int_{1-2} B_1^M(z) \, B_2^B(z) \zeta_{\omega 2} \, dz = EI_c \mu_{21}^M,$$

$$EI_c \mu_{12}^M = \bar{\gamma}_2 \int_{1-2} B_1^B(z) \, B_2^M(z) \zeta_{\omega 2} \, dz = EI_c \delta_{21}^B,$$

$$EI_c \mu_{11}^B = \bar{\gamma}_1 \int_{0-1} [B_1^B(z)]^2 \zeta_{\omega 1} \, dz + \bar{\gamma}_2 \int_{1-2} [B_1^B(z)]^2 \zeta_{\omega 2} \, dz,$$

$$EI_c \mu_{12}^B = \bar{\gamma}_2 \int_{1-2} B_1^B(z) \, B_2^B(z) \zeta_{\omega 2} \, dz.$$

6.2 Übergangsbedingungen

Hierbei wurden dimensionslose Beiwerte und Funktionen

$$\left.\begin{array}{ll} j_i = \dfrac{I_c}{I_{xi0}}, & \bar{\gamma}_i = \dfrac{I_c l^2}{I_{\omega i0}}, \\[2mm] \zeta_{xi} = \dfrac{I_{xi0}}{I_x(z)}, & \zeta_{\omega i} = \dfrac{I_{\omega i0}}{I_\omega(z)}, \end{array}\right\} \quad (261)$$

eingeführt. I_c ist hier ein Vergleichsträgheitsmoment, I_{xi0} ein Bezugsträgheitsmoment für das Feld $i-1, i$, $I_{\omega i0}$ ein Bezugs-Wölbträgheitsmoment für dasselbe Feld. Mit $I_x(z)$ und $I_\omega(z)$ sind veränderliche Trägheitsmomente bzw. Wölbträgheitsmomente im Felde $i-1, i$ bezeichnet. Ferner bedeuten $M_1^M(z)$, $B_1^M(z)$ und $B_1^B(z)$ Biegemomente und Bimomente zufolge $M_1 = 1$ bzw. $B_1 = 1$ gemäß Tafel III. In Übereinstimmung mit Angaben dieser Tafel ist $M_1^B(z) = 0$. Sinngemäß werden die Schnittkräfte zufolge $M_2 = 1$ bzw. $B_2 = 1$ bezeichnet.

Die Lastglieder δ_{10} und μ_{10} lauten

$$EI_c\delta_{10} = j_1 \int_{0-1} M_0(z)\, M_1^M(z)\, \zeta_{x1}\, dz + j_2 \int_{1-2} M_0(z)\, M_1^M(z)\, \zeta_{x2}\, dz +$$

$$+ \bar{\gamma}_1 \int_{0-1} B_0(z)\, B_1^M(z)\, \zeta_{\omega 1}\, dz + \bar{\gamma}_2 \int_{1-2} B_0(z)\, B_1^M(z)\, \zeta_{\omega 2}\, dz,$$

$$EI_c\mu_{10} = \bar{\gamma}_1 \int_{0-1} B_0(z)\, B_1^B(z)\, \zeta_{\omega 1}\, dz + \bar{\gamma}_2 \int_{1-2} B_0(z)\, B_1^B(z)\, \zeta_{\omega 2}\, dz,$$

wobei für $M_0(z)$ und $B_0(z)$ die Ausdrücke nach Tafel I und II, für die Belastung durch Einzellast P und Einzeldrehmoment M bzw. durch stetige Lasten p, m, gelten.

Die Integrale in den Ausdrücken für Gleichungskoeffizienten und Lastglieder in (260) können praktisch nur auf numerischem Wege ermittelt werden. Hierzu bedient man sich der Simpsonschen Regel. Mit Ausnahme der Lastglieder für Einzellasten P, M sind die zu integrierenden Funktionen stetig d. i. ohne Knickpunkte, wenn die Trägheitsmomente von Stütze zu Stütze stetig verlaufen. Dann ist die Simpsonsche Regel bei der üblichen Feldaufteilung in zehn gleiche Abschnitte ohne weiteres anwendbar. Bei Einzellasten bzw. Laststellung in einem ungeraden Punkt (Abb. 43) wird man die Simpsonsche Regel auf den Strecken mit gerader Anzahl von Abschnitten Δz anwenden und auf den übrig gebliebenen Abschnitten von der Länge $2\Delta z$ die Trapezformel hinzuziehen. Mit den Bezeichnungen der Abb. 43 erhält man

$$\int_0^l y(z)\, dz = \frac{\Delta z}{3}(y_0 + 4y_1 + 2y_2 + 4y_3 + y_4) +$$

$$+ \frac{\Delta z}{2}(y_4 + 2y_5 + y_6) + \frac{\Delta z}{3}(y_6 + 4y_7 + 2y_8 + 4y_9 + y_{10}). \quad (262)$$

Sind die Überzähligen bekannt, so bestimmt man die Schnitt- und Auflagerkräfte genau so wie im Falle konstanter Profile. Das Gleichungssystem (260) gilt offensichtlich für einfach-symmetrische Profile und statisch bestimmte Stützung in der Krümmungsebene. (Die Verformungskomponenten v und ϑ können sinngemäß auf Grund des Prinzips von der virtuellen Arbeit bestimmt werden).

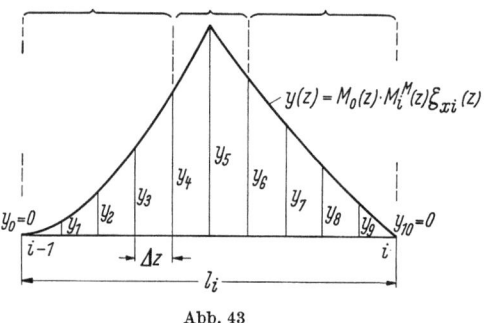

Abb. 43

Die Normalspannung σ aus Biegemomenten und Bimomenten wird nach der allgemeingültigen Gl. (97) berechnet, da es sich um „langsam anlaufende" Profilveränderlichkeit handelt. Es gilt

$$\sigma = -\frac{M_x(z)}{I_x(z)} y(z) + \frac{B(z)}{I_\omega(z)} \omega(z),$$

wobei $y(z)$ und $I_x(z)$ jeweils auf das Schwerachsensystem des betreffenden Querschnittes bezogen sind und $\omega(z)$ und $I_\omega(z)$ sinngemäß bezüglich des Schubmittelpunktes desselben Querschnitts berechnet werden.

Der Gesamtschubfluß T folgt aus der Gleichung

$$T = T_{Q_y} + T_\omega = \frac{Q_y(z)}{I_x(z)} S_x(z) - \frac{H(z)}{I_\omega(z)} S_\omega(z),$$

mit $S_x(z) = \int\limits_0^s y\, dA$, $H(z) = B'(z)$ und $S_\omega(z)$ gemäß (11). Durch eine Neigung der Untergurte wird bekanntlich die durch den Schubfluß T_{Q_y} gebildete Biegequerkraft Q_y um die Vertikalkomponenten der geneigten Untergurtkräfte reduziert — d. i. herabgesetzt oder vergrößert, je nach Vorzeichen der Gurtkraft und Richtung der Gurtneigung. Sinngemäß wird auch das Gesamtdrillmoment $H(z)$ (und dementsprechend der Schubfluß T_ω) um das durch die Vertikalkomponenten der geneigten Gurtkräfte gebildete Drillmoment reduziert.

Das wesentlichste Merkmal eines dünnwandigen Durchlaufträgers mit voutenartigen Profilverstärkungen an den Zwischenstützen — sowohl eines geraden als auch eines gekrümmten Trägers — ist die Abnahme der Feldbimomente und Zunahme der Stützbimomente gegenüber einem Durchlaufträger konstanten Profils.

7. Zur Berechnung von gekrümmten, in Krümmungsebene statisch unbestimmt gestützten Durchlaufträgern

Der gekrümmte dünnwandige Durchlaufträger, der in der Krümmungsebene statisch unbestimmt gestützt (Abb. 33b) und normal zur Krümmungsebene belastet ist, wird betrachtet. Das Grundsystem bildet der beiderseits frei biegedrehbar (einfach statisch unbestimmt) gestützte Einfeldträger nach Abb. 27. An den Zwischenstützen sind daher je drei Überzählige einzuführen (Abb. 44): die Biegemomente M_{xi} und M_{yi} und das Bimoment B_i.

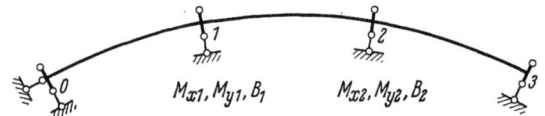

Abb. 44. Gekrümmter Dreifeldträger mit statisch unbestimmter Stützung in der Krümmungsebene

7.1 Schnittkräfte und Stützverformungen im Grundsystem

Die Schnittkräfte im Grundsystem aus Feldbelastung, Endbiegemomenten $M_{x,i-1}$, M_{xi} und Endbimomenten B_{i-1}, B_i wurden bereits im Abschnitt 3 berechnet. Die Ausdrücke hierzu sind in den Tafeln I bis III angegeben.

Hier soll daher zunächst die *Belastung durch Endbiegemomente* $M_{y,i-1}$, M_{yi} (Abb. 45) betrachtet werden. Das Grundsystem sei an der linken Stütze gegen Längsverschiebung gesichert. Die Querkraft Q_x in der Krümmungsebene und die Normalkraft N sind gleich

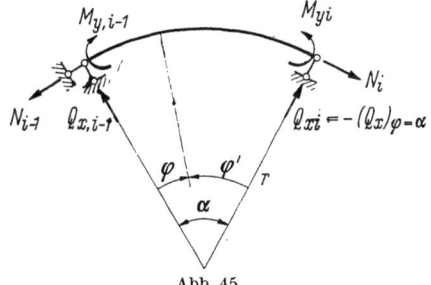

Abb. 45

$$Q_x = \frac{M_{yi} - M_{y,i-1}}{r} \frac{\cos \varphi'}{\sin \alpha} \qquad (263)$$

mit

$$Q_{x,i-1} = \frac{M_{yi} - M_{y,i-1}}{r} \frac{1}{\tan \alpha}, \qquad Q_{xi} = -\frac{M_{yi} - M_{y,i-1}}{r \sin \alpha}$$

und

$$N = Q_{xi} \sin \varphi' = -\frac{M_{yi} - M_{y,i-1}}{r} \frac{\sin \varphi'}{\sin \alpha}. \qquad (264)$$

124   7. Zur Berechnung von gekrümmten Durchlaufträgern

Es sei bemerkt, daß die Normalkraft im Schwerpunkt und die Querkraft im Schubmittelpunkt angreift (Abb. 46).

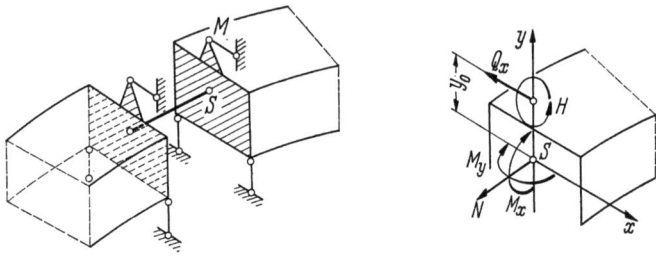

Abb. 46

Die Biegemomente M_x und die Querkraft Q_y aus Endbiegemomenten $M_{y,i-1}$, M_{yi} sind gleich Null. Die Biegemomente M_y und die Gesamtdrillmomente H sind, mit Q_x nach (263), gleich

$$M_y = M_{y,i-1} \frac{\sin \varphi'}{\sin \alpha} + M_y \left(1 - \frac{\sin \varphi'}{\sin \alpha}\right), \tag{265}$$

$$H = -Q_x y_0 = (M_{y,i-1} - M_{yi}) \frac{y_0}{r} \frac{\cos \varphi'}{\sin \alpha}.$$

Die Bimomente B, die durch Endbiegemomente $M_{y,i-1}$, M_{yi} hervorgerufen sind, werden auf Grund der Differentialgleichung (94), mit $m = M_x = 0$, bestimmt:

$$B'' - k^2 B = \frac{N y_0}{r} = (M_{y,i-1} - M_{yi}) \frac{y_0}{r^2} \frac{\sin \varphi'}{\sin \alpha}.$$

Die Lösung dieser Gleichung ergibt für *offene* Profile

$$B = (M_{yi} - M_{y,i-1}) \eta y_0 \left(\frac{\sin \varphi'}{\sin \alpha} - \frac{\sinh kz'}{\sinh kl}\right), \tag{266}$$

und somit erhält man

$$H_\omega = B' = (M_{y,i-1} - M_{yi}) \frac{\eta y_0}{r} \left(\frac{\cos \varphi'}{\sin \alpha} - kr \frac{\cosh kz'}{\sinh kl}\right)$$

und

$$H_d = H - H_\omega = (M_{y,i-1} - M_{yi}) \frac{y_0}{r} \left[(1 - \eta) \frac{\cos \varphi'}{\sin \alpha} + \eta kr \frac{\cosh kz'}{\sinh kl}\right], \tag{267}$$

mit η gemäß (137).

7.1 Schnittkräfte und Stützverformungen im Grundsystem

Für die Belastung durch *Normalkraft* N_i an der rechten Stütze erhält man (Abb. 45)

$$Q_x = N_i \left(\sin \varphi' - \frac{1 - \cos \alpha}{\sin \alpha} \cos \varphi' \right) = N_i \frac{\sin\left(\frac{\alpha}{2} - \varphi\right)}{\cos\frac{\alpha}{2}},$$

$$N = N_i \frac{\cos\left(\frac{\alpha}{2} - \varphi\right)}{\cos\frac{\alpha}{2}},$$

$$M_y = N_i r \left[\frac{\cos\left(\frac{\alpha}{2} - \varphi\right)}{\cos\frac{\alpha}{2}} - 1 \right] \tag{268}$$

und

$$H = -Q_x y_0 = -N_i y_0 \frac{\sin\left(\frac{\alpha}{2} - \varphi\right)}{\cos\frac{\alpha}{2}}.$$

Die Bimomente B folgen aus der Differentialgleichung

$$B'' - k^2 B = \frac{N_i y_0}{r} \frac{\cos\left(\frac{\alpha}{2} - \varphi\right)}{\cos\frac{\alpha}{2}},$$

deren Lösung lautet

$$B = -N_i y_0 r \eta \left[\frac{\cos\left(\frac{\alpha}{2} - \varphi\right)}{\cos\frac{\alpha}{2}} - \frac{\cosh k\left(\frac{l}{2} - z\right)}{\cosh\frac{kl}{2}} \right]. \tag{269}$$

Ferner erhält man

$$H_\omega = -N_i y_0 \eta \left[\frac{\sin\left(\frac{\alpha}{2} - \varphi\right)}{\cos\frac{\alpha}{2}} + kr \frac{\sinh k\left(\frac{l}{2} - z\right)}{\cosh\frac{kl}{2}} \right]$$

und

$$H_d = -N_i y_0 \left[(1 - \eta) \frac{\sin\left(\frac{\alpha}{2} - \varphi\right)}{\cos\frac{\alpha}{2}} - \eta kr \frac{\sinh k\left(\frac{l}{2} - z\right)}{\cosh\frac{kl}{2}} \right] \tag{270}$$

Die Ausdrücke (265) bis (270) werden im nachfolgenden zur Bestimmung der Gleichungskoeffizienten benötigt.

7.2 Übergangsbedingungen

Die Zusammenhänge werden am Beispiel eines frei biegedrehbar gestützten Dreifeldträgers (Abb. 44) veranschaulicht. Die Grundsysteme (Abb. 47) werden miteinander durch gedachte „Pendelstäbe", die in Schwerachse liegen und die Normalkraft N direkt aufeinander übertragen, verbunden (vgl. Abb. 46). Es soll von vornherein festgelegt werden, welche Stütze gegen Längsverschiebung gesichert ist. In dem Dreifeldträger nach Abb. 44 ist es die Stütze 0.

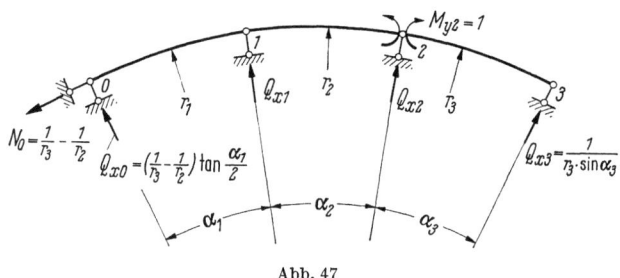

Abb. 47

Die Lage der Feststütze beeinflußt die Schnittkräfte im Zustand $M_{yi} = 1$. Um Verwechslungen zu vermeiden, werden die zugehörigen Schnittkräfte wie folgt bezeichnet: $M_{yi}^{My}(z)$, $B_i^{My}(z)$ und $H_{di}^{My}(z)$ (die Biegemomente $M_{xi}^{My}(z)$ fehlen), wobei die Lastquelle durch Kombination des oberen Index M_y mit dem unteren Index i gekennzeichnet wird.

Als Beispiel sei der Lastfall $M_{y2} = 1$ (Abb. 47) betrachtet. Die Schnittkräfte im Felde 2—3 sind endgültig durch die Gl. (264) bis (267) gegeben. Hierbei wird die Stütze 2 als Feststütze betrachtet, und $M_{y,i-1} = 1$ und $M_{yi} = 0$ gesetzt. Die Gl. (264) bis (267) gelten sinngemäß auch für das Feld 1—2. In diesem Feld, als auch im Feld 0—1, wirkt zusätzlich die Normalkraft $N_2 = M_{y2}/r_3 = 1/r_3$, die von der Stütze 2 bis zur Stütze 0 weitergeleitet wird. Die zugehörigen Schnittkräfte in den Feldern 1—2 und 0—1 werden durch die Gl. (268) bis (270) bestimmt. Schließlich wird noch die Normalkraft $N_1 = -M_{y2}/r_2 = -1/r_2$ von der Stütze 1 auf die Endstütze 0 übertragen, woraus für das Feld 0—1 weitere Schnittkräfte nach Gl. (268) bis (270) resultieren. Sind die Radien r_2, r_3 gleich, dann treten im Felde 0—1 im Zustand $M_{y2} = 1$ keine Schnittkräfte auf.

Die Stützverformung an der Stütze i wird durch drei Komponenten beschrieben: die Stützbiegewinkel $\delta_{xi()}^{()}$ und $\delta_{yi()}^{()}$ (mit x bzw. y als Drehachse) und die Stützverwölbung $\mu_{i()}^{()}$. Die Lastquelle wird durch Hinzugabe des oberen Indes M_x, M_y bzw. B mit dem unteren Index j vermerkt. Die Lastglieder heißen δ_{xi0}, δ_{yi0} und μ_{i0}.

7.2 Übergangsbedingungen

Aus dem System von sechs simultanen Gleichungen werden hier nur jene Gleichungen, die die Übergangsbedingungen für die Stütze 1 (Abb. 44) ausdrücken, für *offene asymmetrische* Profile angeschrieben:

$$\left.\begin{aligned}
M_{x1}\delta_{x11}^{Mx} + M_{x2}\delta_{x12}^{Mx} + M_{y1}\delta_{x11}^{My} + M_{y2}\delta_{x12}^{My} + \\
+ B_1\delta_{x11}^{B} + B_2\delta_{x12}^{B} + \delta_{x10} = 0, \\
M_{x1}\delta_{y11}^{Mx} + M_{x2}\delta_{y12}^{Mx} + M_{y1}\delta_{y11}^{My} + M_{y2}\delta_{y12}^{My} + \\
+ B_1\delta_{y11}^{B} + B_2\delta_{y12}^{B} + \delta_{y10} = 0, \\
M_{x1}\mu_{11}^{Mx} + M_{x2}\mu_{12}^{Mx} + M_{y1}\mu_{11}^{My} + M_{y2}\mu_{12}^{My} + \\
+ B_1\mu_{11}^{B} + B_2\mu_{12}^{B} + \mu_{10} = 0.
\end{aligned}\right\} \quad (271)$$

Die Gleichungskoeffizienten $\delta_{x()}^{Mx}$, $\delta_{x()}^{B}$, $\mu_{()}^{Mx}$ und $\mu_{()}^{B}$ sind identisch mit den im Abschnitt 5 benutzten Gleichungskoeffizienten, die dort einfach mit $\delta_{()}^{M}$, $\delta_{()}^{B}$, $\mu_{()}^{M}$ und $\mu_{()}^{B}$ bezeichnet waren. Auch die Lastglieder δ_{xi0} und μ_{i0} sind identisch mit δ_{i0} bzw. μ_{i0} nach Abschnitt 5.

Die neu hinzugekommenen Gleichungskoeffizienten und das Lastglied δ_{yi0} werden auf Grund des Prinzips von der virtuellen Arbeit bestimmt:

$$\delta_{x11}^{My} = \int B_1^{Mx}(z) B_1^{My}(z) \frac{dz}{EI_\omega} + \int H_{d1}^{Mx}(z) H_{d1}^{My}(z) \frac{dz}{GI_d} +$$
$$+ \int M_{x1}^{Mx}(z) M_{y1}^{My}(z) \frac{I_{xy}}{\psi EI_x \cdot I_y} dz = \delta_{y11}^{Mx},$$

$$\delta_{x12}^{My} = \int B_1^{Mx}(z) B_2^{My}(z) \frac{dz}{EI_\omega} + \int H_{d1}^{Mx}(z) H_{d2}^{My}(z) \frac{dz}{GI_d} +$$
$$+ \int M_{x1}^{Mx}(z) M_{y2}^{My}(z) \frac{I_{xy}}{\psi EI_x \cdot I_y} dz = \delta_{x21}^{My} = \delta_{y12}^{Mx},$$

$$\delta_{y11}^{My} = \int [M_{y1}^{My}(z)]^2 \frac{dz}{\psi EI_y} + \int [B_1^{My}(z)]^2 \frac{dz}{EI_\omega} + \int [H_{d1}^{My}(z)]^2 \frac{dz}{GJ_d},$$

$$\delta_{y12}^{My} = \int M_{y1}^{My}(z) M_{y2}^{My} \frac{dz}{\psi EI_y} + \int B_1^{My}(z) B_2^{My}(z) \frac{dz}{EI_\omega} +$$
$$+ \int H_{d1}^{My}(z) H_{d2}^{My}(z) \frac{dz}{GJ_d} = \delta_{y21}^{My},$$

$$\delta_{y11}^{B} = \int B_1^{My}(z) B_1^{B}(z) \frac{dz}{EI_\omega} + \int H_{d1}^{My}(z) H_{d1}^{B}(z) \frac{dz}{GI_d} = \mu_{11}^{My},$$

$$\delta_{y12}^{B} = \int B_1^{My}(z) B_2^{B}(z) \frac{dz}{EI_w} + \int H_{d1}^{My}(z) H_{d2}^{B}(z) \frac{dz}{GI_d} = \delta_{y21}^{B} = \mu_{12}^{My},$$

$$\delta_{y10} = \int B_1^{My}(z) B_0(z) \frac{dz}{EI_\omega} + \int H_{d1}^{My}(z) H_{d0}(z) \frac{dz}{GI_d} +$$
$$+ \int M_{y1}^{My}(z) M_{x0}(z) \frac{I_{xy}}{\psi EI_x \cdot I_y} dz.$$

Die Schnittkräfte für den Zustand $M_{y1} = 1$ sind durch die Gleichungen (265) bis (267) — gegebenenfalls zusammen mit den Gleichungen (268) bis (270) — gegeben. Die Schnittkräfte für die Zustände $M_{x1} = 1$ und $B_1 = 1$ sind in der Tafel III angegeben. Der Beiwert ψ ist gemäß (98) zu nehmen. Die Beiträge aus Schwerachsendehnung in δ_{y11}^{My} und δ_{y12}^{My} sind außer acht gelassen.

Ist der Abstand y_0 zwischen Schubmittelpunkt und Schwerpunkt gleich Null und zugleich $I_{xy} = 0$ (einfach-symmetrische Profile), dann verschwinden die Koeffizienten δ_{xij}^{My}, δ_{yij}^{Mx}, δ_{ij}^{B} und μ_{ij}^{My} — vgl. hierzu die Gleichungen (266), (267) (269) und (270). Die zweite Gleichung in (271) und die entsprechende Gleichung für die Stütze 2 werden von den übrigen Gleichungen entkoppelt. Da aber bei $y_0 = 0$ und $I_{xy} = 0$ auch die Lastglieder δ_{yi0} verschwinden, sind in solchem Fall die Biegemomente M_{yi} gleich Null. Die Lösung wird identisch mit jener für statisch bestimmte Stützung in der Krümmungsebene. Diese Feststellung gilt ohne weiteres für alle doppelt-symmetrische Profile.

Explizites Integrieren der Gleichungskoeffizienten und der Lastglieder in (271) ist erfahrungsgemäß recht langwierig. Die Ableitung von expliziten Ausdrücken ist hier nicht beabsichtigt, da die Berechnung des Gleichungssystems (271) nur in Sonderfällen erwogen wird. Numerisches Integrieren der Gleichungskoeffizienten und der Lastglieder ist zu bevorzugen.

Im Falle Belastung *in der Krümmungsebene* bleibt das Gleichungssystem (271) in Kraft. Nur sind die Lastglieder sinngemäß neu aufzustellen. Solche Lastfälle spielen bei Brückentragwerken eine untergeordnete Rolle.

8. Profilverformung.
Umlagerung der Querschnittsspannungen.
Beanspruchung der Querverbände

Die in vorhergehenden Abschnitten dargestellte Theorie der gleichzeitigen Biegung und Wölbkrafttorsion gekrümmter dünnwandiger Träger ruht auf der Annahme, daß die Profilform erhalten bleibt. Demnach soll der Träger in genügend kleinen Abständen durch in ihren Ebenen unendlich steife Querschotte ausgesteift sein. Die übliche Aussteifung in Gestalt von Querverbänden oder Querrahmen erfüllt diese Forderung in gewissem Maße. Wie aus dem nachfolgenden hervorgeht, ist die übliche Aussteifung bei offenen Profilen im allgemeinen ausreichend und die Abweichung von dem unter Annahme nichtverformbaren Profils errechneten Spannungszustand verhältnismäßig gering. Andererseits kann sich die für unendlich steife Querschotte ermittelte Belastung

8. Profilverformung. Umlagerung der Querschnittsspannungen

von der wirklichen Beanspruchung nachgiebiger Querverbände wesentlich unterscheiden. Bei Kastenträgern können dagegen die aus Profilverformung herrührenden Normalspannungen diejenigen aus Wölbkrafttorsion (nach Abschnitt 3) übersteigen.

Die geraden und gekrümmten Träger mit verformbarem Profil gehören eigentlich zu Flächentragwerken — besonders dann, wenn die Profile, als kinematische Ketten betrachtet (mit Gelenken in den Knotenpunkten), mehrere Freiheitsgrade aufweisen. Eine allgemeine theoretische Lösung für gerade Tragwerke mit verformbarem Profil stammt von W. Z. WLASSOW [24]. Sie wird auf ein System von Differentialgleichungen zurückgeführt, die für Träger mit starren Endscheiben unter stetiger Belastung mit Hilfe der Fourierschen Reihen lösbar sind. Bei Einzellasten, oder wenn die Zwischensteifen mit zu berücksichtigen sind, wird man die schlechte Konvergenz der Reihen in Kauf nehmen müssen. Eine vereinfachte Lösung für symmetrisch belastete gerade Stäbe, deren Profil einen Freiheitsgrad aufweist, ist unter Vernachlässigung der Schubverformung in [25] gegeben. Die Resultate nach [24] und [25] wurden von G. LACHER [26] verglichen.

Antisymmetrische Profilverformung, die bei Torsion von geraden Kastenträgern mit verformbarem biegesteifem Profil auftritt, wurde in ähnlicher Weise in [27] behandelt. Eine frühere Arbeit von P. MÜLLER [28] ist noch zu nennen. F. RESINGER [29] betrachtete näherungsweise gerade Kastenträger mit verformbarem biegeweichem Profil unter Berücksichtigung der Schubverformung, siehe hierzu auch [30]. Der Schubverformungseinfluß auf die Wölbkrafttorsion der Kastenträger mit verformbarem biegesteifem Profil war in [15] untersucht.

Gekrümmte Kastenträger mit verformbarem biegesteifem Profil hat der Verfasser in [14] unter Vernachlässigung der Schubverformung behandelt. Diese Näherungsberechnung wird im nachfolgenden unter 8.2.1 dargestellt.

In diesem Abschnitt wird die Profilverformung von gekrümmten Trägern nur im Falle geschlossener bzw. offen-geschlossener Profile, die sich durch *einen* Freiheitsgrad auszeichnen, betrachtet. Die Profilverformung offener Profile wird an Hand eines geraden Trägers untersucht. Die einfach-symmetrischen offenen Profile können hierbei auch *zwei* Freiheitsgrade aufweisen. Der Spannungszustand wird dann in einen symmetrischen und einen antisymmetrischen Anteil zerlegt. Die Veränderlichkeit des Spannungs- und Verformungszustandes in Richtung der Stabachse wird jeweils durch *eine* Funktion (die Wölbfunktion f) beschrieben. Grundsätzlich wird in allen Fällen ein in Längsachse *konstantes* Profil vorausgesetzt.

Das Problem der Lastverteilung durch die Fahrbahnplatte (Plattenaufgabe) und das Problem der Krafteinleitung in die Stege (Scheiben-

8. Profilverformung. Umlagerung der Querschnittsspannungen

aufgabe) können aus naheliegenden Gründen nicht mit erfaßt werden. Die Genauigkeit der dargestellten Lösung ist jener der üblichen Faltwerkstheorie gleichzusetzen, wenn auch Problemstellung und Lösungsweg verschieden sind. Die Lösung wird genauer, wenn der Schubverformungseinfluß mit berücksichtigt wird (8.2.3 und zum Teil auch 8.2.1).

8.1 Offene Profile

Ein *gerader* Träger mit vierstegigem einfach-symmetrischem offenem Profil liegt der Untersuchung zugrunde. Zwei- und dreistegige Profile lassen sich in ähnlicher Weise, und zwar etwas einfacher, behandeln. Die Gleichungen der Profilverformung eines geraden Trägers gelten für beliebige Stützungsverhältnisse — auch für Durchlaufträger. Zahlenwerte werden für den frei biegedrehbar gestützten Einfeldträger angegeben.

Die Profilverformung kann sowohl unter antisymmetrischer Torsionslast als auch unter symmetrischer „Biegelast" auftreten (Abb. 48).

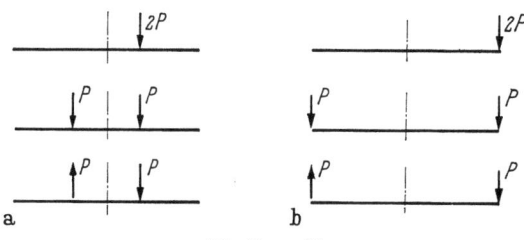

Abb. 48a und b

(Es wird angenommen, daß auf die Fahrbahn einwirkende Einzellasten nach dem Hebelgesetz direkt auf die Stegwände übertragen werden. Zwei Einzellastwirkungen sind daher zu betrachten (Abb. 48a, b), wobei jeder Lastfall in einen symmetrischen und einen antisymmetrischen Anteil zerlegt wird.)

8.1.1 Symmetrische profilverformende Belastung

Man betrachte den symmetrischen Lastanteil gemäß Abb. 48a. Bei geraden Trägern mit nichtverformbarem Profil werden beide Einzellasten durch die Resultierenden der Schubkräfte in den Stegen beiderseits des Lastquerschnittes, G_1 und G_2, im Gleichgewicht gehalten (Abb. 49a). Ist im Lastquerschnitt eine unendlich steife Querscheibe vorhanden, dann wird die profilverformende Belastung, die in Abb. 49b dargestellt ist, vollständig durch diese Querscheibe aufgenommen und eine Profilverformung wird verhindert. Bei elastisch nachgiebigen Quer-

8.1 Offene Profile

verbänden (im Lastquerschnitt und außerhalb desselben) ist mit Profilverformung, die durch einen Wölbspannungszustand begleitet wird, zu rechnen.

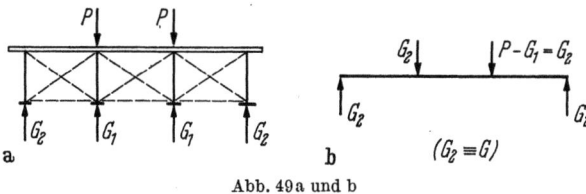

Abb. 49a und b

Der *symmetrische Wölbspannungszustand*. Die Wölbnormalspannungen σ bilden ein Gleichgewichtssystem — sie ergeben keine Normalkraft N, keine Biegemomente M_x und M_y und kein Bimoment im Sinne der Gleichung (22). Diese Gleichgewichtsbedingungen sind ausreichend, um den Verlauf der zu σ affinen „Einheitsspannung" im betrachteten einfach-symmetrischen Profil festzulegen. Dies ist der Fall, weil der Schubverformungseinfluß nicht berücksichtigt wird. Hieraus folgt, daß die Wölbspannung σ auf der ganzen Breite der oberen Platte (Abb. 50) konstant ist.

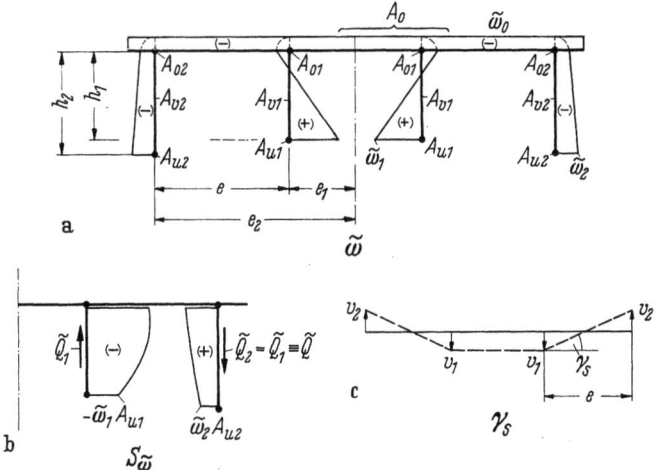

Abb. 50a—c. Symmetrischer Wölbspannungszustand und zugehörige Profilverformung bei $r = \infty$

Die Normalspannung σ wird durch das Produkt

$$\sigma = f \cdot \tilde{\omega} \tag{272}$$

ausgedrückt, wobei $f = f(z)$ eine dimensionslose Funktion der Ordinate z ist (und *Wölbfunktion* genannt wird) und die Querschnittsfunktion $\tilde{\omega}$ (in kg/cm²) den Spannungsverlauf im Querschnitt darstellt. Sie wird als *Einheitsspannung* bezeichnet. Der $\tilde{\omega}$-Verlauf ist aus Abb. 50a ersichtlich.

8. Profilverformung. Umlagerung der Querschnittsspannungen

Der Wert $\tilde{\omega}_0$ in Abb. 50a wird als beliebiger Ausgangswert angenommen. Der Spannungsverlauf wird dann durch die Werte $\tilde{\omega}_1$ und $\tilde{\omega}_2$ eindeutig festgelegt. Die letzteren lassen sich aus den Gleichgewichtsbedingungen bezüglich σ gemäß (272) bestimmen:

$$\int_A \tilde{\omega}\, dA = 0, \qquad \int_A \tilde{\omega} y\, dA = 0. \tag{273}$$

Die dritte Bedingung $\int_A \tilde{\omega} x\, dA = 0$ ist wegen Symmetrie des $\tilde{\omega}$-Verlaufes von vornherein erfüllt.

Es ist offensichtlich, daß die Randspannungen σ_0, σ_1 und σ_2 nicht alle das gleiche Vorzeichen haben können. σ_1 wird positiv, dagegen σ_0 und σ_2 negativ angenommen. Die Randwerte $\tilde{\omega}_0$, $\tilde{\omega}_1$ und $\tilde{\omega}_2$ sind als positive Zahlen zu betrachten.

Aus den Bedingungen (273) mit Bezeichnungen nach Abb. 50a folgt

$$\left.\begin{array}{l} \tilde{\omega}_1 = \tilde{\omega}_0 \dfrac{a_0 b_2 - a_2 b_0}{\Delta}, \\[2mm] \tilde{\omega}_2 = \tilde{\omega}_0 \dfrac{a_0 b_1 - a_1 b_0}{\Delta}, \end{array}\right\} \tag{274}$$

wobei folgende Abkürzungen eingeführt wurden:

$$a_0 = \frac{1}{2} A_0 + A_{01} + A_{02} + \frac{1}{2}(A_{v1} + A_{v2}),$$

$$a_1 = A_{u1} + \frac{1}{2} A_{v1},$$

$$a_2 = A_{u2} + \frac{1}{2} A_{v2},$$

$$b_0 = \frac{1}{6}(A_{v1} h_1 + A_{v2} h_2),$$

$$b_1 = \left(\frac{1}{3} A_{v1} + A_{u1}\right) h_1,$$

$$b_2 = \left(\frac{1}{3} A_{v2} + A_{u2}\right) h_2,$$

und

$$\Delta = a_1 b_2 - a_2 b_1 = A_{v1} A_{u2} \left(\frac{h_2}{2} - \frac{h_1}{3}\right) - A_{v2} A_{u1} \left(\frac{h_1}{2} - \frac{h_2}{3}\right) +$$
$$+ \left(A_{u1} A_{u2} + \frac{1}{6} A_{v1} A_{v2}\right)(h_2 - h_1). \tag{275}$$

8.1 Offene Profile

Hierbei bezeichnet A_0 die durch den Quotienten $E_{\text{Beton}}/E_{\text{Stahl}}$ multiplizierte Querschnittsfläche der Fahrbahn; A_{01}, A_{02}, A_{u1} und A_{u2} sind die Querschnittsflächen der Ober- bzw. Untergurte und A_{v1} und A_{v2} die Querschnittsflächen der Stege; h_1 und h_2 bezeichnen die Steghöhen, die gleich den Abständen zwischen Ober- und Untergurten angenommen werden.

Schubkräfte. Die allgemeingültige Gleichgewichtsbedingung (9) liefert durch Integrieren nach Konturordinate s mit σ gemäß (272) folgenden Ausdruck für die Schubkraft $T \equiv T_{\tilde{\omega}}$:

$$T_{\tilde{\omega}} = -f' S_{\tilde{\omega}}, \qquad (276)$$

wobei

$$S_{\tilde{\omega}} = \int_0^s \tilde{\omega} \, dA \qquad (277)$$

(in kg) eine Querschnittsfunktion ist. $S_{\tilde{\omega}}$-Diagramm ist in Abb. 50b gezeigt. Die Schubkräfte $\tilde{Q}_1$ und $\tilde{Q}_2$, die dem positiven Wert von f' zugeordnet sind, sind durch Pfeile vermerkt. Sie sind nach dem Absolutwert gleich und werden kurz mit $\tilde{Q}$ bezeichnet:

$$\tilde{Q} = \int_0^{h_1} T_{\tilde{\omega}} \, ds = -f' \int_0^{h_1} S_{\tilde{\omega}} \, ds = W_s f', \qquad (278)$$

wobei

$$W_s = -\int_0^{h_1} S_{\tilde{\omega}} \, ds = \int_0^{h_2} S_{\tilde{\omega}} \, ds =$$

$$= \tilde{\omega}_1 h_1 \left(A_{u1} + \frac{1}{3} A_{v1} \right) - \tilde{\omega}_0 \frac{1}{6} h_1 A_{v1} =$$

$$= \tilde{\omega}_2 h_2 \left(A_{u2} + \frac{1}{3} A_{v2} \right) + \tilde{\omega}_0 \frac{1}{6} h_2 A_{v2}$$

(in kg · cm) einen Wölbsteifigkeitsparameter darstellt.

Liegt eine in z-Richtung stetig verteilte profilverformende Belastung g gemäß Abb. 51 vor, dann gilt nach (278)

$$\tilde{Q}' = W_s f'' = -g. \qquad (279)$$

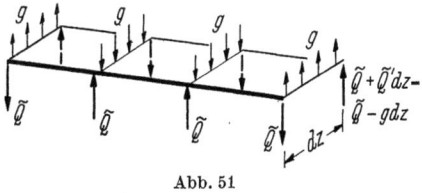

Abb. 51

Verformung. Mit dem symmetrischen Spannungszustand nach Abb. 50a ist bei geraden Trägern ein symmetrischer Verformungszustand verknüpft. (Bei gekrümmten Trägern wird der letztere nicht mehr streng symmetrisch sein.)

134   8. Profilverformung. Umlagerung der Querschnittsspannungen

Die Verschiebung der Stege 1 nach unten sei mit v_1 bezeichnet, die Verschiebung der Stege 2 nach oben mit v_2 (Abb. 50c). Die Differentialgleichungen lauten

$$\left.\begin{array}{l}v_1'' = -\dfrac{\sigma_1 - \sigma_0}{E h_1} = -\dfrac{f}{E h_1}(\tilde{\omega}_1 + \tilde{\omega}_0),\\[2mm] v_2'' = -\dfrac{f}{E h_2}(\tilde{\omega}_2 - \tilde{\omega}_0).\end{array}\right\} \quad (280)$$

Die Verformung wird durch den Winkel γ_s (Abb. 50c) ausgedrückt:

$$\gamma_s = \frac{v_1 + v_2}{e}. \quad (281)$$

Nach zweimaligem Differenzieren von (281) erhält man unter Einführung der Werte gemäß (280)

$$\gamma_s'' = -\frac{f}{A_s^*} \quad \text{mit} \quad A_s^* = \frac{E e h_1}{(\tilde{\omega}_1 + \tilde{\omega}_0) + \dfrac{h_1}{h_2}(\tilde{\omega}_2 - \tilde{\omega}_0)}. \quad (282)$$

A_s^* ist hierbei ein Querschnittswert in cm².

Die Ausdrücke für W_s und A_s^* in (278) bzw. (282) vereinfachen sich, wenn alle Ober-, Untergurte und Stege untereinander gleich sind. Mit $A_{01} = A_{02}$, $A_{u1} = A_{u2} = A_u$, $A_{v1} = A_{v2} = A_v$ und $h_1 = h_2$ wird Δ in (275) gleich Null. Um für $\tilde{\omega}_1$ und $\tilde{\omega}_2$ endliche Werte zu erhalten, muß $\tilde{\omega}_0$ verschwinden. Dann ist aber $\tilde{\omega}_1 = \tilde{\omega}_2$ der beliebig festzulegende Ausgangswert. Der Spannungszustand ist in Abb. 52 gezeigt. Man erhält hierfür

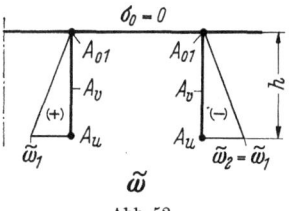

Abb. 52

$$W_s = \tilde{\omega}_1 h_1\left(A_u + \frac{1}{3} A_v\right), \quad A_s^* = \frac{E e h_1}{2\tilde{\omega}_1}. \quad (283)$$

Grundgleichung. Analogie mit Balken auf elastischen Stützen bzw. Balken auf elastischer Bettung. Die Differentialgleichung (282) wird zweimal differenziert und die Beziehung (279) berücksichtigt. Es ergibt sich

$$\gamma_s^{IV} = \frac{g}{W_s A_s^*}. \quad (284)$$

Zusammen mit aus (282) folgendem Ausdruck für das Produkt $W_s f$ (in kg·cm) — das ein gewisses Bimoment, wenn auch anderer Art als das Bimoment B gemäß (23), darstellt —

$$W_s f = -W_s A_s^* \gamma_s'', \quad (285)$$

werden zwei Differentialgleichungen erhalten, die analog sind zu den Gleichungen für Durchbiegung v und Biegemoment M eines geraden Stabes (mit Vollquerschnitt) unter Belastung P, p. Es entsprechen einander (die Indices s an einzelnen Größen in (284) und (285) werden jetzt weggelassen)

$$\gamma \triangleq v, \qquad Wf \triangleq M,$$
$$WA^* \triangleq EI, \qquad g, G \triangleq p, P. \qquad (286)$$

Die Gl. (284) bleibt dann in Kraft, wenn das Profil keine Quersteifigkeit aufweist (Gelenkfaltwerk) und im Felde keine Querverbände vorhanden sind.

Die Analogien (286) können auch auf den Fall erweitert werden, wenn der Träger durch nachgiebige Zwischenverbände ausgesteift ist. Ein durch profilverformende Lasten gemäß Abb. 49b bzw. 51 beanspruchter vierstegiger Träger mit elastisch nachgiebigen Querverbänden kann ähnlich wie ein Balken auf elastischen Stützen (Abb. 53a) berechnet werden. (Die Endlasten G_A und G_B sind als Auflagerkräfte zufolge G und g eines beiderseits frei aufliegenden Balkens *ohne* elastische Stützen aufzufassen.)

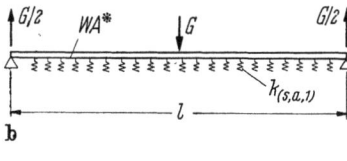

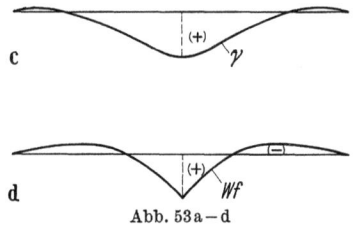

Die „Stützensteifigkeit" K_s ist gleich jener Last K_s (in kg), die als Bestandteil des auf einen Verband einwirkenden Gleichgewichtssystems

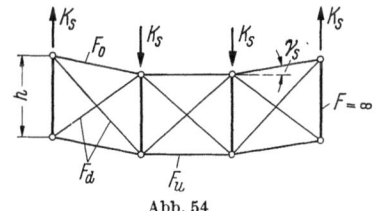

Abb. 53a–d   Abb. 54

gemäß Abb. 54 den Verformungswinkel γ_s gleich eins bewirkt. Die Biegesteifigkeit der Fahrbahnplatte über die Länge gleich dem Abstand der Querverbände, c, kann mit berücksichtigt werden.

Sind die Querverbände nicht übermäßig steif und deren Abstand nicht allzu groß, dann wird die Analogie auf einen Ersatzbalken auf elastischer Bettung (Abb. 53b) führen. Der Steifigkeitskoeffizient der stellvertretenden elastischen Bettung, k_s, ist gleich

$$k_s = \frac{K_s}{c}.$$

8. Profilverformung. Umlagerung der Querschnittsspannungen

Die Differentialgleichung (284) bezüglich γ_s geht dann in

$$\gamma^{IV} + 4\lambda^4 \gamma = \frac{g}{WA^*} \tag{287}$$

über, wobei

$$\lambda = \sqrt[4]{\frac{k}{4WA^*}} \tag{288}$$

(in cm^{-1}) einen Abklingungsbeiwert darstellt. In (287) und (288) wurden die Indices s an γ, W, A^* und k weggelassen, damit die Gleichungen eine allgemeingültige Form behalten. Die Analogie der Gl. (287) mit der Gleichung bezüglich der Durchbiegung eines Balkens auf elastischer Bettung ist offensichtlich. Die Lösung des Ersatzbalkens auf elastischer Bettung ist mit guter Genauigkeit brauchbar, wenn $\lambda c \gtrsim 1$ ist.

Allgemeine Lösung der homogenen Gl. (287) wird man zweckmäßig mit Hilfe der *Krylov*schen Funktionen darstellen:

$$\gamma = C_1 Y_1(\lambda z) + C_2 Y_2(\lambda z) + C_3 Y_3(\lambda z) + C_4 Y_4(\lambda z),$$

wobei

$$Y_1(\lambda z) = \cosh \lambda z \cos \lambda z,$$

$$Y_2(\lambda z) = \frac{1}{2}(\cosh \lambda z \sin \lambda z + \sinh \lambda z \cos \lambda z),$$

$$Y_3(\lambda z) = \frac{1}{2} \sinh \lambda z \sin \lambda z,$$

$$Y_4(\lambda z) = \frac{1}{4}(\cosh \lambda z \sin \lambda z - \sinh \lambda z \cos \lambda z).$$

Alle Ableitungen von γ werden dann in einfacher Weise durch dieselben Funktionen ausgedrückt.

Für den Lastfall *G in Feldmitte* gelten für die Extremalwerte von γ und Wf in Feldmitte — wenn die Endverbände als starr angenommen werden — folgende Ausdrücke (Abb. 53b, c, d):

$$\left.\begin{array}{l} \gamma_{\max} = \dfrac{G\lambda}{2k}\, \psi_1(u), \\[2mm] Wf_{\max} = \dfrac{G}{4\lambda}\, \psi_2(u), \end{array}\right\} \tag{289}$$

wobei ψ_1 und ψ_2 folgende Funktionen des Parameters

$$u = \frac{\lambda l}{2}$$

sind:

$$\left.\begin{array}{l} \psi_1(u) = \dfrac{1}{2} \dfrac{\sinh 2u - \sin 2u}{\sinh^2 u + \cos^2 u}, \\[2mm] \psi_2(u) = \dfrac{1}{2} \dfrac{\sinh 2u + \sin 2u}{\sinh^2 u + \cos^2 u}. \end{array}\right\} \tag{290}$$

Sind die Endverbände ebenfalls nachgiebig und den Zwischenverbänden gleich, dann erhält man — unter Berücksichtigung der Bedingung $-WA^*\gamma''' = -G/2$ am rechten Balkenende (an Stelle der Bedingung $\gamma = 0$, vgl. Abb. 53 b) — folgende Werte von ψ_1 und ψ_2 in den Ausdrücken (289):

$$\left. \begin{array}{c} \psi_1(u) = 2\dfrac{(\cosh u - \cos u)^2}{\sinh 2u + \sin 2u}, \\[2mm] \psi_2(u) = 2\dfrac{(\sinh u + \sin u)^2}{\sinh 2u + \sin 2u}. \end{array} \right\} \quad (291)$$

Für die betrachtete symmetrische Profilverformung ist überall $\lambda = \lambda_s$ und $k = k_s$ zu setzen.

Ist $\lambda l \gtrsim 6$ und somit $u \gtrsim 3$, dann kann ψ_1 und ψ_2 gleich eins gesetzt werden. Ist andernfalls $\lambda e \lesssim 1$, dann wird es notwendig sein, die Fünfmomentengleichung zur Lösung des Ersatzbalkens auf elastischen Stützen heranzuziehen.

Ist der Verformungswinkel bestimmt, so ist auch die Beanspruchung des Querverbandes bekannt. Der Querverband wird durch die Lastgruppe Abb. 54 gleich

$$G_{\text{Verband}} = K_s \gamma_s$$

beansprucht. Der Querverband im Lastquerschnitt wird durch Mitwirken von außerhalb des Lastquerschnittes liegenden Querverbänden entlastet.

8.1.2 Antisymmetrische profilverformende Belastung

Der antisymmetrische Lastanteil in Abb. 48b wird betrachtet. Das Drehmoment $M = 2Pe_2$ wird bei nicht verformbarem Profil durch die Resultierenden der Schubkräfte in den Stegen beiderseits des Lastquerschnittes, G_1 und G_2, im Gleichgewicht gehalten (Abb. 55a). Deren Größe

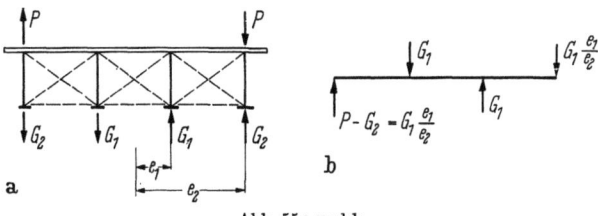

Abb. 55a und b

ist von dem primären (StVenantschen) Drillmoment H_d unabhängig. Es gilt einfach

$$G_1 = \frac{Pe_1 e_2}{e_1^2 + e_2^2}, \qquad G_2 = \frac{Pe_2^2}{e_1^2 + e_2^2}. \qquad (292)$$

Die profilverformende Belastung ist in Abb. 55b dargestellt.

8. Profilverformung. Umlagerung der Querschnittsspannungen

Unterschiedlich zum unter 8.1.1 betrachteten symmetrischen Lastfall wird hier eine unendlich steife Querscheibe im Lastquerschnitt (und in den Endquerschnitten) die Profilverformung in anderen Querschnitten nicht ganz wegschaffen können. Ein Elementarquerrahmen ($dz = 1$) wird durch die Differenzen des primären und sekundären Drillmomentes, H'_d und H'_ω, die ein Gleichgewichtssystem bilden, belastet und verformt (wegen $H = $ konst. gilt $H'_d + H'_\omega = 0$). Bei den hier zu betrachtenden offenen Profilen von Stahl- und Verbundbrücken fällt diese Erscheinung kaum ins Gewicht. Im Falle $kl = 0$ ist ohnehin $H_d = 0$ und wegen $H_\omega = $ konst. tritt die Profilverformung nicht ein.

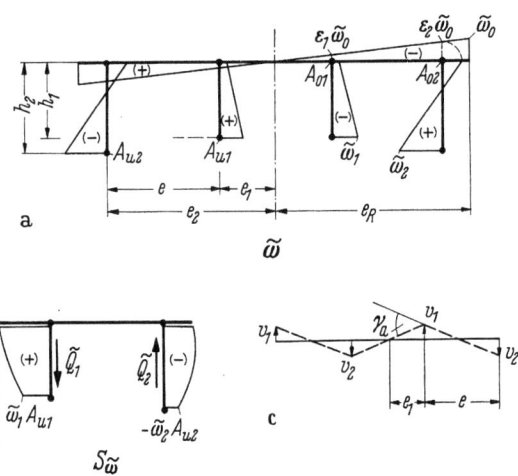

Abb. 56. Antisymmetrischer Wölbspannungszustand und zugehörige Profilverformung bei $r = \infty$

Der *asymmetrische Wölbspannungszustand*. Die Normalspannung σ wird gemäß (272) ausgedrückt. Die zugehörige Schubkraft $T_{\tilde\omega}$ folgt aus (276) mit (277). Der Verlauf der Querschnittfunktionen $\tilde\omega$ und $S_{\tilde\omega}$ ist diesmal in Abb. 56a, b gegeben. $\tilde\omega_0$ ist der beliebig zu wählende Ausgangswert. Die Randwerte $\tilde\omega_1$ und $\tilde\omega_2$ folgen aus den Bedingungen, daß der zu $\tilde\omega$ bzw. $S_{\tilde\omega}$ affine Spannungszustand kein Biegemoment M_y und kein Drillmoment H ergeben darf. Mit (272) bzw. (276) gilt

$$\int_A \tilde\omega x\, dA = 0, \quad \int_A S_{\tilde\omega} h\, ds = 0. \tag{293}$$

Die Bedingungen $\int \tilde\omega\, dA = 0$ und $\int_A \tilde\omega y\, dA = 0$ sind wegen Antisymmetrie des $\tilde\omega$-Verlaufes von vornherein erfüllt.

8.1 Offene Profile

Auf Grund von (293) wird $\tilde{\omega}_1$ und $\tilde{\omega}_2$ durch $\tilde{\omega}_0$ in Form der Gl. (274) ausgedrückt. Hierbei haben die Abkürzungen a_0 bis b_2 und Δ folgende Bedeutung:

$$a_0 = \left[\left(A_{01} + \frac{1}{2}A_{v1}\right)\varepsilon_1 e_1 + \left(A_{02} + \frac{1}{2}A_{v2}\right)\varepsilon_2 e_2 + \frac{1}{6}A_0 e_R\right],$$

$$a_1 = -\left(A_{u1} + \frac{1}{2}A_{v1}\right)e_1,$$

$$a_2 = -\left(A_{u2} + \frac{1}{2}A_{v2}\right)e_2,$$

$$b_0 = -\frac{1}{6}(A_{v1}h_1\varepsilon_1 e_1 + A_{v2}h_2\varepsilon_2 e_2),$$

$$b_1 = \left(A_{u1} + \frac{1}{3}A_{v1}\right)h_1 e_1,$$

$$b_2 = \left(A_{u2} + \frac{1}{3}A_{v2}\right)h_2 e_2,$$

und

$$\Delta = -e_1 e_2 \left[A_{v1}A_{u2}\left(\frac{h_2}{2} - \frac{h_1}{3}\right) - A_{v2}A_{u1}\left(\frac{h_1}{2} - \frac{h_2}{3}\right) + \right.$$
$$\left. + \left(A_{u1}A_{u2} + \frac{1}{6}A_{v1}A_{v2}\right)(h_2 - h_1)\right]. \tag{294}$$

Für ε_1 und ε_2 gilt einfach

$$\varepsilon_1 = \frac{e_1}{e_R}, \qquad \varepsilon_2 = \frac{e_2}{e_R}.$$

Die Resultierenden der Schubkräfte $T_{\tilde{\omega}}$ gemäß (276), $\tilde{Q}_1$ und $\tilde{Q}_2$ (Abb. 56b), werden durch die Beziehung

$$\tilde{Q}_1 e_1 = \tilde{Q}_2 e_2, \tag{295}$$

verknüpft. Hierbei ist

$$\tilde{Q}_1 = -\int_0^{h_1} T_{\tilde{\omega}}\,ds = f'\int_0^{h_1} S_{\tilde{\omega}}\,ds = W_a f', \tag{296}$$

mit folgendem Ausdruck für den Wölbsteifigkeitsparameter W_a (in kg · cm):

$$W_a = \int_0^{h_1} S_{\tilde{\omega}}\,ds = -\frac{e_1}{e_2}\int_0^{h_2} S_{\tilde{\omega}}\,ds =$$

$$= \tilde{\omega}_1 h_1\left(A_{u1} + \frac{1}{3}A_{v1}\right) + \frac{1}{6}\tilde{\omega}_0 \varepsilon_1 h_1 A_{v1} =$$

$$= \frac{e_1}{e_2}\left[\tilde{\omega}_2 h_2\left(A_{u2} + \frac{1}{3}A_{v2}\right) - \frac{1}{6}\tilde{\omega}_0 \varepsilon_2 h_2 A_{v2}\right].$$

140 8. Profilverformung. Umlagerung der Querschnittsspannungen

Durch Differenzieren von (296) erhält man (Abb. 57)

$$\tilde{Q}'_1 = -g_1 = W_a f'', \qquad (297)$$

Die Lastgruppe bestehend aus stetigen Lasten g_1 und $g_2 = g_1 e_1/e_2$ (Abb. 57) bildet ein Gleichgewichtssystem. Sie wird in der Berechnung durch g_1 vertreten.

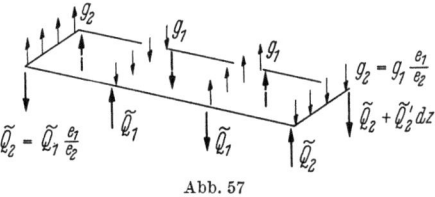

Abb. 57

Verformung. Mit den Bezeichnungen nach Abb. 56c gilt

$$\left. \begin{array}{l} v''_1 = -\dfrac{\sigma_0 \varepsilon_1 - \sigma_1}{E h_1} = \dfrac{f}{E h_1}(\tilde{\omega}_0 \varepsilon_1 - \tilde{\omega}_1), \\[2mm] v''_2 = -\dfrac{\sigma_2 - \sigma_0 \varepsilon_2}{E h_2} = -\dfrac{f}{E h_2}(\tilde{\omega}_2 + \tilde{\omega}_0 \varepsilon_2). \end{array} \right\} \qquad (298)$$

Der Verformungszustand gemäß Abb. 56c wird durch den Winkel

$$\gamma_a = \frac{v_2}{e} + v_1 \left(\frac{1}{e} + \frac{1}{e_1} \right) \qquad (299)$$

ausgedrückt. Auf Grund von (299) und (298) gilt

$$\gamma''_a = -\frac{f}{A^*_a} \quad \text{mit} \quad A^*_a = \frac{E e h_1}{\dfrac{h_1}{h_2}(\tilde{\omega}_2 + \tilde{\omega}_0 \varepsilon_2) + \dfrac{e_2}{e_1}(\tilde{\omega}_1 - \tilde{\omega}_0 \varepsilon_1)}. \qquad (300)$$

Mit $A_{01} = A_{02}$, $A_{u1} = A_{u2} = A_u$, $A_{v1} = A_{v2} = A_v$ und $h_1 = h_2$ erhält man auf Grund von (274) mit (294) $\tilde{\omega}_0 = 0$ und die Beziehung (Abb. 58)

$$\tilde{\omega}_2 = \tilde{\omega}_1 \frac{e_1}{e_2}. \qquad (301)$$

Für W_a und A^*_a gilt sodann

$$W_a = \tilde{\omega}_1 h_1 \left(A_u + \frac{1}{3} A_v \right) = W_s, \quad A^*_a = \frac{E e h_1}{\tilde{\omega}_1 \left(\dfrac{e_1}{e_2} + \dfrac{e_2}{e_1} \right)}. \qquad (302)$$

8.1 Offene Profile

Grundgleichung. Die zu (284) und (285) analogen Gleichungen lauten

$$\gamma_a^{IV} = \frac{g_1}{W_a A_a^*}, \qquad W_a f = - W_a A_a^* \gamma_a''. \tag{303}$$

Im Falle elastisch nachgiebiger Zwischenverbände ist die Steifigkeit K_a (in kg) durch die Lastgruppe Abb. 59 gegeben, die den Verformungswinkel γ_a gleich eins bewirkt. Die Analogie mit dem Ersatzbalken auf

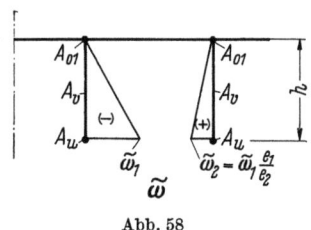

Abb. 58

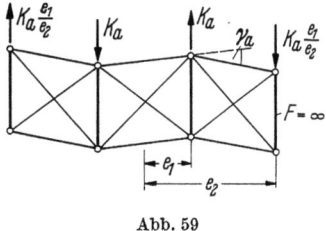

Abb. 59

elastischen Stützen bzw. dem Ersatzbalken auf elastischer Bettung bleibt bestehen. In den Gl. (287) und (288) ist $\gamma \equiv \gamma_a$ und $\lambda \equiv \lambda_a$ zu setzen. Im Wurzelausdruck für λ_a erscheint jetzt der Steifigkeitskoeffizient k_a gleich

$$k_a = \frac{K_a}{c}.$$

Die Gesamtspannung. Die Gesamtwerte der Normalspannung σ und der Schubkraft T in einem dünnwandigem Träger mit verformbarem offenem Profil unter Vertikalbelastung (Grundsystem Abb. 27 mit $r = \infty$) setzen sich im allgemeinen aus drei Anteilen zusammen:

$$\left. \begin{aligned} \sigma &= -\frac{M_x}{I_x} y + \frac{B}{I_\omega} \omega + f\tilde{\omega}, \\ T &= \frac{Q_y}{I_x} S_x - \frac{H_\omega}{I_\omega} S_\omega - f' S_{\tilde{\omega}} \quad \text{mit} \quad S_x = \int\limits_0^s y\, dA. \end{aligned} \right\} \tag{304}$$

Die Bimomente B und die sekundären Drillmomente H_ω erscheinen in einem geraden Träger nur unter antisymmetrischem Lastanteil, die Biegemomente M_x und die Querkräfte Q_y — nur bei symmetrischem Lastanteil.

In einem gekrümmten Träger mit verformbarem offenem Profil sind die Zusammenhänge komplizierter. Dem symmetrischen Wölbspannungszustand Abb. 50a entspricht (im Grundsystem mit starren Querverbänden nur an den Stützen) ein grundsätzlich asymmetrischer Verformungszustand. Der symmetrische Verformungsanteil ist allerdings überwiegend und steht zu dem zusätzlichen antisymmetrischen Anteil etwa im Verhältnis Krümmungsradius zu Profilbreite. Der antisymmetrische Wölbspannungszustand Abb. 56a ist mit einer asymmetrischen Verformung verknüpft, in der der antisymmetrische Anteil überwiegt.

Durch Hinzutreten von elastisch nachgiebigen Zwischenverbänden werden beide Wölbspannungszustände — sowohl unter symmetrischem als auch unter antisymmetrischem Lastanteil gemäß Abb. 48 — miteinander verknüpft. Ferner sei bemerkt, daß bei gekrümmten Durchlaufträgern die Stützbiegemomente M_i und Stützbimomente B_i, und somit auch die Schnittkräfte M_x, H und B, durch die Profilverformung beeinflußt werden.

An Hand eines geraden Trägers kann aber die etwaige Spannungsumlagerung und die Beanspruchung von Querverbänden zufolge Profilverformung eingeschätzt werden — siehe Zahlenbeispiel unter 8.1.3.

Es ist noch folgendes zu beachten: Durch den Spannungszustand $\sigma = f\tilde{\omega}$ (nach Abb. 50a bzw. 56a) werden als Folge der Längsachsenkrümmung Ablenkungskräfte hervorgerufen. Auf die Flächeneinheit der Mittelfläche yz bezogen, sind sie gleich (Abb. 60a)

$$s_f = \frac{\sigma \delta}{r} = \frac{f\delta}{r}\tilde{\omega}.$$

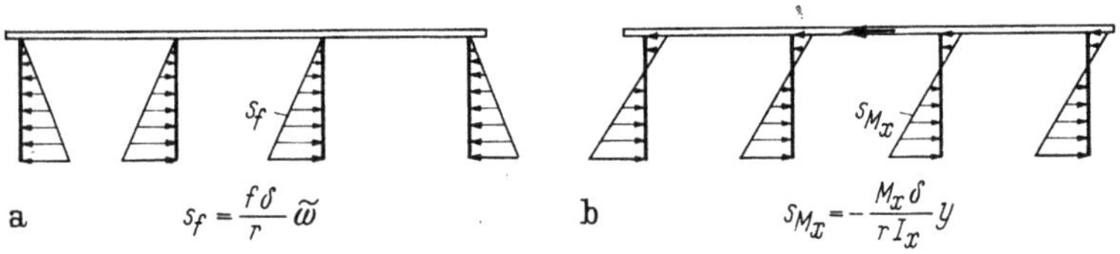

a $s_f = \frac{f\delta}{r}\tilde{\omega}$ b $s_{M_x} = -\frac{M_x \delta}{r I_x}y$

Abb. 60a und b

Die Ablenkungskräfte s_f halten sich im Gleichgewicht vermittels der Querverbände, die hierdurch zusätzlich beansprucht werden. Dasselbe gilt für die Ablenkungskräfte zufolge des Bimomentes B, Gl. (22). Dies ist aber bei Ablenkungskräften aus den Biegespannungen,

$$s_{M_x} = -\frac{M_x \delta}{I_x r}y,$$

nicht mehr der Fall (Abb. 60b). Sie ergeben ein stetiges Drehmoment gleich $-M_x/r$ und werden durch die Differenz der Drillmomente H, in Übereinstimmung mit der dritten Gl. (73), in Gleichgewicht gehalten.

8.1.3 Zahlenbeispiel

Ein gerader frei biegedrehbar gestützter Einfeldträger mit einfach-symmetrischem offenem Profil (Abb. 17) wird in Feldmitte durch die Einzellast $2P$, die auf dem äußeren Steg angreift, belastet ($P = 10$ t). Die Belastung gemäß Abb. 61a wird, wie in Abb. 48b angegeben, in eine symmetrische und eine antisymmetrische

8.1 Offene Profile

Belastung aufgeteilt. Die zugehörigen profilverformenden Lastgruppen sind in Abb. 61b bzw. 61c dargestellt.

a) *Symmetrische Profilverformung.* Die Einheitsspannung $\tilde{\omega}$ ist in Abb. 52 gezeigt. Aus (283) erhält man mit $e = 525{,}8$ cm, $h_1 = 365{,}7$ cm, $A_u = 260{,}7$ cm^2 und $A_v = 701{,}7$ cm^2

$$\frac{W_s}{\tilde{\omega}_1} = 180{,}87 \cdot 10^3 \text{ cm}^3,$$

$$A_s^* \tilde{\omega}_1 = 20{,}190 \cdot 10^{10} \text{ kg}$$

und

$$W_s A_s^* = 36518 \cdot 10^{12} \text{ kg} \cdot \text{cm}^3.$$

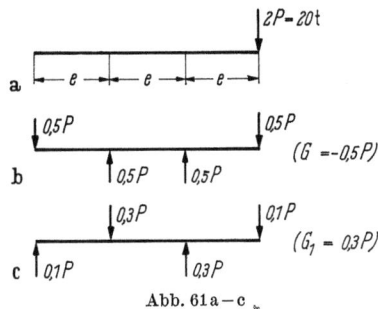

Die Steifigkeit K_s eines Querverbandes wird für die Lastgruppe Abb. 54 berechnet. Den Winkel γ_s zufolge dieser Belastung berechnet man unter der Annahme, daß die Pfosten des Querverbandes unendlich steif sind. Mit dem Obergurt wirkt ein Teil der Fahrbahnplatte mit, die auch auf Biegung beansprucht wird. Man setzt hier zweckmäßig $F_0 = \infty$. Mit $F_d = 40{,}7$ cm^2 und $F_u = 34{,}2$ cm^2 berechnet man zunächst γ_s für die Lastgruppe Abb. 54, wenn K_s gleich 1 t gesetzt wird:

$$\gamma_s = 38{,}06 \cdot 10^{-6} \text{ t}^{-1},$$

und somit

$$K_s = \frac{1}{\gamma_s} = 26270 \text{ t}.$$

Abb. 61a–c

Ferner erhält man mit $c = 838{,}2$ cm, $k_s = 3{,}134 \cdot 10^4$ kg $\cdot$ cm^{-1}. Die Mitwirkung der Fahrbahnplatte erhöht diesen Wert noch um 2,9%. Die Drillsteifigkeit der Fahrbahnplatte kommt hierbei offensichtlich nicht zum Ausdruck.

Nach (288) kann die charakteristische Länge $L_s = 1/\lambda_s$ bestimmt werden:

$$L_s = \sqrt[4]{\frac{4 W_s A_s^*}{k_s}} = 1469 \text{ cm}.$$

Es ist daher $\lambda_s c = c/L_s < 1$. In Abb. 62 ist der Winkel γ_s für den betrachteten Fall dargestellt. Die charakteristische Länge L_s gibt Aufschluß darüber, daß im Bereich der positiven Werte von γ_s mehrere elastische Stützen (Querverbände) eingeschlossen sind. Die Annahme einer kontinuierlichen elastischen Stützung ist in diesem Fall voll berechtigt. Mit $u = \lambda_s l/2 = 2{,}853$ erhält man aus (291) $\psi_1 = 0{,}999$ und $\psi_2 = 0{,}991$. (Man kann praktisch mit $\psi_1 = \psi_2 = 1$ rechnen.)

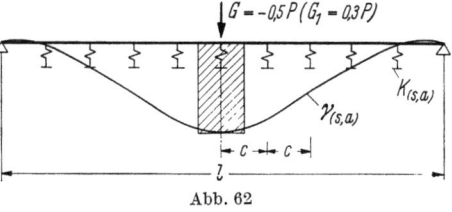

Abb. 62

Auf den Querverband im Lastquerschnitt fällt die Belastung zu, die proportional zu der schraffierten Fläche in Abb. 62 ist. Mit (289) erhält man hierfür

$$G_{\text{Verband}} = c \cdot k_s \gamma_{s\,\text{max}} = c \cdot \frac{G}{2 L_s} \psi_1(u) = 0{,}29 G.$$

8. Profilverformung. Umlagerung der Querschnittsspannungen

Nur etwa ein Drittel der Lastgruppe Abb. 61b wird vom Querverband im Lastquerschnitt übernommen.

Die Spannungsumlagerung. Die Biegespannungen aus $M_x = 2Pl/4$ mit $I_x = 192{,}28 \cdot 10^6$ cm^4, $y_{\text{oben}} = 92{,}1$ cm, $y_{\text{unten}} = -277{,}2$ cm und $l = 8382$ cm in den Punkten 1 bis 4 (Abb. 63):

$$(\sigma_1)_{Mx} = (\sigma_2)_{Mx} = -20{,}07 \text{ kg/cm}^2,$$
$$(\sigma_3)_{Mx} = (\sigma_4)_{Mx} = 60{,}42 \text{ kg/cm}^2.$$

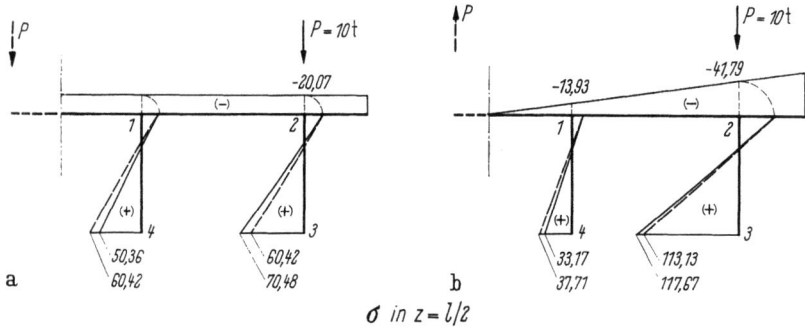

σ in $z = l/2$

Abb. 63a und b

Nach der zweiten Gl. (289)

$$W_s f = -\psi_2 \frac{G L_s}{4} = -0{,}991 \frac{0{,}5\, P L_s}{4}.$$

Die Spannungen zufolge Profilverformung sind somit gleich

$$(\sigma_3)_f = -(\sigma_4)_f = -W_s f \frac{\widetilde{\omega}_1}{W_s} = 10{,}06 \text{ kg/cm}^2.$$

Die durch Superposition erhaltenen Gesamtspannungen σ für den symmetrischen Lastanteil in Abb. 48b sind in Abb. 63a mit voller Linie dargestellt; strichliniert sind die Werte für starres Profil eingetragen.

b) *Antisymmetrische Profilverformung*. Die $\widetilde{\omega}$-Funktion ist aus Abb. 58 ersichtlich. Es gilt $W_a = W_s$ und nach (302)

$$A_a^* \widetilde{\omega}_1 = 12{,}114 \cdot 10^{10} \text{ kg} \quad \text{und} \quad W_a A_a^* = 21911 \cdot 10^{12} \text{ kg} \cdot \text{cm}^3.$$

Die Steifigkeit K_a wird auf Grund der Lastgruppe Abb. 59 ermittelt. Man erhält — wenn zunächst K_a gleich 1 t gesetzt wird —

$$\gamma_a = 23{,}63 \cdot 10^{-6} \text{ t}^{-1} \quad \text{und somit} \quad K_a = 42310 \text{ t}.$$

Mit $k_a = K_a/c = 5{,}048 \cdot 10^4$ kg $\cdot$ cm^{-1}

$$L_a = \frac{1}{\lambda_a} = \sqrt[4]{\frac{4 W_a A_a^*}{k_a}} = 1148 \text{ cm}.$$

8.1 Offene Profile

Die Belastung des Querverbandes im Lastquerschnitt beträgt

$$G_1 \text{Verband} = c \cdot \frac{G_1}{2L_a} = 0{,}37 G_1,$$

d. i. 0,37 der Lastgruppe Abb. 61c.

Beim Nachweis der Normalspannungen sind zunächst die Bimomentenspannungen σ_B zu bestimmen. Für $kl = 0$ gilt $B = 0{,}25\, Ml = 0{,}75\, Pel = 15{,}774 \times 10^6$ kg · cm. Mit unter 1.3.2 berechneten $I_\omega = 62{,}146 \cdot 10^{12}$ cm^6, $\omega_1 = -26{,}19 \times 10^3$ cm^2, $\omega_2 = -78{,}57 \cdot 10^3$, $\omega_3 = 212{,}70 \cdot 10^3$ und $\omega_4 = 70{,}90 \cdot 10^3$ erhält man

$$(\sigma_1)_B = -13{,}93, \quad (\sigma_2)_B = -41{,}79,$$
$$(\sigma_3)_B = 37{,}71, \quad (\sigma_4)_B = 113{,}13$$

(in kg/cm²).

Mit

$$W_a f = \frac{G_1 L_a}{4} = \frac{0{,}3\, P L_a}{4}$$

erhält man für die Spannungen zufolge Profilverformung

$$(\sigma_4)_f = -3(\sigma_3)_f = -4{,}76 \text{ kg/cm}^2.$$

Die addierten Normalspannungen für den antisymmetrischen Lastanteil in Abb. 48b sind in Abb. 63b mit Vollinie eingetragen; strichliniert sind die Spannungen für unverformbares Profil eingezeichnet.

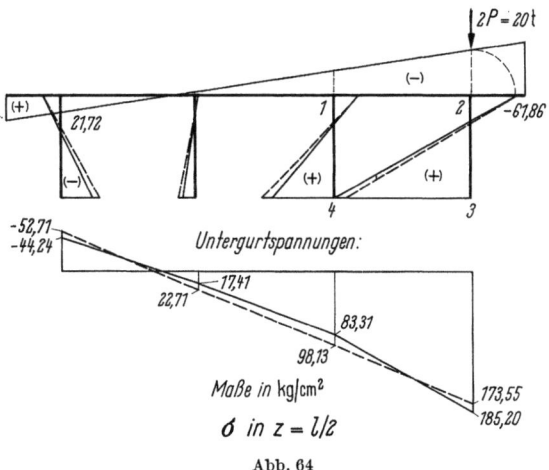

Abb. 64

c) Durch Superposition der Spannungen nach Abb. 63a und b erhält man die Spannungsverteilung für den Lastfall Abb. 61a (siehe Abb. 64). Die extremale Spannung im Randpunkt 3 ist zufolge der Profilverformung um etwa 6,7% angewachsen.

In Abb. 65 wird zum Vergleich die Spannungsverteilung im Mittelquerschnitt für die Belastung durch Einzellast $2P$, die auf dem inneren Steg angreift (Abb. 48a),

146   8. Profilverformung. Umlagerung der Querschnittsspannungen

angegeben. Die extremale Spannung hat sich vom Punkt 3 auf den Punkt 4 verlagert. Greifen gleiche Einzellasten sowohl auf dem äußeren als auch auf dem inneren Steg einer Profilhälfte an, dann findet eine Abnahme der Extremalspannung im Punkt 3 nur um 1,2% statt.

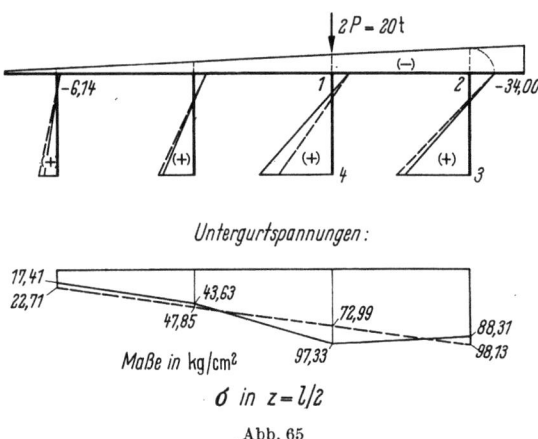

Abb. 65

Nach dem dargestellten Verfahren können auch vierstegige Stahlbetonträger ohne (gegebenenfalls auch mit) Querträger berechnet werden. Der Spannungszustand aus Biegung und Wölbkrafttorsion nichtverformbaren Profils (erste Berechnungsetappe) wird mit den Spannungszuständen aus zwei profilverformenden Lastgruppen gemäß Abb. 50a und 56a superponiert. Die je Längeneinheit der Längsachse gemessenen Verformungssteifigkeiten k_s und k_a werden allein durch die Biegesteifigkeit der Fahrbahnplatte bestimmt. Die StVenantsche Drillsteifigkeit der Profilelemente wird nur in der ersten Etappe berücksichtigt. In der zweiten Etappe muß sie entweder ganz vernachlässigt werden (frei drehbare Auflagerung der Fahrbahnplatte auf den Stegen) oder für die Stege als unendlich groß und für die Platte gleich Null (starre Einspannung der Fahrbahnplatte in den Stegen) angesetzt werden, damit die einfache Form der Grundgleichung (287) erhalten bleibt. Im ersten Fall wird die Profilverformung überschätzt, im zweiten — eher unterschätzt. Der relative Fehler ist um so kleiner, je weniger die Profilverformung an den Gesamtspannungen beteiligt ist.

8.2 Geschlossene und offen-geschlossene Profile

Verhältnismäßig einfach ist die Berechnung der Profilverformung in gekrümmten Kastenträgern des Stahlbetonbaues (Abb. 1e), wenn im Felde keine Querschotte vorhanden sind und Profilverformung durch die Biegesteifigkeit des Profils selbst beschränkt wird. Eine Näherungslösung, in der der Schubverformungseinfluß vernachlässigt wird, ist durchaus brauchbar. Berücksichtigung der Profilverformung ist unerläßlich auch bei Kastenträgern des Stahl- und Verbundbaues, die in der Regel in verhältnismäßig engen Abständen durch Querverbände ausgesteift sind (Abb. 1d). Bei großen Profilabmessungen der Brückentragwerke sind die Querverbände ebenfalls als elastisch nachgiebig zu betrachten. Die Schubverformung soll hierbei mit berücksichtigt werden, wodurch die Berechnung etwas aufwendiger wird.

Die Voraussetzung, daß Profilabmessungen gegenüber dem Krümmungsradius klein sind, soll auch in diesem Unterabschnitt in Kraft bleiben.

8.2.1 Näherungsberechnung von gekrümmten Kastenträgern mit verformbarem biegesteifem Profil [14]

Ein gekrümmter Einfeldträger (Abb. 27) mit offen-geschlossenem Profil, belastet senkrecht zur Krümmungsebene, wird betrachtet. Die Profilverformung ist bedingt einerseits durch die Art der Lasteintragung und Queraussteifung und andererseits durch das Vorhandensein einer Krümmung der Längsachse. Die Auflagerquerschnitte sollen durch unendlich steife Querscheiben an Profilverformung behindert sein.

Den Berechnungsgang kann man sich in zwei Etappen aufgeteilt denken. In der *ersten* Etappe wird angenommen, daß die Profilverformung völlig verhindert sei (etwa durch Vorhandensein von gedachten, kontinuierlich verteilten und unendlich steifen Querscheiben). Die zugehörigen Biege- und Drillmomente können nach Unterabschnitt 3.1 bestimmt werden. Darüber hinaus können die als Folge einer behinderten Verwölbung immer auftretenden Bimomentenspannungen (aus Wölbkrafttorsion eines gekrümmten Kastenträgers mit nichtverformbarem Profil) nach Unterabschnitt 3.3 mit berücksichtigt werden. Dies wird gleichbedeutend sein mit Berücksichtigung der Schubverformung in der ersten Berechnungsetappe. Je nach Profilgestalt können sie eine mehr oder weniger bedeutende Rolle spielen. Bei quadratischem Rechteckrohr mit gleichbleibender Wanddicke sind diese Spannungen z. B. gleich Null. Sie sind in der Regel viel kleiner als bei offenen Profilen.

In der *zweiten* Etappe, die hier behandelt werden soll, werden die gedachten Zwischenscheiben entfernt und der Träger durch ein entsprechendes Gleichgewichtssystem von äußeren Kräften belastet. (Dies sind die in der ersten Etappe von den gedachten Zwischenscheiben auf die Trägerwände einwirkenden Kräfte in entgegengesetzter Richtung angebracht). Durch diese Belastung wird eine Änderung der Profilform sowie eine Querschnittsverwölbung mit zugehörigen Normal- und Schubspannungen hervorgerufen. Auch in der zweiten Etappe wäre es wün-

148   8. Profilverformung. Umlagerung der Querschnittsspannungen

schenswert, die Schubverformung mit zu berücksichtigen. Ein solcher Vorgang liefert für gerade Träger explizite Lösungen [*15*]; bei gekrümmten Balken würde man auf zeitraubende numerische Berechnungen angewiesen sein.

Im nachfolgenden wird der Schubverformungseinfluß der zweiten Etappe vernachlässigt. Auch die Belastung der zweiten Etappe wird gegenüber [*15*] entsprechend vereinfacht.

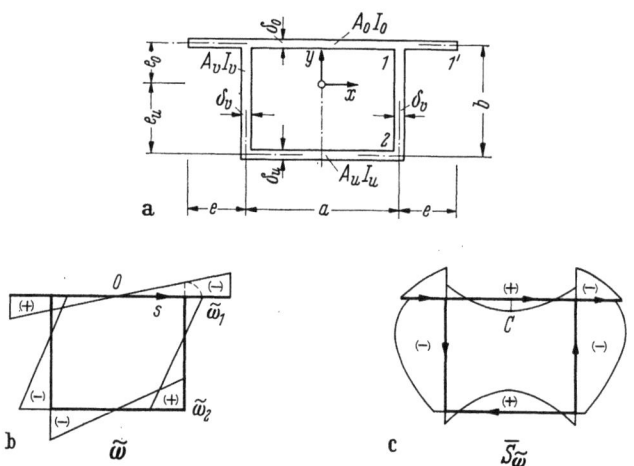

Abb. 66. Antisymmetrischer Wölbspannungszustand zufolge Profilverformung eines gekrümmten Kastenträgers mit einfach-symmetrischem Profil

Normal- und Schubspannungen. Die Normalspannung der zweiten Etappe wird ähnlich wie im Unterabschnitt 8.1 durch das Produkt der Wölbfunktion f und der Einheitsspannung $\tilde{\omega}$ ausgedrückt — Gl. (272). Für das einfach-symmetrische Profil gemäß Abb. 66a ist die $\tilde{\omega}$-Funktion in Abb. 66b dargestellt. Die Bedingungen $\int_A \tilde{\omega}\, dA = 0$ und $\int_A \tilde{\omega} y\, dA = 0$ sind wegen Antisymmetrie des $\tilde{\omega}$-Verlaufes erfüllt. Aus der Bedingung

$$\int_A \tilde{\omega} x\, dA = 0 \qquad (305)$$

folgt der Zusammenhang zwischen $\tilde{\omega}_1$ und $\tilde{\omega}_2$ (beide Werte sind als positive Zahlen aufzufassen):

$$\tilde{\omega}_2 = \beta \tilde{\omega}_1 \quad \text{mit} \quad \beta = \frac{A_0\left(1 + \dfrac{2e}{a}\right)^2 + 3A_v}{A_u + 3A_v}, \qquad (306)$$

wobei $A_0 = (a + 2e)\delta_0$, $A_u = a\delta_u$ und $A_v = b\delta_v$ ist.

8.2 Geschlossene und offen-geschlossene Profile

Die von σ abhängigen Schubspannungen, ausgedrückt durch den Schubfluß $T_{\tilde{\omega}}$, folgen aus der Gleichgewichtsbedingung (9). Man erhält, mit $S_{\tilde{\omega}}^*$ gemäß (277) vom Anfangspunkt $s = 0$ aus gerechnet,

$$T_{\tilde{\omega}} = -f'(S_{\tilde{\omega}}^* + C) = -f' \bar{S}_{\tilde{\omega}}, \tag{307}$$

wobei

$$\bar{S}_{\tilde{\omega}} = S_{\tilde{\omega}}^* + C \quad \text{mit} \quad C = -\frac{1}{\Omega} \oint S_{\tilde{\omega}}^* h \, ds \tag{308}$$

eine gegenüber $S_{\tilde{\omega}}^*$ reduzierte Querschnittsfunktion ist. Die Integrationskonstante in (308) wurde aus der Bedingung bestimmt, daß der Schubfluß $T_{\tilde{\omega}}$ gemäß (307) kein Drillmoment ergeben darf. Der Verlauf von $\bar{S}_{\tilde{\omega}}$ ist aus Abb. 66c ersichtlich. Die Konstante C ist hierbei gleich

$$C = \frac{\tilde{\omega}_1}{4} \left[\left(1 + \frac{2e}{a}\right) A_0 + \frac{1}{3} A_v (5 - 4\beta) - \frac{1}{3} A_u \beta \right].$$

Zusammenhang zwischen Wölbnormalspannungen und Verschiebungen.
Die Verschiebung normal zu Krümmungsebene der inneren bzw. äußeren Stegwand wird mit v_1 bzw. v_2 bezeichnet. Die Radialverschiebung der

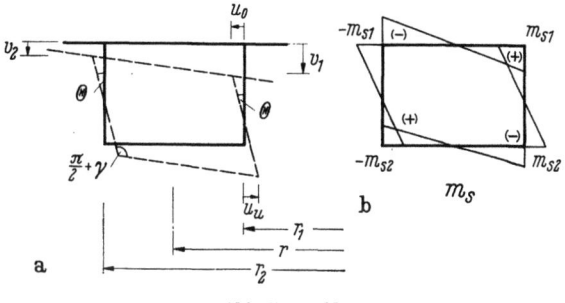

Abb. 67a und b

oberen Gurtplatte nach außen wird mit u_0, diejenige der unteren Gurtplatte nach innen mit u_u bezeichnet. Einzelne Elemente sind als gekrümmte Stäbe aufzufassen. Die benötigten Beziehungen lauten (Abb. 67a und 66b) — vgl. Gl. (85) bzw. (86) —

$$\left.\begin{array}{ll} \dfrac{r^2}{r_1^2} v_1'' + \dfrac{\Theta}{r_1} = -\dfrac{f}{Eb}(\tilde{\omega}_1 + \tilde{\omega}_2), & \dfrac{r^2}{r_2^2} v_2'' + \dfrac{\Theta}{r_2} = \dfrac{f}{Eb}(\tilde{\omega}_1 + \tilde{\omega}_2), \\[2mm] u_0'' + \dfrac{u_0}{r^2} = -\dfrac{f}{Ea} 2\tilde{\omega}_1, & u_u'' + \dfrac{u_u}{r^2} = -\dfrac{f}{Ea} 2\tilde{\omega}_2. \end{array}\right\} \tag{309}$$

Hierbei wird die übliche Abkürzung

$$(\ )' = \frac{d}{r \, d\varphi}$$

benutzt.

8. Profilverformung. Umlagerung der Querschnittsspannungen

Für den Drehwinkel der Stegwand gilt (Abb. 67a)

$$\Theta = \frac{u_0 + u_u}{b} \qquad (310)$$

und die Profilverformung wird durch den Winkel γ gemäß

$$\gamma = \frac{v_1 - v_2}{a} + \frac{u_0 + u_u}{b} \qquad (311)$$

beschrieben.

Wird die Beziehung (311) zweimal nach z differenziert und die Werte aus (309) und (310) eingeführt, so ergibt sich nach Reduktion und folgender Vereinfachung[1],

$$2 + \frac{r_1^2 + r_2^2}{r^2} = 4 + \frac{a^2}{2r^2} \approx 4,$$

eine einfache Differentialgleichung für γ und f:

$$\gamma'' = -\frac{f}{A^*} \quad \text{mit} \quad A^* = \frac{E a b}{4 \bar{\omega}_1 (1 + \beta)}. \qquad (312)$$

Weitere Beziehung zwischen γ und f folgt aus Betrachtung der Verformung des durch Steg- und Gurtelemente gebildeten Querrahmens, der auf Querbiegung beansprucht wird.

Verformung des Querrahmens zufolge Wölbspannungen. Durch die Differenz der Wölbschubspannungen wird der Querrahmen belastet und verformt (Abb. 68). Die resultierenden Schubkräfte der Stegwände bzw. der Gurtplatten sind entgegengesetzt gleich. Für die untere Platte erhält man z. B.

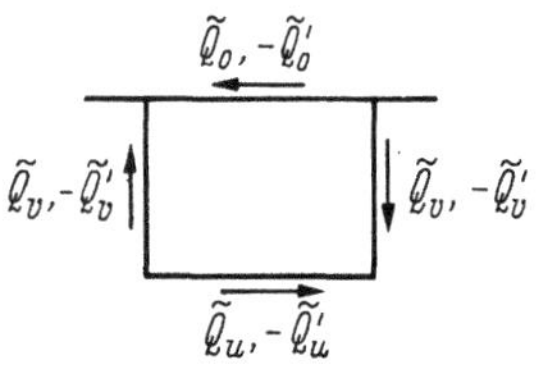

$$\tilde{Q}'_u = -\frac{W}{b} f'' \quad \text{mit} \quad W = b \int_0^a \bar{S}_{\tilde{\omega}} \, ds. \qquad (313)$$

W (in kg · cm²) ist ein Wölbsteifigkeitsparameter. Das Integral in (313) erstreckt sich auf die untere Platte.

Abb. 68

---

[1] Diese Vereinfachung ist mehr berechtigt als die Annahme eines linearen antisymmetrischen Spannungsverlaufes in der oberen und unteren Gurtplatte. Wie aus der Theorie des ebenen Spannungszustandes bekannt ist, verlaufen die Längsspannungen bei reiner Biegung eines gekrümmten Plattenstreifens nicht linear. Bei größeren Verhältnissen von Krümmungsradius r zu Streifenbreite a sind die Randnormalspannungen auf dem Innen- bzw. Außenrand des Plattenstreifens mit guter Näherung gleich $(1 + a/3r)\sigma_R$ bzw. $(1 - a/3r)\sigma_R$ gegenüber σ_R in einem geraden Plattenstreifen. Mit einem relativen Fehler von etwa $a/3r$ sind daher in gekrümmten Trägern sowohl die Randnormalspannungen zufolge Profilverformung als auch diejenigen aus Wölbkrafttorsion behaftet.

8.2 Geschlossene und offen-geschlossene Profile

Zugehörige Winkelverformung γ_T wird folgendermaßen ausgedrückt:

$$\gamma_T = \frac{W}{k_1} f'', \tag{314}$$

wobei k_1 (in kg) die Rahmensteifigkeit kennzeichnet:

$$k_1 = \frac{24\,E\,I_v}{\eta_0 b} \quad \text{mit} \quad \eta_0 = 1 + \frac{2\dfrac{a}{b} + 3\dfrac{I_0 + I_u}{I_v}}{\dfrac{I_0 + I_u}{I_v} + 6\dfrac{b}{a}\dfrac{I_0 I_u}{I_v^2}}. \tag{315}$$

Für I_v in k_1 setzt man zweckmäßig die Plattensteifigkeit $\delta_v^3/12(1-\nu^2)$. Die Bezeichnungen sind in Abb. 66a vermerkt.

Beitrag der Längsachsenkrümmung. Die Einwirkung der Biegemomente M_x und der Drillmomente H ersetzt man durch die Normalkräfte n_z bzw. Schubkräfte n_{zs}:

$$n_z = -\frac{M_x \delta y}{I_x}, \quad n_{zs} = \frac{H}{\Omega}. \tag{316}$$

Es wird hier nur der primäre (konstante) Schubfluß $n_{zs} = T^I$ gemäß (58) in Rechnung gestellt. (Dadurch wird gewisse Ungenauigkeit in Kauf genommen. Man verfährt aber folgerichtig, nachdem der Schubverformungseinfluß in den Gleichungen (309) vernachlässigt wurde.)

Die auf durch zwei benachbarte Radialebenen herausgeschnittenes Balkenelement einwirkenden Resultierenden der Kräfte nach (316) (die in der zweiten Berechnungsetappe auf die Trägerwände angreifen) sind in Abb. 69 dargestellt.

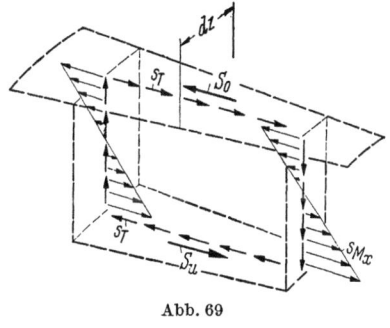

Abb. 69

Auf die Stege wirken die Ablenkungskräfte s_1 bzw. s_2 ein. Auf die Flächeneinheit der Mittelfläche yz bezogen sind sie gleich

$$s_{M_x} = -\frac{M_x \delta y}{I_x r}.$$

Die Ablenkungskräfte aus Biegespannungen in der oberen und unteren Gurtplatte betragen

$$S_0 = \frac{M_x A_0 e_0}{I_x r} \quad \text{bzw.} \quad S_u = \frac{M_x A_u e_u}{I_x r}.$$

152   8. Profilverformung. Umlagerung der Querschnittsspannungen

Aus den Schubkräften n_{zs} nach (316) und äußeren Drehmomenten m folgt die tangential gerichtete Flächenlast s_T — vgl. die dritte Gl. (73) —

$$s_T = n'_{zs} + \frac{m}{\Omega} = \frac{H' + m}{\Omega} = \frac{M_x}{2abr}.$$

Die auf die obere und untere Gurtplatte einwirkenden Lasten S_0 und s_T bzw. S_u und s_T werden zu Resultierenden zusammengefaßt. Der zugehörige Verformungswinkel, einschließlich des Einflusses der Stegkräfte s_{M_x}, beträgt

$$\gamma_{M_x} = \frac{\varrho}{k_1} \frac{M_x}{r}, \tag{317}$$

wobei der dimensionslose Formbeiwert ϱ sich wie folgt darstellt:

$$\varrho = \eta_1 - \frac{\eta_2}{\eta_0} \quad \text{mit} \quad \eta_1 = \frac{7e_0 - 3e_u}{10 I_x} b^2 \delta_v + \frac{A_0 b e_0}{I_x} - \frac{1}{2},$$

$$\eta_2 = \frac{b \delta_v}{15 I_x} \frac{(3e_0 - 2e_u)\left(a + 3b \frac{I_u}{I_v}\right) + (3e_u - 2e_0)\left(a + 3b \frac{I_0}{I_v}\right)}{\frac{I_0 + I_u}{I_v} + 6 \frac{b}{a} \frac{I_0 I_u}{I_v^2}}$$

und η_0 nach (315).

Erwartungsgemäß wird der Beitrag nach Gl. (317) mit wachsendem r immer kleiner.

Einfluß der Lasteintragung. Äußere Belastung durch Drehmomente M, m — die von einem auf die obere Gurtplatte angreifenden Kräftepaar bzw. kontinuierlichen Kräftepaaren herrühren — kann gemäß

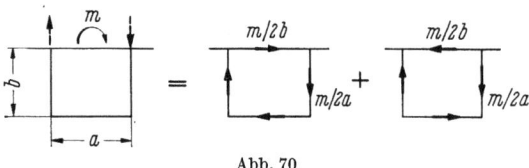

Abb. 70

Abb. 70 in reine Torsionsbelastung und eine profilverformende Gleichgewichtslast aufgeteilt werden. (Wird das Drehmoment durch ein am Steg angreifendes Kräftepaar gebildet, dann ist die profilverformende Last entgegengesetzt gerichtet.) Der Beitrag der letztern zum Verformungswinkel γ beträgt

$$\gamma_m = \frac{m}{2 k_1} \tag{318}$$

mit k_1 gemäß (315).

Grundgleichung des Problems. Der wirklich auftretende Winkel γ soll gleich sein der Summe der Beiträge (314), (317) und (318): $\gamma = \gamma_T +$

8.2 Geschlossene und offen-geschlossene Profile

$+ \gamma_{M_x} + \gamma_m$. Man erhält hieraus unter Berücksichtigung der Beziehung (312) folgende Differentialgleichung vierter Ordnung bezüglich γ:

$$\gamma^{IV} + 4\lambda^4 \gamma = \frac{1}{WA^*}\left(\varrho \frac{M_x}{r} + \frac{m}{2}\right) \qquad (319)$$

mit

$$\lambda = \sqrt[4]{\frac{k_1}{4WA^*}}. \qquad (320)$$

Es sei bemerkt, daß der Krümmungseinfluß im ersten Lastterm enthalten ist. Für das Profil nach Abb. 66a erhält man folgenden Ausdruck für das Produkt WA^* (in kg · cm⁴), das die Wölbsteifigkeit charakterisiert:

$$WA^* = \frac{Ea^2b^2}{48} \frac{A_v(2\beta - 1) + A_u\beta}{1 + \beta} \qquad (321)$$

mit β gemäß (306).

Ist der Winkel γ aus (319) ermittelt, dann kann auch die Wölbfunktion f durch Differenzieren aus (312) bestimmt werden. Die Normalspannung σ und die Schubkraft $T_{\bar{\omega}}$ folgt aus (272) bzw. (307) mit (308). Ähnlich wie im vorhergehenden Unterabschnitt 8.1 kann zur Lösung der Gl. (319) die Analogie mit dem Balken auf elastischer Bettung herangezogen werden. Die Ersatzbelastung im Falle, wenn der Träger durch konzentrierte und stetige Drehmomente belastet ist, wird durch eine Einzellast gleich $M/2$ und eine stetige Last gleich $m/2 + \varrho M_x/r$ ausgedrückt. Das partikuläre Integral der Gl. (319) ist wegen der Form des Ausdruckes M_x auf der rechten Gleichungsseite — vgl. Tafel I bis III — recht umfangreich. Auf die Einzelheiten der Berechnung wird hier nicht eingegangen. Sind in dem gekrümmten Einfeldträger (Abb. 27) neben starren Endscheiben starre Zwischenscheiben vorhanden, dann sind in dem Ersatzbalken auf elastischer Bettung starre Zwischenstützen einzuführen. Die Ersatzbelastung bleibt unverändert.

Die endgültigen Resultate erhält man durch Superposition der Ergebnisse von beiden Etappen.

Durch die Profilverformung mit dem Winkel γ werden die Querbiegemomente m_s nach Abb. 67b hervorgerufen. Die Werte der Eckmomente betragen

$$m_{s1} = \frac{k_1 \gamma}{4}\left(1 + \frac{I_0 - I_u}{I_0 + I_u + 6\frac{b}{a}\frac{I_0 I_u}{I_v}}\right),$$

$$m_{s2} = -\frac{k_1 \gamma}{4}\left(1 + \frac{I_u - I_0}{I_0 + I_u + 6\frac{b}{a}\frac{I_0 I_u}{I_v}}\right)$$

mit k_1 gemäß (315).

8. Profilverformung. Umlagerung der Querschnittsspannungen

Durchlaufträger. In einem durchlaufenden gekrümmten Kastenträger ist die Analogie insofern beschränkt, als daß die Biegemomente M_x nicht von Haus aus gegeben sind (und die Ersatzbelastung nicht im voraus bekannt ist) und durch die Profilverformung selbst beeinflußt werden. An den Zwischenstützen des gekrümmten Durchlaufträgers sind je zwei unbekannte Größen einzuführen: Biegemoment M_{xi} und Wölbfunktion f_i — die letztere wird zweckmäßig durch das Produkt Wf_i (in kg · cm²) ersetzt, das als Bimoment zweiter Art bezeichnet werden kann. (Die Bimomente B können einfach aus der ersten Etappe unverändert übernommen werden.)

Die Überzähligen bestimmt man aus den Übergangsbedingungen bezüglich der Stützneigung und der Stützverwölbung. Hierzu werden die Verformungskomponenten v_1 und v_2 benötigt. Ist aber f bekannt, dann können aus den zwei letzten Gl. (309) die Komponenten u_0 und u_u und somit auch der Winkel Θ aus (310) bestimmt werden. Die Verschiebungen v_1 und v_2 folgen dann aus den zwei ersten Gl. (309). Explizite Ausdrücke sind verwickelt. Die Ausdrücke für die Verformungskomponenten nehmen eine einfache Form an, wenn alle Größen in Fouriersche Reihen entwickelt werden. Mit bekannten Komponenten der Profilverformung erhält man die zugehörige Stützneigung der zweiten Etappe, $\tilde{\delta}_i$, als Mittelwert der Biegewinkel:

$$\tilde{\delta}_i = \frac{1}{2}\left(\frac{dv_1}{r_1 d\varphi} + \frac{dv_2}{r_2 d\varphi}\right)_i.$$

Die Stützneigung $\bar{\delta}_i$ der ersten Etappe ist bereits durch (103) beschrieben. Die Stützverwölbung zufolge Profilverformung, $\tilde{\mu}_i$, wird wie folgt definiert:

$$\tilde{\mu}_i = \frac{2}{a}\left(\frac{dv_1}{r_1 d\varphi} - \frac{dv_2}{r_2 d\varphi}\right)_i = \gamma'_i.$$

Sie kann also direkt auf Grund von (319) bestimmt werden.

Die Berechnung von gekrümmten Durchlaufträgern mit verformbarem Profil ist recht langwierig und dabei weniger genau als die Berechnung des Grundsystems (Abb. 27). Berücksichtigung der Durchlaufwirkung ist nur bei geraden Kastenträgern mit angemessenem Zeitaufwand möglich, weil dann die Stützbimomente Wf_i von den Stützbiegemomenten M_{xi} entkoppelt werden.

8.2.2 Zahlenbeispiele

Beispiel 1. Zur Veranschaulichung der Zusammenhänge wird zunächst das denkbar einfachste Profil gewählt: ein Quadratrohr (ohne Konsolen) mit konstanter Wanddicke. Stützung nach Abb. 27 (starre Endscheiben). Belastung durch Einzellast P, die in Feldmitte auf die innere Stegwand angreift. Abmessungen (in m): $r = 60$, $l = 30$ und somit $\alpha = 0,5$, $a = b = 2,0$ und $\delta = 0,15$. Im nachfolgenden werden die Querschnittswerte für ein Rechteckrohr mit konstanter Wanddicke zusammengestellt.

$$\tilde{\omega}_1 = \tilde{\omega}_2,$$

$$\frac{\tilde{\omega}_1}{W} = \frac{12}{ab\delta(a+b)}, \quad WA^* = \frac{Ea^2b^2\delta}{96}(a+b), \quad k_1 = \frac{2E\delta^3}{a+b},$$

$$\varrho = \frac{b}{3a+b}\left(\frac{15a+7b}{10b} - \frac{1}{5}\frac{a}{a+b}\right), \quad \lambda^4 = \frac{48\delta^2}{a^2b^2(a+b)^2}.$$

Für das gewählte Profil erhält man $\varrho = 0,525$ und $\lambda = 0,255$ m⁻¹.

8.2 Geschlossene und offen-geschlossene Profile

Der Verlauf des Verformungswinkels γ und des Bimomentes Wf ist in Abb. 71a, b dargestellt. Die Profilverformung der zweiten Etappe im Lastquerschnitt, mit zugehörigen Verschiebungskomponenten, ist in Abb. 71c gezeigt. Es sei darauf hingewiesen, daß die Vertikalverschiebungen v_1 und v_2 nicht mehr gegengleich sind, wie dies bei geraden Kastenträgern mit zur y-Achse symmetrischen Profilen der Fall ist.

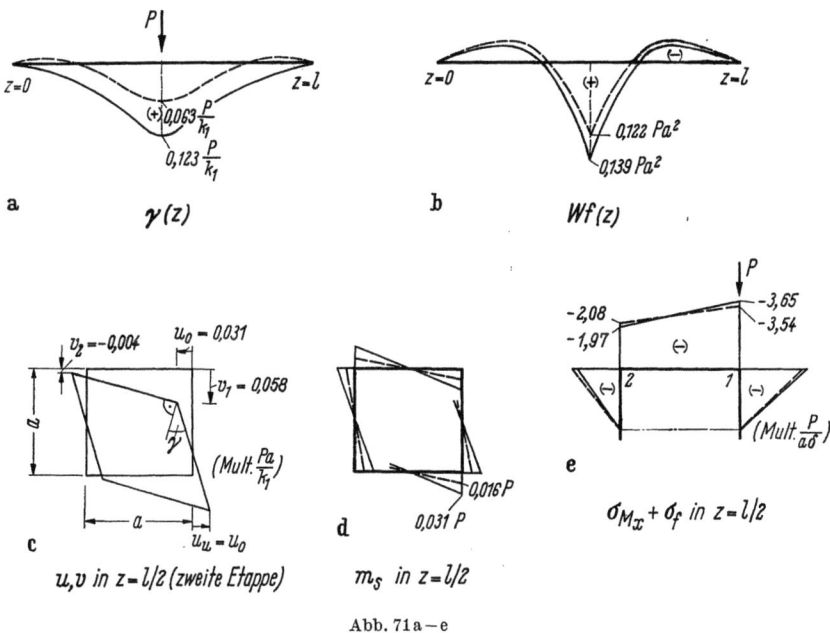

Abb. 71 a–e

Die Gesamtnormalspannung σ setzt sich aus den Anteilen von zwei Etappen zusammen:

$$\sigma = \sigma_{M_x} + \sigma_B + \sigma_f$$

mit

$$\sigma_{M_x} = -\frac{M_x}{I_x} y, \quad \sigma_B = \frac{B}{I_{\hat\omega}} \hat\omega \quad \text{und} \quad \sigma_f = Wf \cdot \frac{\tilde\omega}{W}.$$

Mit $B = 0$, $M_x = 0{,}2511\,Pl$, $Wf = 0{,}139\,Pa^2$ und $\tilde\omega_1/W = 6/a^3\delta$ erhält man für die oberen Eckpunkte 1 und 2: $\sigma_1 = -3{,}65\,P/a\delta$ und $\sigma_2 = -1{,}97\,P/a\delta$ (Abb. 71d).

Durch die Profilverformung nach Abb. 71c werden Querbiegemomente in Profilwänden, wie in Abb. 71e gezeigt, hervorgerufen. Die Extremalwerte in Profilecken betragen $m_{s\,\text{extr.}} = \pm k_1\gamma/4$.

Strichliniert sind in den Diagrammen die Werte für einen geraden Kastenträger mit denselben Profil und Feldlänge zum Vergleich mit eingezeichnet. Es leuchtet ein, daß die Krümmung einen erheblichen Einfluß auf die Profilverformung und die Querbiegemomente ausübt. Andererseits sind die zusätzlichen Normalspannungen aus dem Lastanteil $\varrho M_x/r$ in (319) für diesen Lastfall unerheblich.

156   8. Profilverformung. Umlagerung der Querschnittsspannungen

Beispiel 2. Ein gekrümmter Einfeldträger (Abb. 72a) mit konstantem einfachsymmetrischem Profil nach Abb. 72b[1] ist außer den Endscheiben durch zwei Zwischenscheiben in den Drittelpunkten der Feldlänge ausgesteift. Es wird angenommen $l = 90$ m, $r = 500$ m. Die Belastung durch Eigengewicht $g = 35$ t/m und drei

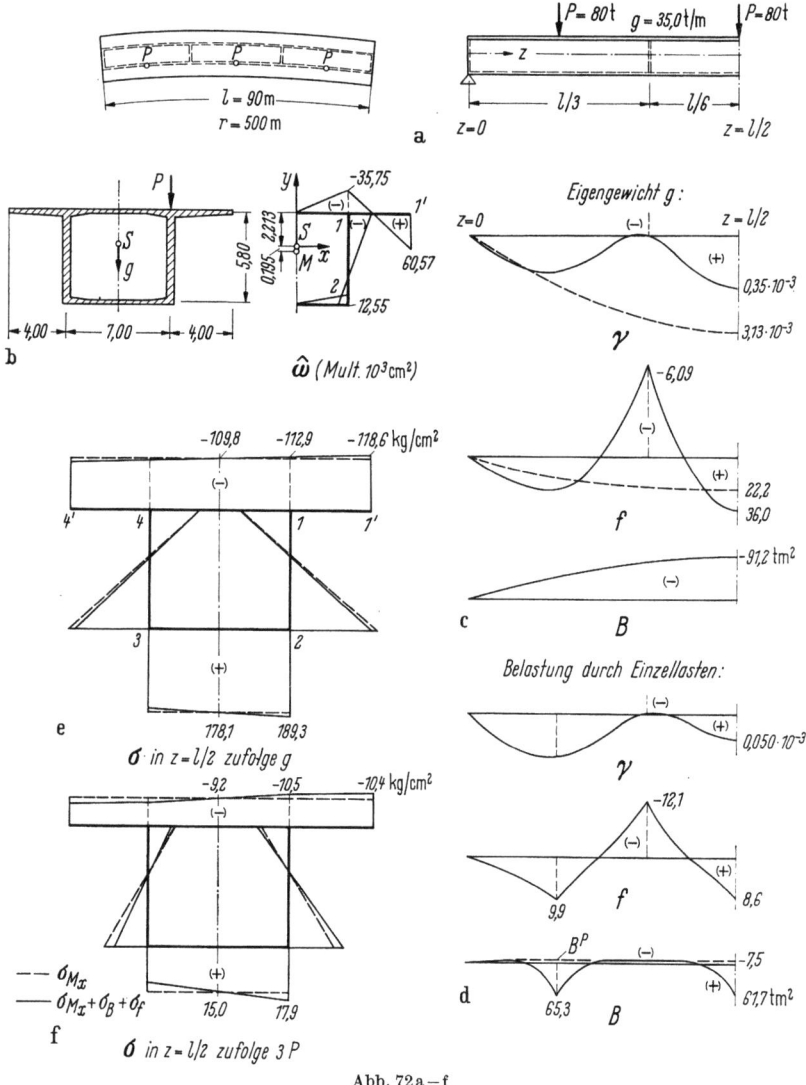

Abb. 72 a—f

---

[1] Dieses Profil wurde in Anlehnung an das Profil einer durchlaufenden Autobahnbrücke gewählt (vgl. H. WITTFOHT: Bauingenieur 1966, S. 393). Die Abmessungen sind hier willkürlich festgelegt worden. Bei der Durchrechnung dieses Beispiels war Dipl.-Ing. C. SZYMCZAK beteiligt.

8.2 Geschlossene und offen-geschlossene Profile   157

Einzellasten $P = 80$ t, die symmetrisch zur Feldmitte auf den inneren Steg angreifen. Somit ist $M = Pe = 280$ tm. Das Profil wird durch Annahme einer konstanten (gemittelten) Dicke der Fahrbahnplatte, $\delta_0 = 0{,}35$ m, dem Profil nach Abb. 66a ähnlich. Ferner ist $\delta_v = 0{,}45$ m und $\delta_u = 0{,}32$ m.

In der *ersten* Etappe werden die Bimomente B mit berücksichtigt. Die Einheitsverwölbung $\tilde{\omega}$ ist aus Abb. 72b ersichtlich. Nach (41), (117) und (50) ist $I_d = 9746 \times 10^6$ cm^4, $I_c = 12016 \cdot 10^6$ cm^4 und $I_{\tilde{\omega}} = 5472 \cdot 10^{10}$ cm^6. Aus (116) und (120) folgt $\mu = 0{,}1889$, $k = 0{,}003825$ cm^{-1} und somit $kl = 34{,}42$. Die Schnittkräfte M_x^g und B^g zufolge Eigengewicht berechnet man auf Grund der Tafel II, die Schnittkräfte $M_x^{P,M}$ und $B^{P,M}$ — nach Tafel I. Für den Mittelquerschnitt erhält man

$$M_x^g = 35560 \text{ tm}, \quad B^g = -91{,}2 \text{ tm}^2,$$
$$M_x^P = 3010 \text{ tm}, \quad M_x^M = -21{,}1 \text{ tm}, \quad B^P = -7{,}5 \text{ tm}^2, \quad B^M = 69{,}2 \text{ tm}^2.$$

Die Querschnittswerte der Profilverformung (zweite Etappe) mit $\tilde{\omega}_1 = 1$ t/m^2: $\beta = 3{,}1715$, $W = 71{,}22$ tm^2, $\lambda = 0{,}0587$ m^{-1} und $\varrho = 0{,}9626$. Mit $E = 2{,}6 \times 10^6$ t/m^2 ist $k_1 = 21240$ t und $WA^* = 450{,}5 \cdot 10^6$ tm^4.

Die Funktionen γ, f und B für die Belastung durch Eigengewicht g — berechnet auf Grund der Gl. (319) für einen Ersatzbalken auf elastischer Bettung mit vier starren Stützen in Abständen gleich $l/3$ — sind in Abb. 72c dargestellt. Strichliniert sind zum Vergleich die Werte für denselben Träger ohne Zwischenscheiben eingezeichnet (γ in fünffach verkleinertem Maßstab). Durch die Zwischenscheiben wird der Verformungswinkel γ, und somit die Querbiegemomente, auf ein Neuntel reduziert. Der Extremalwert von f ist dagegen etwas angewachsen. Die Gesamtspannungen $\sigma = \sigma_{M_x} + \sigma_B + \sigma_f$ im Mittelquerschnitt zufolge Eigengewicht sind in Abb. 72e mit vollausgezogener Linie dargestellt. Strichliniert ist der Anteil σ_{M_x} eingezeichnet. Für den Profilrandpunkt 1' gilt $\sigma_B = -1{,}0$, $\sigma_f = -7{,}7$ und für den Eckpunkt 2: $\sigma_B = -0{,}2$, $\sigma_f = 11{,}4$ kg/cm^2. Der extreme Spannungszuwachs im Punkt 2 aus Wölbkrafttorsion und Profilverformung beträgt somit 6,2%. Wird der Krümmungsradius r auf 1000 m vergrößert, dann nehmen die Spannungen σ_B und σ_f etwa um die Hälfte ab.

Für die außermittig angreifenden Einzellasten P sind die Funktionen γ, f und B in Abb. 72d dargestellt. Die Gesamtspannung σ in $z = l/2$ ist in Abb. 72f gezeigt. Strichliniert ist σ_{M_x} eingezeichnet. Für den Profilrandpunkt 1' gilt $\sigma_B = 0{,}68$, $\sigma_f = -1{,}84$ und für den Eckpunkt 2: $\sigma_B = 0{,}14$, $\sigma_f = 2{,}73$ kg/cm^2. Der Spannungszuwachs gegenüber σ_{M_x} im Punkt 2 beträgt rund 20%. Wie man sieht, sind die Spannungen zufolge Profilverformung ganz deutlich größer als die Spannungen der Wölbkrafttorsion, bei der die Profilform erhalten bleibt. Für $r = 1000$ m wird die Wölbfunktion f und das Bimoment B^M praktisch unverändert bleiben.

8.2.3 Gekrümmte Kastenträger mit verformbarem biegeweichem schubnachgiebigem Profil

Der Rechenvorgang wird ähnlich wie unter 8.2.1 in zwei Etappen aufgeteilt. Die erste Etappe ist unter 8.2.1 beschrieben. Im nachfolgenden sollen die Beziehungen der zweiten Etappe abgeleitet werden.

Es wird ein einfach-symmetrisches Trapezprofil nach Abb. 1d mit zur Krümmungsebene geneigten Stegwänden (die somit nach einer Kegelfläche gekrümmt sind) betrachtet. Man nehme an, daß es sich um ein Verbundprofil handelt; in Profileckpunkten sind die Querschnitts-

158   8. Profilverformung. Umlagerung der Querschnittsspannungen

flächen der oberen und der unteren Stahlgurte, A_{o1} bzw. A_{u1}, mit zu berücksichtigen. Die Stahlbetonplatte wird durch eine äquivalente Stahlplatte mit der äquivalenten Dicke $\delta_0 = \delta_{0\,\text{Beton}} \cdot E_{\text{Beton}}/E_{\text{Stahl}}$ ersetzt (Abb. 73a).

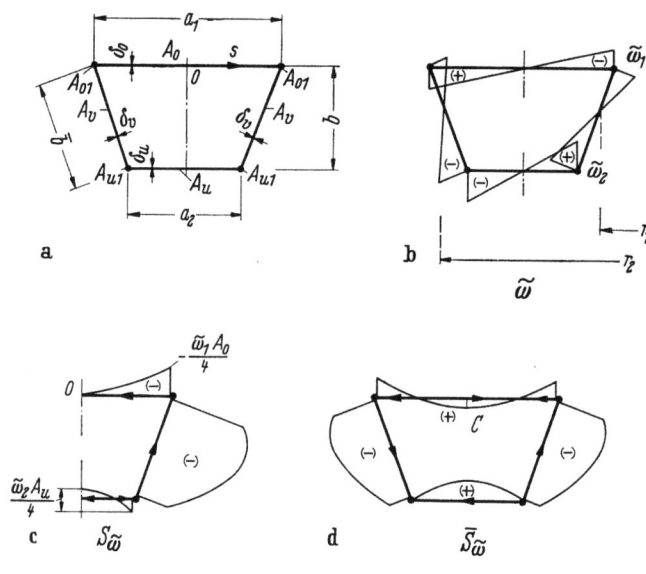

Abb. 73a–d

Wölbspannungen und Verschiebungen. Die Wölbnormalspannung σ und die Wölbschubkraft $T_{\tilde{\omega}}$ wird in der Form der Gleichungen (272) bzw. (307) mit (308) ausgedrückt. Querschnittsfunktionen $\tilde{\omega}$, $S_{\tilde{\omega}}$ und $\bar{S}_{\tilde{\omega}}$ sind in Abb. 73b, c, d dargestellt. Die Eckpunktwerte $\tilde{\omega}_1$ und $\tilde{\omega}_2$ sind als positive Zahlen aufzufassen. Auf Grund der Bedingung (305) gilt

$$\tilde{\omega}_2 = \beta \tilde{\omega}_1 \quad \text{mit} \quad \beta = \frac{(A_0 + 6 A_{01})a_1 + A_v(2a_1 + a_2)}{(A_u + 6 A_{u1})a_2 + A_v(2a_2 + a_1)}. \tag{322}$$

Die Bezeichnungen folgen aus Abb. 73a. Die Konstante C in (307) ist gleich

$$C = \frac{\tilde{\omega}_1}{a_1 + a_2} \left\{ \left(\frac{A_0}{4} + A_{01}\right)(a_1 + a_2) + \right.$$
$$\left. + \frac{A_v}{6}[2a_1 + 3a_2 - \beta(a_1 + 3a_2)] - \left(\frac{A_u}{6} + A_{u1}\right)\beta a_2 \right\}. \tag{323}$$

Der Verformungszustand ist bestimmt durch die Radialverschiebungen u_0 und u_u der oberen bzw. der unteren Platte sowie durch Vertikalverschiebungen v_1 und v_2 der oberen Eckpunkte (Abb. 74). Die Ver-

8.2 Geschlossene und offen-geschlossene Profile

schiebungskomponenten in den Mittelflächen der Stegwände 1 bzw. 2 betragen

$$\left.\begin{array}{l}\bar{v}_1 = v_1 \sin\psi + u_0 \cos\psi, \\ \bar{v}_2 = v_2 \sin\psi - u_0 \cos\psi.\end{array}\right\} \quad (324)$$

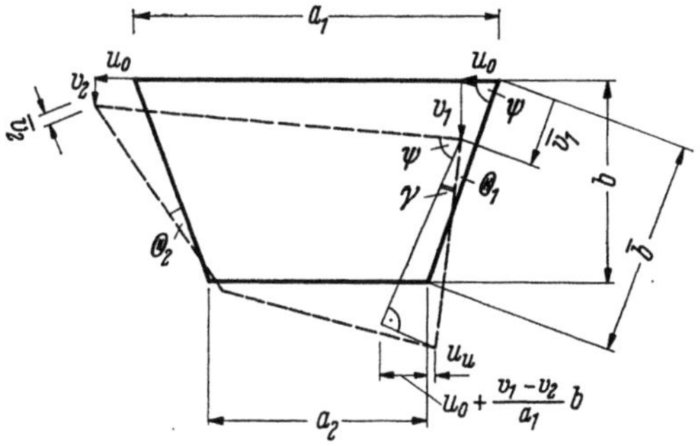

Abb. 74

Der Verformungswinkel γ (Abb. 74) läßt sich wie folgt ausdrücken:

$$\gamma = \frac{u_0 + u_u}{b} + \frac{v_1 - v_2}{a_1}.$$

Nach Einführung von $\bar{v}_1$ und $\bar{v}_2$ gemäß (324) an Stelle von v_1 und v_2 gilt

$$\gamma = \frac{u_0 + u_u}{b} + \frac{1}{a_1}\left(\frac{\bar{v}_1 - \bar{v}_2}{\sin\psi} - 2u_0 \cot\psi\right). \quad (325)$$

Für die Drehwinkel Θ_1 und Θ_2 der inneren bzw. der äußeren Stegwand gilt einfach

$$\Theta_1 = \Theta_2 = \Theta = \frac{u_0 + u_u}{b}. \quad (326)$$

Die elastostatischen Beziehungen werden unter Berücksichtigung der Schubverformung abgeleitet. In der Verschiebungsgleichung für eine gekrümmte geneigte Stegwand ist folgendes zu beachten: Im Falle einer vertikalen Stegwand wird in der ersten Gl. (309), auf der linken Gleichungsseite, die Verformungskrümmung $d^2 v_1/r_1^2 d\varphi^2$ durch den Drehwinkelbeitrag Θ/r_1 reduziert. Bei geneigter Stegwand ist die Verformungskrümmung in Wandmittelfläche gleich $d^2\bar{v}_1/r_1^2 d\varphi^2$, wobei r_1 den Radius der von Haus aus gegebenen Krümmung der neutralen Stegfaser bezeichnet (Abb. 73b). In dem Drehwinkelbeitrag ist zu berücksichtigen, daß die von Haus aus gegebene Krümmung nunmehr in einer zu der Horizontalebene unter dem Winkel $\pi/2 - \psi$ geneigten Krümmungsebene zu messen ist. Das Krümmungsmaß beträgt $\sin\psi/r_1$ statt $1/r_1$.

8. Profilverformung. Umlagerung der Querschnittsspannungen

Die Beziehungen lauten

$$\left.\begin{array}{l}\dfrac{r^2}{r_1^2}\bar{v}_1'' + \dfrac{\Theta}{r_1}\sin\psi = -\dfrac{\tilde{\omega}_1+\tilde{\omega}_2}{E\bar{b}}(f-\varkappa_v f''),\\[6pt]\dfrac{r^2}{r_2^2}\bar{v}_2'' + \dfrac{\Theta}{r_2}\sin\psi = \dfrac{\tilde{\omega}_1+\tilde{\omega}_2}{E\bar{b}}(f-\varkappa_v f''),\\[6pt]u_0'' + \dfrac{u_0}{r^2} = -\dfrac{2\tilde{\omega}_1}{Ea_1}(f-\varkappa_0 f''),\\[6pt]u_u'' + \dfrac{u_u}{r^2} = -\dfrac{2\tilde{\omega}_2}{Ea_2}(f-\varkappa_u f'').\end{array}\right\} \quad (327)$$

Die Anteile mit den Beiwerten $\varkappa_{(\,)}$ auf den rechten Gleichungsseiten rühren von der Schubverformung her. Es gilt

$$\left.\begin{array}{l}\varkappa_v = -\dfrac{E}{G}\dfrac{\int_0^{\bar{b}}\bar{S}_{\tilde{\omega}}ds}{\tilde{\omega}_1(1+\beta)\delta_v},\\[10pt]\varkappa_0 = \dfrac{E}{G}\dfrac{\int_0^{a_1}\bar{S}_{\tilde{\omega}}ds}{2\tilde{\omega}_1\delta_0},\\[10pt]\varkappa_u = \dfrac{E}{G}\dfrac{\int_0^{a_2}\bar{S}_{\tilde{\omega}}ds}{2\tilde{\omega}_1\beta\delta_u}.\end{array}\right\} \quad (328)$$

Querschnittsfunktion $\bar{S}_{\tilde{\omega}}$ ist in Abb. 73d gezeigt. Für die Integralausdrücke in (328) erhält man

$$\left.\begin{array}{l}\int_0^{\bar{b}}\bar{S}_{\tilde{\omega}}ds = \dfrac{b}{\sin\psi}\left[C-\tilde{\omega}_1\left(\dfrac{A_0}{4}+A_{01}+A_v\dfrac{2-\beta}{6}\right)\right],\\[10pt]\int_0^{a_1}\bar{S}_{\tilde{\omega}}ds = a_1\left(C-\tilde{\omega}_1\dfrac{A_0}{12}\right),\\[10pt]\int_0^{a_2}\bar{S}_{\tilde{\omega}}ds = a_2\left\{C-\tilde{\omega}_1\left[\dfrac{A_0}{4}+A_{01}+A_v\dfrac{1-\beta}{2}-\right.\right.\\[6pt]\qquad\qquad\left.\left.-\beta\left(A_{u1}+\dfrac{A_u}{6}\right)\right]\right\}\end{array}\right\} \quad (329)$$

mit C und β gemäß (323) bzw. (322).

Wird nun die Gl. (325) zweimal differenziert und für u_0'', u_u'', $\bar{v}_1''$ und $\bar{v}_2''$ die Werte gemäß (327) unter Berücksichtigung von (326) ein-

8.2 Geschlossene und offen-geschlossene Profile

geführt, so erhält man eine Differentialgleichung bezüglich γ und f, die sich auf folgende Form zurückführen läßt:

$$\gamma'' = -\frac{1}{A^*}(f - \tilde{\varkappa}f''). \qquad (330)$$

Für den Querschnittswert A^* und den Schubparameter $\tilde{\varkappa}$ erhält man nach Reduktion und Vereinfachung wie bei Ableitung der Beziehung (312)

$$A^* = \frac{E a_1 b}{2\tilde{\omega}_1} \frac{1}{1 + \dfrac{a_2}{a_1} + \beta\left(1 + \dfrac{a_1}{a_2}\right)} \qquad (331)$$

und

$$\tilde{\varkappa} = \frac{\dfrac{a_2}{a_1}\varkappa_o + (1+\beta)\varkappa_v + \dfrac{a_1}{a_2}\beta\varkappa_u}{1 + \dfrac{a_2}{a_1} + \beta\left(1 + \dfrac{a_1}{a_2}\right)} \qquad (332)$$

mit β gemäß (322). Mit $a_1 = a_2$ geht (331) in (312) über. (In (330) wurde ein Restbetrag mit r^2 im Nenner und u_0, u_u im Zähler als klein vernachlässigt.)

Verformung der Querverbände. Es wird zunächst angenommen, daß die Querverbände so dicht liegen, daß sie eine kontinuierliche Queraussteifung bilden. Die Querverbände (Abb. 75) werden durch die Differenzen der Schubkräfte $T_{\tilde{\omega}}$ nach (307) beansprucht. Ferner sind die Ablenkungskräfte zufolge Biegespannungen und der Einfluß der Lasteintragung zu berücksichtigen.

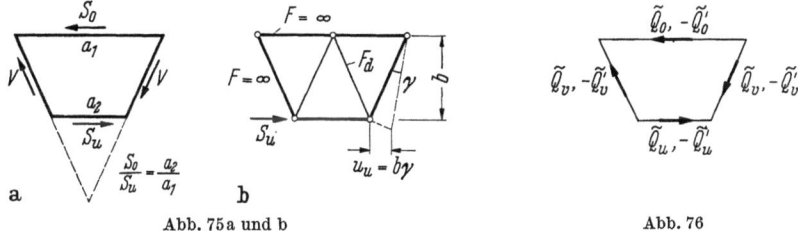

Abb. 75a und b   Abb. 76

Die Querkräfte $\tilde{Q}_o$, $\tilde{Q}_u$ und $\tilde{Q}_v$ als Resultierenden des Schubflusses in der oberen und unteren Platte bzw. in den Stegen (Abb. 76) sind gleich

$$\left.\begin{array}{l} \tilde{Q}_o = -f' \displaystyle\int_0^{a_1} \bar{S}_{\tilde{\omega}}\,ds, \\[2mm] \tilde{Q}_u = -f' \displaystyle\int_0^{a_2} \bar{S}_{\tilde{\omega}}\,ds, \\[2mm] \tilde{Q}_v = f' \displaystyle\int_0^{\bar{b}} \bar{S}_{\tilde{\omega}}\,ds, \end{array}\right\} \qquad (333)$$

8. Profilverformung. Umlagerung der Querschnittsspannungen

mit den Integralausdrücken gemäß (329). Auf der Einheitslänge in z-Richtung werden die Quersteifen durch die Differenzen von den Querkräften Gl. (333) belastet, die ein Gleichgewichtssystem von Tangentialkräften S_0, S_u und V (Abb. 75a) bilden. In dem Querverband (Fachwerkverband) sind die Konturstäbe als unendlich steif zu betrachten — die Profilverformung wird durch die Dehnung der Streben erzeugt (Abb. 75b).

Die Steifigkeit K_1 eines Querverbandes wird als jener Wert des Produktes $S_u b$ (in kg · cm) gedeutet — siehe Abb. 75 — dem ein Verformungswinkel γ gleich eins entspricht. Dies wird auf Grund der folgenden Arbeitsgleichung festgelegt. Die innere Arbeit ist, ganz allgemein ausgedrückt, gleich $(1/2) K_1 \gamma^2$. Die äußere Arbeit — ausgedrückt durch die Verschiebungskomponente u_u, wobei die übrigen Komponenten: u_0, v_1 und v_2 gleich Null sein sollen — lautet nach Abb. 75b $(1/2) S_u u_u = (1/2) S_u b \gamma$. Somit $(1/2) K_1 \gamma^2 = (1/2) S_u b \gamma$, woraus die Beziehung

$$\gamma = \frac{S_u b}{K_1} \tag{334}$$

folgt. Die auf die Längeneinheit bezogene Steifigkeit ist gleich

$$k_1 = \frac{K_1}{c}$$

(in kg), wobei c den Abstand der Querverbände bezeichnet.

Aus der Gleichgewichtsbedingung eines Balkenelementes von der Einheitslänge in z-Richtung, der durch die Querkraftdifferenzen $\tilde{Q}_0'$, $\tilde{Q}_u'$ und $\tilde{Q}_v'$ (Abb. 76) belastet ist, folgt der Zusammenhang $\tilde{Q}_u' a_2 = \tilde{Q}_0' a_1$ (vgl. Abb. 75a). Unter Berücksichtigung der ersten Gl. (333) kann geschrieben werden

$$-\tilde{Q}_u' = -\tilde{Q}_0' \frac{a_1}{a_2} = f'' \frac{a_1}{a_2} \int_0^{a_1} \bar{S}_{\tilde{\omega}} \, ds = f'' \frac{W}{b}, \tag{335}$$

wobei

$$W = b \frac{a_1}{a_2} \int_0^{a_1} \bar{S}_{\tilde{\omega}} \, ds = \frac{\tilde{\omega}_1 b a_1^2}{a_2(a_1 + a_2)} \left\{ \left(\frac{A_0}{6} + A_{01} \right)(a_1 + a_2) + \right.$$
$$\left. + \frac{A_v}{6} [2a_1 + 3a_2 - \beta(a_1 + 3a_2)] - \left(\frac{A_v}{6} + A_{u1} \right) \beta a_2 \right\} \tag{336}$$

(in kg · cm²) als Wölbsteifigkeitsparameter eingeführt wurde.

Mit S_u gleich $-\tilde{Q}_u'$ nach Gl. (335) berechnet man aus (334), mit k_1 an Stelle von K_1, den Verformungswinkel γ_T:

$$\gamma_T = \frac{W}{k_1} f''. \tag{337}$$

Der Beitrag der Ablenkungskräfte zufolge Biegespannungen $\sigma = -M_x y/I_x$ läßt sich in der Form der Gl. (317) ausdrücken:

$$\gamma_{M_x} = \varrho \frac{M_x}{k_1 r}, \tag{338}$$

8.2 Geschlossene und offen-geschlossene Profile

wobei ϱ ein dimensionsloser Formbeiwert ist. Ein expliziter Ausdruck hierfür wird hier nicht abgeleitet. Je nach Art der Ausfachung eines Querverbandes kann er gesondert ermittelt werden.

Die Torsionslast in Gestalt eines Kräftepaares M/a_1 (Abb. 77a) wird in reine Torsionslast mit konstantem Schubfluß (die Resultierenden sind in Abb. 77b

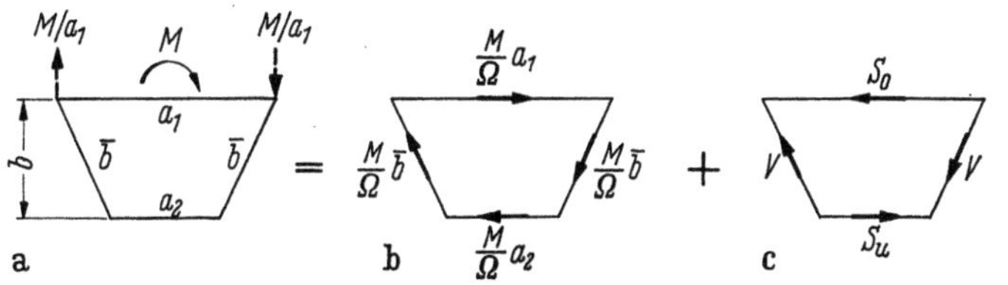

Abb. 77a—c

angegeben) und eine profilverformende Last nach Abb. 77c zerlegt. Die Resultierenden der letzteren betragen

$$\left.\begin{aligned} S_0 &= \frac{M a_1}{\Omega} - \frac{2M}{a_1} \cot \psi, \\ S_u &= \frac{M a_2}{\Omega}, \\ V &= \frac{M}{a_1 \sin \psi} - \frac{M \bar{b}}{\Omega}, \end{aligned}\right\} \quad (339)$$

wobei Ω den doppelten Wert der durch die Kontur eingeschlossenen Fläche bedeutet.

Nach den vorstehenden Betrachtungen erhält man aus (334) mit S_u nach der der zweiten Gl. (339) für stetige Drehmomente m

$$\gamma_m = \frac{m b a_2}{k_1 \Omega} = \frac{m^*}{k_1} \quad (340)$$

mit

$$m^* = \frac{m b a_2}{\Omega}. \quad (341)$$

Für ein Rechteckprofil mit $a_1 = a_2$ ist m^* gleich $m/2$.

In einer rigorosen Analyse, die für gerade Kastenträger in [15] durchgeführt wurde, wird noch die profilverformende Last aus Differenzen der sekundären Schubkräfte T^{II}, Gl. (59), mit berücksichtigt. Nach Gl. (26) in [15] ist diese Last, hier mit m_B^* bezeichnet, gleich

$$m_B^* = \hat{\eta} W B'',$$

wobei der Beiwert $\hat{\eta}$ die Beziehung zwischen affinen Querschnittsfunktionen $\hat{\omega}$ und $\tilde{\omega}$ festlegt. Die Ausdrücke für die zweite Ableitung des Bimomentes B werden im Falle eines gekrümmten Kastenträgers umständlicher — vgl. Tafeln I bis III. Auf eine Verfeinerung der Resultate durch Berücksichtigung vom m_B^* wird hier verzichtet.

11*

164   8. Profilverformung. Umlagerung der Querschnittsspannungen

Grundgleichung. Der Verformungswinkel γ setzt sich aus den Anteilen (337), (338) und (340) zusammen:

$$\gamma = \frac{W}{k_1} f'' + \varrho \frac{M_x}{k_1 r} + \frac{m^*}{k_1}. \tag{342}$$

Aus (342) und (330) erhält man durch Eliminieren von f eine Differentialgleichung vierter Ordnung bezüglich γ:

$$\gamma^{\mathrm{IV}} - 4\tilde{\varkappa}\lambda^4 \gamma'' + 4\lambda^4 \gamma = \frac{1}{WA^*} L\left(\frac{\varrho M_x}{r} + m^*\right), \tag{343}$$

mit λ gemäß (320) und dem Operator L, der bedeutet

$$L(\ ) = (\ ) - \tilde{\varkappa}(\ )''.$$

Der Ausdruck für das Produkt Wf (Bimoment zweiter Art) folgt ebenfalls aus (330) und (342):

$$Wf = -WA^* \gamma'' + \tilde{\varkappa}\left(k_1 \gamma - \frac{\varrho M_x}{r} - m^*\right). \tag{344}$$

Die Gleichungen (343) und (344) sind analog zu den entsprechenden Gleichungen eines *schubnachgiebigen* Balkens auf elastischer Bettung. Im letzteren Fall gelten für Durchbiegung v und Biegemoment M folgende Differentialgleichungen:

$$\left.\begin{aligned} EIv^{\mathrm{IV}} - \bar{\varkappa}\bar{k}v'' + \bar{k}v &= p - \bar{\varkappa}p'', \\ M &= -EIv'' + \bar{\varkappa}(\bar{k}v - p), \end{aligned}\right\} \tag{345}$$

wobei $\bar{k}$ der Steifigkeitskoeffizient der elastischen Bettung ist und der Schubparameter $\bar{\varkappa}$ durch den Quotienten $1{,}2EI/GA$ gegeben wird. Zu den Analogien (286) kommt noch hinzu:

$$k_1 \triangleq \bar{k}, \quad \tilde{\varkappa} \triangleq \bar{\varkappa} \quad \text{und} \quad \frac{\varrho M_x}{r} + m^* \triangleq p.$$

Die Analogie kann zur Bestimmung des Winkels γ und des Bimomentes Wf herangezogen werden, solange M_x im voraus bekannt ist — also für beliebige Belastung im Grundsystem Abb. 27. Sollten endliche Abstände von Querverbänden in Rechnung gestellt werden, dann steht Analogie mit schubnachgiebigem Balken auf elastischen Stützen zur Verfügung. Der letztere Weg ist allgemein zu bevorzugen, da hierdurch umständliche Bestimmung des partikulären Integrals in (343) umgangen wird.

Für die Belastung durch Einzellasten P, M im beliebigen Querschnitt im Grundsystem Abb. 27 mit starren Endscheiben gelten auf Grund der Analogie mit schubnachgiebigem Balken auf elastischer Bettung folgende acht Randbedingungen:

Für $\varphi = 0$:
$$\gamma_\mathrm{I} = 0, \qquad Wf_\mathrm{I} = 0.$$

Für $\varphi' = 0$:
$$\gamma_\mathrm{II} = 0, \qquad Wf_\mathrm{II} = 0.$$

Für $\varphi = \beta$ $(\varphi' = \beta')$:
$$\gamma_\mathrm{I} = \gamma_\mathrm{II}, \qquad Wf_\mathrm{I} = Wf_\mathrm{II},$$

$$\gamma'_\mathrm{I} + \gamma'_\mathrm{II} = \frac{\tilde{\varkappa}}{WA^*} M^*,$$

$$W(f'_\mathrm{I} + f'_\mathrm{II}) = M^*,$$

mit $M^* = Mba_2/\Omega$. Wf ist hierbei auf Grund der Gl. (344) durch γ und M_x auszudrücken, wobei m^* für den betrachteten Lastfall gleich Null ist.

Bei endlichen Querverbandabständen sind die Bimomente zweiter Art Wf_i in Verbandquerschnitten die Überzähligen. Die Koeffizienten des zu den Fünfmomentengleichungen analogen Gleichungssystems, $\tilde{\mu}_{ik}$, lauten

$$\tilde{\mu}_{i,i-2} = \tilde{\mu}_{i,i+2} = \frac{1}{K_1 c^2},$$

$$\tilde{\mu}_{i,i-1} = \tilde{\mu}_{i,i+1} = \frac{c}{6WA^*}\left(1 - 6\frac{\tilde{\varkappa}}{c^2}\right) - \frac{4}{K_1 c^2},$$

$$\tilde{\mu}_{ii} = \frac{2}{3}\frac{c}{WA^*}\left(1 + 3\frac{\tilde{\varkappa}}{c^2}\right) + \frac{6}{K_1 c^2}.$$

mit K_1 und c als Verbandsteifigkeit und -Abstand und $\tilde{\varkappa}$ gemäß (332). In dem Lastglied $\tilde{\mu}_{i0}$ kommt sinngemäß die Belastung durch $\varrho M_x/r$ und M^* und, gegebenenfalls, m^* zum Ausdruck.

9. Gekrümmte dünnwandige Stege als Kreiszylinderschalen. Das Problem der mittragenden Fläche

Aus den Überlegungen des Abschnittes 8 leuchtet ein, daß die Ablenkungskräfte auch zu einer Spannungsumlagerung in dünnwandigen, nach einer Zylinderfläche gekrümmten Stegen führen müssen. Das Problem gehört zu der nichtlinearen Theorie der Kreiszylinderschalen. Hier sollen nur die grundsätzlichen Zusammenhänge aufgezeigt werden.

9. Gekrümmte dünnwandige Stege als Kreiszylinderschalen

Man betrachte ein Element des gekrümmten Kastenträgers, das durch zwei benachbarte Querverbände begrenzt ist (Abb. 78). Zwischen den Querverbänden — und in den Querverbänden selbst — wird der

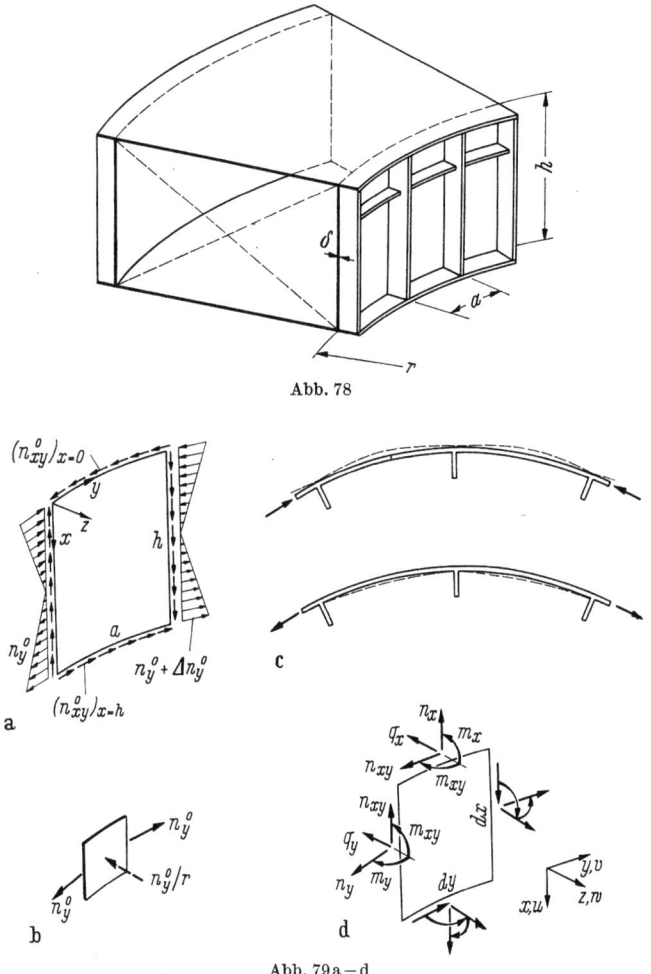

Abb. 78

Abb. 79a—d

dünnwandige Steg durch Quersteifen, gegebenenfalls auch durch Längssteifen, ausgesteift. Ein durch zwei benachbarte Vertikalsteifen begrenztes Stegfeld ist in Abb. 79a gesondert dargestellt (die Horizontalsteife fehlt hier). Man nehme an, daß der Träger unter gegebener Belastung verformt sei und daß in den Stegen der *lineare* durch Biegemomente M_x, Bimomente B und, gegebenenfalls, Bimomente Wf bestimmte Spannungszustand n_y^0 ungestört sei. Der zugehörige Schubfluß n_{xy}^0 an dem oberen

9. Gekrümmte dünnwandige Stege als Kreiszylinderschalen

und unteren Rande kann praktisch als konstant angesehen werden. Ein solcher mit den Voraussetzungen vorangehender Abschnitte übereinstimmender Spannungszustand ließe sich dadurch bewerkstelligen, daß den Ablenkungskräften in den Stegwänden durch gedachte Radialbelastung n_y^0/r (Abb. 79b) entgegengewirkt sei.

Die gekrümmten Stegränder seien in diesem verformten Zustand starr festgehalten und die gedachte Radialbelastung entfernt. Der gedrückte Stegteil wird sich nach außen ausbauchen und der gezogene Teil wird nach innen eingebeult werden (Abb. 79c). Der Spannungsverlauf im Vertikalschnitt ist nicht mehr geradlinig. Es entstehen alle Komponenten des Biegezustandes einer Kreiszylinderschale nach Abb. 79d.

In der vereinfachten Berechnung des Spannungs- und Verformungszustandes der Teilschale Abb. 79a können folgende Annahmen getroffen werden:

— Der Zuwachs der Normalkraft Δn_y^0 (Abb. 79a) ist gleich Null; somit sind auch die Schubkräfte n_{xy}^0 im Ausgangszustand gleich Null.

— Das betrachtete Feld und beide Nachbarfelder befinden sich in identischem Spannungs- und Verformungszustand. Für die Querschnitte $y = 0$ und $y = a$ gilt $w = 0$ und $\partial w/\partial y = 0$.

— Für die gekrümmten Ränder der Teilschale gelten Naviersche Randbedingungen oder Einspannung mit $\partial w/\partial x = 0$ und $n_x = 0$. Längs der Vertikalsteifen kann — als erste Näherung — starre Stützung angenommen werden.

Bei verhältnismäßig kleiner Anfangskrümmung $1/r$ wird durch die Biegekrümmungen ein wesentlicher Einfluß auf das Kräftespiel in der Schale ausgeübt. Der Spannungs- und Verformungszustand der betrachteten Teilschale unter starrem Festhalten des ganzen Tragwerkes im verformten Zustand wird durch folgende Differentialgleichungen der nichtlinearen Schalentheorie bezüglich der Durchbiegung w und der Spannungsfunktion F beschrieben [31]:

$$K \nabla^4 w = n_y^0 \left(\frac{1}{r} + \frac{\partial^2 w}{\partial y^2} \right) + \frac{1}{r} \frac{\partial^2 F}{\partial x^2} +$$
$$+ \frac{\partial^2 F}{\partial x^2} \frac{\partial^2 w}{\partial y^2} - 2 \frac{\partial^2 F}{\partial x \partial y} \frac{\partial^2 w}{\partial x \partial y} + \frac{\partial^2 F}{\partial y^2} \frac{\partial^2 w}{\partial x^2}, \quad (346)$$

$$\frac{1}{E\delta} \nabla^4 F = -\frac{1}{r} \frac{\partial^2 w}{\partial x^2} + \left(\frac{\partial^2 w}{\partial x \partial y} \right)^2 - \frac{\partial^2 w}{\partial x^2} \frac{\partial^2 w}{\partial y^2}. \quad (347)$$

Hierbei ist $K = E\delta^3/12(1 - \nu^2)$ die Biegesteifigkeit und ∇^4 bezeichnet den Laplaceschen Operator mit

$$\nabla^2 = \frac{\partial^2}{\partial x^2} + \frac{\partial^2}{\partial y^2}.$$

9. Gekrümmte dünnwandige Stege als Kreiszylinderschalen

Durch die Spannungsfunktion werden die Membrankräfte zufolge Verformung w ausgedrückt. In dem Ausdruck für die Normalkraft n_y kommt der Ausgangswert n_y^0 hinzu:

$$n_y = n_y^0 + \frac{\partial^2 F}{\partial x^2}, \quad n_x = \frac{\partial^2 F}{\partial y^2}, \quad n_{xy} = -\frac{\partial^2 F}{\partial x \, \partial y}.$$

Die Ausdrücke für die Biegemomente der flachen Schale lauten

$$m_x = -K\left(\frac{\partial^2 w}{\partial x^2} + \nu \frac{\partial^2 w}{\partial y^2}\right), \quad m_y = -K\left(\frac{\partial^2 w}{\partial y^2} + \nu \frac{\partial^2 w}{\partial x^2}\right),$$

$$m_{xy} = -(1-\nu)K\frac{\partial^2 w}{\partial x \, \partial y}.$$

Die Gleichungen (346) und (347) gelten auch für große Durchbiegungen. Weitgehende Vereinfachungen können für praktische Berechnung getroffen werden. In den Stahlkonstruktionen des Brückenbaues wird die Durchbiegung w die halbe Stegdicke kaum überschreiten. Die quadratischen Terme in (347) können ruhig gestrichen werden. Auch in der Gl. (346), die eine Gleichgewichtsbedingung darstellt, können die letzten drei Terme auf der rechten Gleichungsseite unterdrückt werden.

Nun wird die Operation ∇^4 auf die vereinfachte Gl. (346) angewendet. Unter Berücksichtigung der vereinfachten Gl. (347) erhält man hieraus die nichtlineare *Donnell*sche Gleichung [32]

$$K\nabla^8 w + \frac{E\delta}{r^2}\frac{\partial^4 w}{\partial x^4} = \nabla^4\left[n_y^0\left(\frac{1}{r} + \frac{\partial^2 w}{\partial y^2}\right)\right], \tag{348}$$

die nur das einzige nichtlineare Glied $n_y^0 \, \partial^2 w/\partial y^2$ enthält. Trotzdem dürfte die Gl. (348) noch ausreichend genaue Ergebnisse liefern.

In Abb. 80[1] ist der Spannungsverlauf σ_y im Mittelquerschnitt und im Steifenquerschnitt einer Teilschale dargestellt. Die nach Gl. (348) er-

---

[1] Nach einer Dissertationsarbeit „Die Berechnung gekrümmter Stege von dünnwandigen Trägern auf Grund der Schalentheorie" von J. WACHOWIAK, Politechnika Gdanska 1967 (Referent: der Verfasser). In der Originalarbeit wird der Spannungszustand auf Grund eines der Gl. (348) gleichwertigen Systems von Differentialgleichungen bezüglich der Verschiebungskomponenten u, v, w bestimmt. Die Verschiebungskomponenten wurden durch Doppelreihen $\sum_m \sum_n$ aus Produkten von trigonometrischen Funktionen sinus und cosinus (bei u und v) bzw. aus Produkten von Eigenfunktionen eines beiderseits eingespannten und eines frei drehbar gelagerten Balkens (bei w) ausgedrückt und mit Hilfe des GALERKINschen Verfahrens ermittelt. Mit $m = 1,2,3,4$, und $n = 1,2,3,4$ sind in jedem Ausdruck 16 Reihenglieder berücksichtigt. Die insgesamt 48 Reihenbeiwerte folgen aus einem System von 48 linearen Gleichungen. Der Rechenvorgang ist für einen Rechenautomaten programmiert worden.

mittelte Spannung in Schalenmittelfläche ist mit vollausgezogener Linie dargestellt. Die Spannung auf der Außenfläche, die sich aus einem Anteil der Normalkraft n_y und des Biegemomentes m_y zusammensetzt, ist strichliniert eingezeichnet. Im Mittelquerschnitt ist es die konkave, im Steifenquerschnitt — die konvexe Schalenaußenfläche, wo die extremalen Spannungen σ_y auftreten. Es handelt sich hier um einen verhältnismäßig stark gekrümmten Steg mit dem Parameter $h/\sqrt{r\delta} = 2{,}12$. Die Ausgangsrandspannung $\sigma_{y0}^0 = 2100 \text{ kg/cm}^2$ wurde recht hoch angesetzt (St 52).

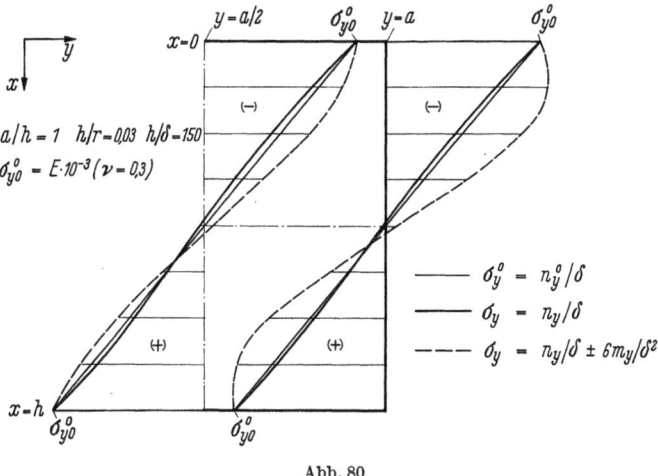

Abb. 80

Man kann folgern, daß $|n_y| < |n_y^0|$ ist. Durch Annahme in (348) von n_y^0 statt des wirklichen Wertes $n_y = n_y^0 + \partial^2 F/\partial x^2$ wird im Druckbereich — wegen positiven Wertes von $\partial^2 w/\partial y^2$ — der Verformungszustand (und somit auch die Abweichung vom linearen n_y^0-Verlauf) überschätzt. Man dürfte daher die Werte, die auf der sicheren Seite liegen, erwarten. Andererseits wird sich im Mittelstützenbereich eines Durchlaufträgers der in (346) und (348) nicht berücksichtigte Einfluß von beträchtlichen Schubkräften n_{xy}^0 (im Ausgangszustand) ungünstig auswirken können und den nichtlinearen Beitrag zum Spannungs- und Verformungszustand vergrößern.

Durch Ausweicherscheinungen in gekrümmten Stegen wird sich deren Fläche nicht vollständig an Übertragung der Normalspannungen zufolge Biegung und Wölbkrafttorsion — die voraussetzungsgemäß zu den Ordinaten y und ω bzw. $\hat{\omega}$ affin sein sollten — beteiligen. Die „mittragende" Fläche der Stege und die effektiven Trägheitsmomente I_x, I_y, I_{xy} sowie I_ω bzw. $I_{\hat{\omega}}$ werden reduziert. Die relative Größe der Abweichung vom linearen Spannungsverlauf verändert sich mit der Lage des Querschnitts. Auch wenn die am stärksten beanspruchten Querschnitte als maßgebend betrachtet werden, so ist in einer aus Feldmitte oder Mittelstützenbereich abgesonderten Teilschale zwischen Steifenquerschnitt und Mittelquerschnitt zu unterscheiden (Abb. 80).

Es erscheint nicht nötig, die wirklich mittragende Stegfläche gleich bei Berechnung der Schnittkräfte von Durchlaufträgern in Rechnung zu stellen. Es genügt vielmehr, die Reduktion der Querschnittswerte erst beim Nachweis der Extremalspannungen in Profilrandpunkten zu berücksichtigen. Die Gurtspannungen werden demzufolge etwas anwachsen müssen. In dem gedrückten Stegteil, in einem bestimmten Abstand vom gekrümmten Rand, soll gegebenenfalls die Vergleichspannung auf der Außenfläche (nach der Formel von HENCKY-HUBER-V. MISES) nachgewiesen werden.

In jedem Fall wird man durch zusätzliche Längssteifen im Druckbereich bzw. auch im Zugbereich den Spannungszustand günstiger gestalten können.

Literatur

[1] GOTTFELD, H.: Die Berechnung räumlich gekrümmter Stahlbrücken. Bautechnik 1932, S. 715.

[2] UMANSKIJ, A. A.: Räumliche Tragwerke. Moskau 1948 (Russisch).

[3] WANSLEBEN, F.: Die Berechnung drehfester gekrümmter Stahlbrücken. Stahlbau 1952, S. 53.

[4] FEDERHOFER, K.: Kippsicherheit des kreisförmig gekrümmten Trägers mit einfach-symmetrischem dünnwandigem und offenem Querschnitt bei beliebiger Radialbelastung. Österr. Ing.-Archiv 1950, S. 27.

[5] WLASSOW, W. Z.: Dünnwandige elastische Stäbe. Zweite Aufl., Moskau 1959 (Russisch).

[6] DĄBROWSKI, R.: Equations of Bending and Torsion of a Curved Thin-walled Bar with Asymmetric Cross-Section. Archiwum Mechaniki Stosowanej 1960, S. 789.

[7] DĄBROWSKI, R.: Zur Berechnung von gekrümmten dünnwandigen Trägern mit offenem Profil. Stahlbau 1964, S. 364.

[8] ANHEUSER, L.: Beitrag zur Berechnung des Kreisträgers mit offenem dünnwandigem Profil. Dissertation TH Stuttgart 1964.

[9] DĄBROWSKI, R.: Einflußlinien der Biege- und Wölbkraftmomente in gekrümmten dünnwandigen Trägern. Stahlbau 1965, S. 214.

[10] BECKER, G.: Ein Beitrag zur statischen Berechnung beliebig gelagerter gekrümmter ebener Stäbe mit einfach-symmetrischen dünnwandigen offenen Profilen von in Stabachse veränderlichem Querschnitt unter Berücksichtigung der Wölbkrafttorsion. Stahlbau 1965, S. 334.

Literatur 171

[11] DĄBROWSKI, R.: Wölbkrafttorsion von gekrümmten Kastenträgern mit nichtverformbarem Profil. Stahlbau 1965, S. 135.

[12] UMANSKIJ, A. A.: Kapitel IV im Handbuch „Maschinenbau". Moskau 1948, Band 1, Heft 2, S. 346 (Russisch).

[13] BENSCOTER, S. U.: A Theory of Torsion Bending of Multicell Beams. Journal of Applied Mechanics 1954, S. 25.

[14] DĄBROWSKI, R.: Näherungsberechnung der gekrümmten Kastenträger mit verformbarem Querschnitt. Siebenter Kongreß der I. V. B. H. Rio de Janeiro, 1964, Vorbericht, S. 299.

[15] DĄBROWSKI, R.: Der Schubverformungseinfluß auf die Wölbkrafttorsion der Kastenträger mit verformbarem biegesteifem Profil. Bauingenieur 1965, S. 444.

[16] WITTFOHT, H.: Kreisförmig gekrümmte Träger. Springer-Verlag Berlin—Göttingen—Heidelberg—New York, 1964.

[17] KARMAN, TH. v., und W. Z. CHIEN: Torsion With Variable Twist. Journal of Aeronautical Sciences 1946, S. 503.

[18] FLÜGGE, W., und K. MARGUERRE: Wölbkräfte in dünnwandigen Profilstäben. Ingenieur-Archiv 1950, S. 23.

[19] TIMOSHENKO, S. P., und J. N. GOODIER: Theory of Elasticity. McGraw-Hill New York, 1951.

[20] KOLLBRUNNER, C. F., und N. HAJDIN: Wölbkrafttorsion dünnwandiger Stäbe mit geschlossenem Profil. Mitteilungen der Technischen Kommission der Schweizer Stahlbau-Vereinigung, Heft 32 (1966).

[21] DSHANELIDZE, G. J., und J. G. PANOWKO: Statik der elastischen dünnwandigen Stäbe. Moskau 1948 (Russisch).

[22] HEILIG, R.: Beitrag zur Theorie der Kastenträger beliebiger Querschnittsform. Stahlbau 1962, S. 128.

[23] DĄBROWSKI, R.: Torsion-Bending of Thin-walled Members with Nondeformable Closed Cross-Section. Dept. of Civil Engrg. and Engrg. Mechanics, Columbia University, New York 1963 (vervielfältigtes Manuskript).

[24] WLASSOW, W. Z.: Dünnwandige räumliche Tragwerke. Moskau 1958 (Russisch).

[25] DĄBROWSKI, R.: Einfluß der Querschnittsverformung auf die Verteilung der Normalspannungen in Biegestäben. Stahlbautagung TH Dresden, 1959. Schlußbericht.

[26] LACHER, G.: Zur Berechnung des Einflusses der Querschnittsverformung auf die Spannungsverteilung bei durch elastische oder starre Querschotte versteiften Tragwerken mit prismatischem, offenem oder geschlossenem biegesteifem Querschnitt unter Querlast. Stahlbau 1962, S. 299.

[27] DĄBROWSKI, R.: Drillung dünnwandiger Brückenkonstruktionen und Konstruktionen des Stahlwasserbaues mit geschlossenem Querschnitt. Rozprawy Inzynierskie 1958, S. 283 (Polnisch).

[28] MÜLLER, P.: Torsion von Kastenträgern mit elastisch verformbarem Querschnitt. Schweizerische Bauzeitung 1953, S. 673.

[29] RESINGER, F.: Der dünnwandige Kastenträger. Forschungshefte aus dem Gebiete des Stahlbaues. Stahlbau-Verlag Köln, Heft 13 (1959).

[30] RICHMOND, B.: Twisting of thin-walled girders. Proceedings of the Institution of Civil Engineers 1966, S. 659.

[31] MARGUERRE, K.: Zur Theorie der gekrümmten Platte großer Formänderung. Proceedings Fifth International Congreß on Applied Mechanics, Cambridge, Mass., 1938, S. 93.
[32] DONNELL, L. H.: Stability of thin-walled tubes under torsion. National Advisory Committee for Aeronautics, Report No. 479 (1933), S. 1.
[33] STÜSSI, F.: Ausgewählte Kapitel aus der Theorie des Brückenbaues. Taschenbuch für Bauingenieure herausgegeben von F. Schleicher. Springer-Verlag Berlin—Göttingen—Heidelberg, Erster Band, 1955, S. 924.

Anhang

Tabellen und Diagramme der Schnittkräfte
in mehrfach statisch unbestimmten gekrümmten Trägern
mit konstantem dünnwandigem nichtverformbarem Profil

1. Einführung zum Gebrauch der Tabellen

Wie bereits unter 5.4 erwähnt wurde, bezieht sich das vorliegende Tabellenwerk auf drei gekrümmte Träger (Abb. 40) mit starrer Torsionseinspannung an den Stützen:

— den beiderseits frei biegedrehbar gestützten Einfeldträger (Grundsystem nach Abb. 27),
— den an allen Stützen frei biegedrehbar gestützten durchlaufenden Zweifeldträger mit gleichen Feldlängen und Krümmungsradien und
— den an allen Stützen frei biegedrehbar gestützten durchlaufenden Dreifeldträger mit gleichen Feldern. Die Endquerschnitte sind in allen Fällen wölbfrei.

Die Werte im Grundsystem gelten (wenn nicht anders vermerkt) sowohl für offene als auch geschlossene und offen-geschlossene Profile — Wölbschubparameter μ nach Gl. (116) kann beliebig sein; die Profile können auch asymmetrisch sein. Die Tabellenwerte für den Zweifeld- und Dreifeldträger wurden unter Annahme $\mu = 1$ und $\psi = 1$ (der Formbeiwert ψ ist durch die Gl. (98) bestimmt) berechnet; sie gelten daher für *offene einfach-symmetrische Profile*.

1.1 Tabelleninhalt

Der Tabelleninhalt wird für alle Systeme der Reihe nach besprochen.

Grundsystem (Tabellen 1 bis 30)

Einflußlinien der Biegemomente M_x und der Bimomente B für Querschnitte in Abständen gleich $1/10$ der Feldlänge l für die Belastung durch Einzellast P und Einzeldrehmoment M in allen diesen Querschnitten sind in Tabellen 1 bis 4 angegeben.

Einflußlinien der Gesamtdrillmomente H und der sekundären Drillmomente H_ω für dieselben Querschnitte und dieselbe Laststellung sind in Tabellen 5 bis 8 zusammengestellt.

Zustandslinien von Biegemomenten M_x, Bimomenten B, Gesamtdrillmomenten H und sekundären Drillmomenten H_ω für die Belastung durch stetige Gleichlast p und gleichmäßig verteilte Drehmomente m sind in Tabellen 9 bis 16 zu finden. Zustandslinien der Biegemomente M_x und der Bimomente B für die Belastung durch Endbiegemoment M_{x1} bzw. Endbimoment B_1 sind in Tabellen 17 bis 19 enthalten. Zustandslinien der Gesamtdrillmomente H und der sekundären Drillmomente H_ω für dieselben Endlasten sind in Tabellen 20 bis 22 zu finden.

Die Tabellen 23 und 24 enthalten die Feldmittenwerte der Durchbiegung v und des Drehwinkels ϑ im Grundsystem für die Belastung durch Einzellast P und Einzeldrehmoment M im Mittelquerschnitt als auch für stetige Lasten p, m bzw. für die Belastung durch Endlasten M_{x1} und B_1. (Als ,,Fremdkörper'' erscheint in diesem Teil die Tabelle 25, in der für den wölbfest eingespannten Kragträger extremale Verformungskomponenten zufolge Belastung durch P und M am Kragende zusammengestellt sind).

In den Tabellen 26 bis 30 findet man die Lastglieder und Gleichungskoeffizienten: Stützneigung δ_1 und Stützverwölbung μ_1 an der Stütze 1 des Feldes 0—1.

Zweifeldträger (Tabellen 31 bis 48)

Einflußlinien der Stützbiegemomente M_{x1}, der Stützbimomente B_1 sowie der Biegemomente und der Bimomente in Feldmitte für die Einzellasten P, M sind in Tabellen 31 bis 38 enthalten.

Einflußlinien der Gesamtdrillmomente H und der sekundären Drillmomente H_ω für die Außen- und Mittelstütze und den Querschnitt links der Mittelstütze für dieselben Lasten sind in Tabellen 39 bis 46 zu finden.

Die Tabellen 47 und 48 enthalten die Werte der Stützbiegemomente M_{x1} und der Stützbimomente B_1, sowie die Werte in Mittelquerschnitten beider Felder für die Belastung eines oder beider Felder durch stetige Lasten p, m bzw. die Werte der Drillmomente H für dieselbe Belastung.

Dreifeldträger (Tabellen 49 und 50)

Die Tabellen 49 und 50 enthalten die Stützbiegemomente M_{x1} und M_{x2}, die Stützbimomente B_1 und B_2 sowie die Werte des Biegemomentes und Bimomentes in Mittelquerschnitten aller Felder für fünf Lastfälle aus stetiger Gleichlast p und gleichmäßig verteilten Drehmomenten m.

Einige Einflußlinien-Diagramme sind als Beilage zu diesen Tabellen auf Seite 302 beigefügt.

1.2 Ergänzende Hinweise

a) Die Tabellen enthalten keine Angaben über die primären (St-Venantschen) Drillmomente H_d. Diese Werte erhält man sofort durch Subtrahieren der Gesamtdrillmomente H und der sekundären Drillmomente H_ω:

$$H_d = H - H_\omega.$$

b) Es fehlen auch die Angaben über die Auflager- und Querkräfte. Diese können leicht nach den Gl. (179) mit den Tabellenwerten der Stützbiegemomente und Stützbimomente bestimmt werden.

c) Einflußlinien der Feldbiegemomente und Feldbimomente sind jeweils für die Feldmitten, diejenigen der Drillmomente für Stützenquerschnitte angegeben. Einflußlinien für alle übrigen Feldquerschnitte können auf Grund der Beziehungen (251) und (252) ermittelt werden, und zwar mit Hilfe von Einflußlinien der betreffenden Größen im Grundsystem (Tabellen 1 bis 8), Zustandslinien der Schnittkräfte im Grundsystem für Stützlasten (Tabellen 17 bis 22) und Einflußlinien der Überzähligen (Stützbiegemomente und Stützbimomente), die im Tabellenwerk ebenfalls enthalten sind.

d) In den Tabellen 26 bis 30 sind Gleichungskoeffizienten (eines Feldes) zusammengestellt. Wenn der zu berechnende Durchlaufträger verschiedene Spannweiten und Krümmungsradien in einzelnen Feldern aufweist, wird man die Berechnung von Anfang an durchführen müssen. Die Gleichungskoeffizienten bestimmt man nach Tafel IX und X unter Zuhilfenahme der Hilfsfunktionen nach Tafel XI. Vergleichswerte erhält man durch Interpolation aus Tabellen 26 bis 30.

e) Die nur für einfach-symmetrische Profile angegebenen Werte der Schnittkräfte können mit ausreichender Genauigkeit auch für die (unter 1.1.3 definierten) „regelmäßig" asymmetrischen Profile mit $0{,}9 < \psi < 1{,}0$ gelten.

2. Interpolationsregeln

2.1 Schnittkräfte in offenen Profilen

Beim Gebrauch der Tabellen wird man auf Interpolieren angewiesen sein, da nur beschränkte Anzahl von Parameterwerten aufgenommen werden konnte. Eingangs ist zu vermerken, daß die Hauptbeiträge zu den Normalspannungen von den Biegemomenten M_x^P und Bimomenten B^M herrühren (die oberen Indizes bezeichnen die Lastquelle). Dies sind übrigens die einzigen Größen, die in geraden Trägern die Normalspannungen bestimmen. Aus den Biegemomenten M_x^M und Bimomenten B^P erhält man kleinere Beiträge — vgl. hierzu Unterabschnitt 5.5.

a) Die *Biegemomente* M_x^P sind im betrachteten Winkelbereich nur in geringem Maße veränderlich. Die größte Differenz in Ordinaten M_{x1}^P für die Laststellung in Feldmitte im Zweifeldträger, Tabelle 31, beträgt beispielsweise etwa 6%. Die Werte wachsen mit wachsendem Zentralwinkel α angenähert parabolisch an.

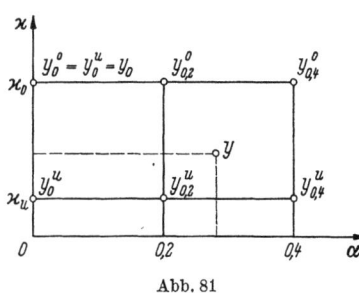

Abb. 81

Es ist vertretbar, die Ordinaten M_x^P — ohne Interpolation — gleich für die nächstliegenden Werte von kl, α und $\varkappa$ bzw. $\bar{\gamma}$ direkt aus den Tabellen zu entnehmen. Die Ordinaten für $\alpha = 0$ sind jeweils in der ersten Zeile angegeben.

Will man trotzdem die Genauigkeit verbessern, so kann für einen festgelegten kl-Wert zwischen den Ordinaten für die nächstliegenden α- und $\varkappa$-Werte linear interpoliert werden. Bezeichnet man mit $y^u_{0,2}$ und $y^u_{0,4}$ die Ordinaten für $\alpha = 0,2$ bzw. $\alpha = 0,4$ und den unteren $\varkappa$-Wert, und mit $y^o_{0,2}$, $y^o_{0,4}$ entsprechende Ordinaten für den oberen (höheren) $\varkappa$-Wert, dann erhält man für die vorgegebenen Werte von α und $\varkappa$ die Zwischenordinate y gleich (Abb. 81)

$$y = \left(y^u_{0,2}\frac{0,4-\alpha}{0,2} + y^u_{0,4}\frac{\alpha-0,2}{0,2}\right)\frac{\varkappa^0-\varkappa}{\varkappa^0-\varkappa^u} + \left(y^o_{0,2}\frac{0,4-\alpha}{0,2} + y^o_{0,4}\frac{\alpha-0,2}{0,2}\right)\frac{\varkappa-\varkappa^u}{\varkappa^0-\varkappa^u},$$

wobei mit $\varkappa^u$ und $\varkappa^0$ sinngemäß der untere bzw. obere $\varkappa$-Grenzwert bezeichnet wird.

Bessere Resultate erhält man, wenn bezüglich des Winkels α nach einer quadratischen Parabel interpoliert wird:

$$y = [y^u_0 - 2,5(3y^u_0 - 4y^u_{0,2} + y^u_{0,4})\alpha + 12,5(y^u_0 - 2y^u_{0,2} + y^u_{0,4})\alpha^2]\frac{\varkappa^0-\varkappa}{\varkappa^0-\varkappa^u} +$$

$$+ [y^o_0 - 2,5(3y^o_0 - 4y^o_{0,2} + y^o_{0,4})\alpha + 12,5(y^o_0 - 2y^o_{0,2} + y^o_{0,4})\alpha^2]\frac{\varkappa-\varkappa^u}{\varkappa^0-\varkappa^u}.$$

Die letztere Formel kann zum Extrapolieren bis zu etwa $\alpha = 0,5$ benutzt werden.

b) *Bimomente* B^M klingen mit wachsendem kl bis auf Null ab. Sie sind in geringem Maße von α und $\varkappa$ abhängig; der Zuwachs mit steigendem α ist ungefähr parabolisch. Man wird daher mit festgelegten nächstliegenden α- und $\varkappa$-Werten zwischen Ordinaten für Nachbarwerte von kl interpolieren. (Stimmen hierbei die $\varkappa$-Grenzwerte nicht überein — wie z. B. für $kl = 1$ und 2 oder 2 und 3 — dann ist noch bezüglich $\varkappa$ linear zu interpolieren.)

c) *Biegemomente* M_x^M wachsen im betrachteten Winkelbereich beinahe proportional zu α an und sind praktisch linear von $\varkappa$ abhängig. Sie werden ferner auch durch kl beträchtlich beeinflußt. Man wird sich mit linearer Interpolation zwischen den Ordinaten für nächstliegende α- und $\varkappa$-Werte begnügen.

d) Bimomente B^P wachsen im gewählten Winkelbereich beinahe proportional zu α an und klingen, ähnlich wie B^M, mit wachsendem kl ab. Sie sind relativ wenig von $\varkappa$ abhängig. Man wird für festgesetzten $\varkappa$-Wert linear zwischen Ordinaten für nächstliegende α- und kl-Werte linear interpolieren.

e) *Gesamtdrillmomente* H^M und H^P. H^M-Ordinaten kann man direkt für nächstliegende kl-, α- und $\varkappa$-Werte aus den Tabellen entnehmen. H^P-Ordinaten sind linear bezüglich α zu interpolieren.

2. Interpolationsregeln

f) *Sekundäre Drillmomente H_ω^M und H_ω^P. H_ω^M*-Ordinaten sind linear zwischen nächstliegenden kl-Werten zu interpolieren. H_ω^P-Ordinaten wird man zweckmäßig sowohl nach kl als auch nach α linear interpolieren.

Die obigen Interpolationsregeln können vom praktischen Standpunkt noch als umständlich bezeichnet werden. Man kann auch den Einwand erheben, daß Veränderlichkeit von Querschnittscharakteristiken in Längsachse — die in gewissem Maße unvermeidlich ist — beispielsweise einen u. U. größeren Einfluß auf die Biegemomente M_x^P haben kann als die Parameter kl, α und $\varkappa$ zusammen.[1] Die Interpolationsregeln können wie folgt vereinfacht werden:

Man rechnet mit einem festgesetzten kl-Wert (gleich 0, 1, 2, 3, 4, 6, bzw. 8) und interpoliert nur die Schnittkräfte M_x^M, B^P, H^P und H_ω^P, und zwar nach dem Zentralwinkel α für den nächstliegenden $\varkappa$- bzw. $\bar{y}$-Wert. Nur die Biegemomente M_x^M interpoliert man noch zusätzlich nach $\varkappa$.

2.2 Hinweis zum Tabellengebrauch für geschlossene und offen-geschlossene Profile ($\mu \neq 1$)

In den Tabellen 31 bis 38 für den Zweifeldträger sind für die Parameter $kl = 8$ und $\varkappa = 1$ zum Vergleich die Werte der Biegemomente und Bimomente aus Einzellast P und Einzeldrehmoment M in einem geschlossenem Profil mit $\mu = 0.5$ mit eingefügt. Die Unterschiede gegenüber $\mu = 1$ sind bei Biegemomenten verhältnismäßig klein, bei Bimomenten sind sie bedeutend: die Bimomente stehen zu einander etwa im Verhältnis der μ-Werte. Dieses Verhältnis ist im Grundsystem streng gültig. Hieraus folgt eine Näherungsregel zum Tabellengebrauch auch für geschlossene Profile, sofern es sich um gekrümmte *Durchlaufträger* handelt:

Die Biegemomente M_x und Gesamtdrillmomente H für bestimmte Parameter kl, α und $\varkappa$ werden direkt aus den Tafeln entnommen, gegebenenfalls durch Interpolieren. Die Tabellenwerte der Bimomente B und der sekundären Drillmomente H_ω (die mit der ersten Ableitung des Bimomentes identisch sind) sollen durch den Wölbschubparameter μ multipliziert werden. In der Abklingungszahl kl ist hierbei für k der Ausdruck (120) zu benutzen.

---

[1] Es liegt der Gedanke nahe, im Falle einer beträchtlichen Profilveränderlichkeit in Längsachse folgenden Weg einzuschlagen: Man berechnet die Biegemomente M_x^P nach den bekannten Regeln der Statik wie für einen *geraden* Durchlaufträger *veränderlichen* Profils. Hierbei ist für die Feldlänge l die Segmentlänge $r\alpha$ (und nicht etwa die Sehnenlänge gleich $2r \sin \alpha/2$) einzusetzen. Im betrachteten Winkelbereich dürften dann die durchschnittlichen Differenzen gegenüber wirklichen Werten von M_x^P den unter 2.1.a genannten Wert von 6% nicht überschreiten. Alle übrigen Schnittkräfte (M_x^M, $B^{P,M}$ sowie $H^{P,M}$ und $H_\omega^{P,M}$) entnimmt man den Tabellen unter Annahme gemittelter Profilabmessungen.

178 Anhang

Die Abklingungszahl kl wird bei geschlossenen Profilen den Wert $kl = 8$ meistens übersteigen. (Nur bei quasigeschlossenen Profilen ist meistens mit $kl < 8$ zu rechnen.) Die Bimomente B^P werden dann sehr klein — sie können überschläglich durch Extrapolieren bestimmt werden. Die Bimomente B^M haben einen ausgesprochen lokalen Charakter. Die Einflußlinienordinaten des Stützbimomentes B_1^M für $kl > 8$ erhält man näherungsweise, wenn die Ordinaten B_1^M für $kl = 8$ durch $8/kl$ multipliziert werden. Die Einflußlinienordinaten in den Mittelquerschnitten, $B_{0,5}^M$ bzw. $B_{1,5}^M$, können angenähert gleich

$$B_{0,5;\,1,5}^M = \mu \frac{M}{2k} e^{-k\bar{z}}$$

gesetzt werden; $\bar{z}$ wird vom betrachteten Querschnitt aus gerechnet. Die Ordinaten klingen mit wachsendem $\bar{z}$ rasch ab. Der Krümmungseinfluß ist in dieser Gleichung nicht mehr enthalten.

3. Hinweise zu den Diagrammen

Ein Teil von Einflußlinien der Schnittkräfte M_x^M, B^P und B^M sowie $H^{P,M}$ und $H_\omega^{P,M}$ ist in Form von Diagrammen (Abb. 82 bis 94) dargestellt. An Hand von Diagrammen ist die Abhängigkeit der Schnittkräfte von der Abklingungszahl kl und dem Steifigkeitsparameter $\varkappa$ bzw. $\bar{\gamma}$ leichter zu übersehen. Die Diagramme für den frei biegedrehbar gestützten Zweifeldträger und für an einem Ende frei biegedrehbar gestützten und an anderem Ende wölbfest eingespannten Einfeldträger[1] sind zum Vergleich gegenübergestellt. Dadurch wird der Einfluß einer wölbfesten Einspannung veranschaulicht.

In Abb. 82a bis f und 83a bis f sind Einflußlinien der Biegemomente M_1^M und $M_{0,5}^M$ in einseitig wölbfest eingespanntem Einfeldträger bzw. in Zweifeldträger dargestellt. Der zügige Verlauf über Mittelstütze von $M_{0,5}^M$ in Zweifeldträger sei hervorgehoben.

In Abb. 84 und 85 sind Einflußlinien der Bimomente B_1^P und $B_{0,5}^P$ für beide Träger dargestellt. In Abb. 86 sind Einflußlinien $B_{0,5}^P$ im Grundsystem Abb. 27 zum Vergleich mit angegeben. Die Abb. 87 und 88 beziehen sich auf Einflußlinien der Bimomente B_1^M und $B_{0,5}^M$ in beiden vergleichbaren Trägern.

Einflußlinien der Auflagerdrillmomente sind in Abb. 89 bis 94 zusammengestellt. Die *sekundären* Drillmomente $H_{\omega A}^P$ und $H_{\omega A}^M$ an der

---

[1] Die Werte der Schnittkräfte für den einseitig wölbfest eingespannten Einfeldträger sind in den Tabellen nicht enthalten. Die Stützbiegemomente und Stützbimomente in diesem Träger sind gleich dem doppelten Wert der entsprechenden Größen im Zweifeldträger.

3. Hinweise zu den Diagrammen

linken Stütze des Grundsystems Abb. 27 sind in Abb. 89 veranschaulicht. Die *Gesamt*drillmomente H_A^P und H_A^M im Grundsystem (gesondert nicht dargestellt) sind gleich $H_{\omega A}^P$ bzw. $H_{\omega A}^M$ für den Sonderfall $kl = 0$ (die letzteren sind von kl unabhängig).

Einflußlinien der Gesamtdrillmomente H_A und H_B an der linken bzw. rechten Stütze des einseitig eingespannten Einfeldträgers zufolge Einzellast P sind in Abb. 90 und zufolge Einzeldrehmoment M in Abb. 91 dargestellt. Es sei bemerkt, daß die Werte H_B^P und H_B^M identisch sind mit Gesamtdrehmomenten an der Mittelstütze des Zweifeldträgers. (Dies gilt offensichtlich nicht für H_A^P und H_A^M.)

Einflußlinien der sekundären Drillmomente $H_{\omega A}^P$ und $H_{\omega A}^M$ an der Außenstütze A in einseitig eingespanntem Einfeldträger und in Zweifeldträger sind in Abb. 92 bzw. 93 dargestellt. Einflußlinien der sekundären Drillmomente $H_{\omega B,l}^P$ und $H_{\omega B,l}^M$ im Querschnitt links an der Mittelstütze des Zweifeldträgers sind in Abb. 94 angegeben. Hierbei gilt $H_{\omega B,l} = -H_{\omega (z=l)}$.

Tabelle 1. Einflußlinien der Biegemomente M^P in den Querschnitten $z = \varepsilon l$ im Grundsystem (Belastung durch Einzellast P in $z = \xi l$)

$M_x^P = M^P$

Multiplikator Pl

α	ε	$\xi = 0{,}1$	0,2	0,3	0,4	0,5	0,6	0,7	0,8	0,9
0,2	0,1	0,09011	0,08019	0,07024	0,06026	0,05025	0,04022	0,03018	0,02013	0,01007
	0,2	0,08019	0,16035	0,14044	0,12048	0,10047	0,08043	0,06035	0,04025	0,02013
	0,3	0,07024	0,14044	0,21058	0,18065	0,15065	0,12059	0,09049	0,06035	0,03018
	0,4	0,06026	0,12048	0,18065	0,24075	0,20077	0,16071	0,12059	0,08043	0,04022
	0,5	0,05025	0,10047	0,15065	0,20077	0,25082	0,20077	0,15065	0,10047	0,05025
	0,6	0,04022	0,08043	0,12059	0,16071	0,20077	0,24075	0,18065	0,12048	0,06026
	0,7	0,03018	0,06035	0,09049	0,12059	0,15065	0,18065	0,21058	0,14044	0,07024
	0,8	0,02013	0,04025	0,06035	0,08043	0,10047	0,12048	0,14044	0,16035	0,08019
	0,9	0,01007	0,02013	0,03018	0,04022	0,05025	0,06026	0,07024	0,08019	0,09011
0,4	0,1	0,09044	0,08076	0,07095	0,06102	0,05100	0,04090	0,03074	0,02052	0,01027
	0,2	0,08076	0,16137	0,14177	0,12194	0,10192	0,08173	0,06141	0,04099	0,02052
	0,3	0,07095	0,14177	0,21238	0,18267	0,15268	0,12244	0,09200	0,06141	0,03074
	0,4	0,06102	0,12194	0,18267	0,24312	0,20320	0,16265	0,12244	0,08173	0,04090
	0,5	0,05100	0,10192	0,15268	0,20320	0,25338	0,20320	0,15268	0,10192	0,05100
	0,6	0,04090	0,08173	0,12244	0,16265	0,20320	0,24312	0,18267	0,12194	0,06102
	0,7	0,03074	0,06141	0,09200	0,12244	0,15268	0,18267	0,21238	0,14177	0,07095
	0,8	0,02052	0,04099	0,06141	0,08173	0,10192	0,12194	0,14177	0,16137	0,08076
	0,9	0,01027	0,02052	0,03074	0,04090	0,05100	0,06102	0,07095	0,08076	0,09044

Vermerk zu allen Tabellen: Die Ordinate z dreht im Uhrzeigersinn, wenn das System von oben — normal zur Krümmungsebene — betrachtet wird.

Tabelle 2. *Einflußlinien der Biegemomente* M^M *in den Querschnitten* $z = \varepsilon l$ *im Grundsystem (Belastung durch Einzeldrehmoment* M *in* $z = \xi l$*)*

$$M_x^M \equiv M^M$$

Multiplikator M

α	ε	ξ = 0,1	0,2	0,3	0,4	0,5	0,6	0,7	0,8	0,9
	0,1	−0,01802	−0,01604	−0,01405	−0,01205	−0,01005	−0,00804	−0,00604	−0,00403	−0,00201
	0,2	−0,01604	−0,03207	−0,02809	−0,02410	−0,02009	−0,01609	−0,01207	−0,00805	−0,00403
	0,3	−0,01405	−0,02809	−0,04212	−0,03613	−0,03013	−0,02412	−0,01810	−0,01207	−0,00604
	0,4	−0,01205	−0,02410	−0,03613	−0,04815	−0,04015	−0,03214	−0,02412	−0,01609	−0,00804
0,2	0,5	−0,01005	−0,02009	−0,03013	−0,04015	−0,05016	−0,04015	−0,03013	−0,02009	−0,01005
	0,6	−0,00804	−0,01609	−0,02412	−0,03214	−0,04015	−0,04815	−0,03613	−0,02410	−0,01205
	0,7	−0,00604	−0,01207	−0,01810	−0,02412	−0,03013	−0,03613	−0,04212	−0,02809	−0,01405
	0,8	−0,00403	−0,00805	−0,01207	−0,01609	−0,02009	−0,02410	−0,02809	−0,03207	−0,01604
	0,9	−0,00201	−0,00403	−0,00604	−0,00804	−0,01005	−0,01205	−0,01405	−0,01604	−0,01802
	0,1	−0,03617	−0,03230	−0,02838	−0,02441	−0,02040	−0,01636	−0,01229	−0,00821	−0,00411
	0,2	−0,03230	−0,06455	−0,05671	−0,04878	−0,04077	−0,03269	−0,02456	−0,01640	−0,00821
	0,3	−0,02838	−0,05671	−0,08495	−0,07307	−0,06107	−0,04898	−0,03680	−0,02456	−0,01229
	0,4	−0,02441	−0,04878	−0,07307	−0,09725	−0,08128	−0,06518	−0,04898	−0,03269	−0,01636
0,4	0,5	−0,02040	−0,04077	−0,06107	−0,08128	−0,10135	−0,08128	−0,06107	−0,04077	−0,02040
	0,6	−0,01636	−0,03269	−0,04898	−0,06518	−0,08128	−0,09725	−0,07307	−0,04878	−0,02441
	0,7	−0,01229	−0,02456	−0,03680	−0,04898	−0,06107	−0,07307	−0,08495	−0,05671	−0,02838
	0,8	−0,00821	−0,01640	−0,02456	−0,03269	−0,04077	−0,04878	−0,05671	−0,06455	−0,03230
	0,9	−0,00411	−0,00821	−0,01229	−0,01636	−0,02040	−0,02441	−0,02838	−0,03230	−0,03617

Tabelle 3. *Einflußlinien der Bimomente B^P in den Querschnitten $z = \varepsilon l$ im Grundsystem (Belastung durch Einzellast P in $z = \xi l$)*
Multiplikator $0{,}001 \, Pl^2 \cdot \mu$

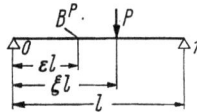

kl	α	ε	$\xi = 0{,}1$	0,2	0,3	0,4	0,5	0,6	0,7	0,8	0,9
0	0,2	0,1	−0,542	−0,937	−1,171	−1,265	−1,239	−1,112	−0,904	−0,636	−0,328
		0,2	−0,937	−1,712	−2,202	−2,410	−2,376	−2,143	−1,748	−1,232	−0,636
		0,3	−1,171	−2,202	−2,951	−3,313	−3,314	−3,013	−2,471	−1,748	−0,904
		0,4	−1,265	−2,410	−3,313	−3,855	−3,949	−3,642	−3,013	−2,143	−1,112
		0,5	−1,239	−2,376	−3,314	−3,949	−4,183	−3,949	−3,314	−2,376	−1,239
		0,6	−1,112	−2,143	−3,013	−3,642	−3,949	−3,855	−3,313	−2,410	−1,265
		0,7	−0,904	−1,748	−2,471	−3,013	−3,314	−3,313	−2,951	−2,202	−1,171
		0,8	−0,636	−1,232	−1,748	−2,143	−2,376	−2,410	−2,202	−1,712	−0,937
		0,9	−0,328	−0,636	−0,904	−1,112	−1,239	−1,265	−1,171	−0,937	−0,542
	0,4	0,1	−1,094	−1,892	−2,368	−2,560	−2,508	−2,252	−1,833	−1,290	−0,666
		0,2	−1,892	−3,459	−4,453	−4,876	−4,812	−4,341	−3,542	−2,498	−1,290
		0,3	−2,368	−4,453	−5,970	−6,705	−6,709	−6,103	−5,007	−3,542	−1,833
		0,4	−2,560	−4,876	−6,705	−7,803	−7,995	−7,375	−6,103	−4,341	−2,252
		0,5	−2,508	−4,812	−6,709	−7,995	−8,468	−7,995	−6,709	−4,812	−2,508
		0,6	−2,252	−4,341	−6,103	−7,375	−7,995	−7,803	−6,705	−4,876	−2,560
		0,7	−1,833	−3,542	−5,007	−6,103	−6,709	−6,705	−5,970	−4,453	−2,368
		0,8	−1,290	−2,498	−3,542	−4,341	−4,812	−4,876	−4,453	−3,459	−1,892
		0,9	−0,666	−1,290	−1,833	−2,252	−2,508	−2,560	−2,368	−1,892	−1,094
1	0,2	0,1	−0,50	−0,86	−1,07	−1,15	−1,12	−1,00	−0,81	−0,57	−0,29
		0,2	−0,86	−1,58	−2,01	−2,19	−2,15	−1,93	−1,57	−1,11	−0,57
		0,3	−1,07	−2,01	−2,69	−3,02	−3,00	−2,72	−2,23	−1,57	−0,81
		0,4	−1,15	−2,19	−3,02	−3,51	−3,58	−3,30	−2,72	−1,93	−1,00
		0,5	−1,12	−2,15	−3,00	−3,58	−3,80	−3,58	−3,00	−2,15	−1,12
		0,6	−1,00	−1,93	−2,72	−3,30	−3,58	−3,51	−3,02	−2,19	−1,15
		0,7	−0,81	−1,57	−2,23	−2,72	−3,00	−3,02	−2,69	−2,01	−1,07
		0,8	−0,57	−1,11	−1,57	−1,93	−2,15	−2,19	−2,01	−1,58	−0,86
		0,9	−0,29	−0,57	−0,81	−1,00	−1,12	−1,15	−1,07	−0,86	−0,50
	0,4	0,1	−1,01	−1,75	−2,17	−2,33	−2,27	−2,03	−1,65	−1,16	−0,60
		0,2	−1,75	−3,18	−4,07	−4,44	−4,36	−3,92	−3,19	−2,24	−1,16
		0,3	−2,17	−4,07	−5,46	−6,11	−6,09	−5,52	−4,51	−3,19	−1,65
		0,4	−2,33	−4,44	−6,11	−7,10	−7,27	−6,69	−5,52	−3,92	−2,03
		0,5	−2,27	−4,36	−6,09	−7,27	−7,70	−7,27	−6,09	−4,36	−2,27
		0,6	−2,03	−3,92	−5,52	−6,69	−7,27	−7,10	−6,11	−4,44	−2,33
		0,7	−1,65	−3,19	−4,51	−5,52	−6,09	−6,11	−5,46	−4,07	−2,17
		0,8	−1,16	−2,24	−3,19	−3,92	−4,36	−4,44	−4,07	−3,18	−1,75
		0,9	−0,60	−1,16	−1,65	−2,03	−2,27	−2,33	−2,17	−1,75	−1,01
1,5	0,2	0,5	−1,00	−1,93	−2,69	−3,22	−3,42	−3,22	−2,69	−1,93	−1,00
	0,4	0,5	−2,03	−3,90	−5,46	−6,52	−6,92	−6,52	−5,46	−3,90	−2,03

Tabelle 3 (*Fortsetzung*)

kl	α	ε	$\xi = 0{,}1$	0,2	0,3	0,4	0,5	0,6	0,7	0,8	0,9
2	0,2	0,1	−0,418	−0,706	−0,860	−0,909	−0,873	−0,771	−0,619	−0,432	−0,222
		0,2	−0,706	−1,279	−1,614	−1,733	−1,680	−1,492	−1,203	−0,841	−0,432
		0,3	−0,860	−1,614	−2,150	−2,384	−2,351	−2,110	−1,713	−1,203	−0,619
		0,4	−0,909	−1,733	−2,384	−2,769	−2,816	−2,573	−2,110	−1,492	−0,771
		0,5	−0,873	−1,680	−2,351	−2,816	−2,992	−2,816	−2,351	−1,680	−0,873
		0,6	−0,771	−1,492	−2,110	−2,573	−2,816	−2,769	−2,384	−1,733	−0,909
		0,7	−0,619	−1,203	−1,713	−2,110	−2,351	−2,384	−2,150	−1,614	−0,860
		0,8	−0,432	−0,841	−1,203	−1,492	−1,680	−1,733	−1,614	−1,279	−0,706
		0,9	−0,222	−0,432	−0,619	−0,771	−0,873	−0,909	−0,860	−0,706	−0,418
	0,4	0,1	−0,843	−1,425	−1,740	−1,839	−1,768	−1,563	−1,256	−0,876	−0,450
		0,2	−1,425	−2,583	−3,264	−3,507	−3,401	−3,024	−2,439	−1,706	−0,876
		0,3	−1,740	−3,264	−4,351	−4,827	−4,763	−4,278	−3,473	−2,439	−1,256
		0,4	−1,839	−3,507	−4,827	−5,606	−5,704	−5,213	−4,278	−3,024	−1,563
		0,5	−1,768	−3,401	−4,763	−5,704	−6,057	−5,704	−4,763	−3,401	−1,768
		0,6	−1,563	−3,024	−4,278	−5,213	−5,704	−5,606	−4,827	−3,507	−1,839
		0,7	−1,256	−2,439	−3,473	−4,278	−4,763	−4,827	−4,351	−3,264	−1,740
		0,8	−0,876	−1,706	−2,439	−3,024	−3,401	−3,507	−3,264	−2,583	−1,425
		0,9	−0,450	−0,876	−1,256	−1,563	−1,768	−1,839	−1,740	−1,425	−0,843
2,5	0,2	0,5	−0,747	−1,440	−2,021	−2,426	−2,581	−2,426	−2,021	−1,440	−0,747
	0,4	0,5	−1,513	−2,916	−4,093	−4,913	−5,225	−4,913	−4,093	−2,916	−1,513
3	0,2	0,1	−0,333	−0,549	−0,652	−0,674	−0,634	−0,552	−0,438	−0,303	−0,154
		0,2	−0,549	−0,986	−1,222	−1,287	−1,225	−1,072	−0,854	−0,592	−0,303
		0,3	−0,652	−1,222	−1,620	−1,773	−1,724	−1,527	−1,226	−0,854	−0,438
		0,4	−0,674	−1,287	−1,773	−2,057	−2,076	−1,878	−1,527	−1,072	−0,552
		0,5	−0,634	−1,225	−1,724	−2,076	−2,212	−2,076	−1,724	−1,225	−0,634
		0,6	−0,552	−1,072	−1,527	−1,878	−2,076	−2,057	−1,773	−1,287	−0,674
		0,7	−0,438	−0,854	−1,226	−1,527	−1,724	−1,773	−1,620	−1,222	−0,652
		0,8	−0,303	−0,592	−0,854	−1,072	−1,225	−1,287	−1,222	−0,986	−0,549
		0,9	−0,154	−0,303	−0,438	−0,552	−0,634	−0,674	−0,652	−0,549	−0,333
	0,4	0,1	−0,672	−1,108	−1,319	−1,363	−1,285	−1,118	−0,888	−0,614	−0,314
		0,2	−1,108	−1,991	−2,471	−2,603	−2,481	−2,173	−1,732	−1,201	−0,614
		0,3	−1,319	−2,471	−3,276	−3,589	−3,491	−3,095	−2,486	−1,732	−0,888
		0,4	−1,363	−2,603	−3,589	−4,164	−4,203	−3,805	−3,095	−2,173	−1,118
		0,5	−1,285	−2,481	−3,491	−4,203	−4,477	−4,203	−3,491	−2,481	−1,285
		0,6	−1,118	−2,173	−3,095	−3,805	−4,203	−4,164	−3,589	−2,603	−1,363
		0,7	−0,888	−1,732	−2,486	−3,095	−3,491	−3,589	−3,276	−2,471	−1,319
		0,8	−0,614	−1,201	−1,732	−2,173	−2,481	−2,603	−2,471	−1,991	−1,018
		0,9	−0,314	−0,614	−0,888	−1,118	−1,285	−1,363	−1,319	−1,108	−0,672
	0,2	0,1	−0,266	−0,425	−0,491	−0,495	−0,456	−0,390	−0,306	−0,209	−0,106
		0,2	−0,425	−0,757	−0,920	−0,948	−0,885	−0,762	−0,599	−0,412	−0,209
		0,3	−0,491	−0,920	−1,213	−1,310	−1,253	−1,094	−0,868	−0,599	−0,306
		0,4	−0,495	−0,948	−1,310	−1,519	−1,519	−1,359	−1,094	−0,762	−0,390

Tabelle 3 (*Fortsetzung*)

kl	α	ε	$\xi = 0{,}1$	0,2	0,3	0,4	0,5	0,6	0,7	0,8	0,9
4	0,2	0,5	−0,456	−0,885	−1,253	−1,519	−1,625	−1,519	−1,253	−0,885	−0,456
		0,6	−0,390	−0,762	−1,094	−1,359	−1,519	−1,519	−1,310	−0,948	−0,495
		0,7	−0,306	−0,599	−0,868	−1,094	−1,253	−1,310	−1,213	−0,921	−0,491
		0,8	−0,209	−0,412	−0,599	−0,762	−0,885	−0,948	−0,920	−0,757	−0,425
		0,9	−0,106	−0,209	−0,306	−0,390	−0,456	−0,495	−0,491	−0,425	−0,266
	0,4	0,1	−0,536	−0,858	−0,993	−1,001	−0,925	−0,791	−0,620	−0,425	−0,216
		0,2	−0,858	−1,528	−1,860	−1,918	−1,792	−1,545	−1,216	−0,836	−0,425
		0,3	−0,993	−1,860	−2,453	−2,651	−2,538	−2,218	−1,760	−1,216	−0,620
		0,4	−1,001	−1,918	−2,651	−3,073	−3,076	−2,754	−2,218	−1,545	−0,791
		0,5	−0,925	−1,792	−2,538	−3,076	−3,289	−3,076	−2,538	−1,792	−0,925
		0,6	−0,791	−1,545	−2,218	−2,754	−3,076	−3,073	−2,651	−1,918	−1,001
		0,7	−0,620	−1,216	−1,760	−2,218	−2,538	−2,651	−2,453	−1,860	−0,993
		0,8	−0,425	−0,836	−1,216	−1,545	−1,792	−1,918	−1,860	−1,528	−0,858
		0,9	−0,216	−0,425	−0,620	−0,791	−0,925	−1,001	−0,993	−0,858	−0,536
5	0,2	0,5	−0,333	−0,649	−0,926	−1,131	−1,215	−1,131	−0,926	−0,649	−0,333
	0,4	0,5	−0,676	−1,316	−1,875	−2,290	−2,460	−2,290	−1,875	−1,316	−0,676
6	0,2	0,1	−0,177	−0,268	−0,293	−0,281	−0,250	−0,207	−0,159	−0,107	−0,054
		0,2	−0,268	−0,469	−0,549	−0,542	−0,488	−0,409	−0,315	−0,213	−0,107
		0,3	−0,293	−0,549	−0,719	−0,756	−0,701	−0,596	−0,462	−0,315	−0,159
		0,4	−0,281	−0,542	−0,756	−0,878	−0,863	−0,755	−0,596	−0,409	−0,207
		0,5	−0,250	−0,488	−0,701	−0,863	−0,932	−0,863	−0,701	−0,488	−0,250
		0,6	−0,207	−0,409	−0,596	−0,755	−0,863	−0,878	−0,756	−0,542	−0,281
		0,7	−0,159	−0,315	−0,462	−0,596	−0,701	−0,756	−0,719	−0,549	−0,293
		0,8	−0,107	−0,213	−0,315	−0,409	−0,488	−0,542	−0,549	−0,469	−0,268
		0,9	−0,054	−0,107	−0,159	−0,207	−0,250	−0,281	−0,293	−0,268	−0,177
	0,4	0,1	−0,356	−0,540	−0,591	−0,569	−0,506	−0,421	−0,323	−0,218	−0,110
		0,2	−0,540	−0,947	−1,108	−1,097	−0,989	−0,829	−0,639	−0,433	−0,218
		0,3	−0,591	−1,108	−1,453	−1,529	−1,420	−1,207	−0,939	−0,639	−0,323
		0,4	−0,569	−1,097	−1,529	−1,776	−1,747	−1,530	−1,207	−0,829	−0,421
		0,5	−0,506	−0,989	−1,420	−1,747	−1,886	−1,747	−1,420	−0,989	−0,506
		0,6	−0,421	−0,829	−1,207	−1,530	−1,747	−1,776	−1,529	−1,097	−0,569
		0,7	−0,323	−0,639	−0,939	−1,207	−1,420	−1,529	−1,453	−1,108	−0,591
		0,8	−0,218	−0,433	−0,639	−0,829	−0,989	−1,097	−1,108	−0,947	−0,540
		0,9	−0,110	−0,218	−0,323	−0,421	−0,506	−0,569	−0,591	−0,540	−0,356
	0,2	0,1	−0,126	−0,180	−0,188	−0,174	−0,151	−0,123	−0,093	−0,062	−0,031
		0,2	−0,180	−0,314	−0,354	−0,339	−0,297	−0,244	−0,185	−0,124	−0,062
		0,3	−0,188	−0,354	−0,464	−0,477	−0,431	−0,359	−0,275	−0,185	−0,093
		0,4	−0,174	−0,339	−0,477	−0,557	−0,540	−0,463	−0,359	−0,244	−0,123
		0,5	−0,151	−0,297	−0,431	−0,540	−0,588	−0,540	−0,431	−0,297	−0,151
		0,6	−0,123	−0,244	−0,359	−0,463	−0,540	−0,557	−0,477	−0,339	−0,174
		0,7	−0,093	−0,185	−0,275	−0,359	−0,431	−0,477	−0,464	−0,354	−0,188
		0,8	−0,062	−0,124	−0,185	−0,244	−0,297	−0,339	−0,354	−0,314	−0,180
		0,9	−0,031	−0,062	−0,093	−0,123	−0,151	−0,174	−0,188	−0,180	−0,126

Tabellen

Tabelle 3 (Fortsetzung)

kl	α	ε	$\xi=0,1$	0,2	0,3	0,4	0,5	0,6	0,7	0,8	0,9
8	0,4	0,1	−0,253	−0,364	−0,380	−0,352	−0,305	−0,249	−0,189	−0,127	−0,064
		0,2	−0,364	−0,632	−0,716	−0,685	−0,602	−0,494	−0,376	−0,253	−0,127
		0,3	−0,380	−0,716	−0,938	−0,965	−0,874	−0,728	−0,558	−0,376	−0,189
		0,4	−0,352	−0,685	−0,965	−1,127	−1,092	−0,938	−0,728	−0,494	−0,249
		0,5	−0,305	−0,602	−0,874	−1,092	−1,190	−1,092	−0,874	−0,602	−0,305
		0,6	−0,249	−0,494	−0,728	−0,938	−1,092	−1,127	−0,965	−0,685	−0,352
		0,7	−0,189	−0,376	−0,558	−0,728	−0,874	−0,965	−0,938	−0,716	−0,380
		0,8	−0,127	−0,253	−0,376	−0,494	−0,602	−0,685	−0,716	−0,623	−0,364
		0,9	−0,064	−0,127	−0,189	−0,249	−0,305	−0,352	−0,380	−0,364	−0,253
10	0,2	0,5	−0,099	−0,196	−0,288	−0,365	−0,402	−0,365	−0,288	−0,196	−0,099
	0,4	0,5	−0,201	−0,397	−0,583	−0,738	−0,812	−0,738	−0,583	−0,397	−0,201
16	0,2	0,5	−0,039	−0,079	−0,117	−0,152	−0,172	−0,152	−0,117	−0,079	−0,039
	0,4	0,5	−0,080	−0,159	−0,236	−0,307	−0,347	−0,307	−0,236	−0,159	−0,080

Tabelle 4. *Einflußlinien der Bimomente B^M in den Querschnitten $z=\varepsilon l$ im Grundsystem (Belastung durch Einzeldrehmoment M in $z=\xi l$)*
Multiplikator $Ml \cdot \mu$

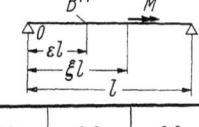

kl	α	ε	$\xi=0,1$	0,2	0,3	0,4	0,5	0,6	0,7	0,8	0,9
0	0	0,1	0,09	0,08	0,07	0,06	0,05	0,04	0,03	0,02	0,01
		0,9	0,01	0,02	0,03	0,04	0,05	0,06	0,07	0,08	0,09
	0,2	0,1	0,09011	0,08019	0,07024	0,06026	0,05025	0,04022	0,03018	0,02013	0,01007
		0,2	0,08019	0,16035	0,14044	0,12048	0,10047	0,08043	0,06035	0,04025	0,02013
		0,3	0,07024	0,14044	0,21058	0,18065	0,15065	0,12059	0,09049	0,06035	0,03018
		0,4	0,06026	0,12048	0,18065	0,24075	0,20078	0,16071	0,12059	0,08043	0,04022
		0,5	0,05025	0,10047	0,15065	0,20078	0,25082	0,20078	0,15065	0,10047	0,05025
		0,6	0,04022	0,08043	0,12059	0,16071	0,20078	0,24075	0,18065	0,12048	0,06026
		0,7	0,03018	0,06035	0,09049	0,12059	0,15065	0,18065	0,21058	0,14044	0,07024
		0,8	0,02013	0,04025	0,06035	0,08043	0,10047	0,12048	0,14044	0,16035	0,08019
		0,9	0,01007	0,02013	0,03018	0,04022	0,05025	0,06026	0,07024	0,08019	0,09011
	0,4	0,1	0,09044	0,08076	0,07095	0,06102	0,05100	0,04090	0,03074	0,02052	0,01027
		0,2	0,08076	0,16137	0,14177	0,12194	0,10192	0,08173	0,06141	0,04099	0,02052
		0,3	0,07095	0,14177	0,21238	0,18267	0,15268	0,12244	0,09200	0,06141	0,03074
		0,4	0,06102	0,12194	0,18267	0,24312	0,20320	0,16295	0,12244	0,08173	0,04090
		0,5	0,05100	0,10192	0,15268	0,20320	0,25338	0,20320	0,15268	0,10192	0,05100
		0,6	0,04090	0,08173	0,12244	0,16295	0,20320	0,24312	0,18267	0,12194	0,06102
		0,7	0,03074	0,06141	0,09200	0,12244	0,15268	0,18267	0,21238	0,14177	0,07095
		0,8	0,02052	0,04099	0,06141	0,08173	0,10192	0,12194	0,14177	0,16137	0,08076
		0,9	0,01027	0,02052	0,03074	0,04090	0,05100	0,06102	0,07095	0,08076	0,09044

Tabelle 4 (*Fortsetzung*)

kl	α	ε	ξ = 0,1	0,2	0,3	0,4	0,5	0,6	0,7	0,8	0,9
1	0	0,1	0,08750	0,07570	0,06466	0,05427	0,04442	0,03501	0,02596	0,01716	0,00854
		0,2	0,07570	0,15215	0,12996	0,10907	0,08928	0,07037	0,05217	0,03449	0,01716
		0,3	0,06466	0,12996	0,19656	0,16497	0,13503	0,10643	0,07891	0,05217	0,02596
		0,4	0,05427	0,10907	0,16497	0,22252	0,18213	0,14356	0,10643	0,07037	0,03501
		0,5	0,04442	0,08928	0,13503	0,18213	0,23106	0,18213	0,13503	0,08928	0,04442
		0,6	0,03501	0,07037	0,10643	0,14356	0,18213	0,22252	0,16497	0,10907	0,05427
		0,7	0,02596	0,05217	0,07891	0,10643	0,13503	0,16497	0,19656	0,12996	0,06466
		0,8	0,01716	0,03449	0,05217	0,07037	0,08928	0,10907	0,12996	0,15215	0,07570
		0,9	0,00854	0,01716	0,02596	0,03501	0,04442	0,05427	0,06466	0,07570	0,08750
1	0,2	0,1	0,08760	0,07587	0,06487	0,05450	0,04464	0,03521	0,02612	0,01728	0,00860
		0,2	0,07587	0,15247	0,13037	0,10951	0,08971	0,07076	0,05249	0,03472	0,01728
		0,3	0,06487	0,13037	0,19710	0,16557	0,13563	0,10698	0,07935	0,05249	0,02612
		0,4	0,05450	0,10951	0,16557	0,22322	0,18285	0,14422	0,10698	0,07076	0,03521
		0,5	0,04464	0,08971	0,13563	0,18285	0,23181	0,18285	0,13563	0,08971	0,04464
		0,6	0,03521	0,07076	0,10698	0,14422	0,18285	0,22322	0,16557	0,10951	0,05450
		0,7	0,02612	0,05249	0,07935	0,10698	0,13563	0,16557	0,19710	0,13037	0,06487
		0,8	0,01728	0,03472	0,05249	0,07076	0,08971	0,10951	0,13037	0,15247	0,07587
		0,9	0,00860	0,01728	0,02612	0,03521	0,04464	0,05450	0,06487	0,07587	0,08760
1	0,4	0,1	0,08790	0,07640	0,06553	0,05520	0,04532	0,03582	0,02662	0,01762	0,00878
		0,2	0,07640	0,15343	0,13159	0,11085	0,09102	0,07194	0,05345	0,03539	0,01762
		0,3	0,06553	0,13159	0,19875	0,16741	0,13746	0,10864	0,08071	0,05345	0,02662
		0,4	0,05520	0,11085	0,16741	0,22536	0,18504	0,14624	0,10864	0,07194	0,03582
		0,5	0,04532	0,09102	0,13746	0,18504	0,23414	0,18504	0,13746	0,09102	0,04532
		0,6	0,03582	0,07194	0,10864	0,14624	0,18504	0,22536	0,16741	0,11085	0,05520
		0,7	0,02662	0,05345	0,08071	0,10864	0,13746	0,16741	0,19875	0,13159	0,06553
		0,8	0,01762	0,03539	0,05345	0,07194	0,09102	0,11085	0,13159	0,15343	0,07640
		0,9	0,00878	0,01762	0,02662	0,03582	0,04532	0,05520	0,06553	0,07640	0,08790
1,5	0	0,5	0,03876	0,07840	0,11981	0,16391	0,21171	0,16391	0,11981	0,07840	0,03876
	0,2	0,5	0,03897	0,07879	0,12035	0,16455	0,21239	0,16455	0,12035	0,07879	0,03896
	0,4	0,5	0,03958	0,07996	0,12200	0,16652	0,21447	0,16652	0,12200	0,07996	0,03958
	0	0,1	0,08167	0,06594	0,05286	0,04190	0,03262	0,02465	0,01767	0,01140	0,00559
		0,2	0,06594	0,13452	0,10783	0,08547	0,06655	0,05029	0,03605	0,02326	0,01140
		0,3	0,05286	0,10783	0,16714	0,13248	0,10314	0,07795	0,05588	0,03605	0,01767
		0,4	0,04190	0,08547	0,13248	0,18481	0,14388	0,10873	0,07795	0,05029	0,02465
		0,5	0,03262	0,06655	0,10314	0,14388	0,19039	0,14388	0,10314	0,06655	0,03262
		0,6	0,02465	0,05029	0,07795	0,10873	0,14388	0,18481	0,13248	0,08547	0,04190
		0,7	0,01767	0,03605	0,05588	0,07795	0,10314	0,13248	0,16714	0,10783	0,05286
		0,8	0,01140	0,02326	0,03605	0,05029	0,06655	0,08547	0,10783	0,13452	0,06594
		0,9	0,00559	0,01140	0,01767	0,02465	0,03262	0,04190	0,05286	0,06594	0,08167
		0,1	0,08175	0,06608	0,05303	0,04208	0,03279	0,02481	0,01780	0,01149	0,00563
		0,2	0,06608	0,13478	0,10815	0,08582	0,06688	0,05059	0,03629	0,02343	0,01149
		0,3	0,05303	0,10815	0,16757	0,13296	0,10361	0,07837	0,05622	0,03629	0,01780
		0,4	0,04208	0,08582	0,13296	0,18536	0,14445	0,10925	0,07837	0,05059	0,02481

Tabelle 4 (*Fortsetzung*)

kl	α	ε	$\xi=0,1$	0,2	0,3	0,4	0,5	0,6	0,7	0,8	0,9
2	0,2	0,5	0,03279	0,06688	0,10361	0,14445	0,19098	0,14445	0,10361	0,06688	0,03279
		0,6	0,02481	0,05059	0,07837	0,10925	0,14445	0,18536	0,12296	0,08582	0,04208
		0,7	0,01780	0,03629	0,05622	0,07837	0,10361	0,13296	0,16757	0,10815	0,05303
		0,8	0,01149	0,02343	0,03629	0,05059	0,06688	0,08582	0,10815	0,13478	0,06608
		0,9	0,00563	0,01149	0,01780	0,02481	0,03279	0,04208	0,05303	0,06608	0,08175
		0,1	0,08200	0,06651	0,05355	0,04263	0,03333	0,02528	0,01817	0,01175	0,00577
		0,2	0,06651	0,13555	0,10914	0,08688	0,06791	0,05150	0,03703	0,02394	0,01175
		0,3	0,05355	0,10914	0,16888	0,13441	0,10505	0,07966	0,05727	0,03703	0,01817
		0,4	0,04263	0,08688	0,13441	0,18705	0,14617	0,11082	0,07966	0,05150	0,02528
	0,4	0,5	0,03333	0,06791	0,10505	0,14617	0,19281	0,14617	0,10505	0,06791	0,03333
		0,6	0,02528	0,05150	0,07966	0,11082	0,14617	0,18705	0,13441	0,08688	0,04263
		0,7	0,01817	0,03703	0,05727	0,07966	0,10505	0,13441	0,16888	0,10914	0,05355
		0,8	0,01175	0,02394	0,03703	0,05150	0,06791	0,08688	0,10914	0,13555	0,06651
		0,9	0,00577	0,01175	0,01817	0,02528	0,03333	0,04263	0,05355	0,06651	0,08200
	0	0,5	0,02675	0,05519	0,08709	0,12446	0,16965	0,12446	0,08709	0,05519	0,02675
2,5	0,2	0,5	0,02690	0,05548	0,08749	0,12495	0,17016	0,12495	0,08749	0,05548	0,02690
	0,4	0,5	0,02736	0,05635	0,08873	0,12643	0,17174	0,12643	0,08873	0,05635	0,02736
		0,1	0,07504	0,05539	0,04075	0,02981	0,02158	0,01530	0,01040	0,00645	0,00309
		0,2	0,05539	0,11579	0,08520	0,06233	0,04511	0,03198	0,02175	0,01349	0,00645
		0,3	0,04075	0,08520	0,13737	0,10049	0,07273	0,05156	0,03506	0,02175	0,01040
		0,4	0,02981	0,06233	0,10049	0,14777	0,10695	0,07581	0,05156	0,03198	0,01530
	0	0,5	0,02158	0,04511	0,07273	0,10695	0,15086	0,10695	0,07273	0,04511	0,02158
		0,6	0,01530	0,03198	0,05156	0,07581	0,10695	0,14777	0,10049	0,06233	0,02981
		0,7	0,01040	0,02175	0,03506	0,05156	0,07273	0,10049	0,13737	0,08520	0,04075
		0,8	0,00645	0,01349	0,02175	0,03198	0,04511	0,06233	0,08520	0,11579	0,05539
		0,9	0,00309	0,00645	0,01040	0,01530	0,02158	0,02981	0,04075	0,05539	0,07504
		0,1	0,07511	0,05550	0,04088	0,02995	0,02170	0,01541	0,01049	0,00651	0,00312
		0,2	0,05550	0,11599	0,08544	0,06258	0,04535	0,03219	0,02192	0,01361	0,00651
		0,3	0,04088	0,08544	0,13770	0,10085	0,07307	0,05187	0,03531	0,02192	0,01049
		0,4	0,02995	0,06258	0,10085	0,14818	0,10736	0,07619	0,05187	0,03219	0,01541
3	0,2	0,5	0,02170	0,04535	0,07307	0,10736	0,15130	0,10736	0,07307	0,04535	0,02170
		0,6	0,01541	0,03219	0,05187	0,07619	0,10736	0,14818	0,10085	0,06258	0,02995
		0,7	0,01049	0,02192	0,03531	0,05187	0,07307	0,10085	0,13770	0,08544	0,04088
		0,8	0,00651	0,01361	0,02192	0,03219	0,04535	0,06258	0,08544	0,11599	0,05550
		0,9	0,00312	0,00651	0,01049	0,01541	0,02170	0,02995	0,04088	0,05550	0,07511
		0,1	0,07531	0,05583	0,04128	0,03036	0,02209	0,01574	0,01076	0,00670	0,00321
		0,2	0,05583	0,11659	0,08619	0,06337	0,04610	0,03285	0,02244	0,01397	0,00670
		0,3	0,04128	0,08619	0,13868	0,10193	0,07413	0,05280	0,03606	0,02244	0,01076
		0,4	0,03036	0,06337	0,10193	0,14944	0,10863	0,07734	0,05280	0,03285	0,01574
	0,4	0,5	0,02209	0,04610	0,07413	0,10863	0,15265	0,10863	0,07413	0,04610	0,02209
		0,6	0,01574	0,03285	0,05280	0,07734	0,10863	0,14944	0,10193	0,06337	0,03036
		0,7	0,01076	0,02244	0,03606	0,05280	0,07413	0,10193	0,13868	0,08619	0,04128
		0,8	0,00670	0,01397	0,02244	0,03285	0,04610	0,06337	0,08619	0,11659	0,05583
		0,9	0,00321	0,00670	0,01076	0,01574	0,02209	0,03036	0,04128	0,05583	0,07531

188 Anhang

Tabelle 4 (*Fortsetzung*)

kl	α	ε	$\xi=0,1$	0,2	0,3	0,4	0,5	0,6	0,7	0,8	0,9
4	0	0,1	0,06880	0,04608	0,03082	0,02057	0,01365	0,00894	0,00568	0,00334	0,00155
		0,2	0,04608	0,09963	0,06665	0,04447	0,02951	0,01933	0,01228	0,00723	0,00334
		0,3	0,03082	0,06665	0,11328	0,07559	0,05015	0,03285	0,02087	0,01228	0,00568
		0,4	0,02057	0,04447	0,07559	0,11896	0,07893	0,05170	0,03285	0,01933	0,00894
		0,5	0,01365	0,02951	0,05015	0,07893	0,12050	0,07893	0,05015	0,02951	0,01365
		0,6	0,00894	0,01933	0,03285	0,05170	0,07893	0,11896	0,07559	0,04447	0,02057
		0,7	0,00568	0,01228	0,02087	0,03285	0,05015	0,07559	0,11328	0,06665	0,03082
		0,8	0,00334	0,00723	0,01228	0,01933	0,02951	0,04447	0,06665	0,09963	0,04608
		0,9	0,00155	0,00334	0,00568	0,00894	0,01365	0,02057	0,03082	0,04608	0,06880
	0,2	0,1	0,06886	0,04616	0,03092	0,02067	0,01374	0,00902	0,00574	0,00338	0,00157
		0,2	0,04616	0,09978	0,06683	0,04466	0,02968	0,01948	0,01240	0,00731	0,00338
		0,3	0,03092	0,06683	0,11352	0,07585	0,05040	0,03307	0,02105	0,01240	0,00574
		0,4	0,02067	0,04466	0,07585	0,11926	0,07923	0,05197	0,03307	0,01948	0,00902
		0,5	0,01374	0,02968	0,05040	0,07923	0,12082	0,07923	0,05040	0,02968	0,01374
		0,6	0,00902	0,01948	0,03307	0,05197	0,07923	0,11926	0,07585	0,04466	0,02067
		0,7	0,00574	0,01240	0,02105	0,03307	0,05040	0,07585	0,11352	0,06683	0,03092
		0,8	0,00338	0,00731	0,01240	0,01948	0,02968	0,04466	0,06683	0,09978	0,04616
		0,9	0,00157	0,00338	0,00574	0,00902	0,01374	0,02067	0,03092	0,04616	0,06886
	0,4	0,1	0,06902	0,04642	0,03122	0,02097	0,01402	0,00926	0,00593	0,00351	0,00163
		0,2	0,04642	0,10024	0,06739	0,04524	0,03022	0,01995	0,01277	0,00756	0,00351
		0,3	0,03122	0,06739	0,11426	0,07665	0,05117	0,03374	0,02158	0,01277	0,00593
		0,4	0,02097	0,04524	0,07665	0,12019	0,08016	0,05280	0,03374	0,01995	0,00926
		0,5	0,01402	0,03022	0,05117	0,08016	0,12182	0,08016	0,05117	0,03022	0,01402
		0,6	0,00926	0,01995	0,03374	0,05280	0,08016	0,12019	0,07665	0,04524	0,02097
		0,7	0,00593	0,01277	0,02158	0,03374	0,05117	0,07665	0,11426	0,06739	0,03122
		0,8	0,00351	0,00756	0,01277	0,01995	0,03022	0,04524	0,06739	0,10024	0,04642
		0,9	0,00163	0,00351	0,00593	0,00926	0,01402	0,02097	0,03122	0,04642	0,06902
5	0	0,5	0,00850	0,01916	0,03472	0,05914	0,09866	0,05914	0,03472	0,01916	0,00850
	0,2	0,5	0,00856	0,01929	0,03491	0,05937	0,09890	0,05937	0,03491	0,01929	0,00856
	0,4	0,5	0,00877	0,01969	0,03547	0,06006	0,09964	0,06006	0,03547	0,01969	0,00877
6	0	0,1	0,05823	0,03196	0,01754	0,00962	0,00527	0,00288	0,00155	0,00079	0,00033
		0,2	0,03196	0,07577	0,04158	0,02281	0,01249	0,00682	0,00367	0,00188	0,00079
		0,3	0,01754	0,04158	0,08104	0,04445	0,02435	0,01329	0,00715	0,00367	0,00155
		0,4	0,00962	0,02281	0,04445	0,08259	0,04525	0,02469	0,01329	0,00682	0,00288
		0,5	0,00527	0,01249	0,02435	0,04525	0,08292	0,04525	0,02435	0,01249	0,00527
		0,6	0,00288	0,00682	0,01329	0,02469	0,04525	0,08259	0,04445	0,02281	0,00962
		0,7	0,00155	0,00367	0,00715	0,01329	0,02435	0,04445	0,08194	0,04158	0,01754
		0,8	0,00079	0,00188	0,00367	0,00682	0,01249	0,02281	0,04158	0,07577	0,03196
		0,9	0,00033	0,00079	0,00155	0,00288	0,00527	0,00962	0,01754	0,03196	0,05823
	0,2	0,1	0,05827	0,03201	0,01760	0,00968	0,00532	0,00292	0,00158	0,00082	0,00035
		0,2	0,03201	0,07586	0,04169	0,02291	0,01259	0,00690	0,00373	0,00193	0,00082
		0,3	0,01760	0,04169	0,08119	0,04460	0,02449	0,01341	0,00725	0,00373	0,00158
		0,4	0,00968	0,02291	0,04460	0,08276	0,04542	0,02484	0,01341	0,00690	0,00292
		0,5	0,00532	0,01259	0,02449	0,04542	0,08311	0,04542	0,02449	0,01259	0,00532
		0,6	0,00292	0,00690	0,01341	0,02484	0,04542	0,08276	0,04460	0,02291	0,00968

Tabelle 4 (*Fortsetzung*)

kl	α	ε	$\xi=0{,}1$	0,2	0,3	0,4	0,5	0,6	0,7	0,8	0,9
		0,7	0,00158	0,00373	0,00725	0,01341	0,02449	0,04460	0,08119	0,04169	0,01760
		0,8	0,00082	0,00193	0,00373	0,00690	0,01259	0,02291	0,04169	0,07586	0,03201
		0,9	0,00035	0,00082	0,00158	0,00292	0,00532	0,00968	0,01760	0,03201	0,05827
		0,1	0,05838	0,03217	0,01777	0,00985	0,00547	0,00304	0,00168	0,00088	0,00038
		0,2	0,03217	0,07615	0,04202	0,02325	0,01289	0,00715	0,00393	0,00206	0,00088
		0,3	0,01777	0,04202	0,08162	0,04506	0,02492	0,01377	0,00753	0,00393	0,00168
		0,4	0,00985	0,02325	0,04506	0,08330	0,04595	0,02530	0,01377	0,00715	0,00304
	0,4	0,5	0,00547	0,01289	0,02492	0,04595	0,08368	0,04595	0,02492	0,01289	0,00547
		0,6	0,00304	0,00715	0,01377	0,02530	0,04595	0,08330	0,04506	0,02325	0,00985
		0,7	0,00168	0,00393	0,00753	0,01377	0,02492	0,04506	0,08162	0,04202	0,01777
		0,8	0,00088	0,00206	0,00393	0,00715	0,01289	0,02325	0,04202	0,07615	0,03217
		0,9	0,00038	0,00088	0,00168	0,00304	0,00547	0,00985	0,01777	0,03217	0,05838
		0,1	0,04987	0,02241	0,01007	0,00453	0,00203	0,00091	0,00041	0,00018	0,00007
		0,2	0,02241	0,05995	0,02694	0,01210	0,00544	0,00244	0,00109	0,00047	0,00018
		0,3	0,01007	0,02694	0,06198	0,02785	0,01251	0,00561	0,00251	0,00109	0,00041
		0,4	0,00453	0,01210	0,02785	0,06239	0,02803	0,01258	0,00561	0,00244	0,00091
	0	0,5	0,00203	0,00544	0,01251	0,02803	0,06246	0,02803	0,01251	0,00544	0,00203
		0,6	0,00091	0,00244	0,00561	0,01258	0,02803	0,06239	0,02785	0,01210	0,00453
		0,7	0,00041	0,00109	0,00251	0,00561	0,01251	0,02785	0,06198	0,02694	0,01007
		0,8	0,00018	0,00047	0,00109	0,00244	0,00544	0,01210	0,02694	0,05995	0,02241
		0,9	0,00007	0,00018	0,00041	0,00091	0,00203	0,00453	0,01007	0,02241	0,04987
		0,1	0,04991	0,02245	0,01011	0,00456	0,00206	0,00094	0,00043	0,00019	0,00007
		0,2	0,02245	0,06001	0,02701	0,01217	0,00550	0,00249	0,00113	0,00050	0,00019
		0,3	0,01011	0,02701	0,06208	0,02795	0,01260	0,00569	0,00256	0,00113	0,00043
		0,4	0,00456	0,01217	0,02795	0,06250	0,02813	0,01267	0,00569	0,00249	0,00094
8	0,2	0,5	0,00206	0,00550	0,01260	0,02813	0,06257	0,02813	0,01260	0,00550	0,00206
		0,6	0,00094	0,00249	0,00569	0,01267	0,02813	0,06250	0,02795	0,01217	0,00456
		0,7	0,00043	0,00113	0,00256	0,00569	0,01260	0,02795	0,06208	0,02701	0,01011
		0,8	0,00019	0,00050	0,00113	0,00249	0,00550	0,01217	0,02701	0,06001	0,02245
		0,9	0,00007	0,00019	0,00043	0,00094	0,00206	0,00456	0,01011	0,02245	0,04991
		0,1	0,04998	0,02256	0,01022	0,00467	0,00215	0,00101	0,00048	0,00023	0,00009
		0,2	0,02256	0,06021	0,02723	0,01238	0,00568	0,00264	0,00124	0,00057	0,00023
		0,3	0,01022	0,02723	0,06236	0,02824	0,01286	0,00591	0,00273	0,00124	0,00048
		0,4	0,00467	0,01238	0,02824	0,06284	0,02846	0,01295	0,00591	0,00264	0,00101
	0,4	0,5	0,00215	0,00568	0,01286	0,02846	0,06293	0,02846	0,01286	0,00568	0,00215
		0,6	0,00101	0,00264	0,00591	0,01295	0,02846	0,06284	0,02824	0,01238	0,00467
		0,7	0,00048	0,00124	0,00273	0,00591	0,01286	0,02824	0,06236	0,02723	0,01022
		0,8	0,00023	0,00057	0,00124	0,00264	0,00568	0,01238	0,02723	0,06021	0,02256
		0,9	0,00009	0,00023	0,00048	0,00101	0,00215	0,00467	0,01022	0,02256	0,04998
	0	0,5	0,00079	0,00244	0,00675	0,01839	0,05000	0,01839	0,00675	0,00244	0,00079
10	0,2	0,5	0,00081	0,00248	0,00681	0,01846	0,05008	0,01846	0,00681	0,00248	0,00081
	0,4	0,5	0,00087	0,00260	0,00698	0,01868	0,05032	0,01868	0,00698	0,00260	0,00087
	0	0,5	0,00005	0,00026	0,00127	0,00631	0,03125	0,00631	0,00127	0,00026	0,00005
16	0,2	0,5	0,00006	0,00027	0,00130	0,00634	0,03129	0,00634	0,00130	0,00027	0,00006
	0,4	0,5	0,00008	0,00032	0,00137	0,00643	0,03139	0,00643	0,00137	0,00032	0,00008

Tabelle 5. *Einflußlinien der Gesamtdrillmomente H^P in den Querschnitten $z = \varepsilon l$ im Grundsystem (Belastung durch Einzellast P in $z = \xi l$)*

Multiplikator Pl

α	ε	$\xi=0$	0,1	0,2	0,3	0,4	0,5	0,6	0,7	0,8	0,9	1,0
0,2	0	0	−0,00572	−0,00963	−0,01194	−0,01285	−0,01255	−0,01125	−0,00914	−0,00643	−0,00332	0
	0,1	0	−0,00482	−0,00883	−0,01124	−0,01225	−0,01205	−0,01084	−0,00885	−0,00623	−0,00322	0
	0,2	0	−0,00311	−0,00643	−0,00914	−0,01044	−0,01054	−0,00964	−0,00793	−0,00562	−0,00291	0
	0,3	0	−0,00161	−0,00342	−0,00562	−0,00743	−0,00803	−0,00763	−0,00643	−0,00462	−0,00241	0
	0,4	0	−0,00030	−0,00081	−0,00160	−0,00322	−0,00452	−0,00482	−0,00431	−0,00140	−0,00171	0
	0,5	0	0,00080	0,00140	0,00431	0,00120	0,0	−0,00120	−0,00160	−0,00081	−0,00030	0
	0,6	0	0,00171	0,00321	0,00431	0,00482	0,00452	0,00322	0,00171	0,00342	0,00161	0
	0,7	0	0,00241	0,00462	0,00643	0,00763	0,00803	0,00743	0,00562	0,00643	0,00311	0
	0,8	0	0,00291	0,00562	0,00793	0,00964	0,01054	0,01044	0,00914	0,00883	0,00482	0
	0,9	0	0,00322	0,00623	0,00884	0,01085	0,01205	0,01225	0,01124	0,00963	0,00572	0
	1,0	0	0,00332	0,00643	0,00914	0,01125	0,01255	0,01285	0,01194	0,00963	0,00572	0
0,4	0	0	−0,01154	−0,01946	−0,02416	−0,02601	−0,02542	−0,02280	−0,01853	−0,01304	−0,00673	0
	0,1	0	−0,00973	−0,01785	−0,02274	−0,02479	−0,02440	−0,02198	−0,01792	−0,01263	−0,00652	0
	0,2	0	−0,00631	−0,01301	−0,01848	−0,02113	−0,02134	−0,01952	−0,01607	−0,01140	−0,00590	0
	0,3	0	−0,00327	−0,00694	−0,01140	−0,01504	−0,01625	−0,01544	−0,01301	−0,00935	−0,00488	0
	0,4	0	−0,00063	−0,00167	−0,00350	−0,00652	−0,00913	−0,00973	−0,00872	−0,00649	−0,00345	9
	0,5	0	0,00161	0,00281	0,00321	0,00241	0,0	−0,00241	−0,00321	−0,00281	−0,00161	0
	0,6	0	0,00345	0,00649	0,00872	0,00973	0,00913	0,00652	0,00350	0,00167	0,00063	0
	0,7	0	0,00488	0,00935	0,01301	0,01544	0,01625	0,01504	0,01140	0,00694	0,00327	0
	0,8	0	0,00590	0,01140	0,01607	0,01952	0,02134	0,02113	0,01848	0,01301	0,00631	0
	0,9	0	0,00652	0,01263	0,01792	0,02198	0,02440	0,02479	0,02274	0,01785	0,00973	0
	1,0	0	0,00673	0,01304	0,01853	0,02280	0,02542	0,02601	0,02416	0,01946	0,01154	0

Tabelle 6. *Einflußlinien der sekundären Drillmomente H_ω^p in dem Querschnitten $z = \varepsilon l$ im Grundsystem (Belastung durch Einzellast P in $z = \xi l$)*

Multiplikator $Pl \cdot \mu$

kl	α	ε	$\xi=0$	0,1	0,2	0,3	0,4	0,5	0,6	0,7	0,8	0,9	1,0
0	0,2	0	0	—0,00572	—0,00963	—0,01194	—0,01285	—0,01255	—0,01125	—0,00914	—0,00643	—0,00332	0
		0,1	0	—0,00482	—0,00883	—0,01124	—0,01225	—0,01205	—0,01085	—0,00884	—0,00623	—0,00322	0
		0,2	0	—0,00311	—0,00643	—0,00914	—0,01044	—0,01054	—0,00964	—0,00793	—0,00562	—0,00291	0
		0,3	0	—0,00161	—0,00342	—0,00562	—0,00743	—0,00803	—0,00763	—0,00643	—0,00462	—0,00241	0
		0,4	0	—0,00030	—0,00081	—0,00171	—0,00322	—0,00452	—0,00482	—0,00431	—0,00321	—0,00171	0
		0,5	0	0,00080	0,00140	0,00160	0,00120	0,0	—0,00120	—0,00160	—0,00140	—0,00080	0
		0,6	0	0,00171	0,00321	0,00431	0,00482	0,00452	0,00322	0,00171	0,00081	0,00030	0
		0,7	0	0,00241	0,00462	0,00643	0,00763	0,00803	0,00743	0,00562	0,00342	0,00161	0
		0,8	0	0,00291	0,00562	0,00793	0,00964	0,01054	0,01044	0,00914	0,00643	0,00311	0
		0,9	0	0,00322	0,00623	0,00884	0,01085	0,01205	0,01225	0,01124	0,00883	0,00482	0
		1,0	0	0,00332	0,00643	0,00914	0,01125	0,01255	0,01285	0,01194	0,00963	0,00572	0
	0,4	0	0	—0,01154	—0,01946	—0,02416	—0,02601	—0,02542	—0,02280	—0,01853	—0,01304	—0,00673	0
		0,1	0	—0,00973	—0,01785	—0,02274	—0,02479	—0,02440	—0,02198	—0,01792	—0,01263	—0,00652	0
		0,2	0	—0,00631	—0,01301	—0,01848	—0,02113	—0,02134	—0,01952	—0,01607	—0,01140	—0,00590	0
		0,3	0	—0,00327	—0,00694	—0,01140	—0,01504	—0,01625	—0,01544	—0,01301	—0,00935	—0,00488	0
		0,4	0	—0,00063	—0,00167	—0,00350	—0,00652	—0,00913	—0,00973	—0,00872	—0,00649	—0,00345	0
		0,5	0	0,00161	0,00281	0,00321	0,00241	0,0	—0,00241	—0,00321	—0,00281	—0,00161	0
		0,6	0	0,00345	0,00649	0,00872	0,00973	0,00913	0,00652	0,00350	0,00167	0,00063	0
		0,7	0	0,00488	0,00935	0,01301	0,01544	0,01625	0,01504	0,01140	0,00694	0,00327	0
		0,8	0	0,00590	0,01140	0,01607	0,01952	0,02113	0,02113	0,01848	0,01301	0,00631	0
		0,9	0	0,00652	0,01263	0,01792	0,02198	0,02440	0,02479	0,02274	0,01785	0,00973	0
		1,0	0	0,00673	0,01304	0,01853	0,02280	0,02542	0,02601	0,02416	0,01946	0,01154	0

Tabelle 6 *(Fortsetzung)*

kl	α	ε	$\xi=0$	0,1	0,2	0,3	0,4	0,5	0,6	0,7	0,8	0,9	1,0
1	0,2	0	0	0	0	0	0	0	0	0	0	0	0
		0,1	0	−0,00532	−0,00889	−0,01094	−0,01169	−0,01136	−0,01014	−0,00821	−0,00576	−0,00297	0
		0,2	0	−0,00444	−0,00813	−0,01029	−0,01115	−0,01092	−0,00978	−0,00795	−0,00559	−0,00288	0
		0,3	0	−0,00281	−0,00585	−0,00815	−0,00951	−0,00957	−0,00872	−0,00716	−0,00507	−0,00262	0
		0,4	0	−0,00140	−0,00302	−0,00507	−0,00677	−0,00732	−0,00695	−0,00585	−0,00420	−0,00219	0
		0,5	0	−0,00021	−0,00063	−0,00145	−0,00288	−0,00414	−0,00444	−0,00398	−0,00297	−0,00158	0
		0,6	0	0,00078	0,00136	0,00156	0,00117	0,0	−0,00117	−0,00156	−0,00136	−0,00078	0
		0,7	0	0,00158	0,00297	0,00398	0,00444	0,00414	0,00288	0,00145	0,00063	0,00021	0
		0,8	0	0,00219	0,00420	0,00585	0,00695	0,00732	0,00677	0,00507	0,00302	0,00140	0
		0,9	0	0,00262	0,00507	0,00716	0,00872	0,00957	0,00951	0,00815	0,00585	0,00281	0
		1,0	0	0,00288	0,00559	0,00795	0,00978	0,01092	0,01115	0,01029	0,00813	0,00444	0
			0	0,00297	0,00576	0,00821	0,01014	0,01136	0,01169	0,01094	0,00889	0,00532	0
	0,4	0	0	0	0	0	0	0	0	0	0	0	0
		0,1	0	−0,01073	−0,01796	−0,02213	−0,02368	−0,02302	−0,02056	−0,01666	−0,01168	−0,00602	0
		0,2	0	−0,00898	−0,01643	−0,02082	−0,02257	−0,02211	−0,01984	−0,01611	−0,01133	−0,00584	0
		0,3	0	−0,00570	−0,01184	−0,01688	−0,01925	−0,01939	−0,01768	−0,01451	−0,01027	−0,00531	0
		0,4	0	−0,00286	−0,00615	−0,01028	−0,01369	−0,01482	−0,01408	−0,01183	−0,00849	−0,00443	0
		0,5	0	−0,00044	−0,00130	−0,00297	−0,00584	−0,00838	−0,00898	−0,00805	−0,00599	−0,00318	0
		0,6	0	0,00156	0,00273	0,00313	0,00236	0,0	−0,00236	−0,00313	−0,00273	−0,00156	0
		0,7	0	0,00318	0,00599	0,00805	0,00898	0,00838	0,00584	0,00297	0,00130	0,00044	0
		0,8	0	0,00443	0,00849	0,01183	0,01408	0,01482	0,01369	0,01028	0,00615	0,00286	0
		0,9	0	0,00531	0,01027	0,01451	0,01768	0,01939	0,01925	0,01688	0,01184	0,00570	0
		1,0	0	0,00584	0,01133	0,01611	0,01984	0,02211	0,02257	0,02082	0,01643	0,00898	0
			0	0,00602	0,01168	0,01666	0,02056	0,02302	0,02368	0,02213	0,01796	0,01073	0
		0	0	0	0	0	0	0	0	0	0	0	0
		0,1	0	−0,00445	−0,00727	−0,00878	−0,00923	−0,00883	−0,00779	−0,00625	−0,00436	−0,00224	0
		0,2	0	−0,00364	−0,00662	−0,00825	−0,00881	−0,00851	−0,00754	−0,00607	−0,00424	−0,00218	0
		0,3	0	−0,00216	−0,00461	−0,00664	−0,00753	−0,00751	−0,00679	−0,00553	−0,00390	−0,00201	0
			0	−0,00098	−0,00219	−0,00390	−0,00535	−0,00582	−0,00551	−0,00461	−0,00330	−0,00172	0

192 Anhang

Tabelle 6 (*Fortsetzung*)

k	α	ε	ξ=0	0,1	0,2	0,3	0,4	0,5	0,6	0,7	0,8	0,9	1,0
2	0,2	0,4	0	−0,00003	−0,00026	−0,00090	−0,00218	−0,00334	−0,00363	−0,00327	−0,00244	−0,00129	0
		0,5	0	−0,00072	−0,00126	−0,00146	−0,00111	0,0	−0,00111	−0,00146	−0,00126	−0,00072	0
		0,6	0	−0,00129	−0,00244	−0,00327	−0,00363	−0,00334	−0,00218	−0,00090	0,00026	0,00003	0
		0,7	0	−0,00172	−0,00330	−0,00461	−0,00551	−0,00582	−0,00535	−0,00390	−0,00219	−0,00098	0
		0,8	0	−0,00201	−0,00390	−0,00553	−0,00679	−0,00751	−0,00753	−0,00664	−0,00461	−0,00216	0
		0,9	0	−0,00218	−0,00424	−0,00607	−0,00754	−0,00851	−0,00881	−0,00825	−0,00662	−0,00364	0
		1,0	0	−0,00224	−0,00436	−0,00625	−0,00779	−0,00883	−0,00923	−0,00878	−0,00727	−0,00445	0
	0,4	0	0	−0,00898	−0,01469	−0,01775	−0,01867	−0,01790	−0,01579	−0,01268	−0,00884	−0,00454	0
		0,1	0	−0,00735	−0,01337	−0,01668	−0,01782	−0,01723	−0,01529	−0,01232	−0,00861	−0,00442	0
		0,2	0	−0,00438	−0,00934	−0,01344	−0,01524	−0,01522	−0,01376	−0,01122	−0,00790	−0,00407	0
		0,3	0	−0,00199	−0,00446	−0,00790	−0,01083	−0,01177	−0,01114	−0,00934	−0,00668	−0,00347	0
		0,4	0	−0,00007	−0,00055	−0,00185	−0,00442	−0,00676	−0,00735	−0,00663	−0,00492	−0,00261	0
		0,5	0	0,00144	0,00253	0,00292	0,00222	0,0	−0,00222	−0,00292	−0,00253	−0,00144	0
		0,6	0	0,00261	0,00492	0,00663	0,00735	0,00676	0,00442	0,00185	0,00055	0,00007	0
		0,7	0	0,00347	0,00668	0,00934	0,01114	0,01177	0,01083	0,00790	0,00446	0,00199	0
		0,8	0	0,00407	0,00790	0,01122	0,01376	0,01522	0,01524	0,01344	0,00934	0,00438	0
		0,9	0	0,00442	0,00861	0,01232	0,01529	0,01723	0,01782	0,01668	0,01337	0,00735	0
		1,0	0	0,00454	0,00884	0,01268	0,01579	0,01790	0,01867	0,01775	0,01469	0,00898	0
	0,2	0	0	−0,00358	−0,00567	−0,00666	−0,00683	−0,00641	−0,00557	−0,00441	−0,00305	−0,00156	0
		0,1	0	−0,00283	−0,00512	−0,00625	−0,00654	−0,00620	−0,00541	−0,00431	−0,00298	−0,00152	0
		0,2	0	−0,00154	−0,00342	−0,00500	−0,00562	−0,00553	−0,00494	−0,00398	−0,00278	−0,00143	0
		0,3	0	−0,00058	−0,00142	−0,00278	−0,00400	−0,00436	−0,00411	−0,00342	−0,00243	−0,00126	0
		0,4	0	−0,00012	−0,00005	−0,00042	−0,00152	−0,00257	−0,00283	−0,00255	−0,00189	−0,00100	0
		0,5	0	0,00063	0,00112	0,00131	0,00101	0,0	−0,00101	−0,00131	−0,00112	−0,00063	0
		0,6	0	0,00100	0,00189	0,00255	0,00283	0,00257	0,00152	0,00042	−0,00005	−0,00012	0
		0,7	0	0,00126	0,00243	0,00342	0,00411	0,00436	0,00400	0,00278	0,00142	0,00058	0
		0,8	0	0,00143	0,00278	0,00398	0,00494	0,00553	0,00562	0,00500	0,00342	0,00154	0

194 Anhang

Tabelle 6 (*Fortsetzung*)

kl	α	ε	$\xi=0$	0,1	0,2	0,3	0,4	0,5	0,6	0,7	0,8	0,9	1,0
3		0,9	0	0,00152	0,00298	0,00431	0,00541	0,00620	0,00654	0,00625	0,00512	0,00283	0
		1,0	0	0,00156	0,00305	0,00441	0,00557	0,00641	0,00683	0,00666	0,00567	0,00358	0
		0	0	−0,00722	−0,01145	−0,01346	−0,01383	−0,01300	−0,01129	−0,00895	−0,00619	−0,00316	0
		0,1	0	−0,00572	−0,01034	−0,01264	−0,01323	−0,01256	−0,01097	−0,00874	−0,00605	−0,00309	0
		0,2	0	−0,00312	−0,00692	−0,01011	−0,01137	−0,01120	−0,01001	−0,00808	−0,00564	−0,00290	0
		0,3	0	−0,00119	−0,00289	−0,00564	−0,00808	−0,00882	−0,00830	−0,00691	−0,00492	−0,00255	0
		0,4	0	0,00023	0,00008	−0,00087	−0,00309	−0,00517	−0,00572	−0,00515	−0,00382	−0,00202	0
	0,4	0,5	0	0,00127	0,00225	0,00263	0,00203	0,0	−0,00203	−0,00263	−0,00225	−0,00127	0
		0,6	0	0,00202	0,00382	0,00515	0,00572	0,00517	0,00309	0,00087	−0,00008	−0,00023	0
		0,7	0	0,00255	0,00492	0,00691	0,00830	0,00882	0,00808	0,00564	0,00289	0,00119	0
		0,8	0	0,00290	0,00564	0,00808	0,01001	0,01120	0,01137	0,01011	0,00692	0,00312	0
		0,9	0	0,00309	0,00605	0,00874	0,01097	0,01256	0,01323	0,01264	0,01034	0,00572	0
		1,0	0	0,00316	0,00619	0,00895	0,01129	0,01300	0,01383	0,01346	0,01145	0,00722	0
4		0	0	−0,00288	−0,00440	−0,00502	−0,00502	−0,00461	−0,00393	−0,00307	−0,00210	−0,00107	0
		0,1	0	−0,00220	−0,00395	−0,00471	−0,00481	−0,00447	−0,00384	−0,00302	−0,00207	−0,00105	0
		0,2	0	−0,00107	−0,00251	−0,00374	−0,00417	−0,00404	−0,00356	−0,00284	−0,00197	−0,00100	0
		0,3	0	−0,00031	−0,00086	−0,00197	−0,00298	−0,00325	−0,00304	−0,00251	−0,00177	−0,00091	0
		0,4	0	0,00020	0,00024	−0,00010	−0,00105	−0,00197	−0,00220	−0,00197	−0,00146	−0,00077	0
	0,2	0,5	0	0,00054	0,00097	0,00115	0,00091	0,0	−0,00091	−0,00115	−0,00097	−0,00054	0
		0,6	0	0,00077	0,00146	0,00197	0,00220	0,00197	0,00105	0,00010	−0,00024	−0,00020	0
		0,7	0	0,00091	0,00177	0,00251	0,00304	0,00325	0,00298	0,00197	0,00086	0,00031	0
		0,8	0	0,00100	0,00197	0,00284	0,00356	0,00404	0,00417	0,00374	0,00251	0,00107	0
		0,9	0	0,00105	0,00207	0,00302	0,00384	0,00447	0,00481	0,00471	0,00395	0,00220	0
		1,0	0	0,00107	0,00210	0,00307	0,00393	0,00461	0,00502	0,00502	0,00440	0,00288	0
		0	0	−0,00581	−0,00889	−0,01014	−0,01015	−0,00934	−0,00797	−0,00624	−0,00427	−0,00217	0
		0,1	0	−0,00444	−0,00797	−0,00952	−0,00974	−0,00906	−0,00779	−0,00612	−0,00420	−0,00214	0

Tabelle 6 (*Fortsetzung*)

kl	α	ε	$\xi=0$	0,1	0,2	0,3	0,4	0,5	0,6	0,7	0,8	0,9	1,0
	0,4	0,2	0	−0,00216	−0,00508	−0,00757	−0,00843	−0,00819	−0,00721	−0,00575	−0,00399	−0,00204	0
		0,3	0	−0,00063	−0,00177	−0,00399	−0,00602	−0,00658	−0,00615	−0,00508	−0,00358	−0,00185	0
		0,4	0	−0,00040	−0,00046	−0,00022	−0,00214	−0,00399	−0,00444	−0,00398	−0,00294	−0,00155	0
		0,5	0	0,00109	0,00195	0,00231	0,00182	0,0	−0,00182	−0,00231	−0,00195	−0,00109	0
		0,6	0	0,00155	0,00294	0,00398	0,00454	0,00399	0,00214	0,00022	−0,00046	0,00040	0
		0,7	0	0,00185	0,00358	0,00508	0,00615	0,00658	0,00602	0,00399	0,00177	0,00063	0
		0,8	0	0,00204	0,00399	0,00575	0,00721	0,00819	0,00843	0,00757	0,00508	0,00216	0
		0,9	0	0,00214	0,00420	0,00612	0,00779	0,00906	0,00974	0,00952	0,00797	0,00444	0
		1,0	0	0,00217	0,00427	0,00624	0,00797	0,00934	0,01015	0,01014	0,00889	0,00581	0
6	0,2	0	0	−0,00196	−0,00278	−0,00298	−0,00284	−0,00251	−0,00208	−0,00159	−0,00108	−0,00054	0
		0,1	0	−0,00139	−0,00247	−0,00281	−0,00275	−0,00246	−0,00205	−0,00158	−0,00107	−0,00054	0
		0,2	0	−0,00051	−0,00142	−0,00223	−0,00243	−0,00229	−0,00196	−0,00153	−0,00104	−0,00053	0
		0,3	0	−0,00003	−0,00028	−0,00104	−0,00178	−0,00193	−0,00176	−0,00142	−0,00099	−0,00050	0
		0,4	0	0,00023	0,00035	0,00018	−0,00054	−0,00125	−0,00139	−0,00122	−0,00088	−0,00046	0
		0,5	0	0,00038	0,00069	0,00085	0,00071	0,0	−0,00071	−0,00085	−0,00069	−0,00038	0
		0,6	0	0,00046	0,00088	0,00122	0,00139	0,00125	0,00054	−0,00018	−0,00035	−0,00023	0
		0,7	0	0,00050	0,00099	0,00142	0,00176	0,00193	0,00178	0,00104	0,00028	0,00003	0
		0,8	0	0,00053	0,00104	0,00153	0,00196	0,00229	0,00243	0,00223	0,00142	0,00051	0
		0,9	0	0,00054	0,00107	0,00158	0,00205	0,00246	0,00275	0,00281	0,00247	0,00139	0
		1,0	0	0,00054	0,00108	0,00159	0,00208	0,00251	0,00284	0,00298	0,00278	0,00196	0
	0,4	0	0	−0,00394	−0,00560	−0,00602	−0,00575	−0,00509	−0,00423	−0,00324	−0,00219	−0,00110	0
		0,1	0	−0,00280	−0,00498	−0,00568	−0,00556	−0,00499	−0,00417	−0,00321	−0,00217	−0,00109	0
		0,2	0	−0,00104	−0,00287	−0,00452	−0,00491	−0,00463	−0,00397	−0,00310	−0,00211	−0,00107	0
		0,3	0	−0,00007	−0,00058	−0,00211	−0,00359	−0,00390	−0,00356	−0,00287	−0,00200	−0,00102	0
		0,4	0	0,00046	0,00069	0,00035	−0,00109	−0,00252	−0,00280	−0,00246	−0,00178	−0,00093	0
		0,5	0	0,00076	0,00139	0,00171	0,00142	0,0	−0,00142	−0,00171	−0,00139	−0,00076	0

Tabelle 6 (*Fortsetzung*)

kl	α	ε	$\xi=0$	0,1	0,2	0,3	0,4	0,5	0,6	0,7	0,8	0,9	1,0
∞		0,6	0	0,00093	0,00178	0,00246	0,00280	0,00252	0,00109	−0,00035	−0,00069	−0,00046	0
		0,7	0	0,00102	0,00200	0,00287	0,00356	0,00390	0,00359	0,00211	0,00058	0,00007	0
		0,8	0	0,00107	0,00211	0,00310	0,00397	0,00463	0,00491	0,00452	0,00287	0,00104	0
		0,9	0	0,00109	0,00217	0,00321	0,00417	0,00499	0,00556	0,00568	0,00498	0,00280	0
		1,0	0	0,00110	0,00219	0,00324	0,00423	0,00509	0,00575	0,00602	0,00560	0,00394	0
	0,2	0	0	−0,00141	−0,00187	−0,00191	−0,00175	−0,00151	−0,00123	−0,00093	−0,00062	−0,00031	0
		0,1	0	−0,00094	−0,00166	−0,00181	−0,00171	−0,00149	−0,00122	−0,00093	−0,00062	−0,00031	0
		0,2	0	−0,00025	−0,00088	−0,00146	−0,00155	−0,00142	−0,00119	−0,00091	−0,00061	−0,00031	0
		0,3	0	0,00006	−0,00005	−0,00062	−0,00117	−0,00125	−0,00111	−0,00088	−0,00060	−0,00030	0
		0,4	0	0,00020	0,00032	0,00024	−0,00031	−0,00086	−0,00094	−0,00080	−0,00057	−0,00029	0
		0,5	0	0,00026	0,00049	0,00063	0,00055	0,0	−0,00055	−0,00063	−0,00049	−0,00026	0
		0,6	0	0,00029	0,00057	0,00080	0,00094	0,00086	0,00031	−0,00024	−0,00032	−0,00020	0
		0,7	0	0,00030	0,00060	0,00088	0,00111	0,00125	0,00117	0,00062	0,00005	−0,00006	0
		0,8	0	0,00031	0,00061	0,00091	0,00119	0,00142	0,00155	0,00146	0,00088	0,00025	0
		0,9	0	0,00031	0,00062	0,00093	0,00122	0,00149	0,00171	0,00181	0,00166	0,00094	0
		1,0	0	0,00031	0,00062	0,00093	0,00123	0,00151	0,00175	0,00191	0,00187	0,00141	0
	0,4	0	0	−0,00284	−0,00378	−0,00386	−0,00355	−0,00307	−0,00250	−0,00189	−0,00127	−0,00064	0
		0,1	0	−0,00189	−0,00335	−0,00366	−0,00346	−0,00303	−0,00248	−0,00188	−0,00126	−0,00063	0
		0,2	0	−0,00051	−0,00178	−0,00295	−0,00314	−0,00288	−0,00241	−0,00185	−0,00125	−0,00063	0
		0,3	0	0,00011	−0,00011	−0,00125	−0,00237	−0,00252	−0,00225	−0,00178	−0,00121	−0,00061	0
		0,4	0	0,00040	0,00064	0,00047	−0,00063	−0,00174	−0,00189	−0,00161	−0,00114	−0,00059	0
		0,5	0	0,00053	0,00098	0,00125	0,00110	0,0	−0,00110	−0,00125	−0,00098	−0,00053	0
		0,6	0	0,00059	0,00114	0,00161	0,00189	0,00174	0,00063	−0,00047	−0,00064	−0,00040	0
		0,7	0	0,00061	0,00121	0,00178	0,00225	0,00252	0,00237	0,00125	0,00011	−0,00011	0
		0,8	0	0,00063	0,00125	0,00185	0,00241	0,00288	0,00314	0,00295	0,00178	0,00051	0
		0,9	0	0,00063	0,00126	0,00188	0,00248	0,00303	0,00346	0,00366	0,00335	0,00189	0
		1,0	0	0,00064	0,00127	0,00189	0,00250	0,00307	0,00355	0,00386	0,00378	0,00284	0

Tabelle 7. *Einflußlinien der Gesamtdrillmomente H^M in den Querschnitten $z = \varepsilon l$ im Grundsystem (Belastung durch Einzeldrehmoment M in $z = \xi l$)*

Multiplikator M

α	ε	ξ=0	0,1	0,2	0,3	0,4	0,5	0,6	0,7	0,8	0,9	1,0
	0	1,0	0,9011	0,8019	0,7024	0,6025	0,5025	0,4022	0,3018	0,2013	0,1007	0
	0,1	0	−0,0990 / 0,9010	0,8018	0,7022	0,6024	0,5024	0,4021	0,3018	0,2013	0,1007	0
	0,2	0	−0,0994	−0,1987 / 0,8013	0,7018	0,6021	0,5021	0,4019	0,3016	0,2011	0,1006	0
	0,3	0	−0,0997	−0,1993	−0,2989 / 0,7011	0,6015	0,5016	0,4015	0,3013	0,2009	0,1005	0
	0,4	0	−0,0999	−0,1998	−0,2996	−0,3993 / 0,6007	0,5009	0,4009	0,3008	0,2007	0,1004	0
0,2	0,5	0	−0,1002	−0,2003	−0,3003	−0,4002	−0,5 / 0,5	0,4002	0,3003	0,2003	0,1002	0
	0,6	0	−0,1004	−0,2007	−0,3008	−0,4009	−0,5009	−0,6007 / 0,3993	0,2996	0,1998	0,0999	0
	0,7	0	−0,1005	−0,2009	−0,3013	−0,4015	−0,5016	−0,6015	−0,7011 / 0,2989	0,1993	0,0997	0
	0,8	0	−0,1006	−0,2011	−0,3016	−0,4019	−0,5021	−0,6021	−0,7018	−0,8013 / 0,1987	0,0994	0
	0,9	0	−0,1007	−0,2013	−0,3018	−0,4021	−0,5024	−0,6024	−0,7022	−0,8018	−0,9010 / 0,0990	0
	1,0	0	−0,1007	−0,2013	−0,3018	−0,4022	−0,5025	−0,6025	−0,7024	−0,8019	−0,9011	−1,0

Tabelle 7. (*Fortsetzung*)

α	ε	ξ = 0	0,1	0,2	0,3	0,4	0,5	0,6	0,7	0,8	0,9	1,0
	0	1,0	0,9046	0,8078	0,7097	0,6104	0,5102	0,4091	0,3074	0,2052	0,1027	0
	0,1	0	—0,0961 0,9039	0,8071	0,7091	0,6099	0,5098	0,4088	0,3072	0,2050	0,1026	0
	0,2	0	—0,0975	—0,1948 0,8052	0,7074	0,6084	0,5085	0,4078	0,3064	0,2045	0,1024	0
	0,3	0	—0,0987	—0,1972	—0,2954 0,7046	0,6060	0,5065	0,4062	0,3052	0,2037	0,1020	0
0,4	0,4	0	—0,0997	—0,1993	—0,2986	—0,3974 0,6026	0,5037	0,4039	0,3035	0,2026	0,1014	0
	0,5	0	—0,1006	—0,2011	—0,3013	—0,4010	—0,5 0,5	0,4010	0,3013	0,2011	0,1006	0
	0,6	0	—0,1014	—0,2026	—0,3035	—0,4039	—0,5037	—0,6026 0,3974	0,2986	0,1993	0,0997	0
	0,7	0	—0,1020	—0,2037	—0,3052	—0,4062	—0,5065	—0,6060	—0,7046 0,2954	0,1972	0,0987	0
	0,8	0	—0,1024	—0,2045	—0,3064	—0,4078	—0,5085	—0,6084	—0,7074	—0,8052 0,1948	0,0975	0
	0,9	0	—0,1026	—0,2050	—0,3072	—0,4088	—0,5098	—0,6099	—0,7091	—0,8071	—0,9039 0,0961	0
	1,0	0	—0,1027	—0,2052	—0,3074	—0,4091	—0,5102	—0,6104	—0,7097	—0,8078	—0,9046	—1,0

Tabelle 8. Einflußlinien der sekundären Drillmomente H_ω^M in den Querschnitten $z = \varepsilon l$ im Grundsystem
(Belastung durch Einzeldrehmoment M in $z = \xi l$)

Multiplikator $M \cdot \mu$

kl	α	ε	$\xi = 0$	0,1	0,2	0,3	0,4	0,5	0,6	0,7	0,8	0,9	1,0
0	0	0	1,0	0,9	0,8	0,7	0,6	0,5	0,4	0,3	0,2	0,1	0
		1,0	0	−0,1	−0,2	−0,3	−0,4	−0,5	−0,6	−0,7	−0,8	−0,9	−1,0
	0,2	0	1,0	0,9011	0,8019	0,7024	0,6025	0,5025	0,4022	0,3018	0,2013	0,1007	0
		0,1	0	−0,0990 / 0,9010	0,8018	0,7022	0,6024	0,5024	0,4021	0,3018	0,2013	0,1007	0
		0,2	0	−0,0994	−0,1987 / 0,8013	0,7018	0,6021	0,5021	0,4019	0,3016	0,2011	0,1006	0
		0,3	0	−0,0997	−0,1993	−0,2989 / 0,7011	0,6015	0,5016	0,4015	0,3013	0,2009	0,1005	0
		0,4	0	−0,0999	−0,1998	−0,2996	−0,3993 / 0,6007	0,5009	0,4009	0,3008	0,2007	0,1004	0
		0,5	0	−0,1002	−0,2003	−0,3003	−0,4002	−0,5 / 0,5	0,4002	0,3003	0,2003	0,1002	0
		0,6	0	−0,1004	−0,2007	−0,3008	−0,4009	−0,5009	−0,6007 / 0,3993	0,2996	0,1998	0,0999	0
		0,7	0	−0,1005	−0,2009	−0,3013	−0,4015	−0,5016	−0,6015	−0,7011 / 0,2989	0,1993	0,0997	0
		0,8	0	−0,1006	−0,2011	−0,3016	−0,4019	−0,5021	−0,6021	−0,7018	−0,8013 / 0,1987	0,0994	0
		0,9	0	−0,1007	−0,2013	−0,3018	−0,4021	−0,5024	−0,6024	−0,7022	−0,8018	−0,9010 / 0,0990	0
		1,0	0	−0,1007	−0,2013	−0,3018	−0,4022	−0,5025	−0,6025	−0,7024	−0,8019	−0,9011	−1,0

Tabelle 8 (*Fortsetzung*)

kl	α	ε	ξ = 0	0,1	0,2	0,3	0,4	0,5	0,6	0,7	0,8	0,9	1,0
0	0,4	0	1,0	0,9046	0,8078	0,7097	0,6104	0,5102	0,4091	0,3074	0,2052	0,1027	0
		0,1	0	−0,0961 0,9039	0,8071	0,7091	0,6099	0,5098	0,4088	0,3072	0,2050	0,1026	0
		0,2	0	−0,0975	−0,1948 0,8052	0,7074	0,6084	0,5085	0,4078	0,3064	0,2045	0,1024	0
		0,3	0	−0,0987	−0,1972	−0,2954 0,7046	0,6060	0,5065	0,4062	0,3052	0,2037	0,1020	0
		0,4	0	−0,0997	−0,1993	−0,2986	−0,3974 0,6026	0,5037	0,4039	0,3035	0,2026	0,1014	0
		0,5	0	−0,1006	−0,2011	−0,3013	−0,4010	−0,5 0,5	0,4010	0,3013	0,2011	0,1006	0
		0,6	0	−0,1014	−0,2026	−0,3035	−0,4039	−0,5037	−0,6026 0,3974	0,2986	0,1993	0,0997	0
		0,7	0	−0,1020	−0,2037	−0,3052	−0,4062	−0,5065	−0,6060	−0,7046 0,2954	0,1972	0,0987	0
		0,8	0	−0,1024	−0,2045	−0,3064	−0,4078	−0,5085	−0,6084	−0,7074	−0,8052 0,1948	0,0975	0
		0,9	0	−0,1026	−0,2050	−0,3072	−0,4088	−0,5098	−0,6099	−0,7091	−0,8071	−0,9039 0,0961	0
		1,0	0	−0,1027	−0,2052	−0,3074	−0,4091	−0,5102	−0,6104	−0,7097	−0,8078	−0,9046	−1,0

Tabelle 8 (*Fortsetzung*)

kl	α	ε	ξ = 0	0,1	0,2	0,3	0,4	0,5	0,6	0,7	0,8	0,9	1,0
1	0	0	1,0	0,8735	0,7557	0,6455	0,5417	0,4434	0,3495	0,2591	0,1713	0,0852	0
		0,1	0	−0,1222 0,8778	0,7595	0,6487	0,5445	0,4456	0,3513	0,2604	0,1722	0,0857	0
		0,2	0	−0,1140	−0,2291 0,7709	0,6584	0,5526	0,4523	0,3565	0,2643	0,1748	0,0870	0
		0,3	0	−0,1070	−0,2150	−0,3252 0,6748	0,5663	0,4635	0,3654	0,2709	0,1791	0,0891	0
		0,4	0	−0,1010	−0,2031	−0,3072	−0,4143 0,5857	0,4794	0,3779	0,2801	0,1852	0,0922	0
		0,5	0	−0,0961	−0,1932	−0,2922	−0,3941	−0,5 0,5	0,3941	0,2922	0,1932	0,0961	0
		0,6	0	−0,0922	−0,1852	−0,2801	−0,3779	−0,4794	−0,5857 0,4143	0,3072	0,2031	0,1010	0
		0,7	0	−0,0891	−0,1791	−0,2709	−0,3654	−0,4635	−0,5663	−0,6748 0,3252	0,2150	0,1070	0
		0,8	0	−0,0870	−0,1748	−0,2643	−0,3565	−0,4523	−0,5526	−0,6584	−0,7709 0,2291	0,1140	0
		0,9	0	−0,0857	−0,1722	−0,2604	−0,3513	−0,4456	−0,5445	−0,6487	−0,7595	−0,8778 0,1222	0
		1,0	0	−0,0852	−0,1713	−0,2591	−0,3495	−0,4434	−0,5417	−0,6455	−0,7557	−0,8735	−1,0

Tabelle 8 (*Fortsetzung*)

kl	α	ε	$\xi=0$	0,1	0,2	0,3	0,4	0,5	0,6	0,7	0,8	0,9	1,0
1	0,2	0	1,0	0,8746	0,7575	0,6477	0,5441	0,4457	0,3515	0,2608	0,1725	0,0858	0
		0,1	0	−0,1213 / 0,8787	0,7611	0,6508	0,5467	0,4478	0,3532	0,2620	0,1733	0,0862	0
		0,2	0	−0,1134	−0,2280 / 0,7720	0,6601	0,5545	0,4542	0,3583	0,2658	0,1758	0,0875	0
		0,3	0	−0,1067	−0,2144	−0,3242 / 0,6758	0,5677	0,4650	0,3668	0,2720	0,1799	0,0895	0
		0,4	0	−0,1010	−0,2030	−0,3069	−0,4138 / 0,5862	0,4802	0,3787	0,2809	0,1858	0,0925	0
		0,5	0	−0,0963	−0,1935	−0,2925	−0,3944	−0,5 / 0,5	0,3944	0,2925	0,1935	0,0963	0
		0,6	0	−0,0925	−0,1858	−0,2809	−0,3787	−0,4802	−0,5862 / 0,4138	0,3069	0,2030	0,1010	0
		0,7	0	−0,0895	−0,1799	−0,2720	−0,3668	−0,4650	−0,5677	−0,6758 / 0,3242	0,2144	0,1067	0
		0,8	0	−0,0875	−0,1758	−0,2658	−0,3583	−0,4542	−0,5545	−0,6601	−0,7720 / 0,2280	0,1134	0
		0,9	0	−0,0862	−0,1733	−0,2620	−0,3532	−0,4478	−0,5467	−0,6508	−0,7611	−0,8787 / 0,1213	0
		1,0	0	−0,0858	−0,1725	−0,2608	−0,3515	−0,4457	−0,5441	−0,6477	−0,7575	−0,8746	−1,0

Tabelle 8 (*Fortsetzung*)

kl	α	ε	$\xi=0$	0,1	0,2	0,3	0,4	0,5	0,6	0,7	0,8	0,9	1,0
1	0,4	0	1,0	0,8778	0,7629	0,6543	0,5512	0,4526	0,3577	0,2658	0,1760	0,0876	0
		0,1	0	−0,1186 0,8814	0,7661	0,6571	0,5535	0,4545	0,3592	0,2669	0,1767	0,0880	0
		0,2	0	−0,1117	−0,2244 0,7756	0,6652	0,5603	0,4601	0,3636	0,2701	0,1789	0,0891	0
		0,3	0	−0,1058	−0,2126	−0,3211 0,6789	0,5718	0,4695	0,3710	0,2756	0,1825	0,0909	0
		0,4	0	−0,1009	−0,2026	−0,3060	−0,4120 0,5880	0,4827	0,3814	0,2834	0,1876	0,0934	0
		0,5	0	−0,0967	−0,1943	−0,2934	−0,3951	−0,5 0,5	0,3951	0,2934	0,1943	0,0967	0
		0,6	0	−0,0934	−0,1876	−0,2834	−0,3814	−0,4827	−0,5880 0,4120	0,3060	0,2026	0,1009	0
		0,7	0	−0,0909	−0,1825	−0,2756	−0,3710	−0,4695	−0,5718	−0,6789 0,3211	0,2126	0,1058	0
		0,8	0	−0,0891	−0,1789	−0,2701	−0,3636	−0,4601	−0,5603	−0,6652	−0,7756 0,2244	0,1117	0
		0,9	0	−0,0880	−0,1767	−0,2669	−0,3592	−0,4545	−0,5535	−0,6571	−0,7661	−0,8814 0,1186	0
		1,0	0	−0,0876	−0,1760	−0,2658	−0,3577	−0,4526	−0,5512	−0,6543	−0,7629	−0,8778	−1,0

Tabelle 8 (*Fortsetzung*)

kl	α	ε	ξ = 0	0,1	0,2	0,3	0,4	0,5	0,6	0,7	0,8	0,9	1,0
2	0	0	1,0	0,8112	0,6550	0,5250	0,4162	0,3240	0,2449	0,1755	0,1133	0,0555	0
		0,1	0	—0,1725 0,8275	0,6681	0,5356	0,4245	0,3305	0,2498	0,1791	0,1155	0,0566	0
		0,2	0	—0,1431	—0,2919 0,7081	0,5676	0,4499	0,3503	0,2647	0,1898	0,1224	0,0600	0
		0,3	0	—0,1194	—0,2436	—0,3776 0,6224	0,4934	0,3841	0,2903	0,2081	0,1343	0,0658	0
		0,4	0	—0,1005	—0,2051	—0,3178	—0,4434 0,5566	0,4334	0,3275	0,2348	0,1515	0,0742	0
		0,5	0	—0,0857	—0,1748	—0,2709	—0,3779	—0,5 0,5	0,3779	0,2709	0,1748	0,0857	0
		0,6	0	—0,0742	—0,1515	—0,2348	—0,3275	—0,4334	—0,5566 0,4434	0,3178	0,2051	0,1005	0
		0,7	0	—0,0658	—0,1343	—0,2081	—0,2903	—0,3841	—0,4934	—0,6224 0,3776	0,2436	0,1194	0
		0,8	0	—0,0600	—0,1224	—0,1898	—0,2647	—0,3503	—0,4499	—0,5676	—0,7081 0,2919	0,1431	0
		0,9	0	—0,0566	—0,1155	—0,1791	—0,2498	—0,3305	—0,4245	—0,5356	—0,6681	—0,8275 0,1725	0
		1,0	0	—0,0555	—0,1133	—0,1755	—0,2449	—0,3240	—0,4162	—0,5250	—0,6550	—0,8112	—1,0

Tabelle 8 (*Fortsetzung*)

1/k	α	ε	ξ = 0	0,1	0,2	0,3	0,4	0,5	0,6	0,7	0,8	0,9	1,0
2	0,2	0	1,0	0,8121	0,6565	0,5268	0,4180	0,3258	0,2464	0,1768	0,1141	0,0560	0
		0,1	0	—0,1718 / 0,8282	0,6695	0,5372	0,4263	0,3322	0,2513	0,1803	0,1164	0,0571	0
		0,2	0	—0,1426	—0,2910 / 0,7090	0,5689	0,4514	0,3518	0,2661	0,1909	0,1232	0,0604	0
		0,3	0	—0,1192	—0,2432	—0,3768 / 0,6232	0,4945	0,3853	0,2914	0,2090	0,1349	0,0662	0
		0,4	0	—0,1005	—0,2050	—0,3177	—0,4429 / 0,5571	0,4340	0,3282	0,2354	0,1520	0,0745	0
		0,5	0	—0,0858	—0,1750	—0,2712	—0,3781	—0,5 / 0,5	—0,5571 / 0,4429	0,3177	0,1750	0,0858	0
		0,6	0	—0,0745	—0,1520	—0,2354	—0,3282	—0,4340	—0,4945	—0,6232 / 0,3768	0,2050	0,1005	0
		0,7	0	—0,0662	—0,1349	—0,2090	—0,2914	—0,3853	—0,4514	—0,5689	—0,7090 / 0,2910	0,1192	0
		0,8	0	—0,0604	—0,1232	—0,1909	—0,2661	—0,3518	—0,4263	—0,5372	—0,6695	—0,8282 / 0,1718	0
		0,9	0	—0,0571	—0,1164	—0,1803	—0,2513	—0,3322	—0,4180	—0,5268	—0,6565	—0,8121	0
		1,0	0	—0,0560	—0,1141	—0,1768	—0,2464	—0,3258	—0,4180	—0,5268	—0,6565	—0,8121	—1,0

Tabelle 8 (*Fortsetzung*)

kl	α	ε	ξ=0	0,1	0,2	0,3	0,4	0,5	0,6	0,7	0,8	0,9	1,0
2	0,4	0	1,0	0,8148	0,6609	0,5322	0,4237	0,3312	0,2512	0,1806	0,1168	0,0573	0
		0,1	0	−0,1696 0,8304	0,6735	0,5423	0,4317	0,3374	0,2559	0,1840	0,1190	0,0584	0
		0,2	0	−0,1413	−0,2882 0,7118	0,5730	0,4560	0,3564	0,2702	0,1943	0,1256	0,0616	0
		0,3	0	−0,1186	−0,2418	−0,3744 0,6256	0,4977	0,3888	0,2947	0,2118	0,1369	0,0672	0
		0,4	0	−0,1005	−0,2048	−0,3171	−0,4416 0,5584	0,4361	0,3304	0,2374	0,1534	0,0753	0
		0,5	0	−0,0862	−0,1758	−0,2720	−0,3787	−0,5 0,5	0,3787	0,2720	0,1758	0,0862	0
		0,6	0	−0,0753	−0,1534	−0,2374	−0,3304	−0,4361	−0,5584 0,4416	0,3171	0,2048	0,1005	0
		0,7	0	−0,0672	−0,1369	−0,2118	−0,2947	−0,3888	−0,4977	−0,6256 0,3744	0,2418	0,1186	0
		0,8	0	−0,0616	−0,1256	−0,1943	−0,2702	−0,3564	−0,4560	−0,5730	−0,7118 0,2882	0,1413	0
		0,9	0	−0,0584	−0,1190	−0,1840	−0,2559	−0,3374	−0,4317	−0,5423	−0,6735	−0,8304 0,1696	0
		1,0	0	−0,0573	−0,1168	−0,1806	−0,2512	−0,3312	−0,4237	−0,5322	−0,6609	−0,8148	−1,0

Tabelle 8 (Fortsetzung)

k	α	ε	$\xi=0$	0,1	0,2	0,3	0,4	0,5	0,6	0,7	0,8	0,9	1,0
3	0	0	1,0	0,7393	0,5456	0,4015	0,2937	0,2125	0,1507	0,1025	0,0636	0,0304	0
		0,1	0	—0,2272 0,7728	0,5704	0,4197	0,3070	0,2222	0,1575	0,1071	0,0664	0,0318	0
		0,2	0	—0,1689	—0,3532 0,6468	0,4759	0,3482	0,2520	0,1786	0,1215	0,0753	0,0360	0
		0,3	0	—0,1260	—0,2634	—0,4247 0,5753	0,4209	0,3046	0,2159	0,1469	0,0911	0,0436	0
		0,4	0	—0,0945	—0,1975	—0,3184	—0,4682 0,5318	0,3849	0,2728	0,1855	0,1151	0,0550	0
		0,5	0	—0,0715	—0,1495	—0,2411	—0,3545	—0,5 0,5	0,3545	0,2411	0,1495	0,0715	0
		0,6	0	—0,0550	—0,1151	—0,1855	—0,2728	—0,3849	—0,5318 0,4682	0,3184	0,1975	0,0945	0
		0,7	0	—0,0436	—0,0911	—0,1469	—0,2159	—0,3046	—0,4209	—0,5753 0,4247	0,2634	0,1260	0
		0,8	0	—0,0360	—0,0753	—0,1215	—0,1786	—0,2520	—0,3482	—0,4759	—0,6468 0,3532	0,1689	0
		0,9	0	—0,0318	—0,0664	—0,1071	—0,1575	—0,2222	—0,3070	—0,4197	—0,5704	—0,7728 0,2272	0
		1,0	0	—0,0304	—0,0636	—0,1025	—0,1507	—0,2125	—0,2937	—0,4015	—0,5456	—0,7393	—1,0

Tabelle 8 (*Fortsetzung*)

kl	α	ε	ξ = 0	0,1	0,2	0,3	0,4	0,5	0,6	0,7	0,8	0,9	1,0
3	0,2	0	1,0	0,7400	0,5468	0,4028	0,2951	0,2138	0,1518	0,1034	0,0642	0,0307	0
		0,1	0	−0,2266 0,7734	0,5714	0,4209	0,3083	0,2234	0,1586	0,1080	0,0662	0,0317	0
		0,2	0	−0,1686	−0,3525 0,6475	0,4769	0,3493	0,2531	0,1796	0,1223	0,0759	0,0363	0
		0,3	0	−0,1259	−0,2631	−0,4241 0,5759	0,4217	0,3055	0,2168	0,1475	0,0916	0,0438	0
		0,4	0	−0,0945	−0,1975	−0,3183	−0,4679 0,5321	0,3854	0,2734	0,1861	0,1155	0,0552	0
		0,5	0	−0,0716	−0,1497	−0,2413	−0,3547	−0,5 0,5	0,3547	0,2413	0,1497	0,0716	0
		0,6	0	−0,0552	−0,1155	−0,1861	−0,2734	−0,3854	−0,5321 0,4679	0,3183	0,1975	0,0945	0
		0,7	0	−0,0438	−0,0916	−0,1475	−0,2168	−0,3055	−0,4217	−0,5759 0,4241	0,2631	0,1259	0
		0,8	0	−0,0363	−0,0759	−0,1223	−0,1796	−0,2531	−0,3493	−0,4769	−0,6475 0,3525	0,1686	0
		0,9	0	−0,0317	−0,0662	−0,1080	−0,1586	−0,2234	−0,3083	−0,4209	−0,5714	−0,7734 0,2266	0
		1,0	0	−0,0307	−0,0642	−0,1034	−0,1518	−0,2138	−0,2951	−0,4028	−0,5468	−0,7400	−1,0

Tabelle 8. (*Fortsetzung*)

kl	α	ε	ξ=0	0,1	0,2	0,3	0,4	0,5	0,6	0,7	0,8	0,9	1,0
3	0,4	0	1,0	0,7422	0,5502	0,4069	0,2992	0,2178	0,1552	0,1061	0,0660	0,0317	0
		0,1	0	−0,2249 0,7751	0,5745	0,4247	0,3123	0,2272	0,1619	0,1106	0,0689	0,0330	0
		0,2	0	−0,1677	−0,3504 0,6496	0,4800	0,3527	0,2565	0,1826	0,1247	0,0776	0,0372	0
		0,3	0	−0,1255	−0,2622	−0,4224 0,5776	0,4241	0,3081	0,2193	0,1496	0,0930	0,0446	0
		0,4	0	−0,0946	−0,1975	−0,3181	−0,4670 0,5330	0,3869	0,2751	0,1876	0,1166	0,0559	0
		0,5	0	−0,0720	−0,1504	−0,2421	−0,3553	−0,5 0,5	0,3553	0,2421	0,1504	0,0720	0
		0,6	0	−0,0559	−0,1166	−0,1876	−0,2751	−0,3869	−0,5330 0,4670	0,3181	0,1975	0,0946	0
		0,7	0	−0,0446	−0,0930	−0,1496	−0,2193	−0,3081	−0,4241	−0,5776 0,4224	0,2622	0,1255	0
		0,8	0	−0,0372	−0,0776	−0,1247	−0,1826	−0,2565	−0,3527	−0,4800	−0,6496 0,3504	0,1677	0
		0,9	0	−0,0330	−0,0689	−0,1106	−0,1619	−0,2272	−0,3123	−0,4247	−0,5745	−0,7751 0,2249	0
		1,0	0	−0,0317	−0,0660	−0,1061	−0,1552	−0,2178	−0,2992	−0,4069	−0,5502	−0,7422	−1,0

Tabelle 8 (*Fortsetzung*)

kl	α	ε	ξ = 0	0,1	0,2	0,3	0,4	0,5	0,6	0,7	0,8	0,9	1,0
4	0	0	1,0	0,6700	0,4487	0,3002	0,2003	0,1329	0,0871	0,0553	0,0325	0,0150	0
		0,1	0	−0,2756 0,7244	0,4851	0,3245	0,2165	0,1437	0,0941	0,0598	0,0352	0,0163	0
		0,2	0	−0,1849	−0,3998 0,6002	0,4015	0,2679	0,1778	0,1164	0,0740	0,0435	0,0201	0
		0,3	0	−0,1242	−0,2686	−0,4565 0,5435	0,3627	0,2407	0,1576	0,1002	0,0589	0,0273	0
		0,4	0	−0,0836	−0,1808	−0,3074	−0,4837 0,5163	0,3426	0,2244	0,1426	0,0839	0,0388	0
		0,5	0	−0,0566	−0,1224	−0,2081	−0,3275	−0,5 0,5	0,3275	0,2081	0,1224	0,0566	0
		0,6	0	−0,0388	−0,0839	−0,1426	−0,2244	−0,3426	−0,5163 0,4867	0,3074	0,1808	0,0836	0
		0,7	0	−0,0273	−0,0589	−0,1002	−0,1576	−0,2407	−0,3627	−0,5435 0,4565	0,2686	0,1242	0
		0,8	0	−0,0201	−0,0435	−0,0740	−0,1164	−0,1778	−0,2679	−0,4015	−0,6002 0,3998	0,1849	0
		0,9	0	−0,0163	−0,0352	−0,0598	−0,0941	−0,1437	−0,2165	−0,3245	−0,4851	−0,7244 0,2756	0
		1,0	0	−0,0150	−0,0325	−0,0553	−0,0871	−0,1329	−0,2003	−0,3002	−0,4487	−0,6700	−1,0

Tabelle 8 (*Fortsetzung*)

kl	α	ε	$\xi = 0$	0,1	0,2	0,3	0,4	0,5	0,6	0,7	0,8	0,9	1,0
4	0,2	0	1,0	0,6706	0,4496	0,3012	0,2013	0,1338	0,0878	0,0559	0,0330	0,0153	0
		0,1	0	−0,2752 0,7248	0,4859	0,3255	0,2175	0,1446	0,0949	0,0604	0,0356	0,0165	0
		0,2	0	−0,1847	−0,3993 0,6007	0,4022	0,2687	0,1786	0,1171	0,0746	0,0439	0,0203	0
		0,3	0	−0,1242	−0,2684	−0,4561 0,5439	0,3633	0,2413	0,1582	0,1007	0,0593	0,0274	0
		0,4	0	−0,0837	−0,1809	−0,3073	−0,4835 0,5165	0,3430	0,2248	0,1430	0,0842	0,0390	0
		0,5	0	−0,0567	−0,1226	−0,2083	−0,3277	−0,5 0,5	0,3277	0,2083	0,1226	0,0567	0
		0,6	0	−0,0390	−0,0842	−0,1430	−0,2248	−0,3430	−0,5165 0,4835	0,3073	0,1809	0,0837	0
		0,7	0	−0,0274	−0,0593	−0,1007	−0,1582	−0,2413	−0,3633	−0,5439 0,4561	0,2684	0,1242	0
		0,8	0	−0,0203	−0,0439	−0,0746	−0,1171	−0,1786	−0,2687	−0,4022	−0,6007 0,3993	0,1847	0
		0,9	0	−0,0165	−0,0356	−0,0604	−0,0949	−0,1446	−0,2175	−0,3255	−0,4859	−0,7248 0,2752	0
		1,0	0	−0,0153	−0,0330	−0,0559	−0,0878	−0,1338	−0,2013	−0,3012	−0,4496	−0,6706	−1,0

Tabelle 8 (*Fortsetzung*)

kl	α	ε	ξ = 0	0,1	0,2	0,3	0,4	0,5	0,6	0,7	0,8	0,9	1,0
4	0,4	0	1,0	0,6723	0,4523	0,3042	0,2044	0,1366	0,0902	0,0578	0,0343	0,0159	0
		0,1	0	−0,2739 0,7261	0,4883	0,3283	0,2204	0,1473	0,0972	0,0623	0,0369	0,0171	0
		0,2	0	−0,1841	−0,3978 0,6022	0,4045	0,2713	0,1810	0,1193	0,0763	0,0451	0,0209	0
		0,3	0	−0,1240	−0,2679	−0,4549 0,5451	0,3651	0,2433	0,1601	0,1022	0,0604	0,0280	0
		0,4	0	−0,0838	−0,1810	−0,3073	−0,4829 0,5171	0,3442	0,2262	0,1442	0,0851	0,0394	0
		0,5	0	−0,0571	−0,1232	−0,2090	−0,3282	−0,5 0,5	0,3282	0,2090	0,1232	0,0571	0
		0,6	0	−0,0394	−0,0851	−0,1442	−0,2262	−0,3442	−0,5171 0,4829	0,3073	0,1810	0,0838	0
		0,7	0	−0,0280	−0,0604	−0,1022	−0,1601	−0,2433	−0,3651	−0,5451 0,4549	0,2679	0,1240	0
		0,8	0	−0,0209	−0,0451	−0,0763	−0,1193	−0,1810	−0,2713	−0,4045	−0,6022 0,3978	0,1841	0
		0,9	0	−0,0171	−0,0369	−0,0623	−0,0972	−0,1473	−0,2204	−0,3283	−0,4883	−0,7261 0,2739	0
		1,0	0	−0,0159	−0,0343	−0,0578	−0,0902	−0,1366	−0,2044	−0,3042	−0,4523	−0,6723	−1,0

Tabelle 8 (*Fortsetzung*)

kl	α	ε	$\xi=0$	0,1	0,2	0,3	0,4	0,5	0,6	0,7	0,8	0,9	1,0
6	0	0	1,0	0,5488	0,3012	0,1653	0,0907	0,0497	0,0271	0,0146	0,0075	0,0032	0
		0,1	0	−0,3494 0,6506	0,3570	0,1959	0,1075	0,0589	0,0321	0,0173	0,0089	0,0037	0
		0,2	0	−0,1918	−0,4547 0,5453	0,2993	0,1641	0,0899	0,0491	0,0264	0,0136	0,0057	0
		0,3	0	−0,1053	−0,2496	−0,4864 0,5136	0,2817	0,1543	0,0842	0,0453	0,0233	0,0098	0
		0,4	0	−0,0578	−0,1370	−0,2671	−0,4963 0,5037	0,2760	0,1506	0,0811	0,0416	0,0175	0
		0,5	0	−0,0318	−0,0753	−0,1469	−0,2728	−0,5 0,5	0,2728	0,1469	0,0753	0,0318	0
		0,6	0	−0,0175	−0,0416	−0,0811	−0,1506	−0,2760	−0,5037 0,4963	0,2671	0,1370	0,0578	0
		0,7	0	−0,0098	−0,0233	−0,0453	−0,0842	−0,1543	−0,2817	−0,5136 0,4864	0,2496	0,1053	0
		0,8	0	−0,0057	−0,0136	−0,0264	−0,0491	−0,0899	−0,1641	−0,2993	−0,5453 0,4547	0,1918	0
		0,9	0	−0,0037	−0,0089	−0,0173	−0,0321	−0,0589	−0,1075	−0,1959	−0,3570	−0,6506 0,3494	0
		1,0	0	−0,0032	−0,0075	−0,0146	−0,0271	−0,0497	−0,0907	−0,1653	−0,3012	−0,5488	−1,0

Tabelle 8 (*Fortsetzung*)

kl	α	ε	ξ=0	0,1	0,2	0,3	0,4	0,5	0,6	0,7	0,8	0,9	1,0
6	0,2	0	1,0	0,5492	0,3017	0,1660	0,0912	0,0502	0,0275	0,0149	0,0077	0,0033	0
		0,1	0	−0,3491 0,6509	0,3575	0,1965	0,1080	0,0594	0,0325	0,0176	0,0091	0,0039	0
		0,2	0	−0,1917	−0,4544 0,5456	0,2997	0,1646	0,0904	0,0495	0,0267	0,0138	0,0058	0
		0,3	0	−0,1053	−0,2495	−0,4862 0,5138	0,2821	0,1547	0,0846	0,0456	0,0234	0,0099	0
		0,4	0	−0,0579	−0,1371	−0,2672	−0,4962 0,5038	0,2762	0,1509	0,0813	0,0418	0,0176	0
		0,5	0	−0,0319	−0,0755	−0,1470	−0,2730	−0,5 0,5	0,2730	0,1470	0,0755	0,0319	0
		0,6	0	−0,0176	−0,0418	−0,0813	−0,1509	−0,2762	−0,5038 0,4962	0,2672	0,1371	0,0579	0
		0,7	0	−0,0099	−0,0234	−0,0456	−0,0846	−0,1547	−0,2821	−0,5138 0,4862	0,2495	0,1053	0
		0,8	0	−0,0058	−0,0138	−0,0267	−0,0495	−0,0904	−0,1646	−0,2997	−0,5456 0,4544	0,1917	0
		0,9	0	−0,0039	−0,0091	−0,0176	−0,0325	−0,0594	−0,1080	−0,1965	−0,3575	−0,6509 0,3491	0
		1,0	0	−0,0033	−0,0077	−0,0149	−0,0275	−0,0502	−0,0912	−0,1660	−0,3017	−0,5492	−1,0

Tabelle 8 (*Fortsetzung*)

k	α	ε	ξ = 0	0,1	0,2	0,3	0,4	0,5	0,6	0,7	0,8	0,9	1,0
6	0,4	0	1,0	0,5504	0,3034	0,1678	0,0930	0,0517	0,0288	0,0159	0,0084	0,0036	0
		0,1	0	— 0,3483 0,6517	0,3590	0,1982	0,1097	0,0609	0,0338	0,0174	0,0097	0,0042	0
		0,2	0	— 0,1914	— 0,4535 0,5465	0,3011	0,1661	0,0918	0,0507	0,0277	0,0144	0,0061	0
		0,3	0	— 0,1052	— 0,2493	— 0,4856 0,5144	0,2831	0,1559	0,0856	0,0465	0,0241	0,0102	0
		0,4	0	— 0,0580	— 0,1373	— 0,2673	— 0,4958 0,5042	0,2770	0,1517	0,0820	0,0423	0,0179	0
		0,5	0	— 0,0321	— 0,0759	— 0,1475	— 0,2734	— 0,5 0,5	0,2734	0,1475	0,0759	0,0321	0
		0,6	0	— 0,0179	— 0,0423	— 0,0820	— 0,1517	— 0,2770	— 0,5042 0,4958	0,2673	0,1373	0,0580	0
		0,7	0	— 0,0102	— 0,0241	— 0,0465	— 0,0856	— 0,1559	— 0,2831	— 0,5144 0,4856	0,2493	0,1052	0
		0,8	0	— 0,0061	— 0,0144	— 0,0277	— 0,0507	— 0,0918	— 0,1661	— 0,3011	— 0,5465 0,4535	0,1914	0
		0,9	0	— 0,0042	— 0,0097	— 0,0174	— 0,0338	— 0,0609	— 0,1097	— 0,1982	— 0,3590	— 0,6517 0,3483	0
		1,0	0	— 0,0036	— 0,0084	— 0,0159	— 0,0288	— 0,0517	— 0,0930	— 0,1678	— 0,3034	— 0,5504	— 1,0

Tabelle 8 (*Fortsetzung*)

kl	α	ε	$\xi=0$	0,1	0,2	0,3	0,4	0,5	0,6	0,7	0,8	0,9	1,0
∞	0	0	1,0	0,4493	0,2019	0,0907	0,0408	0,0183	0,0082	0,0037	0,0016	0,0006	0
		0,1	0	—0,3990 0,6010	0,2700	0,1213	0,0545	0,0245	0,0110	0,0049	0,0021	0,0008	0
		0,2	0	—0,1793	—0,4796 0,5204	0,2338	0,1051	0,0472	0,0212	0,0095	0,0041	0,0015	0
		0,3	0	—0,0806	—0,2155	—0,4959 0,5041	0,2265	0,1017	0,0457	0,0204	0,0089	0,0033	0
		0,4	0	—0,0362	—0,0968	—0,2228	—0,4992 0,5008	0,2250	0,1010	0,0451	0,0196	0,0073	0
		0,5	0	—0,0163	—0,0435	—0,1001	—0,2244	—0,5 0,5	—0,2244	—0,1001	—0,0435	—0,0163	0
		0,6	0	—0,0073	—0,0196	—0,0451	—0,1010	—0,2250	—0,5008 0,4992	—0,2228	—0,0968	—0,0362	0
		0,7	0	—0,0033	—0,0089	—0,0204	—0,0457	—0,1017	—0,2265	—0,5041 0,4959	—0,2155	—0,0806	0
		0,8	0	—0,0015	—0,0041	—0,0095	—0,0212	—0,0472	—0,1051	—0,2338	—0,5204 0,4796	—0,1793	0
		0,9	0	—0,0008	—0,0021	—0,0049	—0,0110	—0,0245	—0,0545	—0,1213	—0,2700	—0,6010 0,3990	0
		1,0	0	—0,0006	—0,0016	—0,0037	—0,0082	—0,0183	—0,0408	—0,0907	—0,2019	—0,4493	—1,0

Tabelle 8 (*Fortsetzung*)

kl	α	ε	ξ=0	0,1	0,2	0,3	0,4	0,5	0,6	0,7	0,8	0,9	1,0
∞	0,2	0	1,0	0,4496	0,2023	0,0911	0,0411	0,0186	0,0085	0,0039	0,0017	0,0007	0
		0,1	0	−0,3989 / 0,6011	0,2704	0,1217	0,0549	0,0248	0,0112	0,0051	0,0023	0,0009	0
		0,2	0	−0,1793	−0,4794 / 0,5206	0,2341	0,1054	0,0475	0,0214	0,0096	0,0042	0,0016	0
		0,3	0	−0,0806	−0,2155	−0,4958 / 0,5042	0,2267	0,1020	0,0459	0,0206	0,0090	0,0034	0
		0,4	0	−0,0362	−0,0969	−0,2229	−0,4991 / 0,5009	0,2251	0,1011	0,0452	0,0197	0,0074	0
		0,5	0	−0,0163	−0,0436	−0,1003	−0,2245	−0,5 / 0,5	0,2245	0,1003	0,0436	0,0163	0
		0,6	0	−0,0074	−0,0197	−0,0452	−0,1011	−0,2251	−0,5009 / 0,4991	0,2229	0,0969	0,0362	0
		0,7	0	−0,0034	−0,0090	−0,0206	−0,0459	−0,1020	−0,2267	−0,5042 / 0,4958	0,2155	0,0806	0
		0,8	0	−0,0016	−0,0042	−0,0096	−0,0214	−0,0475	−0,1054	−0,2341	−0,5206 / 0,4794	0,1793	0
		0,9	0	−0,0009	−0,0023	−0,0051	−0,0112	−0,0248	−0,0549	−0,1217	−0,2704	−0,6011 / 0,3989	0
		1,0	0	−0,0007	−0,0017	−0,0039	−0,0085	−0,0186	−0,0411	−0,0911	−0,2023	−0,4496	−1,0

Tabelle 8 (*Fortsetzung*)

kl	α	ε	$\xi=0$	0,1	0,2	0,3	0,4	0,5	0,6	0,7	0,8	0,9	1,0
∞	0,4	0	1,0	0,4505	0,2034	0,0923	0,0422	0,0195	0,0092	0,0044	0,0021	0,0008	0
		0,1	0	—0,3983 0,6017	0,2714	0,1228	0,0559	0,0257	0,0120	0,0057	0,0026	0,0011	0
		0,2	0	—0,1791	—0,4789 0,5211	0,2350	0,1063	0,0483	0,0221	0,0102	0,0046	0,0018	0
		0,3	0	—0,0806	—0,2155	—0,4954 0,5046	0,2274	0,1028	0,0466	0,0211	0,0093	0,0036	0
		0,4	0	—0,0364	—0,0971	—0,2230	—0,4990 0,5010	0,2257	0,1017	0,0457	0,0200	0,0073	0
		0,5	0	—0,0165	—0,0439	—0,1007	—0,2248	—0,5 0,5	0,2248	0,1007	0,0439	0,0165	0
		0,6	0	—0,0073	—0,0200	—0,0457	—0,1017	—0,2257	—0,5010 0,4990	0,2230	0,0971	0,0364	0
		0,7	0	—0,0036	—0,0093	—0,0211	—0,0466	—0,1028	—0,2274	—0,5046 0,4954	0,2155	0,0806	0
		0,8	0	—0,0018	—0,0046	—0,0102	—0,0221	—0,0483	—0,1063	—0,2350	—0,5211 0,4789	0,1791	0
		0,9	0	—0,0011	—0,0026	—0,0057	—0,0120	—0,0257	—0,0559	—0,1228	—0,2714	—0,6017 0,3983	0
		1,0	0	—0,0008	—0,0021	—0,0044	—0,0092	—0,0195	—0,0422	—0,0923	—0,2034	—0,4505	—1,0

Tabellen

Tabelle 9. *Biegemomente M^p zufolge stetiger Gleichlast p im Grundsystem*

Multiplikator pl^2

kl	α	$\xi = \begin{matrix}0{,}1\\0{,}9\end{matrix}$	$\begin{matrix}0{,}2\\0{,}8\end{matrix}$	$\begin{matrix}0{,}3\\0{,}7\end{matrix}$	$\begin{matrix}0{,}4\\0{,}6\end{matrix}$	$0{,}5$
—	0	0,04500	0,08000	0,10500	0,12000	0,12500
—	0,2	0,04516	0,08031	0,10542	0,12050	0,12552
—	0,4	0,04566	0,08125	0,10672	0,12201	0,12711

Tabelle 10. *Biegemomente M^m zufolge gleichmäßig verteilter Drehmomente m im Grundsystem*

Multiplikator ml

kl	α	$\xi = \begin{matrix}0{,}1\\0{,}9\end{matrix}$	$\begin{matrix}0{,}2\\0{,}8\end{matrix}$	$\begin{matrix}0{,}3\\0{,}7\end{matrix}$	$\begin{matrix}0{,}4\\0{,}6\end{matrix}$	$0{,}5$
—	0,2	−0,00903	−0,01606	−0,02108	−0,02410	−0,02510
—	0,4	−0,01826	−0,03250	−0,04269	−0,04880	−0,05084

Tabelle 11. *Bimomente B^p zufolge stetiger Gleichlast p im Grundsystem*

Multiplikator $0{,}001\, pl^3 \cdot \mu$

kl	α	$\xi = \begin{matrix}0{,}1\\0{,}9\end{matrix}$	$\begin{matrix}0{,}2\\0{,}8\end{matrix}$	$\begin{matrix}0{,}3\\0{,}7\end{matrix}$	$\begin{matrix}0{,}4\\0{,}6\end{matrix}$	$0{,}5$
0	0,2	−0,821	−1,553	−2,126	−2,490	−2,615
	0,4	−1,661	−3,144	−4,304	−5,042	−5,294
1	0,2	−0,75	−1,41	−1,93	−2,26	−2,37
	0,4	−1,51	−2,85	−3,90	−4,57	−4,80
2	0,2	−0,586	−1,108	−1,513	−1,771	−1,858
	0,4	−1,187	−2,241	−3,064	−3,585	−3,762
3	0,2	−0,433	−0,816	−1,113	−1,300	−1,364
	0,4	−0,876	−1,652	−2,253	−2,632	−2,761
4	0,2	−0,318	−0,597	−0,812	−0,947	−0,993
	0,4	−0,643	−1,209	−1,645	−1,918	−2,011
6	0,2	−0,182	−0,339	−0,459	−0,533	−0,558
	0,4	−0,367	−0,686	−0,929	−1,079	−1,129
8	0,2	−0,114	−0,212	−0,285	−0,330	−0,345
	0,4	−0,231	−0,429	−0,577	−0,668	−0,699

Tabelle 12. *Bimomente B^m zufolge gleichmäßig verteilter Drehmomente m im Grundsystem*

Multiplikator $ml^2 \cdot \mu$

kl	α	$\xi = \begin{matrix}0,1\\0,9\end{matrix}$	$\begin{matrix}0,2\\0,8\end{matrix}$	$\begin{matrix}0,3\\0,7\end{matrix}$	$\begin{matrix}0,4\\0,6\end{matrix}$	0,5
0	0 0,2 0,4	0,04500 0,04516 0,04566	0,08000 0,08031 0,08125	0,10500 0,10542 0,10672	0,12000 0,12050 0,12201	0,12500 0,12552 0,12711
1	0 0,2 0,4	0,04128 0,04143 0,04188	0,07298 0,07326 0,07412	0,09541 0,09580 0,09697	0,10876 0,10921 0,11059	0,11318 0,11365 0,11510
2	0 0,2 0,4	0,03332 0,03344 0,03379	0,05794 0,05816 0,05883	0,07485 0,07516 0,07608	0,08473 0,08509 0,08617	0,08799 0,08836 0,08949
3	0 0,2 0,4	0,02559 0,02568 0,02594	0,04342 0,04359 0,04408	0,05512 0,05534 0,05602	0,06174 0,06200 0,06279	0,06388 0,06415 0,06498
4	0 0,2 0,4	0,01968 0,01975 0,01994	0,03242 0,03254 0,03290	0,04028 0,04044 0,04094	0,04454 0,04473 0,04531	0,04589 0,04609 0,04669
6	0 0,2 0,4	0,01245 0,01248 0,01259	0,01920 0,01927 0,01948	0,02278 0,02287 0,02315	0,02451 0,02461 0,02494	0,02502 0,02513 0,02547
8	0 0,2 0,4	0,00860 0,00862 0,00869	0,01245 0,01249 0,01262	0,01415 0,01421 0,01438	0,01486 0,01493 0,01513	0,01505 0,01512 0,01533

Tabelle 13. *Gesamtdrillmomente H^p zufolge stetiger Gleichlast p im Grundsystem*

Multiplikator pl^2

kl	α	$\xi = 0$	0,1	0,2	0,3	0,4	0,5
— —	0,2 0,4	−0,00837 −0,01694	−0,00790 −0,01599	−0,00663 −0,01342	−0,00475 −0,00963	−0,00248 −0,00502	0 0

kl	α	$\xi = 0,6$	0,7	0,8	0,9	1,0
— —	0,2 0,4	0,00248 0,00502	0,00475 0,00963	0,00663 0,01342	0,00790 0,01599	0,00837 0,01694

Tabelle 14. *Sekundäre Drillmomente H_ω^p zufolge stetiger Gleichlast p im Grundsystem*
Multiplikator $pl^2 \cdot \mu$

kl	α	$\xi = 0$	0,1	0,2	0,3	0,4	0,5
0	0,2	−0,00837	−0,00790	−0,00663	−0,00475	−0,00248	0
	0,4	−0,01694	−0,01599	−0,01342	−0,00963	−0,00502	0
1	0,2	−0,00761	−0,00718	−0,00601	−0,00431	−0,00224	0
	0,4	−0,01538	−0,01452	−0,01217	−0,00872	−0,00454	0
2	0,2	−0,00598	−0,00564	−0,00470	−0,00336	−0,00175	0
	0,4	−0,01211	−0,01141	−0,00953	−0,00680	−0,00354	0
3	0,2	−0,00442	−0,00415	−0,00345	−0,00245	−0,00127	0
	0,4	−0,00895	−0,00841	−0,00698	−0,00496	−0,00257	0
4	0,2	−0,00325	−0,00304	−0,00251	−0,00177	−0,00091	0
	0,4	−0,00658	−0,00615	−0,00508	−0,00359	−0,00185	0
6	0,2	−0,00186	−0,00173	−0,00140	−0,00098	−0,00050	0
	0,4	−0,00377	−0,00349	−0,00284	−0,00198	−0,00101	0
8	0,2	−0,00118	−0,00108	−0,00086	−0,00059	−0,00030	0
	0,4	−0,00238	−0,00218	−0,00175	−0,00120	−0,00061	0

Tabelle 15. *Gesamtdrillmomente H^m zufolge gleichmäßig verteilter Drehmomente m im Grundsystem*

Multiplikator ml

kl	α	$\xi = 0$	0,1	0,2	0,3	0,4	0,5
−	0	0,5	0,4	0,3	0,2	0,1	0
−	0,2	0,5017	0,4016	0,3013	0,2010	0,1005	0
−	0,4	0,5067	0,4064	0,3054	0,2038	0,1020	0

kl	α	$\xi = 0,6$	0,7	0,8	0,9	1,0	
−	0	−0,1	−0,2	−0,3	−0,4	−0,5	
−	0,2	−0,1005	−0,2010	−0,3013	−0,4016	−0,5017	
−	0,4	−0,1020	−0,2038	−0,3054	−0,4064	−0,5067	

222 Anhang

Tabelle 16. *Sekundäre Drillmomente H_ω^m zufolge gleichmäßig verteilter Drehmomente m im Grundsystem*

Multiplikator $ml \cdot \mu$

kl	α	$\xi = 0$	0,1	0,2	0,3	0,4	0,5
0	0	0,5	0,4	0,3	0,2	0,1	0
	0,2	0,5017	0,4016	0,3013	0,2010	0,1005	0
	0,4	0,5067	0,4064	0,3054	0,2038	0,1020	0
1	0	0,4621	0,3643	0,2701	0,1786	0,0888	0
	0,2	0,4636	0,3657	0,2713	0,1794	0,0893	0
	0,4	0,4683	0,3701	0,2749	0,1820	0,0907	0
2	0	0,3808	0,2878	0,2063	0,1331	0,0653	0
	0,2	0,3820	0,2889	0,2072	0,1338	0,0656	0
	0,4	0,3856	0,2923	0,2101	0,1358	0,0667	0
3	0	0,3017	0,2139	0,1455	0,0902	0,0432	0
	0,2	0,3026	0,2147	0,1461	0,0907	0,0434	0
	0,4	0,3053	0,2173	0,1482	0,0922	0,0442	0
4	0	0,2410	0,1579	0,1003	0,0590	0,0273	0
	0,2	0,2417	0,1585	0,1008	0,0594	0,0275	0
	0,4	0,2436	0,1603	0,1023	0,0605	0,0280	0
6	0	0,1658	0,0905	0,0487	0,0250	0,0105	0
	0,2	0,1662	0,0908	0,0490	0,0252	0,0106	0
	0,4	0,1674	0,0919	0,0498	0,0258	0,0109	0
8	0	0,1249	0,0561	0,0250	0,0109	0,0041	0
	0,2	0,1252	0,0563	0,0252	0,0110	0,0041	0
	0,4	0,1259	0,0569	0,0257	0,0114	0,0043	0

Tabelle 17. *Biegemomente $(M_x)_{M1}$ für die Belastung durch Endbiegemoment $M_1 = 1$ im Grundsystem*

Multiplikator 1

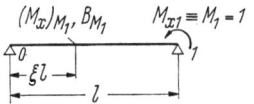

ξ	$\alpha = 0$	0,2	0,4
0,1	0,1	0,1007	0,1027
0,2	0,2	0,2013	0,2052
0,3	0,3	0,3018	0,3074
0,4	0,4	0,4022	0,4091
0,5	0,5	0,5025	0,5102
0,6	0,6	0,6025	0,6104
0,7	0,7	0,7024	0,7097
0,8	0,8	0,8019	0,8078
0,9	0,9	0,9011	0,9046
1,0	1,0	1,0	1,0

Tabelle 18. *Bimomente B_{M1} für die Belastung durch Endbiegemoment $M_1 = 1$ im Grundsystem*

Multiplikator $0{,}001\, l \cdot \mu$

ξ	$kl = 0$		1	
	α = 0,2	0,4	0,2	0,4
0,1	− 3,315	− 6,725	− 2,96	− 6,02
0,2	− 6,430	− 13,039	− 5,76	− 11,68
0,3	− 9,141	− 18,532	− 8,21	− 16,65
0,4	− 11,249	− 22,796	− 10,13	− 20,55
0,5	− 12,552	− 25,423	− 11,36	− 23,02
0,6	− 12,851	− 26,011	− 11,69	− 23,68
0,7	− 11,944	− 24,156	− 10,94	− 22,13
0,8	− 9,632	− 19,464	− 8,89	− 17,96
0,9	− 5,717	− 11,541	− 5,31	− 10,73

ξ	$kl = 2$		3	
	α = 0,2	0,4	0,2	0,4
0,1	− 2,236	− 4,536	− 1,555	− 3,157
0,2	− 4,358	− 8,841	− 3,047	− 6,186
0,3	− 6,251	− 12,680	− 4,410	− 8,949
0,4	− 7,790	− 15,793	− 5,565	− 11,286
0,5	− 8,834	− 17,898	− 6,414	− 12,996
0,6	− 9,225	− 18,672	− 6,833	− 13,830
0,7	− 8,778	− 17,752	− 6,657	− 13,458
0,8	− 7,273	− 14,691	− 5,670	− 11,448
0,9	− 4,451	− 8,979	− 3,581	− 7,218

ξ	$kl = 4$		6		8	
	α = 0,2	0,4	0,2	0,4	0,2	0,4
0,1	− 1,068	− 2,169	− 0,541	− 1,101	− 0,313	− 0,636
0,2	− 2,104	− 4,274	− 1,075	− 2,187	− 0,624	− 1,269
0,3	− 3,073	− 6,240	− 1,594	− 3,239	− 0,931	− 1,894
0,4	− 3,930	− 7,972	− 2,081	− 4,226	− 1,230	− 2,500
0,5	− 4,608	− 9,338	− 2,513	− 5,094	− 1,512	− 3,067
0,6	− 5,016	− 10,151	− 2,841	− 5,749	− 1,754	− 3,551
0,7	− 5,015	− 10,136	− 2,981	− 6,021	− 1,910	− 3,859
0,8	− 4,404	− 8,887	− 2,779	− 5,604	− 1,874	− 3,777
0,9	− 2,882	− 5,806	− 1,955	− 3,936	− 1,411	− 2,838

Tabelle 19. *Bimomente B_{B1} für die Belastung durch Endbimoment $B_1 = 1$ im Grundsystem*[1]

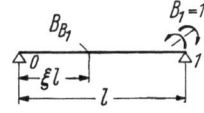

Multiplikator 1

ξ	$kl = 0$	1	2	3	4	6	8
0,1	0,1	0,0852	0,0555	0,03040	0,01505	0,00316	0,00060
0,2	0,2	0,1713	0,1133	0,06355	0,03254	0,00748	0,00159
0,3	0,3	0,2591	0,1755	0,10247	0,05531	0,01458	0,00367
0,4	0,4	0,3495	0,2449	0,15068	0,08705	0,02710	0,00822
0,5	0,5	0,4434	0,3240	0,21255	0,13290	0,04966	0,01831
0,6	0,6	0,5417	0,4162	0,2937	0,20030	0,09065	0,04076
0,7	0,7	0,6455	0,5251	0,4015	0,3002	0,16537	0,09072
0,8	0,8	0,7557	0,6550	0,5456	0,4487	0,3012	0,2019
0,9	0,9	0,8735	0,8112	0,7393	0,6700	0,5488	0,4493
1,0	1,0	1,0	1,0	1,0	1,0	1,0	1,0

[1] Die Biegemomente $(M_x)_{B1}$ für die Belastung durch Endbimoment B_1 sind überall gleich Null.

Tabelle 20. *Gesamtdrillmomente H_{M1} für die Belastung durch Endbiegemoment $M_1 = 1$ im Grundsystem*

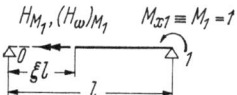

Multiplikator 1

ξ	$\alpha = 0,2$	0,4
0	$-0,03349$	$-0,06793$
0,1	$-0,03248$	$-0,06588$
0,2	$-0,02946$	$-0,05972$
0,3	$-0,02443$	$-0,04947$
0,4	$-0,01739$	$-0,03513$
0,5	$-0,00834$	$-0,01675$
0,6	0,00271	0,00567
0,7	0,01576	0,03207
0,8	0,03080	0,06243
0,9	0,04783	0,09667
1,0	0,06685	0,13478

Tabelle 21. *Sekundäre Drillmomente* $(H_\omega)_{M_1}$ *für die Belastung durch Endbiegemoment* $M_1 = 1$ *im Grundsystem*

Multiplikator $1 \cdot \mu$

ξ	$kl = 0$		1		2	
	$\alpha = 0{,}2$	0,4	0,2	0,4	0,2	0,4
0	−0,03349	−0,06793	−0,02996	−0,06077	−0,02254	−0,04574
0,1	−0,03248	−0,06588	−0,02910	−0,05902	−0,02198	−0,04460
0,2	−0,02946	−0,05972	−0,02652	−0,05375	−0,02028	−0,04113
0,3	−0,02443	−0,04947	−0,02219	−0,04492	−0,01739	−0,03520
0,4	−0,01739	−0,03513	−0,01607	−0,03247	−0,01317	−0,02659
0,5	−0,00834	−0,01675	−0,00810	−0,01627	−0,00746	−0,01498
0,6	0,00271	0,00567	0,00178	0,00379	−0,00005	0,00007
0,7	0,01576	0,03207	0,01369	0,02789	0,00937	0,01913
0,8	0,03080	0,06243	0,02773	0,05621	0,02116	0,04291
0,9	0,04783	0,09667	0,04404	0,08901	0,03580	0,07283
1,0	0,06685	0,13478	0,06277	0,12654	0,05386	0,10851

ξ	$kl = 3$		4	
	$\alpha = 0{,}2$	0,4	0,2	0,4
0	−0,01565	−0,03178	−0,01073	−0,02180
0,1	−0,01534	−0,03115	−0,01057	−0,02148
0,2	−0,01440	−0,02921	−0,01010	−0,02049
0,3	−0,01274	−0,02579	−0,00922	−0,01867
0,4	−0,01020	−0,02060	−0,00780	−0,01575
0,5	−0,00658	−0,01320	−0,00561	−0,01127
0,6	−0,00152	−0,00293	−0,00231	−0,00454
0,7	0,00540	0,01109	0,00265	0,00551
0,8	0,01483	0,03009	0,01006	0,02044
0,9	0,02760	0,05575	0,02112	0,04264
1,0	0,04487	0,09034	0,03761	0,07566

ξ	$kl = 6$		8	
	$\alpha = 0{,}2$	0,4	0,2	0,4
0	−0,00542	−0,01103	−0,00313	−0,00637
0,1	−0,00539	−0,01096	−0,00312	−0,00635
0,2	−0,00528	−0,01073	−0,00310	−0,00630
0,3	−0,00506	−0,01026	−0,00304	−0,00617
0,4	−0,00465	−0,00939	−0,00293	−0,00591
0,5	−0,00390	−0,00782	−0,00267	−0,00536
0,6	−0,00252	−0,00501	−0,00210	−0,00419
0,7	0,00003	0,00005	−0,00085	−0,00163
0,8	0,00451	0,00921	0,00188	0,00399
0,9	0,01278	0,02579	0,00813	0,01642
1,0	0,02782	0,05591	0,02190	0,04398

Tabelle 22. *Sekundäre Drillmomente* $(H_\omega)_{B_1}$ *für die Belastung durch Endbimoment* $B_1 = 1$ *im Grundsystem*[1]

Multiplikator $\dfrac{1}{l}$

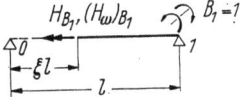

ξ	$kl = 0$	1	2	3	4	6	8
0	1,0	0,8509	0,5514	0,2995	0,1466	0,02975	0,00537
0,1	1,0	0,8552	0,5625	0,3130	0,1585	0,0353	0,0072
0,2	1,0	0,8680	0,5961	0,3550	0,1960	0,0539	0,0138
0,3	1,0	0,8895	0,6537	0,4292	0,2654	0,0924	0,0298
0,4	1,0	0,9199	0,7375	0,5422	0,3778	0,1653	0,0659
0,5	1,0	0,9595	0,8509	0,7044	0,5514	0,2995	0,1466
0,6	1,0	1,0087	0,9985	0,9306	0,8145	0,5447	0,3261
0,7	1,0	1,0680	1,1861	1,2411	1,2096	0,9921	0,7258
0,8	1,0	1,1380	1,4213	1,6641	1,8008	1,8073	1,6152
0,9	1,0	1,2194	1,7136	2,2380	2,684	3,293	3,595
1,0	1,0	1,3130	2,0746	3,0149	4,003	6,000	8,000

[1] Die Gesamtdrillmomente H_{B_1} für die Belastung durch Endbimoment $B_1 = 1$ sind überall gleich $1/l$.

Tabellen 227

Tabelle 23. *Durchbiegung $v_{0,5}$ und Drehwinkel $\vartheta_{0,5}$ in Feldmitte ($z = 0,5\, l$) für die Belastung durch Einzellasten P, M in Feldmitte bzw. stetige Gleichlasten p, m auf der ganzen Feldlänge im Grundsystem. (Der Fall $\psi = 1$, $\mu = 1$)*

kl	α	$\bar\gamma, \varkappa$	$v^P_{0,5}$	$\vartheta^P_{0,5}$	$v^M_{0,5}$	$\vartheta^M_{0,5}$	$v^p_{0,5}$	$\vartheta^p_{0,5}$	$\vartheta^m_{0,5}$	$\vartheta^m_{0,5}$
0	0	—	0,02083	0	0	0,02083 $\bar\gamma$	0,01302	0	0	0,01302 $\bar\gamma$
	0,2	0	0,02100	—0,00420	—0,00420	0,0008	0,01313	—0,00263	—0,00263	0,0005
		100	0,02185	—0,04621	—0,04621	2,101	0,01367	—0,02934	—0,02924	1,313
		200	0,02270	—0,08821	—0,08821	4,201	0,01421	—0,05605	—0,05586	2,626
	0,4	0	0,02152	—0,00861	—0,00861	0,0034	0,01346	—0,00538	—0,00538	0,0022
		100	0,02500	—0,09470	—0,09470	2,155	0,01567	—0,06027	—0,05948	1,347
		200	0,02849	—0,18080	—0,18080	4,307	0,01789	—0,11516	—0,11357	2,693
1	0	—	0,02083	0	0	0,01894 $\varkappa$	0,01302	0	0	0,01181 $\varkappa$
	0,2	25	0,0212	—0,0137	—0,0137	0,478	0,0132	—0,0087	—0,0088	0,298
		100	0,0218	—0,0424	—0,0424	1,910	0,0135	—0,0269	—0,0272	1,191
	0,4	25	0,0223	—0,0282	—0,0282	0,492	0,0139	—0,0178	—0,0177	0,307
		100	0,0246	—0,0869	—0,0869	1,959	0,0154	—0,0551	—0,0547	1,223
2	0	—	0,02083	0	0	0,0596 $\varkappa$	0,01302	0	0	0,03701 $\varkappa$
	0,2	5	0,02112	—0,01018	—0,01018	0,301	0,01320	—0,0064	—0,0064	0,1871
		20	0,02148	—0,02814	—0,02814	1,202	0,01343	—0,0178	—0,0178	0,7468
	0,4	5	0,02201	—0,02087	—0,02087	0,311	0,01376	—0,0132	—0,0132	0,1934
		20	0,02350	—0,05766	—0,05766	1,234	0,01467	—0,0365	—0,0365	0,7671

15*

228 Anhang

Tabelle 23 (*Fortsetzung*)

kl	α	$\bar{\nu}, \varkappa$	$v^P_{0,5}$	$\vartheta^P_{0,5}$	$v^M_{0,5}$	$\vartheta^M_{0,5}$	$v^p_{0,5}$	$\vartheta^p_{0,5}$	$v^m_{0,5}$	$\vartheta^m_{0,5}$
3	0	—	0,02083				0,01302			0,06112 $\varkappa$
	0,2	2	0,02108	−0,00816	−0,00816	0,201	0,01318	−0,00514	−0,00514	0,1237
		10	0,02140	−0,02399	−0,02399	1,000	0,01338	−0,01519	−0,01519	0,6167
	0,4	2	0,02185	−0,01672	−0,01672	0,208	0,01366	−0,01053	−0,01053	0,1285
		10	0,02316	−0,04918	−0,04918	1,027	0,01447	−0,03112	−0,03112	0,6338
4	0	—	0,02083			0,1295 $\varkappa$	0,01302			0,07911 $\varkappa$
	0,2	2	0,02111	−0,00934	−0,00934	0,262	0,01319	−0,00588	−0,00588	0,1600
		10	0,02152	−0,02989	−0,02989	1,306	0,01346	−0,01891	−0,01892	0,7981
	0,4	2	0,02194	−0,01914	−0,01914	0,271	0,01372	−0,01206	−0,01206	0,1657
		10	0,02364	−0,06125	−0,06125	1,340	0,01478	−0,03875	−0,03876	0,8198
6	0	—	0,02083			0,1671 $\varkappa$	0,01302			0,1000 $\varkappa$
	0,2	2	0,02113	−0,01073	−0,01073	0,338	0,01321	−0,00676	−0,00676	0,2021
		10	0,02166	−0,03685	−0,03685	1,685	0,01355	−0,02328	−0,02329	1,009
	0,4	2	0,02206	−0,02199	−0,02199	0,348	0,01379	−0,01385	−0,01385	0,2088
		10	0,02422	−0,07552	−0,07552	1,727	0,01515	−0,04771	−0,04772	1,036
8	0	—	0,02083			0,1875 $\varkappa$	0,01302			0,1100 $\varkappa$
	0,2	1	0,02107	−0,00781	−0,00781	0,1898	0,01317	−0,00491	−0,00491	0,1114
		10	0,02173	−0,04030	−0,04030	1,891	0,01359	−0,02542	−0,02541	1,109
	0,4	1	0,02181	−0,01600	−0,01600	0,1969	0,01364	−0,01005	−0,01005	0,1158
		10	0,02450	−0,08258	−0,08258	1,938	0,01533	−0,05209	−0,05210	1,139
Multiplikator			$\dfrac{Pl^3}{EI_x}$	$\dfrac{Pl^2}{EI_x}$	$\dfrac{Ml^2}{EI_x}$	$\dfrac{Ml}{EI_x}$	$\dfrac{pl^4}{EI_x}$	$\dfrac{pl^3}{EI_x}$	$\dfrac{ml^3}{EI_x}$	$\dfrac{ml^2}{EI_x}$

Tabelle 24. *Durchbiegung* $v_{0,5}$ *und Drehwinkel* $\vartheta_{0,5}$
in Feldmitte $(z = 0,5\,l)$ *für die Belastung durch Endbiegemoment* M_1 *bzw. Endbimoment* B_1 *im Grundsystem*
$(\psi = 1,\ \mu = 1)$

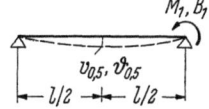

kl	α	$\bar{\gamma}, \varkappa$	$(v_{0,5})_{M_1}$	$(\vartheta_{0,5})_{M_1}$	$(v_{0,5})_{B_1}$	$(\vartheta_{0,5})_{B_1}$
0	0	—	0,06250			$0,0625\,\bar{\gamma}$
	0,2	0	0,06303	— 0,0126	0	0
		100	0,06569	— 0,1439	— 0,1307	6,276
		200	0,06836	— 0,2752	— 0,2615	12,552
	0,4	0	0,06463	— 0,0259	0	0
		100	0,07557	— 0,2949	— 0,2647	6,356
		200	0,08651	— 0,5640	— 0,5294	12,712
1	0	—	0,06250			$0,0557\,\varkappa$
	0,2	25	0,0636	— 0,0425	— 0,0299	1,42
		100	0,0654	— 0,132	— 0,120	5,68
	0,4	25	0,0671	— 0,0869	— 0,0601	1,44
		100	0,0745	— 0,270	— 0,240	5,76
2	0	—	0,06250			$0,1760\,\varkappa$
	0,2	5	0,0634	— 0,0313	— 0,0186	0,884
		20	0,0645	— 0,0873	— 0,0743	3,534
	0,4	5	0,0662	— 0,0641	— 0,0376	0,895
		20	0,0709	— 0,1789	— 0,1505	3,580
3	0	—	0,06250			$0,2875\,\varkappa$
	0,2	2	0,0633	— 0,0249	— 0,0123	0,577
		10	0,0643	— 0,0742	— 0,0614	2,887
	0,4	2	0,0657	— 0,0511	— 0,0249	0,585
		10	0,0698	— 0,1522	— 0,1243	2,924
4	0	—	0,06250			$0,3671\,\varkappa$
	0,2	2	0,0634	— 0,0286	— 0,0159	0,737
		10	0,0647	— 0,0924	— 0,0794	3,687
	0,4	2	0,0660	— 0,0586	— 0,0322	0,747
		10	0,0713	— 0,1894	— 0,1609	3,735
6	0	—	0,06250			$0,4503\,\varkappa$
	0,2	2	0,0634	— 0,0328	— 0,0201	0,905
		10	0,0651	— 0,1134	— 0,1004	4,523
	0,4	2	0,0663	— 0,0672	— 0,0407	0,917
		10	0,0731	— 0,2325	— 0,2033	4,585
8	0	—	0,06250			$0,4817\,\varkappa$
	0,2	1	0,0633	— 0,0237	— 0,0110	0,484
		10	0,0653	— 0,1235	— 0,1104	4,838
	0,4	1	0,0656	— 0,0486	— 0,0224	0,491
		10	0,0740	— 0,2532	— 0,2236	4,906
Multiplikator			$M_1 l^2/E I_x$	$M_1 l/E I_x$	$B_1 l/E I_x$	$B_1/E I_x$

Tabelle 25. *Durchbiegung v_1 und Drehwinkel ϑ_1 am freien Ende eines einseitig wölbfest eingespannten Kragträgers belastet durch Einzellast P bzw. Einzeldrehmoment M am Kragende* ($\psi = 1$, $\mu = 1$)

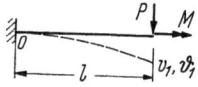

kl	α	$\bar{\gamma}, \varkappa$	v_1^P	ϑ_1^P	v_1^M	ϑ_1^M
0	0	—	0,3333			$0,3333\,\bar{\gamma}$
	0,2	0	0,3307	−0,066	−0,066	−0,013
		100	0,3465	0,596	0,596	33,08
		200	0,3623	1,259	1,259	66,15
	0,4	0	0,3228	−0,129	−0,129	0,052
		100	0,3855	1,171	1,171	32,34
		200	0,4482	2,472	2,472	64,62
1	0	—	0,3333			$0,2384\,\varkappa$
	0,2	25	0,334	0,054	0,054	5,93
		100	0,343	0,42	0,42	23,66
	0,4	25	0,335	0,108	0,108	5,82
		100	0,374	0,82	0,82	23,13
2	0	—	0,3333			$0,5180\,\varkappa$
	0,2	5	0,3323	−0,0113	−0,0113	2,58
		20	0,3372	0,1532	0,1532	10,28
	0,4	5	0,3292	−0,0220	−0,0220	2,55
		20	0,3482	0,299	0,299	10,06
3	0	—	0,3333			$0,668\,\varkappa$
	0,2	2	0,3317	−0,0364	−0,0364	1,34
		10	0,3357	0,0828	0,0828	6,64
	0,4	2	0,3268	−0,0710	−0,0710	1,34
		10	0,3426	0,1615	0,1615	6,50
4	0	—	0,3333			$0,750\,\varkappa$
	0,2	2	0,3320	−0,0310	−0,0310	1,50
		10	0,3373	0,1096	0,1096	7,44
	0,4	2	0,3280	−0,0607	−0,0607	1,50
		10	0,3489	0,2128	0,2128	7,29
6	0	—	0,3333			$0,833\,\varkappa$
	0,2	2	0,3325	−0,0240	−0,0240	1,66
		10	0,3398	0,1447	0,1447	8,26
	0,4	2	0,3300	−0,0474	−0,0474	1,65
		10	0,3588	0,2796	0,2796	8,05
8	0	—	0,3333			$0,875\,\varkappa$
	0,2	1	0,3318	−0,0428	−0,0428	0,88
		10	0,3416	0,1670	0,1670	8,67
	0,4	1	0,3272	−0,0840	−0,0840	0,89
		10	0,3660	0,3218	0,3218	8,43
Multiplikator			Pl^3/EI_x	Pl^2/EI_x	Ml^2/EI_x	Ml/EI_x

Tabelle 26. *Lastglied δ_{10}^P für die Einzellast P in $z = \xi l$ im Grundsystem Feld 0—1*
($\psi = 1$, $\mu = 1$)[1]

Multiplikator $\dfrac{Pl^2}{EI_x}$

kl	α	$\bar{\gamma}, \varkappa$	$\xi = 0{,}1$	0,2	0,3	0,4	0,5	0,6	0,7	0,8	0,9
0	0,2	0	0,01665	0,03230	0,04591	0,05649	0,06303	0,06451	0,05994	0,04833	0,02867
		100	0,01747	0,03385	0,04805	0,05902	0,06569	0,06706	0,06212	0,04992	0,02951
		200	0,01828	0,03540	0,05019	0,06154	0,06836	0,06961	0,06430	0,05151	0,03035
	0,4	0	0,01713	0,03320	0,04717	0,05800	0,06463	0,06607	0,06130	0,04933	0,02921
		100	0,02047	0,03956	0,05595	0,06835	0,07557	0,07652	0,07023	0,05585	0,03265
		200	0,02380	0,04592	0,06473	0,07871	0,08651	0,08698	0,07917	0,06237	0,03608
1	0,2	25	0,0168	0,0326	0,0464	0,0571	0,0636	0,0651	0,0604	0,0487	0,0288
		100	0,0174	0,0337	0,0478	0,0588	0,0654	0,0668	0,0619	0,0498	0,0294
	0,4	25	0,0179	0,0346	0,0492	0,0604	0,0671	0,0684	0,0634	0,0508	0,0299
		100	0,0201	0,0388	0,0553	0,0675	0,0745	0,0755	0,0697	0,0554	0,0321
2	0,2	5	0,01677	0,03252	0,04622	0,05685	0,06341	0,06487	0,06025	0,04856	0,02879
		20	0,01712	0,03318	0,04713	0,05792	0,06454	0,06596	0,06119	0,04924	0,02915
	0,4	5	0,01760	0,03410	0,04842	0,05947	0,06619	0,06756	0,06257	0,05026	0,02970
		20	0,01902	0,03681	0,05216	0,06388	0,07086	0,07202	0,06640	0,05305	0,03117

Tabelle 26 (*Fortsetzung*)

kl	α	$\bar{\gamma}, \varkappa$	$\xi = 0,1$	0,2	0,3	0,4	0,5	0,6	0,7	0,8	0,9
3	0,2	2	0,01673	0,03244	0,04611	0,05673	0,06328	0,06475	0,06015	0,04848	0,02876
		10	0,01704	0,03302	0,04691	0,05768	0,06428	0,06571	0,06097	0,04908	0,02907
	0,4	2	0,01744	0,03380	0,04800	0,05897	0,06566	0,06706	0,06214	0,04995	0,02954
		10	0,01869	0,03618	0,05129	0,06286	0,06978	0,07100	0,06552	0,05242	0,03084
4	0,2	2	0,01675	0,03248	0,04617	0,05680	0,06335	0,06482	0,06021	0,04852	0,02878
		10	0,01715	0,03323	0,04721	0,05802	0,06465	0,06607	0,06128	0,04931	0,02919
	0,4	2	0,01753	0,03397	0,04824	0,05925	0,06597	0,06735	0,06240	0,05014	0,02964
		10	0,01914	0,03705	0,05249	0,06429	0,07131	0,07247	0,06679	0,05335	0,03134
6	0,2	2	0,01678	0,03253	0,04624	0,05688	0,06344	0,06491	0,06029	0,04858	0,02881
		10	0,01727	0,03348	0,04755	0,05843	0,06509	0,06650	0,06165	0,04958	0,02934
	0,4	2	0,01764	0,03417	0,04852	0,05959	0,06633	0,06770	0,06270	0,05036	0,02976
		10	0,01967	0,03805	0,05389	0,06596	0,07310	0,07421	0,06831	0,05448	0,03194
8	0,2	1	0,01672	0,03243	0,04609	0,05670	0,06325	0,06473	0,06013	0,04847	0,02875
		10	0,01733	0,03359	0,04771	0,05863	0,06531	0,06671	0,06184	0,04972	0,02942
	0,4	1	0,01741	0,03374	0,04791	0,05887	0,06557	0,06697	0,06207	0,04990	0,02951
		10	0,01991	0,03853	0,05456	0,06677	0,07398	0,07508	0,06906	0,05504	0,03224

[1] Die Werte in den Tabellen 26 bis 30 sind innerhalb eines bestimmten Parameters kl und α linear von $\varkappa$ bzw. $\bar{\gamma}$ abhängig.

Tabelle 27. Lastglied δ_{10}^M für das Einzeldrehmoment M in $z = \xi l$ im Grundsystem
Feld 0—1 ($\psi = 1$, $\mu = 1$)

Multiplikator $\dfrac{Ml}{EI_x}$

kl	α	$\bar{\gamma}, \varkappa$	$\xi = 0{,}1$	0,2	0,3	0,4	0,5	0,6	0,7	0,8	0,9
0	0,2	0	−0,00333	−0,00646	−0,00918	−0,01130	−0,01261	−0,01290	−0,01199	−0,00967	−0,00574
		100	−0,0420	−0,0805	−0,1121	−0,1340	−0,1439	−0,1402	−0,1225	−0,0916	−0,0495
		200	−0,0806	−0,1545	−0,2150	−0,2567	−0,2752	−0,2675	−0,2331	−0,1735	−0,0932
	0,4	0	−0,00685	−0,01328	−0,01887	−0,02320	−0,02585	−0,02643	−0,02452	−0,01973	−0,01168
		100	−0,0862	−0,1651	−0,2299	−0,2748	−0,2949	−0,2873	−0,2509	−0,1874	−0,1012
		200	−0,1655	−0,3169	−0,4410	−0,5264	−0,5640	−0,5481	−0,4773	−0,3551	−0,1908
1	0,2	25	−0,0121	−0,0233	−0,0325	−0,0392	−0,0425	−0,0419	−0,0372	−0,0283	−0,0158
		100	−0,0384	−0,0738	−0,1024	−0,1228	−0,1323	−0,1288	−0,1128	−0,0842	−0,0461
	0,4	25	−0,0248	−0,0477	−0,0666	−0,0802	−0,0869	−0,0858	−0,0759	−0,0579	−0,0323
		100	−0,0788	−0,1511	−0,2098	−0,2510	−0,2702	−0,2637	−0,2300	−0,1723	−0,0939
2	0,2	5	−0,0088	−0,0169	−0,0237	−0,0287	−0,0313	−0,0311	−0,0279	−0,0215	−0,0121
		20	−0,0250	−0,0480	−0,0672	−0,0808	−0,0873	−0,0857	−0,0756	−0,0570	−0,0312
	0,4	5	−0,0180	−0,0346	−0,0486	−0,0588	−0,0641	−0,0637	−0,0571	−0,0440	−0,0247
		20	−0,0514	−0,0987	−0,1379	−0,1656	−0,1789	−0,1756	−0,1547	−0,1167	−0,0637

Tabelle 27 (*Fortsetzung*)

kl	α	$\bar{\nu}, \varkappa$	$\xi = 0{,}1$	0,2	0,3	0,4	0,5	0,6	0,7	0,8	0,9
3	0,2	2 10	−0,00687 −0,0210	−0,01326 −0,0405	−0,01868 −0,0567	−0,02271 −0,0683	−0,02493 −0,0742	−0,02498 −0,0733	−0,02261 −0,0651	−0,01762 −0,0494	−0,01003 −0,0272
	0,4	2 10	−0,01410 −0,0431	−0,02722 −0,0830	−0,03836 −0,1163	−0,04661 −0,1403	−0,05111 −0,1522	−0,05118 −0,1502	−0,04625 −0,1332	−0,03601 −0,1011	−0,02047 −0,0556
4	0,2	2 10	−0,00785 −0,02591	−0,01515 −0,04990	−0,02137 −0,07011	−0,02600 −0,08479	−0,02856 −0,09237	−0,02863 −0,09157	−0,02590 −0,08155	−0,02016 −0,06215	−0,01143 −0,03420
	0,4	2 10	−0,01612 −0,05321	−0,03112 −0,10247	−0,04388 −0,14391	−0,05335 −0,17395	−0,05856 −0,18937	−0,05866 −0,18758	−0,05300 −0,16692	−0,04121 −0,12710	−0,02332 −0,06988
6	0,2	2 10	−0,00891 −0,03120	−0,01721 −0,06024	−0,02434 −0,08498	−0,02971 −0,10336	−0,03277 −0,11342	−0,03300 −0,11340	−0,02998 −0,10197	−0,02342 −0,07846	−0,01329 −0,04350
	0,4	2 10	−0,01830 −0,0641	−0,03537 −0,1237	−0,04999 −0,1745	−0,06098 −0,2121	−0,06719 −0,2325	−0,06760 −0,2323	−0,06135 −0,2087	−0,04787 −0,1604	−0,02711 −0,0888
8	0,2	1 10	−0,00635 −0,03350	−0,01229 −0,06478	−0,01743 −0,09164	−0,02136 −0,11192	−0,02369 −0,12347	−0,02404 −0,12430	−0,02206 −0,11272	−0,01745 −0,08753	−0,01006 −0,04895
	0,4	1 10	−0,01305 −0,0688	−0,02526 −0,1331	−0,03580 −0,1882	−0,04385 −0,2297	−0,04858 −0,2532	−0,04925 −0,2546	−0,04513 −0,2306	−0,03565 −0,1789	−0,02051 −0,0999

Tabelle 28. Lastglied μ_{10}^P für die Einzellast P in $z = \xi l$ im Grundsystem Feld 0—1
($\psi = 1$, $\mu = 1$)

Multiplikator $\dfrac{Pl}{EI_x}$

kl	α	$\bar{\tau}, \varkappa$	$\xi = 0{,}1$	0,2	0,3	0,4	0,5	0,6	0,7	0,8	0,9
0	0,2	0	0	0	0	0	0	0	0	0	0
		100	—0,0385	—0,0737	—0,1025	—0,1222	—0,1307	—0,1268	—0,1101	—0,0816	—0,0436
		200	—0,0770	—0,1474	—0,2050	—0,2444	—0,2615	—0,2536	—0,2202	—0,1632	—0,0872
	0,4	0	0	0	0	0	0	0	0	0	0
		100	—0,0780	—0,1493	—0,2076	—0,2475	—0,2647	—0,2567	—0,2229	—0,1651	—0,0882
		200	—0,1560	—0,2985	—0,4152	—0,4950	—0,5294	—0,5134	—0,4457	—0,3302	—0,1764
1	0,2	25	—0,0088	—0,0168	—0,0233	—0,0279	—0,0299	—0,0289	—0,0251	—0,0186	—0,0100
		100	—0,035	—0,067	—0,093	—0,112	—0,120	—0,116	—0,101	—0,075	—0,040
	0,4	25	—0,0176	—0,0339	—0,0469	—0,0561	—0,0601	—0,0584	—0,0505	—0,0375	—0,0203
		100	—0,071	—0,136	—0,188	—0,224	—0,240	—0,234	—0,202	—0,150	—0,081
2	0,2	5	—0,00540	—0,01035	—0,01445	—0,01730	—0,01857	—0,01813	—0,01582	—0,01177	—0,00632
		20	—0,0216	—0,0414	—0,0578	—0,0692	—0,0743	—0,0725	—0,0633	—0,0471	—0,0253
	0,4	5	—0,01094	—0,02099	—0,02926	—0,03501	—0,03762	—0,03669	—0,03201	—0,02387	—0,01281
		20	—0,0438	—0,0840	—0,1171	—0,1401	—0,1505	—0,1468	—0,1281	—0,0955	—0,0513

Tabelle 28 (*Fortsetzung*)

kl	α	$\gamma, \varkappa$	$\xi=0,1$	0,2	0,3	0,4	0,5	0,6	0,7	0,8	0,9
3	0,2	2	−0,00352	−0,00677	−0,00946	−0,01137	−0,01228	−0,01203	−0,01058	−0,00793	−0,00428
		10	−0,0176	−0,0339	−0,0473	−0,0569	−0,0614	−0,0602	−0,0529	−0,0396	−0,0214
	0,4	2	−0,00714	−0,01370	−0,01917	−0,02302	−0,02485	−0,02436	−0,02140	−0,01604	−0,00864
		10	−0,0357	−0,0685	−0,0958	−0,1151	−0,1243	−0,1218	−0,1070	−0,0802	−0,0432
4	0,2	2	−0,00450	−0,00865	−0,01214	−0,01464	−0,01589	−0,01567	−0,01387	−0,01046	−0,00567
		10	−0,02248	−0,04326	−0,06068	−0,07319	−0,07944	−0,07836	−0,06929	−0,05229	−0,02836
	0,4	2	−0,00911	−0,01753	−0,02458	−0,02965	−0,03217	−0,03172	−0,02804	−0,02115	−0,01147
		10	−0,0456	−0,0877	−0,1229	−0,1482	−0,1609	−0,1586	−0,1402	−0,1058	−0,0573
6	0,2	2	−0,00555	−0,01071	−0,01509	−0,01834	−0,02008	−0,02002	−0,01793	−0,01371	−0,00753
		10	−0,0278	−0,0535	−0,0755	−0,0917	−0,1004	−0,1001	−0,0896	−0,0685	−0,0376
	0,4	2	−0,01125	−0,02170	−0,03059	−0,03714	−0,04066	−0,04052	−0,03627	−0,02772	−0,01521
		10	−0,0562	−0,1085	−0,1529	−0,1857	−0,2033	−0,2026	−0,1814	−0,1386	−0,0761
8	0,2	1	−0,00300	−0,00581	−0,00821	−0,01002	−0,01104	−0,01110	−0,01003	−0,00776	−0,00431
		10	−0,0300	−0,0581	−0,0821	−0,1002	−0,1104	−0,1110	−0,1003	−0,0776	−0,0431
	0,4	1	−0,00609	−0,01177	−0,01664	−0,02030	−0,02236	−0,02246	−0,02030	−0,01569	−0,00870
		10	−0,0609	−0,1177	−0,1664	−0,2030	−0,2236	−0,2246	−0,2030	−0,1569	−0,0870

Tabelle 29. *Lastglied* μ_{10}^M *für das Einzeldrehmoment* M *in* $z = \xi l$ *im Grundsystem* Feld $0-1$ ($\psi = 1$, $\mu = 1$)

Multiplikator $\dfrac{M}{EI_x}$

kl	α	$\bar{\gamma}, \varkappa$	$\xi = 0{,}1$	0,2	0,3	0,4	0,5	0,6	0,7	0,8	0,9
0	0,2	0 100 200	0 1,658 3,315	0 3,215 6,429	0 4,571 9,141	0 5,625 11,249	0 6,276 12,552	0 6,426 12,851	0 5,972 11,944	0 4,816 9,632	0 2,859 5,717
	0,4	0 100 200	0 1,681 3,362	0 3,260 6,519	0 4,633 9,266	0 5,699 11,398	0 6,356 12,712	0 6,503 13,005	0 6,039 12,078	0 4,866 9,732	0 2,885 5,770
1	0,2	25 100	0,371 1,482	0,720 2,880	1,026 4,105	1,267 5,067	1,420 5,680	1,462 5,847	1,367 5,470	1,111 4,445	0,664 2,657
	0,4	25 100	0,376 1,504	0,730 2,920	1,041 4,164	1,285 5,138	1,439 5,755	1,480 5,919	1,383 5,534	1,123 4,491	0,671 2,683
2	0,2	5 20	0,224 0,894	0,436 1,744	0,625 2,500	0,779 3,116	0,884 3,534	0,923 3,690	0,878 3,512	0,728 2,910	0,445 1,780
	0,4	5 20	0,227 0,908	0,442 1,768	0,634 2,536	0,790 3,159	0,895 3,580	0,934 3,735	0,888 3,551	0,735 2,938	0,449 1,796
3	0,2	2 10	0,140 0,700	0,274 1,370	0,397 1,984	0,501 2,504	0,577 2,887	0,615 3,076	0,599 2,995	0,510 2,552	0,322 1,611
	0,4	2 10	0,142 0,710	0,278 1,392	0,403 2,014	0,508 2,539	0,585 2,924	0,622 3,112	0,606 3,028	0,515 2,576	0,325 1,624
4	0,2	2 10	0,1708 0,854	0,3366 1,683	0,4918 2,459	0,6288 3,144	0,7374 3,687	0,8024 4,012	0,8024 4,012	0,7046 3,523	0,4611 2,306
	0,4	2 10	0,1735 0,868	0,3419 1,709	0,4992 2,496	0,6378 3,189	0,7471 3,735	0,8121 4,060	0,8109 4,054	0,7110 3,555	0,4645 2,323
6	0,2	2 10	0,1947 0,974	0,3872 1,936	0,5738 2,869	0,7493 3,747	0,9047 4,523	1,0226 5,113	1,0730 5,365	1,0004 5,002	0,7038 3,519
	0,4	2 10	0,1982 0,991	0,3937 1,968	0,5831 2,915	0,7607 3,803	0,9169 4,585	1,0348 5,174	1,0838 5,419	1,0087 5,044	0,7084 3,542
8	0,2	1 10	0,1000 1,000	0,1995 1,955	0,2979 2,979	0,3938 3,938	0,4838 4,838	0,5614 5,614	0,6112 6,112	0,5997 5,997	0,4515 4,515
	0,4	1 10	0,1018 1,018	0,2031 2,031	0,3030 3,030	0,3999 3,999	0,4906 4,906	0,5682 5,682	0,6174 6,174	0,6044 6,044	0,4542 4,542

Tabelle 30. *Gleichungskoeffizienten* δ_{11}^M, δ_{11}^B, μ_{11}^M, μ_{11}^B, δ_{12}^M, δ_{12}^B, μ_{12}^M *und* μ_{12}^B *für das Grundsystem Feld* $1-2$ ($\psi = 1$, $\mu = 1$)

k	l	α	$\bar{\gamma}, \varkappa$	$\delta_{11}^{M\,1}$	$\delta_{11}^B = \mu_{11}^{M\,1}$	$\mu_{11}^{B\,1}$	δ_{12}^M	$\delta_{12}^B = \mu_{12}^M$	μ_{12}^B
0		0,2	0	0,33512	0	0	0,16823	0	0
			100	0,34368	−0,4461	33,333	0,17647	−0,3905	16,667
			200	0,35224	−0,8923	66,667	0,18471	−0,7810	33,333
		0,4	0	0,34061	0	0	0,17305	0	0
			100	0,37604	−0,9023	33,333	0,20647	−0,7911	16,667
			200	0,41148	−1,8045	66,667	0,23990	−1,5821	33,333
1		0,2	25	0,33705	−0,1019	7,826	0,17011	−0,0883	3,7270
			100	0,34286	−0,4076	31,304	0,17573	−0,3533	14,908
		0,4	25	0,34863	−0,2052	7,826	0,18072	−0,1789	3,7270
			100	0,37271	−0,8210	31,304	0,20374	−0,7156	14,908
2		0,2	5	0,33634	−0,06492	5,373	0,16940	−0,05475	2,2428
			20	0,34000	−0,2597	21,492	0,17292	−0,2190	8,9713
		0,4	5	0,34561	−0,13115	5,373	0,17785	−0,11095	2,2428
			20	0,36060	−0,5246	21,492	0,19227	−0,4438	8,9713
3		0,2	2	0,33593	−0,04394	4,030	0,16900	−0,03569	1,4011
			10	0,33918	−0,2197	20,149	0,17209	−0,1784	7,0054
		0,4	2	0,34392	−0,08880	4,030	0,17621	−0,07231	1,4011
			10	0,35718	−0,4440	20,149	0,18888	−0,3616	7,0054
4		0,2	2	0,33618	−0,05848	6,0054	0,16923	−0,04553	1,7069
			10	0,34041	−0,2924	30,027	0,17322	−0,2277	8,5343
		0,4	2	0,34495	−0,11816	6,0054	0,17714	−0,09227	1,7069
			10	0,36227	−0,5908	30,027	0,19349	−0,4614	8,5343
6		0,2	2	0,33648	−0,07804	10,000	0,16949	−0,05614	1,9405
			10	0,34190	−0,3902	50,000	0,17451	−0,2807	9,7025
		0,4	2	0,34616	−0,15766	10,000	0,17820	−0,11380	1,9405
			10	0,36837	−0,7883	50,000	0,19879	−0,5690	9,7025
8		0,2	1	0,33588	−0,04494	7,000	0,16892	−0,03036	0,9946
			10	0,34267	−0,4494	70,000	0,17512	−0,3036	9,9463
		0,4	1	0,34370	−0,09076	7,000	0,17587	−0,06156	0,9946
			10	0,37152	−0,9076	70,000	0,20131	−0,6156	9,9463
Multiplikator				$\dfrac{l}{EI_x}$	$\dfrac{1}{EI_x}$	$\dfrac{1}{lEI_x}$	$\dfrac{l}{EI_x}$	$\dfrac{1}{EI_x}$	$\dfrac{1}{lEI_x}$

[1] Die Werte gelten nur für ein Feld

Tabelle 31. *Einflußlinien der Stützbiegemomente M_1^P für die Belastung durch Einzellast P in frei biegedrehbar gestütztem Zweifeldträger*

Multiplikator Pl

kl	α	$\bar{r}, \varkappa$	$\xi = 0{,}1$ / $1{,}9$	$0{,}2$ / $1{,}8$	$0{,}3$ / $1{,}7$	$0{,}4$ / $1{,}6$	$0{,}5$ / $1{,}5$	$0{,}6$ / $1{,}4$	$0{,}7$ / $1{,}3$	$0{,}8$ / $1{,}2$	$0{,}9$ / $1{,}1$
—	0	—	−0,02475	−0,04800	−0,06825	−0,08400	−0,09375	−0,09600	−0,08925	−0,07200	−0,04275
0	0,2	0 / 100 / 200	−0,02485 / −0,02510 / −0,02535	−0,04818 / −0,04865 / −0,04911	−0,06850 / −0,06911 / −0,06972	−0,08428 / −0,08495 / −0,08562	−0,09403 / −0,09467 / −0,09530	−0,09624 / −0,09677 / −0,09729	−0,08943 / −0,08979 / −0,09015	−0,07210 / −0,07229 / −0,07247	−0,04278 / −0,04283 / −0,04288
0	0,4	0 / 100 / 200	−0,02515 / −0,02610 / −0,02700	−0,04874 / −0,05051 / −0,05217	−0,06925 / −0,07157 / −0,07375	−0,08514 / −0,08767 / −0,09005	−0,09488 / −0,09728 / −0,09953	−0,09698 / −0,09893 / −0,10076	−0,08998 / −0,09129 / −0,09252	−0,07242 / −0,07306 / −0,07367	−0,04288 / −0,04303 / −0,04317
1	0,2	25 / 100	−0,0249 / −0,0251	−0,0483 / −0,0486	−0,0686 / −0,0691	−0,0844 / −0,0850	−0,0941 / −0,0946	−0,0964 / −0,0968	−0,0895 / −0,0898	−0,0722 / −0,0724	−0,0427 / −0,0427
1	0,4	25 / 100	−0,0254 / −0,0259	−0,0491 / −0,0501	−0,0699 / −0,0717	−0,0858 / −0,0878	−0,0955 / −0,0972	−0,0975 / −0,0988	−0,0904 / −0,0916	−0,0726 / −0,0732	−0,0428 / −0,0428
2	0,2	5 / 20	−0,02489 / −0,02502	−0,04826 / −0,04850	−0,06860 / −0,06891	−0,08439 / −0,08473	−0,09414 / −0,09446	−0,09633 / −0,09660	−0,08949 / −0,08968	−0,07214 / −0,07223	−0,04279 / −0,04282
2	0,4	5 / 20	−0,02531 / −0,02581	−0,04905 / −0,04997	−0,06966 / −0,07088	−0,08559 / −0,08692	−0,09531 / −0,09658	−0,09735 / −0,09839	−0,09023 / −0,09096	−0,07254 / −0,07291	−0,04291 / −0,04301
3	0,2	2 / 10	−0,02488 / −0,02501	−0,04824 / −0,04847	−0,06858 / −0,06888	−0,08437 / −0,08471	−0,09411 / −0,09444	−0,09631 / −0,09658	−0,08948 / −0,08966	−0,07212 / −0,07223	−0,04279 / −0,04282
3	0,4	2 / 10	−0,02527 / −0,02576	−0,04897 / −0,04990	−0,06956 / −0,07077	−0,08548 / −0,08681	−0,09521 / −0,09650	−0,09726 / −0,09833	−0,09017 / −0,09091	−0,07251 / −0,07290	−0,04291 / −0,04302

Tabelle 31 (*Fortsetzung*)

kl	α	$\bar{\gamma}, \varkappa$	$\xi = 0{,}1$ / $1{,}9$	$0{,}2$ / $1{,}8$	$0{,}3$ / $1{,}7$	$0{,}4$ / $1{,}6$	$0{,}5$ / $1{,}5$	$0{,}6$ / $1{,}4$	$0{,}7$ / $1{,}3$	$0{,}8$ / $1{,}2$	$0{,}9$ / $1{,}1$
4	0,2	2	—0,02489	—0,04827	—0,06860	—0,08441	—0,09415	—0,09634	—0,08950	—0,07214	—0,04279
		10	—0,02507	—0,04860	—0,06905	—0,08489	—0,09462	—0,09673	—0,08977	—0,07228	—0,04283
	0,4	2	—0,02532	—0,04907	—0,06968	—0,08561	—0,09534	—0,09737	—0,09025	—0,07255	—0,04292
		10	—0,02602	—0,05037	—0,07140	—0,08752	—0,09717	—0,09890	—0,09131	—0,07311	—0,04308
6	0,2	2	—0,02491	—0,04830	—0,06866	—0,08446	—0,09420	—0,09639	—0,08953	—0,07216	—0,04280
		10	—0,02516	—0,04878	—0,06929	—0,08516	—0,09488	—0,09696	—0,08993	—0,07236	—0,04286
	0,4	2	—0,02540	—0,04921	—0,06988	—0,08584	—0,09556	—0,09756	—0,09038	—0,07263	—0,04294
		10	—0,02638	—0,05104	—0,07231	—0,08854	—0,09818	—0,09976	—0,09193	—0,07345	—0,04317
8	0,2	1	—0,02488	—0,04825	—0,06859	—0,08438	—0,09413	—0,09633	—0,08949	—0,07214	—0,04279
		2	—0,02492	—0,04833	—0,06869	—0,08449	—0,09424	—0,09642	—0,08956	—0,07217	—0,04280
		10	—0,02522	—0,04888	—0,06943	—0,08533	—0,09505	—0,09711	—0,09004	—0,07243	—0,04287
	0,4	1	—0,02529	—0,04902	—0,06962	—0,08555	—0,09529	—0,09733	—0,09023	—0,07255	—0,04291
		2	—0,02544	—0,04930	—0,07000	—0,08597	—0,09569	—0,09767	—0,09046	—0,07267	—0,04295
		10	—0,02658	—0,05142	—0,07283	—0,08914	—0,09879	—0,10030	—0,09233	—0,07368	—0,04324
∞	0,4	1	—0,02533	—0,04910	—0,06974	—0,08569	—0,09543	—0,09747	—0,09034	—0,07262	—0,04294
$kl = 8$, $\mu = 0{,}5$	0,4	1	—0,02533	—0,04908	—0,06971	—0,08566	—0,09540	—0,09744	—0,09032	—0,07261	—0,04294

Tabelle 32. *Einflußlinien der Feldbiegemomente $M_{0,5}^P$ in $z = 0,5\,l$ in frei biegedrehbar gestütztem Zweifeldträger*

Multiplikator Pl

kl	α	$\bar{\gamma}, \varkappa$	$\xi = 0,1$	0,2	0,3	0,4	0,5	0,6	0,7	0,8	0,9
—	0	—	0,03763	0,07600	0,11588	0,15800	0,20313	0,15200	0,10538	0,06400	0,02863
0	0,2	0 100 200	0,03777 0,03764 0,03752	0,07626 0,07602 0,07580	0,11623 0,11593 0,11562	0,15842 0,15809 0,15776	0,20357 0,20325 0,20293	0,15241 0,15215 0,15189	0,10571 0,10553 0,10535	0,06424 0,06415 0,06406	0,02875 0,02873 0,02871
0	0,4	0 100 200	0,03818 0,03769 0,03723	0,07705 0,07615 0,07530	0,11735 0,11617 0,11506	0,15977 0,15847 0,15726	0,20498 0,20376 0,20261	0,15373 0,15273 0,15180	0,10678 0,10611 0,10548	0,06497 0,06464 0,06433	0,02913 0,02905 0,02898
1	0,2	25 100	0,0377 0,0376	0,0762 0,0761	0,1162 0,1159	0,1584 0,1581	0,2035 0,2033	0,1524 0,1522	0,1057 0,1055	0,0642 0,0641	0,0288 0,0288
1	0,4	25 100	0,0381 0,0378	0,0769 0,0763	0,1170 0,1161	0,1594 0,1584	0,2047 0,2038	0,1535 0,1528	0,1066 0,1060	0,0649 0,0646	0,0292 0,0292
2	0,2	5 20	0,03775 0,03768	0,07622 0,07610	0,11618 0,11602	0,15838 0,15821	0,20352 0,20336	0,15237 0,15224	0,10568 0,10559	0,06422 0,06418	0,02875 0,02874
2	0,4	5 20	0,03809 0,03783	0,07689 0,07642	0,11714 0,11652	0,15954 0,15886	0,20476 0,20411	0,15354 0,15301	0,10665 0,10628	0,06490 0,06472	0,02911 0,02906
3	0,2	2 10	0,03775 0,03769	0,07625 0,07612	0,11619 0,11604	0,15839 0,15822	0,20353 0,20337	0,15239 0,15225	0,10569 0,10560	0,06423 0,06418	0,02875 0,02874
3	0,4	2 10	0,03811 0,03786	0,07693 0,07646	0,11720 0,11658	0,15959 0,15891	0,20481 0,20415	0,15359 0,15304	0,10668 0,10630	0,06492 0,06472	0,02911 0,02906

Tabelle 32 (*Fortsetzung*)

kl	α	$\bar{\nu}, \varkappa$	$\xi = 0{,}1$	0,2	0,3	0,4	0,5	0,6	0,7	0,8	0,9
4	0,2	2 10	0,03775 0,03765	0,07622 0,07605	0,11618 0,11596	0,15837 0,15812	0,20351 0,20328	0,15237 0,15218	0,10568 0,10554	0,06422 0,06415	0,02875 0,02873
	0,4	2 10	0,03809 0,03773	0,07688 0,07622	0,11713 0,11626	0,15953 0,15856	0,20474 0,20381	0,15353 0,15275	0,10664 0,10610	0,06490 0,06461	0,02911 0,02903
6	0,2	2 10	0,03774 0,03761	0,07620 0,07596	0,11615 0,11583	0,15834 0,15799	0,20349 0,20314	0,15235 0,15206	0,10566 0,10546	0,06421 0,06411	0,02875 0,02872
	0,4	2 10	0,03805 0,03754	0,07681 0,07587	0,11703 0,11579	0,15941 0,15803	0,20463 0,20329	0,15343 0,15231	0,10657 0,10578	0,06486 0,06444	0,02909 0,02898
8	0,2	1 2 10	0,03775 0,03773 0,03758	0,07623 0,07619 0,07590	0,11619 0,11614 0,11576	0,15838 0,15833 0,15791	0,20352 0,20347 0,20306	0,15238 0,15233 0,15199	0,10568 0,10565 0,10541	0,06423 0,06421 0,06407	0,02875 0,02875 0,02871
	0,4	1 2 10	0,03810 0,03802 0,03744	0,07690 0,07676 0,07568	0,11716 0,11697 0,11553	0,15956 0,15933 0,15772	0,20477 0,20456 0,20298	0,15355 0,15336 0,15203	0,10665 0,10653 0,10558	0,06490 0,06483 0,06432	0,02911 0,02909 0,02894
∞	0,4	1	0,03808	0,07686	0,11711	0,15949	0,20470	0,15348	0,10660	0,06487	0,02909
$kl = 8$ $\mu = 0{,}5$	0,4	1	0,03808	0,07687	0,11712	0,15950	0,20471	0,15349	0,10661	0,06487	0,02909

Tabelle 32 (*Fortsetzung*)

kl	α	$\bar{\nu}, \varkappa$	$\xi = 1,1$	1,2	1,3	1,4	1,5	1,6	1,7	1,8	1,9
0	0	—	−0,02138	−0,03600	−0,04463	−0,04800	−0,04688	−0,04200	−0,03413	−0,02400	−0,01238
	0,2	0	−0,02150	−0,03623	−0,04494	−0,04836	−0,04725	−0,04235	−0,03442	−0,02421	−0,01248
		100	−0,02152	−0,03632	−0,04512	−0,04862	−0,04757	−0,04269	−0,03472	−0,02445	−0,01261
		200	−0,02154	−0,03641	−0,04530	−0,04888	−0,04789	−0,04302	−0,03503	−0,02467	−0,01273
	0,4	0	−0,02187	−0,03694	−0,04590	−0,04947	−0,04840	−0,04343	−0,03533	−0,02486	−0,01282
		100	−0,02195	−0,03727	−0,04657	−0,05047	−0,04962	−0,04473	−0,03651	−0,02576	−0,01331
		200	−0,02202	−0,03758	−0,04720	−0,05140	−0,05077	−0,04594	−0,03762	−0,02661	−0,01377
1	0,2	25	−0,0215	−0,0363	−0,0450	−0,0484	−0,0473	−0,0424	−0,0345	−0,0243	−0,0125
		100	−0,0215	−0,0364	−0,0451	−0,0486	−0,0475	−0,0427	−0,0347	−0,0244	−0,0126
	0,4	25	−0,0218	−0,0370	−0,0461	−0,0497	−0,0487	−0,0438	−0,0356	−0,0251	−0,0129
		100	−0,0218	−0,0374	−0,0467	−0,0504	−0,0496	−0,0448	−0,0366	−0,0256	−0,0132
2	0,2	5	−0,02150	−0,03625	−0,04497	−0,04840	−0,04730	−0,04240	−0,03447	−0,02425	−0,01250
		20	−0,02151	−0,03629	−0,04506	−0,04854	−0,04746	−0,04257	−0,03463	−0,02437	−0,01257
	0,4	5	−0,02189	−0,03701	−0,04603	−0,04966	−0,04862	−0,04366	−0,03554	−0,02502	−0,01291
		20	−0,02194	−0,03719	−0,04640	−0,05019	−0,04927	−0,04434	−0,03616	−0,02549	−0,01317
3	0,2	2	−0,02150	−0,03624	−0,04496	−0,04839	−0,04729	−0,04239	−0,03446	−0,02424	−0,01250
		10	−0,02151	−0,03629	−0,04505	−0,04853	−0,04745	−0,04256	−0,03461	−0,02435	−0,01256
	0,4	2	−0,02189	−0,03699	−0,04600	−0,04961	−0,04857	−0,04361	−0,03548	−0,02498	−0,01289
		10	−0,02194	−0,03719	−0,04638	−0,05016	−0,04923	−0,04429	−0,03610	−0,02545	−0,01314

Tabelle 32 (*Fortsetzung*)

kl	α	$\bar{r}, \varkappa$	$\xi = 1,1$	1,2	1,3	1,4	1,5	1,6	1,7	1,8	1,9
4	0,2	2	−0,02150	−0,03625	−0,04497	−0,04841	−0,04731	−0,04241	−0,03447	−0,02425	−0,01250
		10	−0,02152	−0,03632	−0,04511	−0,04860	−0,04754	−0,04266	−0,03469	−0,02442	−0,01260
	0,4	2	−0,02189	−0,03701	−0,04604	−0,04967	−0,04864	−0,04367	−0,03555	−0,02503	−0,01291
		10	−0,02197	−0,03730	−0,04658	−0,05045	−0,04957	−0,04464	−0,03642	−0,02569	−0,01327
6	0,2	2	−0,02150	−0,03626	−0,04499	−0,04843	−0,04733	−0,04244	−0,03450	−0,02427	−0,01251
		10	−0,02153	−0,03636	−0,04519	−0,04872	−0,04768	−0,04279	−0,03482	−0,02451	−0,01264
	0,4	2	−0,02191	−0,03705	−0,04611	−0,04977	−0,04875	−0,04379	−0,03565	−0,02510	−0,01295
		10	−0,02202	−0,03747	−0,04690	−0,05089	−0,05009	−0,04517	−0,03689	−0,02604	−0,01346
8	0,2	1	−0,02150	−0,03624	−0,04497	−0,04840	−0,04730	−0,04240	−0,03446	−0,02424	−0,01250
		2	−0,02150	−0,03626	−0,04500	−0,04845	−0,04735	−0,04245	−0,03451	−0,02428	−0,01252
		10	−0,02154	−0,03640	−0,04524	−0,04879	−0,04776	−0,04287	−0,03489	−0,02457	−0,01267
	0,4	1	−0,02189	−0,03701	−0,04603	−0,04965	−0,04861	−0,04364	−0,03552	−0,02501	−0,01290
		2	−0,02191	−0,03708	−0,04615	−0,04983	−0,04882	−0,04386	−0,03571	−0,02515	−0,01298
		10	−0,02206	−0,03759	−0,04710	−0,05117	−0,05040	−0,04548	−0,03715	−0,02623	−0,01356
∞	0,4	1	−0,02191	−0,03704	−0,04608	−0,04972	−0,04868	−0,04371	−0,03557	−0,02505	−0,01292
$kl = 8$ $\mu = 0,5$	0,4	1	−0,02191	−0,03704	−0,04607	−0,04971	−0,04867	−0,04370	−0,03556	−0,02504	−0,01292

Tabelle 33. *Einflußlinien der Stützbiegemomente M_1^M für die Belastung durch Einzeldrehmoment M in frei biegedrehbar gestütztem Zweifeldträger*

$M_{x1}^M = M_1^M$

Multiplikator M

kl	α	$\bar{v}, \varkappa$	$\xi = 0{,}1$ $1{,}9$	$0{,}2$ $1{,}8$	$0{,}3$ $1{,}7$	$0{,}4$ $1{,}6$	$0{,}5$ $1{,}5$	$0{,}6$ $1{,}4$	$0{,}7$ $1{,}3$	$0{,}8$ $1{,}2$	$0{,}9$ $1{,}1$
0	0,2	0	0,0050	0,0096	0,0137	0,0169	0,0188	0,0192	0,0179	0,0144	0,0086
		100	0,0293	0,0554	0,0754	0,0870	0,0886	0,0803	0,0631	0,0401	0,0166
		150	0,0413	0,0781	0,1059	0,1216	0,1232	0,1104	0,0854	0,0529	0,0206
		200	0,0533	0,1005	0,1362	0,1560	0,1574	0,1404	0,1076	0,0655	0,0245
	0,4	0	0,0101	0,0195	0,0277	0,0340	0,0379	0,0388	0,0360	0,0290	0,0171
		100	0,0578	0,1093	0,1486	0,1714	0,1747	0,1582	0,1243	0,0792	0,0329
		150	0,0806	0,1521	0,2063	0,2368	0,2399	0,2159	0,1665	0,1032	0,0404
		200	0,1026	0,1936	0,2622	0,3004	0,3032	0,2703	0,2073	0,1264	0,0477
1	0,2	25	0,0108	0,0206	0,0284	0,0337	0,0358	0,0340	0,0289	0,0206	0,0106
		50	0,0167	0,0317	0,0432	0,0507	0,0528	0,0486	0,0398	0,0267	0,0128
		75	0,0226	0,0427	0,0579	0,0674	0,0696	0,0633	0,0507	0,0328	0,0149
		100	0,0283	0,0538	0,0725	0,0842	0,0865	0,0781	0,0616	0,0389	0,0170
	0,4	25	0,0218	0,0416	0,0572	0,0677	0,0717	0,0684	0,0578	0,0414	0,0213
		50	0,0334	0,0635	0,0863	0,1008	0,1050	0,0975	0,0791	0,0537	0,0255
		75	0,0446	0,0850	0,1152	0,1336	0,1376	0,1264	0,1003	0,0659	0,0297
		100	0,0560	0,1062	0,1433	0,1657	0,1700	0,1547	0,1210	0,0778	0,0336
2	0,2	5	0,0090	0,0172	0,0240	0,0287	0,0307	0,0297	0,0257	0,0189	0,0100
		10	0,0130	0,0249	0,0343	0,0405	0,0425	0,0402	0,0336	0,0234	0,0115
		15	0,0171	0,0324	0,0446	0,0523	0,0543	0,0506	0,0414	0,0279	0,0129
		20	0,0211	0,0400	0,0548	0,0640	0,0661	0,0610	0,0491	0,0324	0,0143
	0,4	5	0,0182	0,0348	0,0484	0,0577	0,0617	0,0597	0,0517	0,0380	0,0201
		10	0,0262	0,0500	0,0689	0,0811	0,0852	0,0805	0,0671	0,0470	0,0229
		15	0,0341	0,0650	0,0892	0,1043	0,1084	0,1010	0,0825	0,0559	0,0258
		20	0,0419	0,0798	0,1092	0,1273	0,1315	0,1213	0,0977	0,0646	0,0286

246   Anhang

Tabelle 33 (*Fortsetzung*)

kl	α	$\bar{\nu}, \varkappa$	$\xi=0,1$ / $1,9$	$0,2$ / $1,8$	$0,3$ / $1,7$	$0,4$ / $1,6$	$0,5$ / $1,5$	$0,6$ / $1,4$	$0,7$ / $1,3$	$0,8$ / $1,2$	$0,9$ / $1,1$
3	0,2	2	0,0079	0,0153	0,0214	0,0257	0,0278	0,0272	0,0240	0,0180	0,0097
		6	0,0139	0,0266	0,0367	0,0432	0,0457	0,0432	0,0361	0,0250	0,0120
		10	0,0198	0,0379	0,0520	0,0609	0,0635	0,0590	0,0482	0,0321	0,0143
	0,4	2	0,0160	0,0308	0,0431	0,0518	0,0559	0,0548	0,0481	0,0360	0,0195
		6	0,0279	0,0532	0,0736	0,0868	0,0913	0,0864	0,0721	0,0501	0,0240
		10	0,0395	0,0753	0,1035	0,1213	0,1262	0,1175	0,0957	0,0638	0,0285
4	0,2	2	0,0092	0,0177	0,0247	0,0296	0,0318	0,0310	0,0269	0,0198	0,0103
		6	0,0177	0,0337	0,0466	0,0550	0,0578	0,0545	0,0450	0,0306	0,0139
		10	0,0260	0,0496	0,0684	0,0802	0,0836	0,0778	0,0629	0,0412	0,0174
	0,4	2	0,0185	0,0356	0,0497	0,0595	0,0640	0,0623	0,0540	0,0397	0,0207
		6	0,0352	0,0673	0,0930	0,1097	0,1153	0,1085	0,0896	0,0609	0,0277
		10	0,0515	0,0981	0,1352	0,1586	0,1652	0,1536	0,1243	0,0815	0,0345
6	0,2	2	0,0110	0,0211	0,0296	0,0355	0,0383	0,0372	0,0322	0,0232	0,0116
		6	0,0230	0,0440	0,0611	0,0726	0,0769	0,0730	0,0606	0,0408	0,0177
		10	0,0348	0,0666	0,0924	0,1094	0,1153	0,1085	0,0887	0,0582	0,0237
	0,4	2	0,0221	0,0424	0,0594	0,0713	0,0767	0,0746	0,0644	0,0465	0,0232
		6	0,0455	0,0871	0,1210	0,1437	0,1522	0,1444	0,1197	0,0806	0,0350
		10	0,0681	0,1302	0,1805	0,2137	0,2251	0,2117	0,1731	0,1136	0,0463
8	0,2	1	0,0085	0,0164	0,0231	0,0280	0,0307	0,0305	0,0270	0,0203	0,0107
		2	0,0120	0,0232	0,0325	0,0392	0,0425	0,0416	0,0361	0,0261	0,0128
		6	0,0261	0,0500	0,0698	0,0836	0,0895	0,0860	0,0723	0,0493	0,0211
		10	0,0399	0,0765	0,1067	0,1275	0,1360	0,1299	0,1081	0,0721	0,0294
	0,4	1	0,0171	0,0330	0,0465	0,0564	0,0616	0,0611	0,0542	0,0406	0,0213
		2	0,0241	0,0464	0,0651	0,0785	0,0850	0,0832	0,0722	0,0521	0,0255
		6	0,0513	0,0985	0,1376	0,1647	0,1762	0,1692	0,1422	0,0968	0,0416
		10	0,0773	0,1484	0,2070	0,2471	0,2634	0,2515	0,2093	0,1397	0,0571
∞	0,4	1	0,0199	0,0386	0,0548	0,0674	0,0751	0,0767	0,0712	0,0573	0,0339
$\overline{kl}=8$ $\mu=0,5$	0,4	1	0,0190	0,0359	0,0509	0,0622	0,0687	0,0693	0,0631	0,0493	0,0279

Tabelle 34. *Einflußlinien der Feldbiegemomente $M^M_{0,5}$ in $z = 0,5\,l$ in frei biegedrehbar gestütztem Zweifeldträger*

Multiplikator M

kl	α	$\bar{\gamma}, \varkappa$	$\xi = 0,1$	0,2	0,3	0,4	0,5	0,6	0,7	0,8	0,9
0	0,2	0	−0,0076	−0,0153	−0,0233	−0,0317	−0,0407	−0,0305	−0,0212	−0,0129	−0,0058
		100	0,0047	0,0078	0,0078	0,0035	−0,0056	−0,0002	0,0016	0,0001	−0,0017
		150	0,0107	0,0191	0,0231	0,0210	0,0117	0,0153	0,0128	0,0065	0,0003
		200	0,0167	0,0304	0,0383	0,0382	0,0280	0,0304	0,0239	0,0128	0,0023
	0,4	0	−0,0153	−0,0308	−0,0469	−0,0639	−0,0820	−0,0615	−0,0427	−0,0260	−0,0119
		100	0,0091	0,0150	0,0148	0,0062	−0,0122	−0,0006	0,0024	−0,0004	−0,0036
		150	0,0207	0,0368	0,0442	0,0396	0,0210	0,0289	0,0239	0,0119	0,0002
		200	0,0320	0,0580	0,0727	0,0720	0,0533	0,0566	0,0447	0,0237	0,0039
1	0,2	25	−0,0046	−0,0097	−0,0158	−0,0232	−0,0322	−0,0230	−0,0156	−0,0097	−0,0047
		50	−0,0017	−0,0041	−0,0084	−0,0147	−0,0236	−0,0157	−0,0101	−0,0067	−0,0036
		75	0,0013	0,0014	−0,0010	−0,0063	−0,0152	−0,0084	−0,0046	−0,0036	−0,0026
		100	0,0042	0,0070	0,0063	0,0022	−0,0067	−0,0009	0,0009	−0,0005	−0,0015
	0,4	25	−0,0093	−0,0196	−0,0319	−0,0468	−0,0649	−0,0464	−0,0316	−0,0197	−0,0095
		50	−0,0034	−0,0084	−0,0171	−0,0299	−0,0479	−0,0316	−0,0208	−0,0134	−0,0074
		75	0,0024	0,0025	−0,0024	−0,0132	−0,0311	−0,0169	−0,0099	−0,0072	−0,0053
		100	0,0082	0,0134	0,0120	0,0032	−0,0147	−0,0024	0,0006	−0,0010	−0,0033
2	0,2	5	−0,0055	−0,0114	−0,0181	−0,0257	−0,0347	−0,0252	−0,0172	−0,0106	−0,0050
		10	−0,0035	−0,0076	−0,0129	−0,0198	−0,0288	−0,0200	−0,0133	−0,0083	−0,0043
		15	−0,0015	−0,0038	−0,0077	−0,0139	−0,0229	−0,0147	−0,0094	−0,0061	−0,0036
		20	0,0005	0,0000	−0,0026	−0,0080	−0,0169	−0,0095	−0,0054	−0,0038	−0,0028

Tabelle 34 (*Fortsetzung*)

k/l	α	$\bar{\nu}, \varkappa$	$\xi=0.1$	0.2	0.3	0.4	0.5	0.6	0.7	0.8	0.9
2	0.4	5	−0.0111	−0.0230	−0.0364	−0.0518	−0.0699	−0.0508	−0.0347	−0.0214	−0.0102
		10	−0.0070	−0.0153	−0.0259	−0.0399	−0.0579	−0.0402	−0.0268	−0.0168	−0.0087
		15	−0.0030	−0.0076	−0.0156	−0.0281	−0.0460	−0.0298	−0.0190	−0.0123	−0.0072
		20	−0.0010	−0.0001	−0.0054	−0.0163	−0.0343	−0.0194	−0.0112	−0.0078	−0.0058
3	0.2	2	−0.0061	−0.0124	−0.0194	−0.0272	−0.0362	−0.0265	−0.0181	−0.0111	−0.0052
		6	−0.0031	−0.0067	−0.0117	−0.0184	−0.0272	−0.0185	−0.0120	−0.0075	−0.0040
		10	−0.0001	−0.0010	−0.0040	−0.0095	−0.0183	−0.0105	−0.0059	−0.0040	−0.0029
	0.4	2	−0.0122	−0.0250	−0.0391	−0.0549	−0.0728	−0.0533	−0.0365	−0.0224	−0.0105
		6	−0.0062	−0.0136	−0.0235	−0.0369	−0.0548	−0.0371	−0.0243	−0.0152	−0.0082
		10	−0.0002	−0.0024	−0.0082	−0.0194	−0.0369	−0.0213	−0.0123	−0.0082	−0.0059
4	0.2	2	−0.0054	−0.0112	−0.0177	−0.0253	−0.0342	−0.0246	−0.0166	−0.0101	−0.0049
		6	−0.0012	−0.0032	−0.0067	−0.0125	−0.0211	−0.0128	−0.0075	−0.0047	−0.0031
		10	0.0030	0.0048	0.0042	0.0002	−0.0082	−0.0011	0.0015	0.0006	−0.0013
	0.4	2	−0.0109	−0.0226	−0.0367	−0.0509	−0.0687	−0.0495	−0.0335	−0.0205	−0.0098
		6	−0.0024	−0.0065	−0.0136	−0.0253	−0.0425	−0.0259	−0.0154	−0.0097	−0.0063
		10	0.0059	0.0093	0.0079	−0.0004	−0.0170	−0.0029	0.0023	0.0008	−0.0028
6	0.2	2	−0.0045	−0.0095	−0.0153	−0.0223	−0.0309	−0.0214	−0.0140	−0.0084	−0.0041
		6	0.0015	0.0020	0.0006	−0.0037	−0.0115	−0.0035	0.0003	0.0004	−0.0012
		10	0.0075	0.0134	0.0163	0.0148	0.0078	0.0144	0.0144	0.0091	0.0018
	0.4	2	−0.0091	−0.0191	−0.0308	−0.0449	−0.0622	−0.0432	−0.0282	−0.0171	−0.0086
		6	0.0028	0.0037	0.0007	−0.0080	−0.0237	−0.0076	0.0000	0.0004	−0.0026
		10	0.0143	0.0257	0.0310	0.0277	0.0135	0.0267	0.0273	0.0172	0.0032

Tabellen   249

Tabelle 34 (*Fortsetzung*)

kl	α	$\bar{\gamma}, \varkappa$	$\xi = 0,1$	0,2	0,3	0,4	0,5	0,6	0,7	0,8	0,9
8	0,2	1	−0,0058	−0,0119	−0,0185	−0,0261	−0,0348	−0,0249	−0,0166	−0,0099	−0,0047
		2	−0,0040	−0,0085	−0,0138	−0,0204	−0,0288	−0,0192	−0,0120	−0,0070	−0,0036
		6	0,0031	0,0050	0,0050	0,0019	−0,0052	0,0031	0,0062	0,0047	0,0006
		10	0,0100	0,0183	0,0235	0,0239	0,0182	0,0251	0,0242	0,0162	0,0047
	0,4	1	−0,0117	−0,0239	−0,0373	−0,0525	−0,0699	−0,0501	−0,0334	−0,0201	−0,0095
		2	−0,0081	−0,0171	−0,0278	−0,0412	−0,0580	−0,0388	−0,0243	−0,0142	−0,0074
		6	0,0058	0,0095	0,0091	0,0027	−0,0115	0,0050	0,0115	0,0086	0,0008
		10	0,0191	0,0349	0,0445	0,0448	0,0331	0,0470	0,0457	0,0305	0,0087
∞	0,4	1	−0,0103	−0,0211	−0,0331	−0,0469	−0,0630	−0,0421	−0,0247	−0,0115	−0,0031
$kl = 8$ $\mu = 0,5$	0,4	1	−0,0107	−0,0224	−0,0351	−0,0496	−0,0663	−0,0459	−0,0289	−0,0156	−0,0061

kl	α	$\bar{\gamma}, \varkappa$	$\xi = 1,1$	1,2	1,3	1,4	1,5	1,6	1,7	1,8	1,9
0	0,2	0	0,0043	0,0072	0,0090	0,0097	0,0095	0,0085	0,0069	0,0048	0,0025
		100	0,0084	0,0202	0,0317	0,0403	0,0445	0,0437	0,0379	0,0279	0,0147
		150	0,0104	0,0266	0,0429	0,0555	0,0619	0,0611	0,0532	0,0392	0,0208
		200	0,0123	0,0329	0,0541	0,0705	0,0781	0,0784	0,0684	0,0505	0,0268
	0,4	0	0,0088	0,0148	0,0184	0,0198	0,0194	0,0174	0,0141	0,0099	0,0051
		100	0,0168	0,0404	0,0634	0,0807	0,0891	0,0874	0,0758	0,0557	0,0295
		150	0,0206	0,0526	0,0849	0,1101	0,1224	0,1209	0,1053	0,0776	0,0411
		200	0,0243	0,0645	0,1058	0,1379	0,1547	0,1533	0,1338	0,0988	0,0524

250   Anhang

Tabelle 34 (*Fortsetzung*)

kl	α	$\bar{\nu}, \varkappa$	$\xi = 1{,}1$	1,2	1,3	1,4	1,5	1,6	1,7	1,8	1,9
1	0,2	25	0,0054	0,0103	0,0145	0,0171	0,0180	0,0170	0,0143	0,0104	0,0054
		50	0,0064	0,0134	0,0200	0,0244	0,0265	0,0255	0,0217	0,0160	0,0084
		75	0,0075	0,0165	0,0255	0,0318	0,0350	0,0339	0,0291	0,0215	0,0113
		100	0,0086	0,0196	0,0310	0,0392	0,0435	0,0423	0,0365	0,0270	0,0142
	0,4	25	0,0109	0,0211	0,0295	0,0349	0,0365	0,0345	0,0292	0,0212	0,0111
		50	0,0130	0,0274	0,0403	0,0497	0,0535	0,0514	0,0440	0,0324	0,0170
		75	0,0151	0,0336	0,0512	0,0644	0,0702	0,0681	0,0587	0,0433	0,0228
		100	0,0172	0,0397	0,0617	0,0789	0,0868	0,0845	0,0731	0,0542	0,0286
2	0,2	5	0,0050	0,0095	0,0129	0,0149	0,0154	0,0144	0,0121	0,0087	0,0045
		10	0,0058	0,0118	0,0169	0,0202	0,0214	0,0204	0,0173	0,0125	0,0066
		15	0,0065	0,0140	0,0208	0,0254	0,0273	0,0263	0,0224	0,0163	0,0086
		20	0,0072	0,0163	0,0247	0,0307	0,0332	0,0322	0,0276	0,0201	0,0106
	0,4	5	0,0102	0,0194	0,0264	0,0305	0,0315	0,0294	0,0247	0,0178	0,0093
		10	0,0117	0,0240	0,0342	0,0411	0,0435	0,0414	0,0351	0,0255	0,0134
		15	0,0132	0,0285	0,0421	0,0515	0,0553	0,0532	0,0455	0,0332	0,0174
		20	0,0146	0,0330	0,0498	0,0619	0,0671	0,0649	0,0557	0,0407	0,0214
3	0,2	2	0,0049	0,0090	0,0120	0,0137	0,0140	0,0129	0,0107	0,0077	0,0040
		6	0,0060	0,0126	0,0181	0,0217	0,0229	0,0218	0,0184	0,0134	0,0070
		10	0,0072	0,0161	0,0242	0,0296	0,0319	0,0306	0,0261	0,0190	0,0100
	0,4	2	0,0099	0,0184	0,0245	0,0280	0,0285	0,0264	0,0220	0,0157	0,0082
		6	0,0122	0,0255	0,0368	0,0441	0,0466	0,0443	0,0375	0,0272	0,0142
		10	0,0145	0,0326	0,0488	0,0599	0,0644	0,0619	0,0528	0,0384	0,0202

Tabelle 34 (*Fortsetzung*)

kl	α	$\bar{\nu}, \varkappa$	$\xi=1{,}1$	1,2	1,3	1,4	1,5	1,6	1,7	1,8	1,9
4	0,2	2	0,0052	0,0099	0,0135	0,0156	0,0160	0,0149	0,0124	0,0089	0,0046
		6	0,0070	0,0154	0,0226	0,0274	0,0291	0,0276	0,0234	0,0169	0,0089
		10	0,0087	0,0207	0,0316	0,0391	0,0420	0,0403	0,0344	0,0249	0,0131
	0,4	2	0,0106	0,0203	0,0276	0,0318	0,0327	0,0304	0,0254	0,0182	0,0095
		6	0,0141	0,0311	0,0457	0,0554	0,0588	0,0560	0,0474	0,0343	0,0180
		10	0,0176	0,0416	0,0634	0,0784	0,0843	0,0809	0,0690	0,0501	0,0263
6	0,2	2	0,0058	0,0117	0,0162	0,0187	0,0192	0,0179	0,0149	0,0106	0,0055
		6	0,0089	0,0205	0,0304	0,0367	0,0387	0,0365	0,0307	0,0221	0,0115
		10	0,0119	0,0292	0,0446	0,0545	0,0579	0,0550	0,0464	0,0335	0,0175
	0,4	2	0,0118	0,0237	0,0329	0,0381	0,0391	0,0364	0,0303	0,0216	0,0113
		6	0,0178	0,0411	0,0611	0,0737	0,0777	0,0733	0,0617	0,0444	0,0232
		10	0,0236	0,0580	0,0883	0,1080	0,1148	0,1090	0,0921	0,0664	0,0347
8	0,2	1	0,0054	0,0102	0,0136	0,0153	0,0154	0,0141	0,0116	0,0082	0,0043
		2	0,0064	0,0131	0,0182	0,0209	0,0213	0,0197	0,0163	0,0116	0,0060
		6	0,0106	0,0248	0,0364	0,0432	0,0450	0,0420	0,0351	0,0251	0,0131
		10	0,0148	0,0363	0,0543	0,0653	0,0683	0,0641	0,0536	0,0384	0,0200
	0,4	1	0,0109	0,0207	0,0276	0,0312	0,0314	0,0288	0,0237	0,0169	0,0087
		2	0,0130	0,0266	0,0368	0,0425	0,0434	0,0401	0,0332	0,0237	0,0123
		6	0,0212	0,0494	0,0725	0,0863	0,0899	0,0840	0,0702	0,0503	0,0262
		10	0,0291	0,0713	0,1068	0,1283	0,1344	0,1261	0,1056	0,0757	0,0395
∞	0,4	1	0,0173	0,0292	0,0363	0,0392	0,0383	0,0344	0,0280	0,0197	0,0102
$kl=8$ $\mu=0{,}5$	0,4	1	0,0143	0,0252	0,0322	0,0354	0,0351	0,0317	0,0260	0,0183	0,0097

Tabelle 35. *Einflußlinien der Stützbimomente $B_1{}^P$ für die Belastung durch Einzellast P in frei biegedrehbar gestütztem Zweifeldträger*

Multiplikator $0{,}001\ Pl^2$

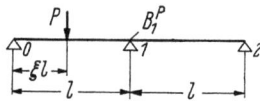

kl	α	$\bar{\gamma}, \varkappa$	$\xi = \begin{matrix}0{,}1\\1{,}9\end{matrix}$	$\begin{matrix}0{,}2\\1{,}8\end{matrix}$	$\begin{matrix}0{,}3\\1{,}7\end{matrix}$	$\begin{matrix}0{,}4\\1{,}6\end{matrix}$	$\begin{matrix}0{,}5\\1{,}5\end{matrix}$	$\begin{matrix}0{,}6\\1{,}4\end{matrix}$	$\begin{matrix}0{,}7\\1{,}3\end{matrix}$	$\begin{matrix}0{,}8\\1{,}2\end{matrix}$	$\begin{matrix}0{,}9\\1{,}1\end{matrix}$
0	0,2	0	0,245	0,460	0,621	0,705	0,702	0,614	0,455	0,259	0,081
		100	0,241	0,454	0,612	0,696	0,694	0,607	0,450	0,256	0,080
		200	0,238	0,448	0,604	0,687	0,685	0,600	0,445	0,253	0,080
	0,4	0	0,489	0,920	1,239	1,408	1,402	1,225	0,907	0,517	0,162
		100	0,463	0,872	1,177	1,339	1,338	1,172	0,872	0,499	0,158
		200	0,439	0,827	1,117	1,274	1,276	1,123	0,838	0,483	0,154
1	0,2	25	0,24	0,45	0,60	0,69	0,69	0,59	0,44	0,25	0,08
		100	0,23	0,44	0,59	0,68	0,68	0,59	0,44	0,25	0,08
	0,4	25	0,46	0,88	1,17	1,34	1,34	1,18	0,86	0,49	0,18
		100	0,45	0,85	1,12	1,28	1,29	1,14	0,83	0,48	0,18
2	0,2	5	0,201	0,380	0,515	0,590	0,590	0,522	0,391	0,224	0,071
		20	0,200	0,377	0,512	0,586	0,587	0,519	0,389	0,223	0,071
	0,4	5	0,400	0,756	1,023	1,169	1,174	1,038	0,776	0,451	0,144
		20	0,387	0,733	0,993	1,136	1,144	1,012	0,759	0,442	0,142
3	0,2	2	0,165	0,314	0,426	0,490	0,496	0,442	0,337	0,197	0,063
		10	0,164	0,311	0,421	0,486	0,492	0,438	0,334	0,195	0,063
	0,4	2	0,328	0,620	0,845	0,972	0,985	0,879	0,668	0,392	0,127
		10	0,318	0,600	0,818	0,943	0,957	0,856	0,651	0,383	0,125
4	0,2	2	0,132	0,250	0,342	0,397	0,406	0,366	0,282	0,168	0,055
		10	0,130	0,247	0,338	0,392	0,401	0,363	0,280	0,167	0,055
	0,4	2	0,259	0,494	0,676	0,784	0,802	0,725	0,559	0,334	0,111
		10	0,246	0,468	0,642	0,746	0,766	0,695	0,538	0,323	0,107
6	0,2	2	0,083	0,158	0,219	0,258	0,269	0,249	0,197	0,122	0,042
		10	0,081	0,155	0,214	0,252	0,263	0,244	0,195	0,121	0,042
	0,4	2	0,162	0,309	0,427	0,504	0,526	0,488	0,389	0,241	0,083
		10	0,147	0,280	0,389	0,461	0,485	0,453	0,364	0,228	0,080
8	0,2	1	0,055	0,105	0,146	0,174	0,185	0,174	0,142	0,091	0,033
		2	0,055	0,104	0,145	0,173	0,184	0,174	0,142	0,091	0,033
		10	0,053	0,101	0,141	0,168	0,178	0,169	0,139	0,089	0,032
	0,4	1	0,107	0,205	0,286	0,340	0,361	0,342	0,280	0,180	0,065
		2	0,105	0,201	0,281	0,335	0,356	0,338	0,277	0,179	0,065
		10	0,090	0,174	0,244	0,294	0,316	0,304	0,253	0,165	0,061
$\begin{matrix}kl=8\\\mu=0{,}5\end{matrix}$	0,4	1	0,050	0,095	0,133	0,158	0,168	0,159	0,130	0,083	0,030

Tabelle 36. *Einflußlinien der Feldbimomente $B^P_{0,5}$ in $z = 0,5\,l$ in frei biegedrehbar gestütztem Zweifeldträger*

Multiplikator $0,001\,Pl^2$

kl	α	$\bar{\gamma},\varkappa$	$\xi = 0,1$	0,2	0,3	0,4	0,5	0,6	0,7	0,8	0,9
0	0,2	0	−0,805	−1,541	−2,144	−2,540	−2,651	−2,435	−1,964	−1,342	−0,662
		100	−0,804	−1,539	−2,141	−2,536	−2,648	−2,432	−1,962	−1,341	−0,662
		200	−0,802	−1,536	−2,137	−2,532	−2,644	−2,429	−1,960	−1,340	−0,661
	0,4	0	−1,624	−3,114	−4,329	−5,127	−5,355	−4,917	−3,968	−2,713	−1,337
		100	−1,613	−3,092	−4,301	−5,097	−5,327	−4,894	−3,953	−2,705	−1,335
		200	−1,603	−3,073	−4,275	−5,068	−5,303	−4,872	−3,938	−2,698	−1,334
1	0,2	25	−0,73	−1,40	−1,96	−2,32	−2,43	−2,22	−1,79	−1,21	−0,60
		100	−0,73	−1,40	−1,96	−2,32	−2,43	−2,22	−1,79	−1,21	−0,60
	0,4	25	−1,48	−2,84	−3,96	−4,70	−4,91	−4,50	−3,62	−2,47	−1,22
		100	−1,47	−2,83	−3,94	−4,68	−4,89	−4,49	−3,61	−2,46	−1,21
2	0,2	5	−0,588	−1,131	−1,579	−1,880	−1,970	−1,796	−1,435	−0,970	−0,472
		20	−0,588	−1,130	−1,578	−1,878	−1,968	−1,794	−1,434	−0,970	−0,472
	0,4	5	−1,185	−2,278	−3,188	−3,795	−3,971	−3,626	−2,897	−1,957	−0,953
		20	−1,181	−2,270	−3,173	−3,781	−3,958	−3,615	−2,889	−1,953	−0,953
3	0,2	2	−0,440	−0,849	−1,194	−1,431	−1,503	−1,365	−1,079	−0,721	−0,346
		10	−0,439	−0,848	−1,193	−1,430	−1,501	−1,363	−1,078	−0,720	−0,346

Tabelle 36 (*Fortsetzung*)

kl	α	$\bar{\nu}, \varkappa$	$\xi = 0,1$	0,2	0,3	0,4	0,5	0,6	0,7	0,8	0,9
3	0,4	2 10	−0,887 −0,883	−1,713 −1,705	−2,408 −2,398	−2,886 −2,874	−3,030 −3,020	−2,752 −2,743	−2,177 −2,171	−1,455 −1,452	−0,700 −0,700
4	0,2	2 10	−0,324 −0,324	−0,630 −0,629	−0,892 −0,890	−1,078 −1,076	−1,137 −1,135	−1,027 −1,025	−0,803 −0,802	−0,531 −0,530	−0,252 −0,252
4	0,4	2 10	−0,654 −0,650	−1,269 −1,260	−1,797 −1,786	−2,173 −2,160	−2,292 −2,279	−2,071 −2,060	−1,642 −1,634	−1,071 −1,067	−0,510 −0,509
6	0,2	2 10	−0,183 −0,183	−0,359 −0,358	−0,518 −0,517	−0,638 −0,637	−0,681 −0,680	−0,609 −0,607	−0,466 −0,465	−0,301 −0,300	−0,140 −0,140
6	0,4	2 10	−0,369 −0,364	−0,723 −0,715	−1,043 −1,032	−1,285 −1,273	−1,373 −1,362	−1,226 −1,216	−0,941 −0,934	−0,607 −0,604	−0,283 −0,282
8	0,2	1 2 10	−0,112 −0,112 −0,112	−0,222 −0,222 −0,221	−0,325 −0,325 −0,324	−0,409 −0,409 −0,407	−0,443 −0,443 −0,441	−0,391 −0,391 −0,390	−0,293 −0,293 −0,293	−0,186 −0,186 −0,186	−0,085 −0,085 −0,085
8	0,4	1 2 10	−0,226 −0,225 −0,222	−0,448 −0,447 −0,441	−0,655 −0,654 −0,646	−0,824 −0,822 −0,813	−0,892 −0,890 −0,882	−0,788 −0,787 −0,779	−0,592 −0,591 −0,586	−0,376 −0,376 −0,373	−0,172 −0,172 −0,172
$kl = 8$ $\mu = 0,5$	0,4	1	−0,113	−0,224	−0,328	−0,412	−0,446	−0,394	−0,296	−0,188	−0,086

Tabelle 36 (*Fortsetzung*)

kl	α	$\bar{\gamma}, \varkappa$	ξ = 1,1	1,2	1,3	1,4	1,5	1,6	1,7	1,8	1,9
0	0,2	0	0,577	1,034	1,350	1,515	1,532	1,410	1,170	0,835	0,434
		100	0,577	1,035	1,352	1,518	1,535	1,414	1,173	0,837	0,435
		200	0,578	1,036	1,354	1,521	1,539	1,418	1,177	0,840	0,437
	0,4	0	1,171	2,099	2,741	3,078	3,113	2,868	2,380	1,698	0,884
		100	1,173	2,107	2,756	3,101	3,141	2,898	2,408	1,720	0,894
		200	1,174	2,114	2,771	3,123	3,166	2,927	2,434	1,739	0,905
1	0,2	25	0,52	0,93	1,21	1,36	1,37	1,26	1,04	0,75	0,39
		100	0,52	0,93	1,21	1,36	1,37	1,26	1,04	0,75	0,39
	0,4	25	1,05	1,89	2,46	2,76	2,79	2,57	2,12	1,52	0,79
		100	1,06	1,90	2,48	2,78	2,81	2,59	2,14	1,53	0,80
2	0,2	5	0,401	0,710	0,917	1,020	1,022	0,936	0,773	0,549	0,285
		20	0,401	0,710	0,918	1,022	1,024	0,938	0,774	0,550	0,285
	0,4	5	0,815	1,444	1,866	2,078	2,086	1,909	1,578	1,123	0,583
		20	0,815	1,448	1,874	2,089	2,099	1,923	1,590	1,131	0,587
3	0,2	2	0,288	0,504	0,645	0,712	0,709	0,645	0,530	0,376	0,194
		10	0,288	0,505	0,646	0,713	0,711	0,647	0,531	0,377	0,195
	0,4	2	0,585	1,026	1,314	1,451	1,447	1,317	1,083	0,768	0,398
		10	0,585	1,029	1,320	1,460	1,457	1,329	1,093	0,776	0,402

Tabelle 36 (*Fortsetzung*)

kl	α	$\bar{\nu}, \varkappa$	$\xi = 1{,}1$	1,2	1,3	1,4	1,5	1,6	1,7	1,8	1,9
4	0,2	2 10	0,204 0,204	0,354 0,355	0,450 0,451	0,492 0,494	0,488 0,490	0,441 0,443	0,361 0,363	0,255 0,256	0,132 0,132
	0,4	2 10	0,415 0,416	0,721 0,725	0,916 0,924	1,005 1,016	0,997 1,010	0,903 0,916	0,741 0,752	0,523 0,532	0,271 0,275
6	0,2	2 10	0,110 0,110	0,187 0,188	0,235 0,236	0,254 0,256	0,250 0,251	0,225 0,226	0,183 0,184	0,129 0,130	0,067 0,067
	0,4	2 10	0,223 0,224	0,382 0,385	0,479 0,486	0,521 0,531	0,513 0,524	0,462 0,474	0,377 0,388	0,266 0,274	0,137 0,142
8	0,2	1 2 10	0,065 0,065 0,065	0,111 0,111 0,111	0,138 0,138 0,139	0,149 0,149 0,150	0,146 0,146 0,147	0,131 0,131 0,132	0,106 0,106 0,107	0,075 0,075 0,076	0,039 0,039 0,039
	0,4	1 2 10	0,133 0,133 0,134	0,226 0,226 0,229	0,282 0,282 0,288	0,305 0,306 0,313	0,299 0,300 0,309	0,269 0,270 0,279	0,219 0,220 0,228	0,154 0,155 0,161	0,080 0,080 0,083
$kl = 8$ $\mu = 0{,}5$	0,4	1	0,066	0,113	0,141	0,152	0,149	0,134	0,109	0,077	0,040

Tabellen

Tabelle 37. *Einflußlinien der Stützbimomente B_1^M für die Belastung durch Einzeldrehmoment M in frei biegedrehbar gestütztem Zweifeldträger*

Multiplikator Ml

kl	α	$\bar{\gamma}, \varkappa$	$\xi = 0{,}1$ / $1{,}9$	$0{,}2$ / $1{,}8$	$0{,}3$ / $1{,}7$	$0{,}4$ / $1{,}6$	$0{,}5$ / $1{,}5$	$0{,}6$ / $1{,}4$	$0{,}7$ / $1{,}3$	$0{,}8$ / $1{,}2$	$0{,}9$ / $1{,}1$
0	0	—	−0,02475	−0,04800	−0,06825	−0,08400	−0,09375	−0,09600	−0,08925	−0,07200	−0,04275
	0,2	0	−0,02480	−0,04809	−0,06837	−0,08414	−0,09389	−0,09613	−0,08934	−0,07205	−0,04277
		100	−0,02447	−0,04748	−0,06755	−0,08320	−0,09295	−0,09531	−0,08874	−0,07170	−0,04266
		200	−0,02415	−0,04687	−0,06673	−0,08228	−0,09203	−0,09450	−0,08813	−0,07136	−0,04255
	0,4	0	−0,02495	−0,04837	−0,06874	−0,08456	−0,09431	−0,09649	−0,08961	−0,07220	−0,04281
		100	−0,02365	−0,04594	−0,06547	−0,08085	−0,09061	−0,09326	−0,08722	−0,07084	−0,04239
		200	−0,02244	−0,04365	−0,06240	−0,07735	−0,08713	−0,09022	−0,08497	−0,06957	−0,04199
1	0	—	−0,02357	−0,04581	−0,06531	−0,08064	−0,09039	−0,09307	−0,08708	−0,07076	−0,04236
	0,2	25	−0,0235	−0,0457	−0,0652	−0,0805	−0,0903	−0,0929	−0,0870	−0,0707	−0,0423
		100	−0,0233	−0,0453	−0,0647	−0,0799	−0,0897	−0,0925	−0,0867	−0,0705	−0,0423
	0,4	25	−0,0235	−0,0456	−0,0650	−0,0803	−0,0900	−0,0927	−0,0869	−0,0706	−0,0423
		100	−0,0226	−0,0438	−0,0627	−0,0777	−0,0875	−0,0905	−0,0852	−0,0697	−0,0420
2	0	—	−0,02070	−0,04036	−0,05791	−0,07218	−0,08187	−0,08552	−0,08140	−0,06746	−0,04131
	0,2	5	−0,0207	−0,0404	−0,0579	−0,0721	−0,0818	−0,0855	−0,0814	−0,0674	−0,0413
		20	−0,0205	−0,0401	−0,0575	−0,0717	−0,0814	−0,0851	−0,0811	−0,0673	−0,0412
	0,4	5	−0,0207	−0,0403	−0,0578	−0,0720	−0,0818	−0,0854	−0,0813	−0,0674	−0,0413
		20	−0,0201	−0,0392	−0,0563	−0,0704	−0,0801	−0,0839	−0,0802	−0,0668	−0,0411
3	0	—	−0,01727	−0,03886	−0,04902	−0,06187	−0,07133	−0,07601	−0,07408	−0,06312	−0,03988
	0,2	2	−0,0173	−0,0388	−0,0490	−0,0619	−0,0713	−0,0760	−0,0741	−0,0631	−0,0399
		10	−0,0171	−0,0385	−0,0486	−0,0614	−0,0709	−0,0756	−0,0737	−0,0629	−0,0398

17 Dabrowski, Träger

Tabelle 37 (*Fortsetzung*)

kl	α	$\bar{\gamma}, \varkappa$	$\xi = 0{,}1$ / $1{,}9$	$0{,}2$ / $1{,}8$	$0{,}3$ / $1{,}7$	$0{,}4$ / $1{,}6$	$0{,}5$ / $1{,}5$	$0{,}6$ / $1{,}4$	$0{,}7$ / $1{,}3$	$0{,}8$ / $1{,}2$	$0{,}9$ / $1{,}1$
3	0,4	2	—0,0173	—0,0388	—0,0490	—0,0619	—0,0713	—0,0760	—0,0741	—0,0631	—0,0399
		10	—0,0167	—0,0379	—0,0477	—0,0603	—0,0698	—0,0746	—0,0730	—0,0625	—0,0398
4	0	—	—0,01415	—0,02788	—0,04075	—0,05211	—0,06113	—0,06655	—0,06657	—0,05849	—0,03830
	0,2	2	—0,0141	—0,0278	—0,0407	—0,0521	—0,0611	—0,0665	—0,0665	—0,0585	—0,0383
		10	—0,0140	—0,0275	—0,0403	—0,0516	—0,0606	—0,0660	—0,0662	—0,0583	—0,0382
	0,4	2	—0,0141	—0,0278	—0,0406	—0,0519	—0,0609	—0,0664	—0,0664	—0,0584	—0,0383
		10	—0,0134	—0,0265	—0,0389	—0,0500	—0,0589	—0,0646	—0,0651	—0,0576	—0,0380
6	0	—	—0,00968	—0,01925	—0,02854	—0,03729	—0,04503	—0,05094	—0,05347	—0,04988	—0,03512
	0,2	2	—0,00964	—0,01919	—0,02846	—0,03718	—0,04493	—0,05084	—0,05339	—0,04984	—0,03510
		10	—0,00946	—0,01884	—0,02797	—0,03661	—0,04433	—0,05028	—0,05295	—0,04956	—0,03500
	0,4	2	—0,00956	—0,01901	—0,02822	—0,03691	—0,04463	—0,05056	—0,05320	—0,04970	—0,03505
		10	—0,00883	—0,01763	—0,02631	—0,03466	—0,04230	—0,04840	—0,05146	—0,04864	—0,03469
8	0	—	—0,00710	—0,01417	—0,02117	—0,02798	—0,03441	—0,03995	—0,04352	—0,04272	—0,03219
	0,2	1	—0,00709	—0,01414	—0,02113	—0,02794	—0,03436	—0,03990	—0,04348	—0,04271	—0,03218
		2	—0,00706	—0,01409	—0,02107	—0,02787	—0,03429	—0,03983	—0,04342	—0,04267	—0,03217
		10	—0,00689	—0,01376	—0,02059	—0,02731	—0,03368	—0,03926	—0,04296	—0,04237	—0,03206
	0,4	1	—0,00705	—0,01408	—0,02104	—0,02783	—0,03425	—0,03979	—0,04340	—0,04265	—0,03216
		2	—0,00696	—0,01390	—0,02080	—0,02755	—0,03394	—0,03950	—0,04316	—0,04250	—0,03211
		10	—0,00627	—0,01258	—0,01896	—0,02536	—0,03163	—0,03732	—0,04139	—0,04136	—0,03170
$kl = 8$ $\mu = 0{,}5$	0,4	1	—0,00328	—0,00655	—0,00979	—0,01295	—0,01594	—0,01852	—0,02020	—0,01984	—0,01497

Tabelle 38. *Einflußlinien der Feldbimomente $B_{0,5}^M$ in $z = 0,5\,l$ in frei biegedrehbar gestütztem Zweifeldträger*

Multiplikator Ml

kl	α	$\bar{r}, \varkappa$	$\xi = 0,1$	0,2	0,3	0,4	0,5	0,6	0,7	0,8	0,9
0	0	—	0,03763	0,07600	0,11588	0,15800	0,20313	0,15200	0,10538	0,06400	0,02863
	0,2	0	0,03779	0,07630	0,11629	0,15850	0,20363	0,15248	0,10576	0,06427	0,02876
		100	0,03765	0,07604	0,11593	0,15809	0,20323	0,15212	0,10549	0,06412	0,02871
		200	0,03751	0,07578	0,11558	0,15769	0,20283	0,15176	0,10524	0,06397	0,02867
	0,4	0	0,03828	0,07725	0,11760	0,16005	0,20526	0,15398	0,10696	0,06509	0,02916
		100	0,03771	0,07617	0,11617	0,15843	0,20364	0,15255	0,10591	0,06447	0,02898
		200	0,03717	0,07517	0,11482	0,15689	0,20211	0,15122	0,10493	0,06392	0,02879
1	0	—	0,0340	0,0690	0,1061	0,1464	0,1910	0,1409	0,0964	0,0579	0,0256
	0,2	25	0,0340	0,0692	0,1064	0,1467	0,1914	0,1412	0,0967	0,0581	0,0257
		100	0,0339	0,0690	0,1061	0,1464	0,1911	0,1409	0,0965	0,0580	0,0257
	0,4	25	0,0344	0,0698	0,1073	0,1479	0,1925	0,1423	0,0976	0,0587	0,0261
		100	0,0340	0,0691	0,1063	0,1468	0,1914	0,1414	0,0969	0,0583	0,0260
2	0	—	0,02592	0,05357	0,08438	0,12049	0,16386	0,11617	0,07677	0,04469	0,01924
	0,2	5	0,0260	0,0536	0,0846	0,1208	0,1642	0,1165	0,0770	0,0449	0,0193
		20	0,0260	0,0535	0,0845	0,1206	0,1640	0,1163	0,0769	0,0448	0,0193
	0,4	5	0,0263	0,0542	0,0855	0,1219	0,1652	0,1174	0,0778	0,0454	0,0196
		20	0,0261	0,0538	0,0849	0,1211	0,1645	0,1168	0,0773	0,0451	0,0195

Tabelle 38 (*Fortsetzung*)

kl	α	$\bar{\gamma}, \varkappa$	$\xi = 0{,}1$	0,2	0,3	0,4	0,5	0,6	0,7	0,8	0,9
3	0	—	0,01791	0,03792	0,06231	0,09380	0,13570	0,09080	0,05699	0,03169	0,01311
	0,2	2	0,0180	0,0381	0,0625	0,0941	0,1360	0,0910	0,0572	0,0318	0,0132
		10	0,0179	0,0380	0,0624	0,0939	0,1358	0,0909	0,0571	0,0318	0,0132
	0,4	2	0,0182	0,0385	0,0632	0,0948	0,1368	0,0918	0,0578	0,0322	0,0134
		10	0,0180	0,0381	0,0626	0,0942	0,1362	0,0912	0,0574	0,0320	0,0133
4	0	—	0,01177	0,02581	0,04474	0,07201	0,11237	0,07009	0,04130	0,02174	0,00856
	0,2	2	0,0118	0,0259	0,0449	0,0722	0,1126	0,0703	0,0414	0,0218	0,0086
		10	0,0118	0,0258	0,0447	0,0720	0,1124	0,0701	0,0413	0,0218	0,0086
	0,4	2	0,0120	0,0262	0,0453	0,0727	0,1131	0,0707	0,0418	0,0221	0,0087
		10	0,0118	0,0258	0,0447	0,0720	0,1124	0,0701	0,0413	0,0218	0,0086
6	0	—	0,00479	0,01154	0,02293	0,04340	0,08068	0,04272	0,02170	0,01001	0,00353
	0,2	2	0,00481	0,01158	0,02300	0,04349	0,08078	0,04280	0,02176	0,01006	0,00355
		10	0,00472	0,01149	0,02287	0,04333	0,08062	0,04265	0,02164	0,00998	0,00352
	0,4	2	0,00489	0,01173	0,02322	0,04374	0,08107	0,04305	0,02196	0,01019	0,00361
		10	0,00469	0,01135	0,02269	0,04313	0,08042	0,04246	0,02148	0,00990	0,00351
8	0	—	0,00190	0,00518	0,01212	0,02752	0,06183	0,02730	0,01171	0,00466	0,00144
	0,2	1	0,00192	0,00522	0,01218	0,02758	0,06190	0,02735	0,01176	0,00469	0,00145
		2	0,00191	0,00521	0,01217	0,02756	0,06188	0,02734	0,01175	0,00468	0,00145
		10	0,00187	0,00513	0,01206	0,02744	0,06175	0,02722	0,01165	0,00462	0,00143
	0,4	1	0,00197	0,00532	0,01233	0,02778	0,06212	0,02755	0,01190	0,00477	0,00150
		2	0,00195	0,00528	0,01228	0,02772	0,06205	0,02749	0,01185	0,00475	0,00149
		10	0,00180	0,00499	0,01188	0,02724	0,06155	0,02701	0,01146	0,00449	0,00140
$kl = 8$, $\mu = 0{,}5$	0,4	1	0,00099	0,00266	0,00617	0,01391	0,03107	0,01379	0,00596	0,00240	0,00076

Tabelle 38 *(Fortsetzung)*

kl	α	ȳ, ϰ	ξ = 1,1	1,2	1,3	1,4	1,5	1,6	1,7	1,8	1,9
0	0	—	−0,02138	−0,03600	−0,04463	−0,04800	−0,04688	−0,04200	−0,03413	−0,02400	−0,01238
0	0,2	0	−0,02149	−0,03620	−0,04489	−0,04830	−0,04719	−0,04228	−0,03436	−0,02417	−0,01246
0	0,2	100	−0,02154	−0,03635	−0,04516	−0,04866	−0,04759	−0,04269	−0,03472	−0,02443	−0,01260
0	0,2	200	−0,02158	−0,03650	−0,04541	−0,04901	−0,04799	−0,04309	−0,03507	−0,02469	−0,01274
0	0,4	0	−0,02184	−0,03683	−0,04572	−0,04922	−0,04812	−0,04315	−0,03508	−0,02467	−0,01272
0	0,4	100	−0,02202	−0,03744	−0,04677	−0,05065	−0,04974	−0,04477	−0,03651	−0,02574	−0,01329
0	0,4	200	−0,02220	−0,03799	−0,04775	−0,05198	−0,05127	−0,04631	−0,03786	−0,02674	−0,01383
1	0	—	−0,0188	−0,0314	−0,0386	−0,0413	−0,0401	−0,0358	−0,0290	−0,0203	−0,0105
1	0,2	25	−0,0189	−0,0316	−0,0389	−0,0416	−0,0404	−0,0361	−0,0292	−0,0205	−0,0106
1	0,2	100	−0,0189	−0,0317	−0,0391	−0,0419	−0,0407	−0,0364	−0,0295	−0,0207	−0,0107
1	0,4	25	−0,0192	−0,0323	−0,0398	−0,0427	−0,0416	−0,0372	−0,0301	−0,0212	−0,0109
1	0,4	100	−0,0194	−0,0327	−0,0406	−0,0437	−0,0427	−0,0383	−0,0311	−0,0219	−0,0113
2	0	—	−0,01338	−0,02186	−0,02637	−0,02771	−0,02653	−0,02339	−0,01876	−0,01308	−0,00670
2	0,2	5	−0,0135	−0,0220	−0,0266	−0,0280	−0,0268	−0,0236	−0,0190	−0,0132	−0,0068
2	0,2	20	−0,0135	−0,0221	−0,0267	−0,0281	−0,0270	−0,0238	−0,0191	−0,0133	−0,0068
2	0,4	5	−0,0137	−0,0225	−0,0273	−0,0287	−0,0276	−0,0244	−0,0196	−0,0137	−0,0070
2	0,4	20	−0,0138	−0,0228	−0,0277	−0,0294	−0,0283	−0,0251	−0,0202	−0,0141	−0,0073
3	0	—	−0,00847	−0,01342	−0,01574	−0,01615	−0,01516	−0,01315	−0,01042	−0,00719	−0,00367
3	0,2	2	−0,0085	−0,0135	−0,0159	−0,0163	−0,0153	−0,0133	−0,0106	−0,0073	−0,0037
3	0,2	10	−0,0085	−0,0136	−0,0160	−0,0165	−0,0155	−0,0135	−0,0107	−0,0074	−0,0038
3	0,4	2	−0,0087	−0,0139	−0,0164	−0,0169	−0,0159	−0,0138	−0,0110	−0,0076	−0,0039
3	0,4	10	−0,0088	−0,0141	−0,0168	−0,0174	−0,0165	−0,0144	−0,0115	−0,0080	−0,0041

Tabelle 38 (*Fortsetzung*)

kl	α	$\bar{\nu}, \varkappa$	$\xi = 1{,}1$	1,2	1,3	1,4	1,5	1,6	1,7	1,8	1,9
4	0	—	—0,00509	—0,00777	—0,00885	—0,00884	—0,00813	—0,00692	—0,00541	—0,00370	—0,00188
	0,2	2	—0,0051	—0,0079	—0,0090	—0,0090	—0,0083	—0,0071	—0,0055	—0,0038	—0,0019
		10	—0,0051	—0,0079	—0,0091	—0,0091	—0,0084	—0,0072	—0,0056	—0,0039	—0,0020
	0,4	2	—0,0053	—0,0081	—0,0093	—0,0094	—0,0087	—0,0075	—0,0058	—0,0040	—0,0020
		10	—0,0054	—0,0084	—0,0098	—0,0100	—0,0094	—0,0081	—0,0064	—0,0045	—0,0023
6	0	—	—0,00174	—0,00248	—0,00265	—0,00253	—0,00224	—0,00185	—0,00142	—0,00095	—0,00048
	0,2	2	—0,00177	—0,00253	—0,00273	—0,00262	—0,00233	—0,00193	—0,00149	—0,00101	—0,00051
		10	—0,00180	—0,00261	—0,00285	—0,00277	—0,00249	—0,00209	—0,00162	—0,00110	—0,00056
	0,4	2	—0,00186	—0,00270	—0,00296	—0,00289	—0,00260	—0,00220	—0,00170	—0,00116	—0,00058
		10	—0,00196	—0,00299	—0,00344	—0,00348	—0,00325	—0,00281	—0,00223	—0,00154	—0,00078
8	0	—	—0,00059	—0,00078	—0,00080	—0,00073	—0,00063	—0,00051	—0,00039	—0,00026	—0,00013
	0,2	1	—0,00061	—0,00081	—0,00084	—0,00078	—0,00068	—0,00056	—0,00042	—0,00028	—0,00014
		2	—0,00061	—0,00082	—0,00085	—0,00079	—0,00069	—0,00057	—0,00043	—0,00029	—0,00015
		10	—0,00063	—0,00088	—0,00095	—0,00091	—0,00082	—0,00069	—0,00054	—0,00037	—0,00019
	0,4	1	—0,00065	—0,00091	—0,00096	—0,00092	—0,00082	—0,00068	—0,00053	—0,00036	—0,00018
		2	—0,00066	—0,00094	—0,00101	—0,00098	—0,00088	—0,00074	—0,00058	—0,00040	—0,00020
		10	—0,00076	—0,00119	—0,00140	—0,00145	—0,00139	—0,00122	—0,00098	—0,00069	—0,00035
$kl = 8$ $\mu = 0{,}5$	0,4	1	—0,00032	—0,00044	—0,00047	—0,00045	—0,00040	—0,00033	—0,00026	—0,00018	—0,00009

Tabellen

Tabelle 39. *Einflußlinien der Gesamtdrillmomente H_A^P an der Außenstütze A für die Belastung durch Einzellast P in frei biegedrehbar gestütztem Zweifeldträger*

Multiplikator Pl

kl	α	$\bar{\gamma}, \varkappa$	$\xi = 0{,}1$	0,2	0,3	0,4	0,5	0,6	0,7	0,8	0,9
0	0,2	0	−0,00464	−0,00756	−0,00903	−0,00932	−0,00870	−0,00741	−0,00569	−0,00376	−0,00180
		100	−0,00464	−0,00755	−0,00902	−0,00931	−0,00869	−0,00740	−0,00568	−0,00375	−0,00180
		200	−0,00463	−0,00754	−0,00901	−0,00930	−0,00868	−0,00739	−0,00568	−0,00375	−0,00180
	0,4	0	−0,00934	−0,01523	−0,01821	−0,01882	−0,01758	−0,01498	−0,01151	−0,00760	−0,00365
		100	−0,00931	−0,01516	−0,01812	−0,01872	−0,01748	−0,01490	−0,01146	−0,00758	−0,00364
		200	−0,00927	−0,01509	−0,01803	−0,01862	−0,01739	−0,01483	−0,01141	−0,00755	−0,00364
1	0,2	25	−0,00464	−0,00757	−0,00905	−0,00934	−0,00872	−0,00743	−0,00570	−0,00376	−0,00180
		100	−0,00464	−0,00757	−0,00904	−0,00933	−0,00871	−0,00742	−0,00570	−0,00376	−0,00180
	0,4	25	−0,00936	−0,01525	−0,01824	−0,01885	−0,01760	−0,01500	−0,01153	−0,00761	−0,00365
		100	−0,00933	−0,01521	−0,01817	−0,01877	−0,01753	−0,01495	−0,01148	−0,00758	−0,00365
2	0,2	5	−0,00468	−0,00764	−0,00913	−0,00944	−0,00881	−0,00750	−0,00575	−0,00379	−0,00181
		20	−0,00468	−0,00763	−0,00912	−0,00943	−0,00880	−0,00749	−0,00575	−0,00379	−0,00181
	0,4	5	−0,00942	−0,01538	−0,01840	−0,01903	−0,01777	−0,01515	−0,01163	−0,00766	−0,00367
		20	−0,00940	−0,01534	−0,01835	−0,01897	−0,01772	−0,01510	−0,01160	−0,00764	−0,00366
3	0,2	2	−0,00472	−0,00770	−0,00922	−0,00954	−0,00891	−0,00758	−0,00581	−0,00382	−0,00182
		10	−0,00472	−0,00770	−0,00922	−0,00953	−0,00890	−0,00758	−0,00581	−0,00382	−0,00182
	0,4	2	−0,00950	−0,01552	−0,01859	−0,01923	−0,01797	−0,01531	−0,01174	−0,00772	−0,00368
		10	−0,00947	−0,01547	−0,01853	−0,01917	−0,01791	−0,01526	−0,01171	−0,00770	−0,00368

Tabelle 39 (*Fortsetzung*)

kl	α	$\bar{\gamma}, \varkappa$	$\xi = 0,1$	0,2	0,3	0,4	0,5	0,6	0,7	0,8	0,9
4	0,2	2	−0,00475	−0,00777	−0,00931	−0,00963	−0,00899	−0,00766	−0,00586	−0,00385	−0,00183
		10	−0,00475	−0,00776	−0,00929	−0,00962	−0,00898	−0,00765	−0,00585	−0,00384	−0,00183
	0,4	2	−0,00956	−0,01564	−0,01875	−0,01941	−0,01814	−0,01546	−0,01184	−0,00778	−0,00370
		10	−0,00953	−0,01557	−0,01866	−0,01932	−0,01806	−0,01538	−0,01179	−0,00775	−0,00369
6	0,2	2	−0,00480	−0,00786	−0,00943	−0,00977	−0,00913	−0,00777	−0,00594	−0,00389	−0,00184
		10	−0,00479	−0,00784	−0,00941	−0,00975	−0,00911	−0,00776	−0,00594	−0,00389	−0,00184
	0,4	2	−0,00965	−0,01581	−0,01898	−0,01968	−0,01841	−0,01568	−0,01200	−0,00786	−0,00372
		10	−0,00960	−0,01572	−0,01886	−0,01954	−0,01827	−0,01557	−0,01192	−0,00782	−0,00371
8	0,2	1	−0,00483	−0,00791	−0,00950	−0,00985	−0,00922	−0,00785	−0,00600	−0,00392	−0,00185
		10	−0,00482	−0,00790	−0,00948	−0,00983	−0,00919	−0,00783	−0,00599	−0,00392	−0,00185
	0,4	1	−0,00972	−0,01593	−0,01914	−0,01986	−0,01859	−0,01584	−0,01212	−0,00793	−0,00375
		10	−0,00965	−0,01580	−0,01896	−0,01966	−0,01840	−0,01568	−0,01201	−0,00787	−0,00373

kl	α	$\bar{\gamma}, \varkappa$	$\xi = 1,1$	1,2	1,3	1,4	1,5	1,6	1,7	1,8	1,9
0	0,2	0	0,00151	0,00267	0,00345	0,00384	0,00385	0,00353	0,00292	0,00207	0,00108
		100	0,00152	0,00268	0,00346	0,00385	0,00386	0,00354	0,00293	0,00208	0,00108
		200	0,00152	0,00268	0,00346	0,00386	0,00388	0,00355	0,00294	0,00209	0,00109
	0,4	0	0,00307	0,00544	0,00702	0,00781	0,00785	0,00719	0,00594	0,00423	0,00220
		100	0,00308	0,00546	0,00707	0,00789	0,00795	0,00729	0,00604	0,00430	0,00224
		200	0,00309	0,00549	0,00712	0,00797	0,00804	0,00739	0,00613	0,00437	0,00227
1	0,2	25	0,00151	0,00267	0,00344	0,00382	0,00384	0,00351	0,00289	0,00207	0,00107
		100	0,00151	0,00267	0,00345	0,00383	0,00385	0,00352	0,00290	0,00207	0,00107
	0,4	25	0,00308	0,00543	0,00700	0,00780	0,00782	0,00717	0,00591	0,00422	0,00218
		100	0,00308	0,00545	0,00705	0,00785	0,00789	0,00724	0,00599	0,00426	0,00221

Tabelle 39 (*Fortsetzung*)

kl	α	$\bar{r}, \varkappa$	$\xi = 1{,}1$	1,2	1,3	1,4	1,5	1,6	1,7	1,8	1,9
2	0,2	5 20	0,00150 0,00150	0,00264 0,00264	0,00339 0,00339	0,00375 0,00375	0,00374 0,00375	0,00341 0,00342	0,00281 0,00282	0,00200 0,00200	0,00104 0,00104
	0,4	5 20	0,00306 0,00306	0,00538 0,00540	0,00691 0,00694	0,00765 0,00770	0,00765 0,00771	0,00698 0,00704	0,00576 0,00581	0,00409 0,00413	0,00212 0,00214
3	0,2	2 10	0,00150 0,00150	0,00261 0,00261	0,00333 0,00334	0,00367 0,00367	0,00365 0,00365	0,00332 0,00332	0,00272 0,00273	0,00193 0,00193	0,00100 0,00100
	0,4	2 10	0,00304 0,00305	0,00532 0,00534	0,00679 0,00683	0,00749 0,00754	0,00745 0,00751	0,00678 0,00684	0,00557 0,00562	0,00395 0,00399	0,00205 0,00207
4	0,2	2 10	0,00149 0,00149	0,00258 0,00259	0,00328 0,00329	0,00359 0,00360	0,00356 0,00357	0,00322 0,00323	0,00264 0,00265	0,00187 0,00187	0,00097 0,00097
	0,4	2 10	0,00303 0,00303	0,00526 0,00529	0,00669 0,00674	0,00734 0,00741	0,00728 0,00737	0,00660 0,00669	0,00541 0,00549	0,00383 0,00389	0,00198 0,00201
6	0,2	2 10	0,00148 0,00148	0,00254 0,00254	0,00320 0,00321	0,00348 0,00349	0,00343 0,00344	0,00309 0,00310	0,00252 0,00253	0,00178 0,00179	0,00092 0,00092
	0,4	2 10	0,00300 0,00301	0,00518 0,00522	0,00653 0,00661	0,00712 0,00723	0,00702 0,00715	0,00633 0,00648	0,00518 0,00530	0,00365 0,00375	0,00189 0,00194
8	0,2	1 10	0,00147 0,00147	0,00251 0,00252	0,00314 0,00315	0,00340 0,00342	0,00334 0,00336	0,00300 0,00303	0,00244 0,00247	0,00172 0,00174	0,00089 0,00090
	0,4	1 10	0,00298 0,00300	0,00511 0,00517	0,00641 0,00653	0,00695 0,00712	0,00683 0,00703	0,00615 0,00635	0,00502 0,00519	0,00354 0,00367	0,00183 0,00190

Tabelle 40. *Einflußlinien der Gesamtdrillmomente H_A^M an der Außenstütze A für die Belastung durch Einzeldrehmoment M in frei biegedrehbar gestütztem Zweifeldträger*

H_A^M, H_{wA}^M M B $H_B^M = H_{Bl}^M + H_{Br}^M$

Multiplikator M

kl	α	$\bar{\gamma}, \varkappa$	$\xi=0$	0,1	0,2	0,3	0,4	0,5	0,6	0,7	0,8	0,9	1,0
0	0	—	1,0	0,87525	0,7520	0,63175	0,5160	0,40625	0,3040	0,21075	0,1280	0,05725	0
	0,2	0	1,0	0,8762	0,7535	0,6335	0,5178	0,4080	0,3055	0,2119	0,1288	0,0576	0
		100	1,0	0,8757	0,7526	0,6323	0,5164	0,4066	0,3042	0,2110	0,1282	0,0575	0
		200	1,0	0,8752	0,7517	0,6311	0,5150	0,4052	0,3030	0,2101	0,1277	0,0573	0
	0,4	0	1,0	0,8790	0,7581	0,6391	0,5235	0,4133	0,3100	0,2154	0,1310	0,0587	0
		100	1,0	0,8770	0,7544	0,6341	0,5179	0,4077	0,3051	0,2118	0,1290	0,0581	0
		200	1,0	0,8752	0,7510	0,6295	0,5126	0,4025	0,3005	0,2084	0,1271	0,0575	0
1	0	—	1,0	0,8764	0,7542	0,6347	0,5194	0,4096	0,3069	0,2129	0,1292	0,0576	0
	0,2	25	1,0	0,8772	0,7555	0,6362	0,5209	0,4110	0,3081	0,2139	0,1299	0,0580	0
		100	1,0	0,8769	0,7548	0,6353	0,5198	0,4099	0,3071	0,2131	0,1294	0,0579	0
	0,4	25	1,0	0,8797	0,7594	0,6408	0,5255	0,4153	0,3117	0,2166	0,1317	0,0590	0
		100	1,0	0,8782	0,7567	0,6372	0,5214	0,4112	0,3081	0,2140	0,1302	0,0584	0
2	0	—	1,0	0,8793	0,7596	0,6421	0,5278	0,4181	0,3145	0,2186	0,1325	0,0587	0
	0,2	5	1,0	0,8802	0,7610	0,6437	0,5296	0,4196	0,3157	0,2196	0,1332	0,0591	0
		20	1,0	0,8799	0,7605	0,6430	0,5287	0,4189	0,3151	0,2191	0,1329	0,0590	0
	0,4	5	1,0	0,8827	0,7652	0,6486	0,5344	0,4242	0,3196	0,2226	0,1351	0,0600	0
		20	1,0	0,8817	0,7632	0,6459	0,5314	0,4212	0,3170	0,2206	0,1340	0,0597	0

Tabelle 40 (*Fortsetzung*)

k	α	ȳ, ϰ	ξ=0	0,1	0,2	0,3	0,4	0,5	0,6	0,7	0,8	0,9	1,0
3	0	—	1,0	0,8827	0,7661	0,6510	0,5381	0,4287	0,3240	0,2259	0,1369	0,0601	0
	0,2	2	1,0	0,8836	0,7676	0,6526	0,5398	0,4303	0,3253	0,2269	0,1376	0,0605	0
		10	1,0	0,8833	0,7671	0,6520	0,5391	0,4295	0,3246	0,2265	0,1373	0,0604	0
	0,4	2	1,0	0,8862	0,7719	0,6577	0,5450	0,4350	0,3294	0,2301	0,1396	0,0615	0
		10	1,0	0,8852	0,7698	0,6550	0,5418	0,4318	0,3265	0,2279	0,1384	0,0609	0
4	0	—	1,0	0,8859	0,7721	0,6593	0,5479	0,4389	0,3335	0,2334	0,1415	0,0617	0
	0,2	2	1,0	0,8867	0,7735	0,6608	0,5495	0,4403	0,3347	0,2343	0,1422	0,0620	0
		10	1,0	0,8863	0,7727	0,6598	0,5483	0,4391	0,3336	0,2335	0,1416	0,0619	0
	0,4	2	1,0	0,8893	0,7776	0,6657	0,5544	0,4449	0,3385	0,2373	0,1441	0,0630	0
		10	1,0	0,8877	0,7746	0,6616	0,5496	0,4400	0,3341	0,2339	0,1421	0,0624	0
6	0	—	1,0	0,8903	0,7808	0,6715	0,5627	0,4550	0,3491	0,2465	0,1501	0,0649	0
	0,2	2	1,0	0,8911	0,7820	0,6729	0,5642	0,4563	0,3501	0,2473	0,1507	0,0652	0
		10	1,0	0,8905	0,7809	0,6713	0,5623	0,4543	0,3483	0,2459	0,1498	0,0649	0
	0,4	2	1,0	0,8935	0,7859	0,6774	0,5686	0,4603	0,3540	0,2498	0,1523	0,0661	0
		10	1,0	0,8911	0,7813	0,6711	0,5612	0,4526	0,3463	0,2442	0,1488	0,0649	0
8	0	—	1,0	0,8929	0,7858	0,6788	0,5720	0,4656	0,3601	0,2565	0,1573	0,0678	0
	0,2	1	1,0	0,8938	0,7872	0,6805	0,5737	0,4671	0,3613	0,2574	0,1579	0,0681	0
		10	1,0	0,8929	0,7856	0,6782	0,5710	0,4643	0,3586	0,2552	0,1565	0,0677	0
	0,4	1	1,0	0,8964	0,7915	0,6855	0,5787	0,4717	0,3652	0,2603	0,1598	0,0691	0
		10	1,0	0,8931	0,7851	0,6767	0,5683	0,4607	0,3547	0,2518	0,1544	0,0671	0

Tabelle 40 (*Fortsetzung*)

kl	α	$\bar{\gamma}, \varkappa$	$\xi = 1{,}1$	1,2	1,3	1,4	1,5	1,6	1,7	1,8	1,9	2,0
0	0	—	—0,04275	—0,0720	—0,08925	—0,0960	—0,09375	—0,0840	—0,06825	—0,0480	—0,02475	0
	0,2	0	—0,0431	—0,0725	—0,0899	—0,0968	—0,0945	—0,0847	—0,0688	—0,0484	—0,0250	0
		100	—0,0432	—0,0731	—0,0909	—0,0980	—0,0959	—0,0861	—0,0701	—0,0493	—0,0255	0
		200	—0,0434	—0,0736	—0,0917	—0,0992	—0,0973	—0,0875	—0,0713	—0,0502	—0,0259	0
	0,4	0	—0,0440	—0,0742	—0,0921	—0,0991	—0,0969	—0,0869	—0,0706	—0,0497	—0,0256	0
		100	—0,0446	—0,0762	—0,0957	—0,1040	—0,1025	—0,0925	—0,0756	—0,0534	—0,0276	0
		200	—0,0452	—0,0782	—0,0991	—0,1086	—0,1077	—0,0978	—0,0802	—0,0568	—0,0294	0
1	0	—	—0,0424	—0,0708	—0,0871	—0,0931	—0,0904	—0,0806	—0,0653	—0,0458	—0,0236	0
	0,2	25	—0,0426	—0,0714	—0,0879	—0,0941	—0,0915	—0,0816	—0,0661	—0,0464	—0,0239	0
		100	—0,0428	—0,0719	—0,0887	—0,0951	—0,0926	—0,0827	—0,0671	—0,0471	—0,0243	0
	0,4	25	—0,0437	—0,0735	—0,0908	—0,0974	—0,0949	—0,0849	—0,0689	—0,0484	—0,0249	0
		100	—0,0442	—0,0750	—0,0934	—0,1010	—0,0990	—0,0890	—0,0725	—0,0511	—0,0264	0
2	0	—	—0,0413	—0,0675	—0,0814	—0,0855	—0,0819	—0,0722	—0,0579	—0,0404	—0,0207	0
	0,2	5	—0,0416	—0,0681	—0,0823	—0,0865	—0,0829	—0,0731	—0,0587	—0,0409	—0,0210	0
		20	—0,0417	—0,0684	—0,0828	—0,0872	—0,0836	—0,0738	—0,0593	—0,0414	—0,0213	0
	0,4	5	—0,0427	—0,0700	—0,0849	—0,0895	—0,0860	—0,0760	—0,0611	—0,0426	—0,0219	0
		20	—0,0430	—0,0712	—0,0869	—0,0922	—0,0890	—0,0790	—0,0638	—0,0446	—0,0229	0
3	0	—	—0,0399	—0,0631	—0,0741	—0,0760	—0,0713	—0,0619	—0,0490	—0,0339	—0,0173	0
	0,2	2	—0,0402	—0,0637	—0,0749	—0,0769	—0,0722	—0,0628	—0,0498	—0,0344	—0,0176	0
		10	—0,0403	—0,0640	—0,0754	—0,0776	—0,0730	—0,0635	—0,0504	—0,0348	—0,0178	0
	0,4	2	—0,0412	—0,0656	—0,0774	—0,0797	—0,0751	—0,0654	—0,0519	—0,0359	—0,0184	0
		10	—0,0418	—0,0668	—0,0795	—0,0826	—0,0784	—0,0686	—0,0547	—0,0380	—0,0194	0

Tabelle 40 (*Fortsetzung*)

kl	α	$\bar{\gamma}, \varkappa$	$\xi = 1,1$	1,2	1,3	1,4	1,5	1,6	1,7	1,8	1,9	2,0
4	0	—	−0,0383	−0,0585	−0,0666	−0,0666	−0,0611	−0,0521	−0,0407	−0,0279	−0,0141	0
	0,2	2	−0,0386	−0,0591	−0,0674	−0,0675	−0,0622	−0,0531	−0,0415	−0,0285	−0,0144	0
		10	−0,0388	−0,0596	−0,0683	−0,0687	−0,0634	−0,0543	−0,0426	−0,0292	−0,0148	0
	0,4	2	−0,0397	−0,0611	−0,0701	−0,0706	−0,0653	−0,0560	−0,0440	−0,0302	−0,0153	0
		10	−0,0403	−0,0631	−0,0735	−0,0750	−0,0702	−0,0608	−0,0481	−0,0332	−0,0169	0
6	0	—	−0,0351	−0,0499	−0,0535	−0,0509	−0,0450	−0,0373	−0,0285	−0,0193	−0,0097	0
	0,2	2	−0,0355	−0,0506	−0,0545	−0,0521	−0,0462	−0,0384	−0,0295	−0,0199	−0,0100	0
		10	−0,0358	−0,0515	−0,0559	−0,0539	−0,0482	−0,0403	−0,0311	−0,0211	−0,0106	0
	0,4	2	−0,0366	−0,0529	−0,0576	−0,0551	−0,0498	−0,0418	−0,0322	−0,0219	−0,0111	0
		10	−0,0378	−0,0564	−0,0632	−0,0628	−0,0576	−0,0492	−0,0386	−0,0265	−0,0135	0
8	0	—	−0,0322	−0,0427	−0,0435	−0,0399	−0,0344	−0,0280	−0,0212	−0,0142	−0,0071	0
	0,2	1	−0,0325	−0,0434	−0,0444	−0,0409	−0,0354	−0,0289	−0,0219	−0,0147	−0,0074	0
		10	−0,0330	−0,0448	−0,0466	−0,0436	−0,0382	−0,0316	−0,0242	−0,0163	−0,0082	0
	0,4	1	−0,0336	−0,0454	−0,0471	−0,0440	−0,0384	−0,0317	−0,0242	−0,0163	−0,0082	0
		10	−0,0356	−0,0509	−0,0556	−0,0544	−0,0495	−0,0421	−0,0330	−0,0227	−0,0115	0

Tabelle 41. *Einflußlinien der Gesamtdrillmomente* $H^P_{B\,links}$ *(im Querschnitt links an der Mittelstütze B) und* H^P_B *in frei biegedrehbar gestütztem Zweifeldträger*

$H^P_{B\,links}$ — Multiplikator Pl

kl	α	$\bar{v}, \varkappa$	$\xi=0{,}1$	0,2	0,3	0,4	0,5	0,6	0,7	0,8	0,9
0	0,2	0	−0,00190	−0,00367	−0,00518	−0,00632	−0,00697	−0,00703	−0,00642	−0,00507	−0,00294
		100	−0,00188	−0,00363	−0,00514	−0,00627	−0,00692	−0,00699	−0,00639	−0,00506	−0,00294
		200	−0,00186	−0,00360	−0,00509	−0,00621	−0,00687	−0,00695	−0,00636	−0,00504	−0,00293
	0,4	0	−0,00383	−0,00739	−0,01044	−0,01273	−0,01404	−0,01417	−0,01294	−0,01022	−0,00593
		100	−0,00367	−0,00711	−0,01007	−0,01232	−0,01366	−0,01385	−0,01273	−0,01012	−0,00590
		200	−0,00353	−0,00684	−0,00971	−0,01194	−0,01329	−0,01356	−0,01253	−0,01002	−0,00588
1	0,2	25	−0,00189	−0,00365	−0,00515	−0,00629	−0,00694	−0,00701	−0,00640	−0,00506	−0,00294
		100	−0,00187	−0,00362	−0,00511	−0,00625	−0,00691	−0,00697	−0,00638	−0,00504	−0,00294
	0,4	25	−0,00377	−0,00730	−0,01029	−0,01257	−0,01390	−0,01406	−0,01284	−0,01018	−0,00595
		100	−0,00368	−0,00714	−0,01000	−0,01226	−0,01362	−0,01385	−0,01264	−0,01008	−0,00595
2	0,2	5	−0,00185	−0,00358	−0,00507	−0,00620	−0,00685	−0,00693	−0,00635	−0,00504	−0,00293
		20	−0,00184	−0,00357	−0,00505	−0,00617	−0,00682	−0,00691	−0,00634	−0,00503	−0,00293
	0,4	5	−0,00372	−0,00719	−0,01017	−0,01243	−0,01376	−0,01393	−0,01278	−0,01014	−0,00590
		20	−0,00364	−0,00704	−0,00998	−0,01222	−0,01355	−0,01377	−0,01266	−0,01008	−0,00589
3	0,2	2	−0,00182	−0,00352	−0,00498	−0,00610	−0,00676	−0,00686	−0,00630	−0,00501	−0,00292
		10	−0,00181	−0,00351	−0,00496	−0,00607	−0,00673	−0,00683	−0,00629	−0,00500	−0,00292
	0,4	2	−0,00365	−0,00706	−0,01001	−0,01225	−0,01358	−0,01379	−0,01268	−0,01009	−0,00589
		10	−0,00357	−0,00692	−0,00982	−0,01204	−0,01338	−0,01362	−0,01256	−0,01003	−0,00587

Tabelle 41 (*Fortsetzung*)

kl	α	$\bar{\nu}, \varkappa$	$\xi = 0{,}1$	0,2	0,3	0,4	0,5	0,6	0,7	0,8	0,9
4	0,2	2 10	−0,00178 −0,00177	−0,00345 −0,00343	−0,00490 −0,00487	−0,00600 −0,00597	−0,00666 −0,00663	−0,00678 −0,00675	−0,00624 −0,00622	−0,00498 −0,00497	−0,00291 −0,00291
	0,4	2 10	−0,00357 −0,00347	−0,00692 −0,00672	−0,00982 −0,00955	−0,01205 −0,01175	−0,01338 −0,01310	−0,01362 −0,01338	−0,01256 −0,01239	−0,01002 −0,00994	−0,00587 −0,00585
6	0,2	2 10	−0,00173 −0,00171	−0,00336 −0,00332	−0,00477 −0,00472	−0,00586 −0,00581	−0,00651 −0,00647	−0,00666 −0,00661	−0,00616 −0,00613	−0,00493 −0,00492	−0,00290 −0,00290
	0,4	2 10	−0,00347 −0,00332	−0,00672 −0,00644	−0,00954 −0,00918	−0,01174 −0,01133	−0,01307 −0,01268	−0,01336 −0,01302	−0,01237 −0,01213	−0,00992 −0,00980	−0,00584 −0,00580
8	0,2	1 10	−0,00171 −0,00168	−0,00331 −0,00326	−0,00470 −0,00464	−0,00578 −0,00571	−0,00645 −0,00638	−0,00659 −0,00653	−0,00610 −0,00606	−0,00490 −0,00488	−0,00289 −0,00289
	0,4	1 10	−0,00342 −0,00324	−0,00664 −0,00629	−0,00944 −0,00896	−0,01161 −0,01108	−0,01295 −0,01243	−0,01324 −0,01280	−0,01228 −0,01197	−0,00987 −0,00970	−0,00582 −0,00578

kl	α	$\bar{\nu}, \varkappa$	$\xi = 1{,}1$	1,2	1,3	1,4	1,5	1,6	1,7	1,8	1,9
0	0,2	0 100 200	0,00278 0,00278 0,00278	0,00456 0,00458 0,00459	0,00552 0,00555 0,00558	0,00582 0,00586 0,00590	0,00558 0,00563 0,00569	0,00493 0,00498 0,00503	0,00396 0,00401 0,00406	0,00276 0,00280 0,00283	0,00142 0,00144 0,00146
	0,4	0 100 200	0,00561 0,00564 0,00566	0,00924 0,00934 0,00944	0,01122 0,01143 0,01163	0,01184 0,01216 0,01245	0,01138 0,01177 0,01213	0,01006 0,01047 0,01086	0,00809 0,00847 0,00882	0,00565 0,00593 0,00620	0,00290 0,00305 0,00320

Tabelle 41 (*Fortsetzung*)

kl	α	$\bar{\gamma}, \varkappa$	$\xi = 1{,}1$	1,2	1,3	1,4	1,5	1,6	1,7	1,8	1,9
1	0,2	25 / 100	0,00278 / 0,00277	0,00457 / 0,00459	0,00554 / 0,00556	0,00585 / 0,00589	0,00561 / 0,00564	0,00496 / 0,00500	0,00399 / 0,00403	0,00277 / 0,00281	0,00142 / 0,00144
	0,4	25 / 100	0,00560 / 0,00558	0,00929 / 0,00939	0,01132 / 0,01152	0,01195 / 0,01216	0,01152 / 0,01180	0,01022 / 0,01054	0,00824 / 0,00853	0,00574 / 0,00590	0,00295 / 0,00304
2	0,2	5 / 20	0,00279 / 0,00279	0,00460 / 0,00461	0,00559 / 0,00561	0,00592 / 0,00594	0,00570 / 0,00573	0,00505 / 0,00508	0,00407 / 0,00409	0,00285 / 0,00287	0,00146 / 0,00147
	0,4	5 / 20	0,00564 / 0,00565	0,00932 / 0,00938	0,01138 / 0,01150	0,01208 / 0,01224	0,01167 / 0,01187	0,01036 / 0,01057	0,00836 / 0,00856	0,00585 / 0,00600	0,00301 / 0,00309
3	0,2	2 / 10	0,00280 / 0,00280	0,00462 / 0,00463	0,00564 / 0,00566	0,00600 / 0,00602	0,00579 / 0,00582	0,00515 / 0,00518	0,00416 / 0,00418	0,00291 / 0,00292	0,00150 / 0,00151
	0,4	2 / 10	0,00565 / 0,00567	0,00938 / 0,00944	0,01148 / 0,01160	0,01222 / 0,01239	0,01184 / 0,01204	0,01054 / 0,01075	0,00853 / 0,00872	0,00598 / 0,00612	0,00308 / 0,00315
4	0,2	2 / 10	0,00281 / 0,00281	0,00465 / 0,00466	0,00570 / 0,00572	0,00607 / 0,00610	0,00589 / 0,00592	0,00525 / 0,00528	0,00425 / 0,00428	0,00298 / 0,00300	0,00153 / 0,00154
	0,4	2 / 10	0,00567 / 0,00570	0,00944 / 0,00953	0,01160 / 0,01176	0,01239 / 0,01263	0,01204 / 0,01233	0,01075 / 0,01104	0,00871 / 0,00898	0,00612 / 0,00632	0,00315 / 0,00326
6	0,2	2 / 10	0,00282 / 0,00282	0,00470 / 0,00472	0,00579 / 0,00582	0,00619 / 0,00624	0,00603 / 0,00608	0,00539 / 0,00544	0,00437 / 0,00442	0,00307 / 0,00311	0,00158 / 0,00160
	0,4	2 / 10	0,00570 / 0,00574	0,00954 / 0,00967	0,01179 / 0,01202	0,01266 / 0,01299	0,01235 / 0,01274	0,01106 / 0,01147	0,00899 / 0,00935	0,00632 / 0,00660	0,00326 / 0,00341
8	0,2	1 / 10	0,00283 / 0,00283	0,00473 / 0,00475	0,00584 / 0,00588	0,00627 / 0,00632	0,00611 / 0,00618	0,00547 / 0,00554	0,00444 / 0,00450	0,00312 / 0,00317	0,00161 / 0,00163
	0,4	1 / 10	0,00572 / 0,00577	0,00959 / 0,00976	0,01188 / 0,01219	0,01277 / 0,01321	0,01248 / 0,01299	0,01119 / 0,01172	0,00910 / 0,00957	0,00640 / 0,00675	0,00330 / 0,00349

Tabelle 41 (*Fortsetzung*) H_B^P — Multiplikator Pl^1

kl	α	$\bar{\nu}, \varkappa$	$\xi = 0,1 / 1,9$	$0,2 / 1,8$	$0,3 / 1,7$	$0,4 / 1,6$	$0,5 / 1,5$	$0,6 / 1,4$	$0,7 / 1,3$	$0,8 / 1,2$	$0,9 / 1,1$
0	0,2	0	−0,00048	−0,00091	−0,00122	−0,00139	−0,00139	−0,00121	−0,00090	−0,00051	−0,00016
		100	−0,00044	−0,00084	−0,00113	−0,00129	−0,00128	−0,00113	−0,00084	−0,00048	−0,00015
		200	−0,00040	−0,00076	−0,00103	−0,00118	−0,00118	−0,00104	−0,00078	−0,00045	−0,00014
	0,4	0	−0,00093	−0,00175	−0,00235	−0,00267	−0,00266	−0,00233	−0,00173	−0,00098	−0,00031
		100	−0,00062	−0,00117	−0,00160	−0,00185	−0,00189	−0,00170	−0,00130	−0,00079	−0,00026
		200	−0,00033	−0,00064	−0,00089	−0,00108	−0,00116	−0,00111	−0,00090	−0,00058	−0,00022
1	0,2	25	−0,00047	−0,00088	−0,00116	−0,00133	−0,00134	−0,00116	−0,00086	−0,00049	−0,00017
		100	−0,00043	−0,00081	−0,00107	−0,00125	−0,00126	−0,00108	−0,00081	−0,00045	−0,00017
	0,4	25	−0,00082	−0,00157	−0,00205	−0,00235	−0,00238	−0,00211	−0,00152	−0,00089	−0,00035
		100	−0,00064	−0,00123	−0,00147	−0,00171	−0,00182	−0,00169	−0,00112	−0,00069	−0,00035
2	0,2	5	−0,00039	−0,00074	−0,00100	−0,00115	−0,00115	−0,00102	−0,00076	−0,00044	−0,00014
		20	−0,00037	−0,00070	−0,00095	−0,00110	−0,00110	−0,00098	−0,00073	−0,00042	−0,00014
	0,4	5	−0,00070	−0,00133	−0,00181	−0,00207	−0,00209	−0,00186	−0,00140	−0,00082	−0,00027
		20	−0,00054	−0,00104	−0,00142	−0,00165	−0,00169	−0,00152	−0,00116	−0,00070	−0,00024
3	0,2	2	−0,00032	−0,00061	−0,00083	−0,00095	−0,00096	−0,00086	−0,00066	−0,00039	−0,00012
		10	−0,00030	−0,00057	−0,00078	−0,00089	−0,00091	−0,00082	−0,00063	−0,00037	−0,00012
	0,4	2	−0,00057	−0,00108	−0,00148	−0,00171	−0,00174	−0,00156	−0,00120	−0,00071	−0,00023
		10	−0,00042	−0,00079	−0,00110	−0,00129	−0,00134	−0,00123	−0,00096	−0,00059	−0,00020

[1] Siehe Systemskizze auf Seite 263.

274 Anhang

Tabelle 41 (*Fortsetzung*)

lk	α	γ̄, ϰ	ξ = 0,1 / 1,9	0,2 / 1,8	0,3 / 1,7	0,4 / 1,6	0,5 / 1,5	0,6 / 1,4	0,7 / 1,3	0,8 / 1,2	0,9 / 1,1
4	0,2	2	−0,00025	−0,00048	−0,00065	−0,00076	−0,00078	−0,00070	−0,00054	−0,00033	−0,00011
		10	−0,00022	−0,00043	−0,00059	−0,00068	−0,00071	−0,00065	−0,00050	−0,00030	−0,00010
	0,4	2	−0,00042	−0,00080	−0,00111	−0,00129	−0,00134	−0,00122	−0,00096	−0,00058	−0,00020
		10	−0,00021	−0,00040	−0,00058	−0,00071	−0,00077	−0,00075	−0,00063	−0,00041	−0,00015
6	0,2	2	−0,00015	−0,00029	−0,00040	−0,00047	−0,00050	−0,00046	−0,00037	−0,00023	−0,00008
		10	−0,00011	−0,00022	−0,00031	−0,00037	−0,00040	−0,00038	−0,00031	−0,00020	−0,00007
	0,4	2	−0,00020	−0,00040	−0,00056	−0,00067	−0,00073	−0,00070	−0,00058	−0,00038	−0,00014
		10	0,00009	0,00016	0,00018	0,00014	0,00006	−0,00003	−0,00011	−0,00013	−0,00007
8	0,2	1	−0,00010	−0,00019	−0,00026	−0,00032	−0,00034	−0,00032	−0,00026	−0,00017	−0,00006
		2	−0,00009	−0,00018	−0,00025	−0,00030	−0,00032	−0,00031	−0,00026	−0,00017	−0,00006
		6	−0,00007	−0,00014	−0,00019	−0,00024	−0,00026	−0,00026	−0,00022	−0,00015	−0,00006
		10	−0,00005	−0,00010	−0,00014	−0,00018	−0,00020	−0,00021	−0,00018	−0,00013	−0,00005
	0,4	1	−0,00012	−0,00024	−0,00034	−0,00042	−0,00047	−0,00047	−0,00040	−0,00028	−0,00011
		2	−0,00008	−0,00016	−0,00023	−0,00030	−0,00035	−0,00037	−0,00033	−0,00024	−0,00010
		6	0,00009	0,00016	0,00019	0,00018	0,00012	0,00003	−0,00005	−0,00009	−0,00005
		10	0,00026	0,00047	0,00061	0,00064	0,00057	0,00041	0,00022	0,00006	−0,00001
∞	0,4	1	0,00010	0,00019	0,00026	0,00029	0,00029	0,00025	0,00019	0,00010	0,00003

Tabelle 42. *Einflußlinien der Gesamtdrillmomente $H_{B\text{ links}}^M$ (links an der Mittelstütze B)
und H_B^M in frei biegedrehbar gestütztem Zweifeldträger*

$H_{B\text{ links}}^M$ — Multiplikator M

kl	α	$\bar{\gamma}, \varkappa$	$\xi = 0$	0,1	0,2	0,3	0,4	0,5	0,6	0,7	0,8	0,9	1,0
0	0	—	0	0,12475	0,2480	0,36825	0,4840	0,59375	0,6960	0,78925	0,8720	0,94275	1,0
	0,2	0	0	0,1251	0,2487	0,3693	0,4852	0,5951	0,6974	0,7905	0,8730	0,9433	1,0
		100	0	0,1232	0,2451	0,3643	0,4796	0,5895	0,6925	0,7869	0,8710	0,9427	1,0
		200	0	0,1213	0,2414	0,3594	0,4741	0,5840	0,6877	0,7833	0,8689	0,9421	1,0
	0,4	0	0	0,1263	0,2509	0,3724	0,4891	0,5994	0,7017	0,7944	0,8761	0,9451	1,0
		100	0	0,1186	0,2364	0,3529	0,4669	0,5772	0,6823	0,7801	0,8680	0,9426	1,0
		200	0	0,1113	0,2228	0,3345	0,4460	0,5565	0,6642	0,7667	0,8603	0,9402	1,0
1	0	—	0	0,1236	0,2458	0,3653	0,4806	0,5904	0,6931	0,7871	0,8708	0,9424	1,0
	0,2	25	0	0,1235	0,2456	0,3651	0,4805	0,5904	0,6932	0,7874	0,8713	0,9427	1,0
		100	0	0,1221	0,2430	0,3616	0,4765	0,5864	0,6898	0,7849	0,8699	0,9423	1,0
	0,4	25	0	0,1232	0,2452	0,3647	0,4803	0,5906	0,6939	0,7888	0,8731	0,9440	1,0
		100	0	0,1177	0,2348	0,3508	0,4645	0,5747	0,6800	0,7786	0,8670	0,9420	1,0
2	0	—	0	0,1207	0,2404	0,3579	0,4722	0,5819	0,6855	0,7814	0,8675	0,9413	1,0
	0,2	5	0	0,1208	0,2405	0,3581	0,4724	0,5823	0,6860	0,7820	0,8681	0,9418	1,0
		20	0	0,1198	0,2387	0,3556	0,4696	0,5795	0,6836	0,7802	0,8671	0,9414	1,0
	0,4	5	0	0,1209	0,2408	0,3587	0,4734	0,5836	0,6878	0,7841	0,8701	0,9432	1,0
		20	0	0,1171	0,2336	0,3490	0,4623	0,5725	0,6780	0,7767	0,8659	0,9418	1,0

Tabelle 42 (*Fortsetzung*)

kl	α	$\bar{\nu}, \varkappa$	$\xi = 0$	0,1	0,2	0,3	0,4	0,5	0,6	0,7	0,8	0,9	1,0
3	0	—	0	0,1173	0,2339	0,3490	0,4619	0,5713	0,6760	0,7741	0,8631	0,9399	1,0
	0,2	2	0	0,1174	0,2341	0,3494	0,4624	0,5719	0,6767	0,7749	0,8638	0,9403	1,0
		10	0	0,1165	0,2323	0,3470	0,4596	0,5692	0,6742	0,7729	0,8627	0,9400	1,0
	0,4	2	0	0,1178	0,2349	0,3506	0,4640	0,5740	0,6790	0,7773	0,8660	0,9419	1,0
		10	0	0,1141	0,2289	0,3412	0,4531	0,5629	0,6692	0,7698	0,8617	0,9406	1,0
4	0	—	0	0,1141	0,2279	0,3407	0,4521	0,5611	0,6666	0,7666	0,8585	0,9383	1,0
	0,2	2	0	0,1142	0,2280	0,3409	0,4523	0,5614	0,6670	0,7671	0,8591	0,9387	1,0
		10	0	0,1129	0,2255	0,3375	0,4484	0,5575	0,6634	0,7644	0,8574	0,9382	1,0
	0,4	2	0	0,1143	0,2282	0,3413	0,4530	0,5625	0,6684	0,7688	0,8609	0,9401	1,0
		10	0	0,1092	0,2185	0,3281	0,4377	0,5469	0,6543	0,7580	0,8544	0,9380	1,0
6	0	—	0	0,1097	0,2193	0,3285	0,4373	0,5450	0,6509	0,7535	0,8499	0,9351	1,0
	0,2	2	0	0,1096	0,2191	0,3283	0,4370	0,5449	0,6509	0,7536	0,8502	0,9354	1,0
		10	0	0,1078	0,2157	0,3236	0,4315	0,5391	0,6456	0,7494	0,8476	0,9346	1,0
	0,4	2	0	0,1093	0,2185	0,3276	0,4364	0,5445	0,6509	0,7542	0,8512	0,9365	1,0
		10	0	0,1023	0,2053	0,3094	0,4150	0,5171	0,6303	0,7378	0,8411	0,9331	1,0
8	0	—	0	0,1071	0,2142	0,3212	0,4280	0,5344	0,6399	0,7435	0,8427	0,9322	1,0
	0,2	1	0	0,1072	0,2143	0,3214	0,4283	0,5348	0,6404	0,7440	0,8433	0,9326	1,0
		10	0	0,1049	0,2099	0,3153	0,4210	0,5271	0,6331	0,7381	0,8395	0,9312	1,0
	0,4	1	0	0,1074	0,2148	0,3222	0,4294	0,5361	0,6420	0,7458	0,8450	0,9339	1,0
		10	0	0,0985	0,1978	0,2985	0,4012	0,5063	0,6138	0,7229	0,8303	0,9286	1,0

Tabelle 42 (*Fortsetzung*)

kl	α	$\bar{\gamma}, \varkappa$	ξ = 1,0	1,1	1,2	1,3	1,4	1,5	1,6	1,7	1,8	1,9	2,0
0	0	—	0	0,04275	0,0720	0,08925	0,0960	0,09375	0,0840	0,06825	0,0480	0,02475	0
	0,2	0	0	0,0422	0,0711	0,0881	0,0948	0,0926	0,0830	0,0675	0,0474	0,0245	0
		100	0	0,0416	0,0690	0,0845	0,0899	0,0870	0,0774	0,0625	0,0438	0,0225	0
		200	0	0,0409	0,0670	0,0809	0,0851	0,0815	0,0718	0,0576	0,0402	0,0206	0
	0,4	0	0	0,0405	0,0683	0,0848	0,0913	0,0892	0,0800	0,0650	0,0457	0,0236	0
		100	0	0,0380	0,0602	0,0705	0,0720	0,0671	0,0578	0,0454	0,0312	0,0159	0
		200	0	0,0356	0,0525	0,0570	0,0538	0,0463	0,0369	0,0271	0,0176	0,0086	0
1	0	—	0	0,0424	0,0708	0,0871	0,0931	0,0904	0,0806	0,0653	0,0458	0,0236	0
	0,2	25	0	0,0416	0,0693	0,0850	0,0907	0,0879	0,0782	0,0633	0,0444	0,0228	0
		100	0	0,0411	0,0680	0,0825	0,0873	0,0839	0,0743	0,0598	0,0418	0,0214	0
	0,4	25	0	0,0394	0,0651	0,0791	0,0835	0,0804	0,0712	0,0573	0,0400	0,0205	0
		100	0	0,0375	0,0592	0,0689	0,0696	0,0646	0,0554	0,0434	0,0296	0,0150	0
2	0	—	0	0,0413	0,0675	0,0814	0,0855	0,0819	0,0722	0,0579	0,0404	0,0207	0
	0,2	5	0	0,0406	0,0662	0,0797	0,0835	0,0798	0,0702	0,0563	0,0392	0,0201	0
		20	0	0,0403	0,0651	0,0778	0,0810	0,0770	0,0674	0,0538	0,0374	0,0191	0
	0,4	5	0	0,0386	0,0623	0,0744	0,0774	0,0734	0,0643	0,0513	0,0356	0,0182	0
		20	0	0,0372	0,0581	0,0671	0,0676	0,0624	0,0532	0,0416	0,0284	0,0144	0
3	0	—	0	0,0399	0,0631	0,0741	0,0760	0,0713	0,0619	0,0490	0,0339	0,0173	0
	0,2	2	0	0,0392	0,0619	0,0725	0,0742	0,0694	0,0602	0,0476	0,0328	0,0168	0
		10	0	0,0388	0,0608	0,0705	0,0717	0,0667	0,0574	0,0452	0,0310	0,0158	0
	0,4	2	0	0,0373	0,0583	0,0676	0,0686	0,0638	0,0549	0,0432	0,0297	0,0151	0
		10	0	0,0360	0,0539	0,0601	0,0588	0,0528	0,0440	0,0337	0,0237	0,0114	0

278 Anhang

Tabelle 42 (*Fortsetzung*)

kl	α	$\bar{\nu}, \varkappa$	$\xi = 1{,}0$	1,1	1,2	1,3	1,4	1,5	1,6	1,7	1,8	1,9	2,0
4	0	—	0	0,0383	0,0585	0,0666	0,0666	0,0611	0,0521	0,0407	0,0279	0,0141	0
	0,2	2	0	0,0376	0,0571	0,0647	0,0644	0,0590	0,0501	0,0391	0,0267	0,0135	0
		10	0	0,0371	0,0555	0,0620	0,0609	0,0550	0,0462	0,0357	0,0242	0,0122	0
	0,4	2	0	0,0355	0,0531	0,0592	0,0580	0,0523	0,0439	0,0339	0,0230	0,0116	0
		10	0	0,0334	0,0466	0,0483	0,0439	0,0367	0,0286	0,0207	0,0133	0,0065	0
6	0	—	0	0,0351	0,0499	0,0535	0,0509	0,0450	0,0373	0,0285	0,0193	0,0097	0
	0,2	2	0	0,0343	0,0483	0,0512	0,0484	0,0424	0,0348	0,0265	0,0178	0,0089	0
		10	0	0,0334	0,0457	0,0470	0,0430	0,0366	0,0293	0,0218	0,0144	0,0071	0
	0,4	2	0	0,0319	0,0434	0,0445	0,0405	0,0343	0,0273	0,0202	0,0133	0,0066	0
		10	0	0,0285	0,0333	0,0281	0,0199	0,0070	0,0059	0,0020	0,0001	−0,0003	0
8	0	—	0	0,0322	0,0427	0,0435	0,0399	0,0344	0,0280	0,0212	0,0142	0,0071	0
	0,2	1	0	0,0315	0,0414	0,0417	0,0379	0,0323	0,0261	0,0196	0,0131	0,0065	0
		10	0	0,0301	0,0376	0,0357	0,0306	0,0246	0,0188	0,0135	0,0087	0,0042	0
	0,4	1	0	0,0293	0,0372	0,0361	0,0316	0,0259	0,0202	0,0148	0,0096	0,0047	0
		10	0	0,0240	0,0225	0,0132	0,0034	−0,0039	−0,0079	−0,0089	−0,0074	−0,0042	0

H_B^M — Multiplikator M^1

kl	α	$\bar{\nu}, \varkappa$	$\xi = 0$ 2,0	0,1 1,9	0,2 1,8	0,3 1,7	0,4 1,6	0,5 1,5	0,6 1,4	0,7 1,3	0,8 1,2	0,9 1,1	1,0
0	0	—	0	0,1495	0,2960	0,4365	0,5680	0,6875	0,7920	0,8785	0,9440	0,9855	1,0
	0,2	0	0	0,1496	0,2962	0,4367	0,5682	0,6878	0,7922	0,8787	0,9440	0,9855	1,0
		100	0	0,1457	0,2888	0,4268	0,5570	0,6766	0,7824	0,8714	0,9400	0,9842	1,0
		200	0	0,1419	0,2816	0,4171	0,5459	0,6655	0,7728	0,8643	0,9359	0,9830	1,0

[1] Siehe Systemskizze auf Seite 266

Tabelle 42 (Fortsetzung)

kl	α	$\bar{\gamma}, \varkappa$	$\xi = 0$ / $2{,}0$	$0{,}1$ / $1{,}9$	$0{,}2$ / $1{,}8$	$0{,}3$ / $1{,}7$	$0{,}4$ / $1{,}6$	$0{,}5$ / $1{,}5$	$0{,}6$ / $1{,}4$	$0{,}7$ / $1{,}3$	$0{,}8$ / $1{,}2$	$0{,}9$ / $1{,}1$	$1{,}0$
0	0,4	0	0	0,1499	0,2967	0,4374	0,5691	0,6886	0,7929	0,8792	0,9444	0,9856	1,0
		100	0	0,1344	0,2676	0,3983	0,5246	0,6443	0,7543	0,8506	0,9281	0,9805	1,0
		200	0	0,1199	0,2403	0,3615	0,4829	0,6027	0,7180	0,8237	0,9128	0,9757	1,0
1	0	—	0	0,1472	0,2916	0,4306	0,5613	0,6808	0,7861	0,8742	0,9415	0,9847	1,0
	0,2	25	0	0,1463	0,2900	0,4284	0,5587	0,6782	0,7839	0,8724	0,9406	0,9843	1,0
		100	0	0,1435	0,2848	0,4215	0,5508	0,6703	0,7770	0,8674	0,9378	0,9834	1,0
	0,4	25	0	0,1437	0,2851	0,4220	0,5515	0,6709	0,7774	0,8679	0,9379	0,9834	1,0
		100	0	0,1327	0,2643	0,3943	0,5199	0,6393	0,7497	0,8475	0,9262	0,9795	1,0
2	0	—	0	0,1414	0,2807	0,4158	0,5444	0,6638	0,7710	0,8628	0,9349	0,9826	1,0
	0,2	5	0	0,1409	0,2797	0,4144	0,5427	0,6621	0,7695	0,8617	0,9343	0,9824	1,0
		20	0	0,1389	0,2761	0,4095	0,5371	0,6565	0,7646	0,8580	0,9322	0,9817	1,0
	0,4	5	0	0,1391	0,2764	0,4100	0,5377	0,6571	0,7651	0,8584	0,9324	0,9818	1,0
		20	0	0,1316	0,2621	0,3906	0,5156	0,6349	0,7455	0,8438	0,9239	0,9790	1,0
3	0	—	0	0,1345	0,2677	0,3980	0,5237	0,6427	0,7520	0,8482	0,9262	0,9798	1,0
	0,2	2	0	0,1342	0,2669	0,3970	0,5226	0,6414	0,7509	0,8474	0,9256	0,9795	1,0
		10	0	0,1323	0,2633	0,3921	0,5169	0,6358	0,7459	0,8434	0,9235	0,9788	1,0
	0,4	2	0	0,1329	0,2646	0,3938	0,5189	0,6378	0,7476	0,8449	0,9243	0,9791	1,0
		10	0	0,1256	0,2527	0,3749	0,4971	0,6157	0,7280	0,8300	0,9156	0,9766	1,0

280 Anhang

Tabelle 42 *(Fortsetzung)*

kl	α	$\bar{\nu}, \varkappa$	$\xi = 0$ 2,0	0,1 1,9	0,2 1,8	0,3 1,7	0,4 1,6	0,5 1,5	0,6 1,4	0,7 1,3	0,8 1,2	0,9 1,1	1,0
4	0	—	0	0,1283	0,2558	0,3815	0,5042	0,6223	0,7331	0,8332	0,9170	0,9766	1,0
	0,2	2	0	0,1277	0,2546	0,3799	0,5024	0,6204	0,7314	0,8319	0,9162	0,9763	1,0
		10	0	0,1251	0,2497	0,3732	0,4946	0,6125	0,7242	0,8263	0,9129	0,9753	1,0
	0,4	2	0	0,1259	0,2511	0,3752	0,4969	0,6148	0,7264	0,8280	0,9139	0,9756	1,0
		10	0	0,1157	0,2318	0,3488	0,4664	0,5835	0,6982	0,8063	0,9010	0,9713	1,0
6	0	—	0	0,1194	0,2385	0,3571	0,4746	0,5901	0,7019	0,8069	0,8998	0,9702	1,0
	0,2	2	0	0,1185	0,2369	0,3548	0,4718	0,5872	0,6992	0,8049	0,8985	0,9698	1,0
		10	0	0,1150	0,2301	0,3454	0,4608	0,5758	0,6886	0,7964	0,8933	0,9680	1,0
	0,4	2	0	0,1159	0,2318	0,3478	0,4637	0,5788	0,6914	0,7987	0,8947	0,9685	1,0
		10	0	0,1020	0,2054	0,3114	0,4209	0,5341	0,6502	0,7659	0,8745	0,9615	1,0
8	0	—	0	0,1142	0,2283	0,3423	0,4560	0,5688	0,6799	0,7870	0,8854	0,9644	1,0
	0,2	1	0	0,1137	0,2274	0,3410	0,4544	0,5671	0,6783	0,7857	0,8846	0,9641	1,0
		10	0	0,1091	0,2186	0,3287	0,4398	0,5517	0,6637	0,7739	0,8770	0,9612	1,0
	0,4	1	0	0,1122	0,2245	0,3370	0,4496	0,5621	0,6735	0,7819	0,8821	0,9632	1,0
		10	0	0,0944	0,1904	0,2896	0,3933	0,5024	0,6173	0,7361	0,8529	0,9526	1,0
∞	0,4	1	0	0,0973	0,1948	0,2926	0,3910	0,4899	0,5897	0,6905	0,7924	0,8955	1,0

Tabelle 43. *Einflußlinien der sekundären Drillmomente $H^P_{\omega A}$ an der Außenstütze A für die Belastung durch Einzellast P in frei biegedrehbar gestütztem Zweifeldträger*

Multiplikator Pl

kl	α	$\bar{\gamma}, \varkappa$	$\xi = 0{,}1$	0,2	0,3	0,4	0,5	0,6	0,7	0,8	0,9
0	0,2	0	−0,00464	−0,00756	−0,00903	−0,00932	−0,00870	−0,00741	−0,00569	−0,00376	−0,00180
		100	−0,00464	−0,00755	−0,00902	−0,00931	−0,00869	−0,00740	−0,00568	−0,00375	−0,00180
		200	−0,00463	−0,00754	−0,00901	−0,00930	−0,00868	−0,00739	−0,00568	−0,00375	−0,00180
	0,4	0	−0,00934	−0,01523	−0,01821	−0,01882	−0,01758	−0,01498	−0,01151	−0,00760	−0,00365
		100	−0,00931	−0,01516	−0,01812	−0,01872	−0,01748	−0,01490	−0,01146	−0,00758	−0,00364
		200	−0,00927	−0,01509	−0,01803	−0,01862	−0,01739	−0,01483	−0,01141	−0,00755	−0,00364
1	0,2	25	−0,00437	−0,00706	−0,00837	−0,00858	−0,00796	−0,00674	−0,00516	−0,00339	−0,00162
		100	−0,00437	−0,00706	−0,00836	−0,00857	−0,00795	−0,00674	−0,00515	−0,00338	−0,00162
	0,4	25	−0,00880	−0,01423	−0,01690	−0,01732	−0,01608	−0,01363	−0,01043	−0,00685	−0,00327
		100	−0,00877	−0,01419	−0,01683	−0,01726	−0,01602	−0,01358	−0,01038	−0,00683	−0,00327
2	0,2	5	−0,00378	−0,00598	−0,00695	−0,00700	−0,00639	−0,00533	−0,00402	−0,00261	−0,00123
		20	−0,00378	−0,00597	−0,00694	−0,00699	−0,00638	−0,00533	−0,00402	−0,00261	−0,00123
	0,4	5	−0,00760	−0,01203	−0,01400	−0,01411	−0,01289	−0,01077	−0,00813	−0,00528	−0,00249
		20	−0,00758	−0,01200	−0,01396	−0,01407	−0,01285	−0,01073	−0,00810	−0,00526	−0,00249
3	0,2	2	−0,00314	−0,00482	−0,00546	−0,00537	−0,00479	−0,00392	−0,00291	−0,00186	−0,00087
		10	−0,00314	−0,00482	−0,00545	−0,00536	−0,00479	−0,00392	−0,00291	−0,00186	−0,00087
	0,4	2	−0,00632	−0,00971	−0,01100	−0,01082	−0,00968	−0,00793	−0,00588	−0,00377	−0,00176
		10	−0,00630	−0,00968	−0,01096	−0,01079	−0,00964	−0,00791	−0,00587	−0,00376	−0,00175

Tabelle 43 (*Fortsetzung*)

kl	α	$\bar{\gamma}, \varkappa$	$\xi = 0{,}1$	0,2	0,3	0,4	0,5	0,6	0,7	0,8	0,9
4	0,2	2 10	−0,00260 −0,00260	−0,00385 −0,00385	−0,00423 −0,00423	−0,00405 −0,00405	−0,00354 −0,00354	−0,00284 −0,00284	−0,00207 −0,00207	−0,00130 −0,00130	−0,00060 −0,00060
4	0,4	2 10	−0,00522 −0,00520	−0,00775 −0,00772	−0,00852 −0,00849	−0,00817 −0,00813	−0,00714 −0,00711	−0,00574 −0,00572	−0,00419 −0,00417	−0,00264 −0,00263	−0,00122 −0,00122
6	0,2	2 10	−0,00182 −0,00182	−0,00251 −0,00251	−0,00260 −0,00260	−0,00238 −0,00237	−0,00200 −0,00199	−0,00155 −0,00155	−0,00110 −0,00110	−0,00068 −0,00068	−0,00031 −0,00031
6	0,4	2 10	−0,00365 −0,00364	−0,00505 −0,00503	−0,00524 −0,00521	−0,00479 −0,00476	−0,00402 −0,00399	−0,00314 −0,00311	−0,00223 −0,00221	−0,00138 −0,00137	−0,00063 −0,00062
8	0,2	1 10	−0,00133 −0,00133	−0,00172 −0,00172	−0,00170 −0,00169	−0,00149 −0,00148	−0,00122 −0,00121	−0,00093 −0,00093	−0,00065 −0,00065	−0,00040 −0,00040	−0,00018 −0,00018
8	0,4	1 10	−0,00268 −0,00267	−0,00346 −0,00345	−0,00341 −0,00339	−0,00300 −0,00298	−0,00245 −0,00243	−0,00188 −0,00186	−0,00132 −0,00131	−0,00081 −0,00080	−0,00036 −0,00036

kl	α	$\bar{\gamma}, \varkappa$	$\xi = 1{,}1$	1,2	1,3	1,4	1,5	1,6	1,7	1,8	1,9
0	0,2	0 100 200	0,00151 0,00152 0,00152	0,00267 0,00268 0,00268	0,00345 0,00346 0,00346	0,00384 0,00385 0,00386	0,00385 0,00386 0,00388	0,00353 0,00354 0,00355	0,00292 0,00293 0,00294	0,00207 0,00208 0,00209	0,00108 0,00108 0,00109
0	0,4	0 100 200	0,00307 0,00308 0,00309	0,00544 0,00546 0,00549	0,00702 0,00707 0,00712	0,00781 0,00789 0,00797	0,00782 0,00795 0,00804	0,00719 0,00729 0,00739	0,00594 0,00604 0,00613	0,00423 0,00430 0,00437	0,00220 0,00224 0,00227

Tabelle 43 (*Fortsetzung*)

kl	α	$\bar{\gamma}, \varkappa$	$\xi = 1{,}1$	1,2	1,3	1,4	1,5	1,6	1,7	1,8	1,9
1	0,2	25 100	0,00135 0,00135	0,00238 0,00238	0,00306 0,00306	0,00339 0,00340	0,00340 0,00341	0,00311 0,00312	0,00256 0,00257	0,00183 0,00183	0,00095 0,00095
	0,4	25 100	0,00275 0,00275	0,00483 0,00486	0,00623 0,00627	0,00692 0,00697	0,00694 0,00701	0,00635 0,00642	0,00524 0,00531	0,00373 0,00377	0,00193 0,00196
2	0,2	5 20	0,00100 0,00100	0,00175 0,00175	0,00223 0,00223	0,00246 0,00246	0,00245 0,00245	0,00223 0,00223	0,00183 0,00183	0,00130 0,00130	0,00067 0,00067
	0,4	5 20	0,00204 0,00205	0,00357 0,00358	0,00455 0,00458	0,00503 0,00506	0,00501 0,00505	0,00456 0,00460	0,00375 0,00379	0,00266 0,00269	0,00138 0,00139
3	0,2	2 10	0,00069 0,00069	0,00119 0,00119	0,00150 0,00150	0,00164 0,00164	0,00162 0,00162	0,00147 0,00147	0,00120 0,00120	0,00085 0,00085	0,00044 0,00044
	0,4	2 10	0,00140 0,00140	0,00242 0,00243	0,00307 0,00308	0,00335 0,00338	0,00332 0,00335	0,00301 0,00304	0,00246 0,00249	0,00174 0,00176	0,00090 0,00091
4	0,2	2 10	0,00047 0,00047	0,00080 0,00080	0,00100 0,00100	0,00109 0,00109	0,00107 0,00107	0,00096 0,00097	0,00079 0,00079	0,00055 0,00055	0,00029 0,00029
	0,4	2 10	0,00095 0,00095	0,00163 0,00164	0,00205 0,00207	0,00223 0,00226	0,00220 0,00223	0,00198 0,00202	0,00162 0,00165	0,00114 0,00117	0,00059 0,00060
6	0,2	2 10	0,00023 0,00023	0,00040 0,00040	0,00049 0,00049	0,00053 0,00053	0,00052 0,00052	0,00047 0,00047	0,00038 0,00038	0,00027 0,00027	0,00014 0,00014
	0,4	2 10	0,00048 0,00048	0,00081 0,00082	0,00101 0,00103	0,00109 0,00111	0,00107 0,00110	0,00096 0,00099	0,00078 0,00081	0,00055 0,00057	0,00029 0,00030
8	0,2	1 10	0,00013 0,00013	0,00023 0,00023	0,00028 0,00028	0,00030 0,00030	0,00030 0,00030	0,00027 0,00027	0,00022 0,00022	0,00015 0,00015	0,00008 0,00008
	0,4	1 10	0,00027 0,00028	0,00046 0,00047	0,00058 0,00059	0,00062 0,00064	0,00061 0,00063	0,00055 0,00057	0,00045 0,00047	0,00031 0,00033	0,00016 0,00017

Tabelle 44. *Einflußlinien der sekundären Drillmomente $H_{\omega A}^M$ an der Außenstütze A für die Belastung durch Einzeldrehmoment M in frei biegedrehbar gestütztem Zweifeldträger*

Multiplikator M

kl	α	$\bar{\gamma}, \varkappa$	$\xi=0$	0,1	0,2	0,3	0,4	0,5	0,6	0,7	0,8	0,9	1,0
0	0	—	1,0	0,87525	0,7520	0,63175	0,5160	0,40625	0,3040	0,21075	0,1280	0,05725	0
	0,2	0	1,0	0,8762	0,7535	0,6335	0,5178	0,4080	0,3055	0,2119	0,1288	0,0576	0
		100	1,0	0,8757	0,7526	0,6323	0,5164	0,4066	0,3042	0,2110	0,1282	0,0575	0
		200	1,0	0,8752	0,7517	0,6311	0,5150	0,4052	0,3030	0,2101	0,1277	0,0573	0
	0,4	0	1,0	0,8790	0,7581	0,6391	0,5235	0,4133	0,3100	0,2154	0,1310	0,0587	0
		100	1,0	0,8770	0,7544	0,6341	0,5179	0,4077	0,3051	0,2118	0,1290	0,0581	0
		200	1,0	0,8752	0,7510	0,6295	0,5126	0,4025	0,3005	0,2084	0,1271	0,0575	0
1	0	—	1,0	0,8534	0,7167	0,5899	0,4731	0,3665	0,2703	0,1850	0,1111	0,0492	0
	0,2	25	1,0	0,8542	0,7186	0,5914	0,4745	0,3678	0,2714	0,1859	0,1117	0,0495	0
		100	1,0	0,8539	0,7173	0,5905	0,4736	0,3668	0,2705	0,1852	0,1113	0,0494	0
	0,4	25	1,0	0,8565	0,7216	0,5955	0,4788	0,3717	0,2747	0,1883	0,1134	0,0504	0
		100	1,0	0,8552	0,7191	0,5922	0,4750	0,3679	0,2713	0,1859	0,1120	0,0499	0
2	0	—	1,0	0,7998	0,6327	0,4931	0,3764	0,2789	0,1977	0,1307	0,0761	0,0327	0
	0,2	5	1,0	0,8005	0,6338	0,4944	0,3776	0,2800	0,1986	0,1313	0,0765	0,0330	0
		20	1,0	0,8003	0,6335	0,4939	0,3771	0,2794	0,1981	0,1310	0,0763	0,0329	0
	0,4	5	1,0	0,8026	0,6371	0,4981	0,3813	0,2833	0,2014	0,1334	0,0779	0,0336	0
		20	1,0	0,8018	0,6356	0,4961	0,3790	0,2810	0,1994	0,1319	0,0770	0,0334	0

Tabelle 44 *(Fortsetzung)*

$\bar{\nu}$	α	$\bar{\nu}, \varkappa$	$\xi=0$	0,1	0,2	0,3	0,4	0,5	0,6	0,7	0,8	0,9	1,0
3	0	—	1,0	0,7341	0,5355	0,3868	0,2752	0,1912	0,1279	0,0803	0,0447	0,0185	0
	0,2	2	1,0	0,7347	0,5364	0,3878	0,2761	0,1921	0,1286	0,0808	0,0450	0,0186	0
		10	1,0	0,7346	0,5361	0,3874	0,2757	0,1916	0,1282	0,0805	0,0448	0,0186	0
	0,4	2	1,0	0,7365	0,5391	0,3908	0,2791	0,1946	0,1307	0,0823	0,0460	0,0191	0
		10	1,0	0,7359	0,5380	0,3893	0,2773	0,1929	0,1291	0,0811	0,0453	0,0188	0
4	0	—	1,0	0,6680	0,4447	0,2942	0,1927	0,1239	0,0773	0,0456	0,0240	0,0094	0
	0,2	2	1,0	0,6684	0,4453	0,2950	0,1934	0,1245	0,0778	0,0459	0,0242	0,0095	0
		10	1,0	0,6683	0,4450	0,2945	0,1929	0,1240	0,0773	0,0456	0,0240	0,0095	0
	0,4	2	1,0	0,6699	0,4475	0,2972	0,1955	0,1263	0,0792	0,0469	0,0248	0,0099	0
		10	1,0	0,6692	0,4463	0,2956	0,1936	0,1244	0,0774	0,0456	0,0240	0,0096	0
6	0	—	1,0	0,5485	0,3006	0,1644	0,0895	0,0483	0,0256	0,0130	0,0060	0,0021	0
	0,2	2	1,0	0,5489	0,3011	0,1650	0,0899	0,0486	0,0258	0,0131	0,0061	0,0021	0
		10	1,0	0,5487	0,3008	0,1646	0,0895	0,0482	0,0254	0,0129	0,0059	0,0021	0
	0,4	2	1,0	0,5499	0,3024	0,1663	0,0911	0,0495	0,0265	0,0136	0,0064	0,0023	0
		10	1,0	0,5494	0,3015	0,1650	0,0896	0,0480	0,0250	0,0124	0,0057	0,0021	0
8	0	—	1,0	0,4493	0,2018	0,0906	0,0406	0,0179	0,0080	0,0034	0,0014	0,0004	0
	0,2	1	1,0	0,4496	0,2021	0,0909	0,0409	0,0183	0,0081	0,0035	0,0014	0,0004	0
		10	1,0	0,4495	0,2020	0,0907	0,0406	0,0180	0,0078	0,0033	0,0013	0,0004	0
	0,4	1	1,0	0,4503	0,2031	0,0919	0,0417	0,0190	0,0086	0,0039	0,0016	0,0005	0
		10	1,0	0,4499	0,2024	0,0908	0,0405	0,0177	0,0074	0,0029	0,0010	0,0003	0

Tabelle 44 (*Fortsetzung*)

kl	α	$\bar{\nu}, \varkappa$	$\xi=1,1$	1,2	1,3	1,4	1,5	1,6	1,7	1,8	1,9	2,0
0	0	—	—0,04275	—0,0720	—0,08925	—0,0960	—0,09375	—0,0840	—0,06825	—0,0480	—0,02475	0
	0,2	0	—0,0431	—0,0725	—0,0899	—0,0968	—0,0945	—0,0847	—0,0688	—0,0484	—0,0250	0
		100	—0,0432	—0,0731	—0,0909	—0,0980	—0,0959	—0,0861	—0,0701	—0,0493	—0,0255	0
		200	—0,0434	—0,0736	—0,0917	—0,0992	—0,0973	—0,0875	—0,0713	—0,0502	—0,0259	0
	0,4	0	—0,0440	—0,0742	—0,0921	—0,0991	—0,0969	—0,0869	—0,0706	—0,0497	—0,0256	0
		100	—0,0446	—0,0762	—0,0957	—0,1040	—0,1025	—0,0925	—0,0756	—0,0534	—0,0276	0
		200	—0,0452	—0,0782	—0,0991	—0,1086	—0,1077	—0,0978	—0,0802	—0,0568	—0,0294	0
1	0	—	—0,0360	—0,0602	—0,0741	—0,0792	—0,0769	—0,0686	—0,0556	—0,0390	—0,0201	0
	0,2	25	—0,0363	—0,0608	—0,0749	—0,0801	—0,0779	—0,0696	—0,0563	—0,0395	—0,0204	0
		100	—0,0365	—0,0612	—0,0756	—0,0810	—0,0789	—0,0705	—0,0572	—0,0402	—0,0207	0
	0,4	25	—0,0373	—0,0626	—0,0774	—0,0831	—0,0810	—0,0725	—0,0588	—0,0413	—0,0213	0
		100	—0,0378	—0,0640	—0,0799	—0,0864	—0,0848	—0,0762	—0,0621	—0,0438	—0,0226	0
2	0	—	—0,0228	—0,0372	—0,0449	—0,0472	—0,0452	—0,0398	—0,0319	—0,0223	—0,0114	0
	0,2	5	—0,0230	—0,0376	—0,0455	—0,0478	—0,0458	—0,0404	—0,0325	—0,0227	—0,0116	0
		20	—0,0231	—0,0378	—0,0458	—0,0483	—0,0464	—0,0410	—0,0329	—0,0230	—0,0118	0
	0,4	5	—0,0237	—0,0389	—0,0472	—0,0498	—0,0479	—0,0424	—0,0341	—0,0238	—0,0122	0
		20	—0,0240	—0,0398	—0,0487	—0,0518	—0,0502	—0,0446	—0,0361	—0,0253	—0,0130	0

Tabelle 44 (*Fortsetzung*)

k	α	$\bar{\nu}, \varkappa$	$\xi = 1,1$	1,2	1,3	1,4	1,5	1,6	1,7	1,8	1,9	2,0
3	0	—	—0,0119	—0,0189	—0,0222	—0,0228	—0,0214	—0,0185	—0,0147	—0,0101	—0,0052	0
	0,2	2	—0,0121	—0,0192	—0,0226	—0,0232	—0,0218	—0,0189	—0,0150	—0,0104	—0,0053	0
		10	—0,0121	—0,0193	—0,0228	—0,0236	—0,0222	—0,0194	—0,0154	—0,0106	—0,0054	0
	0,4	2	—0,0126	—0,0200	—0,0237	—0,0245	—0,0231	—0,0202	—0,0161	—0,0111	—0,0057	0
		10	—0,0128	—0,0208	—0,0249	—0,0261	—0,0249	—0,0219	—0,0176	—0,0122	—0,0063	0
4	0	—	—0,0056	—0,0086	—0,0098	—0,0098	—0,0090	—0,0076	—0,0060	—0,0041	—0,0021	0
	0,2	2	—0,0057	—0,0088	—0,0100	—0,0101	—0,0093	—0,0079	—0,0062	—0,0043	—0,0022	0
		10	—0,0058	—0,0090	—0,0104	—0,0105	—0,0098	—0,0084	—0,0066	—0,0046	—0,0023	0
	0,4	2	—0,0061	—0,0094	—0,0109	—0,0111	—0,0103	—0,0089	—0,0070	—0,0048	—0,0025	0
		10	—0,0063	—0,0102	—0,0122	—0,0128	—0,0122	—0,0108	—0,0086	—0,0060	—0,0031	0
6	0	—	—0,0010	—0,0015	—0,0016	—0,0015	—0,0013	—0,0011	—0,0009	—0,0006	—0,0003	0
	0,2	2	—0,0011	—0,0016	—0,0017	—0,0017	—0,0015	—0,0013	—0,0010	—0,0007	—0,0004	0
		10	—0,0012	—0,0018	—0,0021	—0,0021	—0,0019	—0,0017	—0,0013	—0,0009	—0,0005	0
	0,4	2	—0,0013	—0,0020	—0,0023	—0,0023	—0,0022	—0,0019	—0,0015	—0,0010	—0,0005	0
		10	—0,0015	—0,0027	—0,0034	—0,0038	—0,0037	—0,0034	—0,0028	—0,0020	—0,0010	0
8	0	—	—0,00017	—0,00023	—0,00023	—0,00021	—0,00018	—0,00015	—0,00011	—0,00007	—0,00004	0
	0,2	1	—0,0002	—0,0003	—0,0003	—0,0003	—0,0003	—0,0002	—0,0002	—0,0001	—0,0001	0
		10	—0,0003	—0,0005	—0,0006	—0,0006	—0,0006	—0,0005	—0,0004	—0,0003	—0,0002	0
	0,4	1	—0,0003	—0,0005	—0,0006	—0,0006	—0,0006	—0,0005	—0,0004	—0,0003	—0,0002	0
		10	—0,0005	—0,0011	—0,0016	—0,0018	—0,0019	—0,0017	—0,0014	—0,0010	—0,0005	0

288 Anhang

Tabelle 45. *Einflußlinien der sekundären Drillmomente $H^P_{\omega B\,links}$ (links an der Mittelstütze B) in frei biegedrehbar gestütztem Zweifeldträger*

Multiplikator Pl

$k l$	α	$\bar{\gamma}, \varkappa$	$\xi = 0{,}1$	0,2	0,3	0,4	0,5	0,6	0,7	0,9	1,0
0	0,2	0	—0,00190	—0,00367	—0,00518	—0,00632	—0,00697	—0,00703	—0,00642	—0,00507	—0,00294
		100	—0,00188	—0,00363	—0,00514	—0,00627	—0,00692	—0,00699	—0,00639	—0,00506	—0,00294
		200	—0,00186	—0,00360	—0,00509	—0,00621	—0,00687	—0,00695	—0,00636	—0,00504	—0,00293
	0,4	0	—0,00383	—0,00739	—0,01044	—0,01273	—0,01404	—0,01417	—0,01294	—0,01022	—0,00592
		100	—0,00367	—0,00711	—0,01007	—0,01232	—0,01366	—0,01385	—0,01273	—0,01012	—0,00590
		200	—0,00353	—0,00684	—0,00971	—0,01194	—0,01329	—0,01356	—0,01253	—0,01002	—0,00588
1	0,2	25	—0,00172	—0,00332	—0,00468	—0,00574	—0,00635	—0,00643	—0,00590	—0,00469	—0,00274
		100	—0,00170	—0,00329	—0,00464	—0,00569	—0,00631	—0,00638	—0,00587	—0,00467	—0,00274
	0,4	25	—0,00342	—0,00663	—0,00935	—0,01146	—0,01270	—0,01289	—0,01182	—0,00942	—0,00554
		100	—0,00333	—0,00646	—0,00906	—0,01113	—0,01242	—0,01268	—0,01163	—0,00932	—0,00554
2	0,2	5	—0,00131	—0,00255	—0,00363	—0,00447	—0,00499	—0,00512	—0,00477	—0,00385	—0,00229
		10	—0,00130	—0,00253	—0,00360	—0,00444	—0,00497	—0,00510	—0,00475	—0,00384	—0,00229
	0,4	5	—0,00262	—0,00509	—0,00724	—0,00893	—0,00999	—0,01026	—0,00957	—0,00776	—0,00462
		10	—0,00254	—0,00494	—0,00705	—0,00872	—0,00979	—0,01010	—0,00946	—0,00770	—0,00461
3	0,2	2	—0,00094	—0,00183	—0,00262	—0,00326	—0,00369	—0,00384	—0,00366	—0,00303	—0,00185
		10	—0,00093	—0,00181	—0,00259	—0,00323	—0,00366	—0,00382	—0,00364	—0,00302	—0,00185
	0,4	2	—0,00186	—0,00363	—0,00521	—0,00650	—0,00737	—0,00770	—0,00733	—0,00608	—0,00373
		10	—0,00179	—0,00349	—0,00502	—0,00629	—0,00716	—0,00753	—0,00721	—0,00602	—0,00371

Tabelle 45 (*Fortsetzung*)

kl	α	$\bar{\gamma}, \varkappa$	$\xi = 0{,}1$	0,2	0,3	0,4	0,5	0,6	0,7	0,9	1,0
4	0,2	2 / 10	−0,00066 / −0,00065	−0,00129 / −0,00127	−0,00186 / −0,00183	−0,00234 / −0,00231	−0,00269 / −0,00266	−0,00286 / −0,00283	−0,00278 / −0,00276	−0,00236 / −0,00235	−0,00149 / −0,00149
4	0,4	2 / 10	−0,00129 / −0,00119	−0,00254 / −0,00234	−0,00367 / −0,00341	−0,00463 / −0,00434	−0,00534 / −0,00506	−0,00569 / −0,00545	−0,00555 / −0,00538	−0,00473 / −0,00465	−0,00300 / −0,00298
6	0,2	2 / 10	−0,00035 / −0,00033	−0,00068 / −0,00065	−0,00100 / −0,00095	−0,00128 / −0,00123	−0,00150 / −0,00145	−0,00165 / −0,00161	−0,00168 / −0,00164	−0,00150 / −0,00149	−0,00102 / −0,00101
6	0,4	2 / 10	−0,00065 / −0,00051	−0,00129 / −0,00102	−0,00190 / −0,00153	−0,00245 / −0,00204	−0,00291 / −0,00252	−0,00322 / −0,00289	−0,00330 / −0,00307	−0,00299 / −0,00287	−0,00203 / −0,00200
8	0,2	1 / 10	−0,00020 / −0,00018	−0,00040 / −0,00036	−0,00060 / −0,00054	−0,00077 / −0,00070	−0,00093 / −0,00086	−0,00104 / −0,00098	−0,00109 / −0,00105	−0,00102 / −0,00100	−0,00074 / −0,00073
8	0,4	1 / 10	−0,00038 / −0,00019	−0,00075 / −0,00040	−0,00112 / −0,00064	−0,00146 / −0,00093	−0,00177 / −0,00125	−0,00201 / −0,00157	−0,00213 / −0,00182	−0,00203 / −0,00186	−0,00147 / −0,00142

kl	α	$\bar{\gamma}, \varkappa$	1,1	1,2	1,3	1,4	1,5	1,6	1,7	1,8	1,9
0	0,2	0 / 100 / 200	0,00278 / 0,00278 / 0,00278	0,00456 / 0,00458 / 0,00459	0,00552 / 0,00555 / 0,00558	0,00582 / 0,00586 / 0,00590	0,00558 / 0,00563 / 0,00569	0,00493 / 0,00498 / 0,00503	0,00396 / 0,00401 / 0,00406	0,00276 / 0,00280 / 0,00283	0,00142 / 0,00144 / 0,00146
0	0,4	0 / 100 / 200	0,00561 / 0,00564 / 0,00566	0,00924 / 0,00934 / 0,00944	0,01122 / 0,01143 / 0,01163	0,01184 / 0,01216 / 0,01245	0,01138 / 0,01177 / 0,01213	0,01006 / 0,01047 / 0,01086	0,00809 / 0,00847 / 0,00882	0,00565 / 0,00593 / 0,00620	0,00290 / 0,00305 / 0,00320

19 Dabrowski, Träger

Tabelle 45 (*Fortsetzung*)

kl	α	$\bar{\gamma}, \varkappa$	1,1	1,2	1,3	1,4	1,5	1,6	1,7	1,8	1,9
1	0,2	25 100	0,00258 0,00258	0,00420 0,00422	0,00504 0,00506	0,00527 0,00531	0,00501 0,00505	0,00440 0,00444	0,00353 0,00357	0,00244 0,00247	0,00125 0,00127
1	0,4	25 100	0,00518 0,00518	0,00854 0,00864	0,01031 0,01051	0,01079 0,01100	0,01032 0,01060	0,00910 0,00942	0,00731 0,00760	0,00506 0,00523	0,00260 0,00269
2	0,2	5 20	0,00216 0,00216	0,00342 0,00343	0,00401 0,00402	0,00411 0,00413	0,00385 0,00387	0,00332 0,00335	0,00263 0,00265	0,00181 0,00183	0,00092 0,00093
2	0,4	5 20	0,00436 0,00437	0,00694 0,00700	0,00818 0,00830	0,00841 0,00858	0,00791 0,00811	0,00686 0,00707	0,00544 0,00563	0,00375 0,00390	0,00192 0,00200
3	0,2	2 10	0,00173 0,00173	0,00264 0,00265	0,00300 0,00302	0,00299 0,00301	0,00273 0,00276	0,00231 0,00234	0,00179 0,00182	0,00122 0,00124	0,00062 0,00063
3	0,4	2 10	0,00349 0,00351	0,00537 0,00543	0,00613 0,00625	0,00614 0,00630	0,00563 0,00583	0,00479 0,00500	0,00374 0,00393	0,00255 0,00270	0,00129 0,00137
4	0,2	2 10	0,00139 0,00139	0,00204 0,00205	0,00224 0,00226	0,00216 0,00219	0,00192 0,00195	0,00159 0,00162	0,00121 0,00124	0,00081 0,00084	0,00041 0,00042
4	0,4	2 10	0,00281 0,00283	0,00415 0,00424	0,00459 0,00476	0,00446 0,00470	0,00400 0,00428	0,00334 0,00363	0,00257 0,00283	0,00174 0,00193	0,00088 0,00098
6	0,2	2 10	0,00094 0,00094	0,00128 0,00129	0,00131 0,00134	0,00119 0,00123	0,00101 0,00106	0,00081 0,00086	0,00060 0,00064	0,00039 0,00043	0,00020 0,00021
6	0,4	2 10	0,00190 0,00194	0,00261 0,00274	0,00272 0,00296	0,00253 0,00286	0,00219 0,00258	0,00178 0,00218	0,00134 0,00171	0,00090 0,00117	0,00045 0,00060
8	0,2	1 10	0,00067 0,00068	0,00085 0,00087	0,00082 0,00086	0,00072 0,00077	0,00059 0,00066	0,00046 0,00053	0,00033 0,00040	0,00022 0,00026	0,00011 0,00013
8	0,4	1 10	0,00137 0,00142	0,00175 0,00192	0,00173 0,00204	0,00154 0,00198	0,00130 0,00182	0,00104 0,00157	0,00078 0,00125	0,00052 0,00087	0,00026 0,00045

Tabelle 46. Einflußlinien der sekundären Drillmomente $H_{\omega B\,links}^{M}$
(links an der Mittelstütze) B in frei biegedrehbar gestütztem Zweifeldträger

Multiplikator M

kl	α	$\bar{\gamma}, \varkappa$	$\xi=0$	0,1	0,2	0,3	0,4	0,5	0,6	0,7	0,8	0,9	1,0
0	0	—	0	0,12475	0,2480	0,36825	0,4840	0,59375	0,6960	0,78925	0,8720	0,94275	1,0
	0,2	0	0	0,1251	0,2487	0,3693	0,4852	0,5951	0,6974	0,7905	0,8730	0,9433	1,0
		100	0	0,1232	0,2451	0,3643	0,4796	0,5895	0,6925	0,7869	0,8710	0,9427	1,0
		200	0	0,1213	0,2414	0,3594	0,4741	0,5840	0,6877	0,7833	0,8689	0,9421	1,0
	0,4	0	0	0,1263	0,2509	0,3724	0,4891	0,5994	0,7017	0,7944	0,8761	0,9451	1,0
		100	0	0,1186	0,2364	0,3529	0,4669	0,5772	0,6823	0,7801	0,8680	0,9426	1,0
		200	0	0,1113	0,2228	0,3345	0,4460	0,5565	0,6642	0,7667	0,8603	0,9402	1,0
1	0	—	0	0,1162	0,2315	0,3449	0,4554	0,5621	0,6639	0,7598	0,8486	0,9291	1,0
	0,2	25	0	0,1161	0,2312	0,3445	0,4551	0,5619	0,6640	0,7600	0,8490	0,9294	1,0
		100	0	0,1147	0,2286	0,3411	0,4512	0,5580	0,6606	0,7576	0,8477	0,9290	1,0
	0,4	25	0	0,1157	0,2305	0,3439	0,4546	0,5618	0,6643	0,7611	0,8504	0,9306	1,0
		100	0	0,1102	0,2201	0,3300	0,4388	0,5459	0,6504	0,7509	0,8445	0,9286	1,0
2	0	—	0	0,0984	0,1970	0,2957	0,3946	0,4939	0,5936	0,6939	0,7950	0,8969	1,0
	0,2	5	0	0,0984	0,1969	0,2956	0,3945	0,4939	0,5938	0,6943	0,7954	0,8972	1,0
		20	0	0,0974	0,1951	0,2931	0,3917	0,4911	0,5913	0,6924	0,7944	0,8969	1,0
	0,4	5	0	0,0982	0,1966	0,2953	0,3944	0,4941	0,5944	0,6953	0,7966	0,8983	1,0
		20	0	0,0945	0,1894	0,2856	0,3834	0,4830	0,5846	0,6880	0,7924	0,8969	1,0
3	0	—	0	0,0825	0,1656	0,2502	0,3372	0,4276	0,5229	0,6248	0,7359	0,8595	1,0
	0,2	2	0	0,0825	0,1655	0,2502	0,3372	0,4276	0,5230	0,6251	0,7360	0,8597	1,0
		10	0	0,0815	0,1636	0,2477	0,3343	0,4247	0,5204	0,6230	0,7350	0,8595	1,0
	0,4	2	0	0,0823	0,1653	0,2499	0,3370	0,4278	0,5234	0,6259	0,7373	0,8607	1,0
		10	0	0,0786	0,1584	0,2405	0,3261	0,4167	0,5136	0,6184	0,7329	0,8596	1,0

Tabelle 46 (Fortsetzung)

kl	α	$\bar{\gamma}, \varkappa$	$\varepsilon_p = 0$	0,1	0,2	0,3	0,4	0,5	0,6	0,7	0,8	0,9	1,0
4	0	—	0	0,0717	0,1442	0,2184	0,2956	0,3776	0,4667	0,5667	0,6829	0,8233	1,0
	0,2	2	0	0,0715	0,1438	0,2179	0,2951	0,3771	0,4663	0,5665	0,6829	0,8235	1,0
		10	0	0,0702	0,1414	0,2146	0,2913	0,3732	0,4628	0,5638	0,6813	0,8230	1,0
	0,4	2	0	0,0709	0,1427	0,2165	0,2936	0,3757	0,4654	0,5661	0,6831	0,8239	1,0
		10	0	0,0658	0,1330	0,2033	0,2783	0,3601	0,4513	0,5553	0,6767	0,8218	1,0
6	0	—	0	0,0613	0,1230	0,1858	0,2508	0,3199	0,3963	0,4861	0,6005	0,7595	1,0
	0,2	2	0	0,0608	0,1223	0,1848	0,2496	0,3188	0,3952	0,4855	0,6002	0,7594	1,0
		10	0	0,0591	0,1189	0,1802	0,2442	0,3130	0,3899	0,4812	0,5975	0,7586	1,0
	0,4	2	0	0,0597	0,1201	0,1819	0,2463	0,3152	0,3922	0,4834	0,5991	0,7594	1,0
		10	0	0,0528	0,1069	0,1636	0,2248	0,2929	0,3715	0,4670	0,5889	0,7559	1,0
8	0	—	0	0,0574	0,1150	0,1730	0,2321	0,2936	0,3603	0,4389	0,5437	0,7069	1,0
	0,2	1	0	0,0572	0,1145	0,1724	0,2314	0,2928	0,3597	0,4384	0,5434	0,7068	1,0
		10	0	0,0549	0,1101	0,1663	0,2242	0,2851	0,3524	0,4325	0,5397	0,7055	1,0
	0,4	1	0	0,0565	0,1133	0,1707	0,2294	0,2908	0,3578	0,4371	0,5428	0,7068	1,0
		10	0	0,0476	0,0962	0,1470	0,2012	0,2610	0,3297	0,4141	0,5281	0,7016	1,0

kl	α	$\bar{\gamma}, \varkappa$	$\xi = 1,0$	1,1	1,2	1,3	1,4	1,5	1,6	1,7	1,8	1,9	2,0
0	0	—	0	0,04275	0,0720	0,08925	0,0960	0,09375	0,0840	0,06825	0,0480	0,02475	0
	0,2	0	0	0,0422	0,0711	0,0881	0,0948	0,0926	0,0830	0,0675	0,0474	0,0245	0
		100	0	0,0416	0,0690	0,0845	0,0899	0,0870	0,0774	0,0625	0,0438	0,0225	0
		200	0	0,0409	0,0670	0,0809	0,0851	0,0815	0,0718	0,0576	0,0402	0,0206	0
	0,4	0	0	0,0405	0,0683	0,0848	0,0913	0,0892	0,0800	0,0650	0,0457	0,0236	0
		100	0	0,0380	0,0602	0,0705	0,0720	0,0671	0,0578	0,0454	0,0312	0,0159	0
		200	0	0,0356	0,0525	0,0570	0,0538	0,0463	0,0369	0,0271	0,0176	0,0086	0

Tabelle 46 *(Fortsetzung)*

kl	α	$\bar{\gamma}, \varkappa$	$\xi=1,0$	1,1	1,2	1,3	1,4	1,5	1,6	1,7	1,8	1,9	2,0
1	0	—	0	0,0556	0,0929	0,1143	0,1222	0,1187	0,1059	0,0858	0,0602	0,0310	0
	0,2	25	0	0,0549	0,0916	0,1124	0,1199	0,1163	0,1036	0,0838	0,0588	0,0302	0
		100	0	0,0544	0,0902	0,1099	0,1165	0,1123	0,0996	0,0804	0,0562	0,0289	0
	0,4	25	0	0,0528	0,0875	0,1068	0,1131	0,1091	0,0969	0,0781	0,0545	0,0280	0
		100	0	0,0509	0,0817	0,0966	0,0992	0,0933	0,0811	0,0643	0,0441	0,0225	0
2	0	—	0	0,0857	0,1400	0,1689	0,1774	0,1699	0,1498	0,1201	0,0837	0,0429	0
	0,2	5	0	0,0851	0,1390	0,1675	0,1758	0,1681	0,1481	0,1188	0,0828	0,0424	0
		20	0	0,0848	0,1379	0,1656	0,1733	0,1653	0,1453	0,1163	0,0810	0,0415	0
	0,4	5	0	0,0835	0,1358	0,1631	0,1707	0,1629	0,1432	0,1147	0,0798	0,0409	0
		20	0	0,0821	0,1315	0,1558	0,1609	0,1518	0,1322	0,1050	0,0726	0,0371	0
3	0	—	0	0,1202	0,1903	0,2233	0,2292	0,2151	0,1865	0,1478	0,1021	0,0521	0
	0,2	2	0	0,1197	0,1893	0,2223	0,2279	0,2137	0,1855	0,1469	0,1014	0,0518	0
		10	0	0,1193	0,1883	0,2202	0,2254	0,2109	0,1825	0,1443	0,0995	0,0508	0
	0,4	2	0	0,1185	0,1870	0,2190	0,2242	0,2100	0,1818	0,1439	0,0993	0,0506	0
		10	0	0,1175	0,1827	0,2115	0,2144	0,1990	0,1710	0,1344	0,0924	0,0470	0
4	0	—	0	0,1533	0,2341	0,2665	0,2664	0,2447	0,2086	0,1631	0,1116	0,0566	0
	0,2	2	0	0,1529	0,2333	0,2653	0,2650	0,2433	0,2073	0,1620	0,1108	0,0562	0
		10	0	0,1524	0,2317	0,2626	0,2615	0,2394	0,2034	0,1587	0,1084	0,0549	0
	0,4	2	0	0,1516	0,2308	0,2619	0,2610	0,2391	0,2033	0,1587	0,1084	0,0550	0
		10	0	0,1495	0,2244	0,2510	0,2469	0,2235	0,1881	0,1455	0,0988	0,0499	0

Tabelle 46 (*Fortsetzung*)

kl	α	$\bar{\gamma}, \varkappa$	$\xi = 1,0$	1,1	1,2	1,3	1,4	1,5	1,6	1,7	1,8	1,9	2,0
6	0	—	0	0,2107	0,2993	0,3208	0,3056	0,2702	0,2237	0,1712	0,1155	0,0581	0
	0,2	2	0	0,2103	0,2984	0,3195	0,3040	0,2686	0,2221	0,1699	0,1146	0,0576	0
		10	0	0,2094	0,2958	0,3153	0,2987	0,2628	0,2167	0,1653	0,1112	0,0558	0
	0,4	2	0	0,2090	0,2956	0,3156	0,2992	0,2635	0,2175	0,1660	0,1117	0,0561	0
		10	0	0,2055	0,2855	0,2991	0,2786	0,2412	0,1960	0,1477	0,0985	0,0492	0
8	0	—	0	0,2575	0,3418	0,3482	0,3196	0,2753	0,2239	0,1693	0,1134	0,0568	0
	0,2	1	0	0,2572	0,3412	0,3473	0,3186	0,2742	0,2229	0,1685	0,1128	0,0565	0
		10	0	0,2559	0,3374	0,3414	0,3113	0,2665	0,2157	0,1624	0,1084	0,0542	0
	0,4	1	0	0,2564	0,3394	0,3448	0,3157	0,2713	0,2202	0,1663	0,1112	0,0557	0
		10	0	0,2511	0,3247	0,3219	0,2875	0,2415	0,1920	0,1426	0,0941	0,0468	0

Tabelle 47. *Stütz- und Feldbiegemomente M_1 bzw. $M_{0,5}$ sowie Stütz- und Feldbimomente B_1 bzw. $B_{0,5}$ zufolge stetiger Gleichlast p und gleichmäßig verteilter Drehmomente m in frei biegedrehbar gestütztem Zweifeldträger*

Belastung des linken Feldes

$k l$	α	$\bar{\gamma}, \varkappa$	M_1^p	$M_{0,5}^p$	$M_{1,5}^p$	M_1^m	$M_{0,5}^m$	$M_{1,5}^m$	B_1^p	$B_{0,5}^p$	$B_{1,5}^p$	B_1^m	$B_{0,5}^m$	$B_{1,5}^m$
	0	—	—0,06250	0,09375	—0,03125	0	0	0	0	0	0			
	0,2	0	—0,06267	0,09403	—0,03149	0,0125	—0,0188	0,0063	0,416	—1,620	0,995	—0,06250	0,09375	—0,03125
		100	—0,06305	0,09384	—0,03168	0,0539	0,0020	0,0271	0,411	—1,619	0,996	—0,06258	0,09407	—0,03145
0		200	—0,06342	0,09365	—0,03187	0,0947	0,0225	0,0476	0,406	—1,616	0,999	—0,06203	0,09383	—0,03169
												—0,06148	0,09359	—0,03193
	0,4	0	—0,06317	0,09489	—0,03222	0,0253	—0,0380	0,0129	0,832	—3,272	2,022	—0,06284	0,09505	—0,03206
		100	—0,06458	0,09416	—0,03293	0,1063	0,0034	0,0543	0,793	—3,256	2,038	—0,06064	0,09409	—0,03302
		200	—0,06590	0,09349	—0,03362	0,1825	0,0423	0,0931	0,757	—3,240	2,054	—0,05858	0,09318	—0,03393
	0	—												
	0,2	25	—0,0628	0,0940	—0,0315	0,023	—0,0138	0,0113	0,40	—1,48	0,89	—0,0605	0,0864	—0,0268
1		100	—0,0630	0,0939	—0,0317	0,052	0,0012	0,0263	0,40	—1,48	0,89	—0,0605	0,0866	—0,0271
												—0,0601	0,0864	—0,0273
	0,4	25	—0,0635	0,0947	—0,0324	0,045	—0,0277	0,0231	0,81	—2,98	1,82	—0,0603	0,0873	—0,0278
		100	—0,0646	0,0942	—0,0329	0,104	0,0021	0,0529	0,77	—2,97	1,83	—0,0588	0,0867	—0,0284
	0	—												
	0,2	5	—0,0627	0,0940	—0,0315	0,0196	—0,0153	0,0098	0,351	—1,190	0,668	—0,05547	0,07002	—0,01797
2		20	—0,0629	0,0939	—0,0316	0,0406	—0,0047	0,0204	0,349	—1,189	0,669	—0,0554	0,0702	—0,0181
												—0,0552	0,0701	—0,0182
	0,4	5	—0,0634	0,0948	—0,0324	0,0394	—0,0308	0,0201	0,697	—2,401	1,361	—0,0554	0,0708	—0,0187
		20	—0,0642	0,0944	—0,0327	0,0807	—0,0097	0,0412	0,678	—2,393	1,369	—0,0544	0,0704	—0,0191

Tabelle 47 (*Fortsetzung*)

kl	α	$\bar{r}, \varkappa$	M_1^p	$M_{0,5}^p$	$M_{1,5}^p$	M_1^m	$M_{0,5}^m$	$M_{1,5}^m$	B_1^p	$B_{0,5}^p$	$B_{1,5}^p$	B_1^m	$B_{0,5}^m$	$B_{1,5}^m$
3	0	—												
	0,2	2	−0,06272	0,09401	−0,03151	0,0179	−0,0161	0,0090	0,295	−0,900	0,415	−0,04921	0,05342	−0,01046
		10	−0,06291	0,09391	−0,03161	0,0390	−0,0055	0,0196	0,292	−0,899	0,465	−0,0492	0,0536	−0,0106
	0,4	2	−0,06336	0,09479	−0,03232	0,0359	−0,0325	0,0183	0,585	−1,813	0,948	−0,0489	0,0535	−0,0107
		10	−0,06412	0,09440	−0,03271	0,0777	−0,0112	0,0396	0,568	−1,807	0,954	−0,0492	0,0541	−0,0109
												−0,0483	0,0537	−0,0113
4	0	—												
	0,2	2	−0,06274	0,09400	−0,03152	0,0203	−0,0149	0,0102	0,241	−0,672	0,321	−0,04313	0,04016	−0,00573
		10	−0,06301	0,09386	−0,03166	0,0510	0,0005	0,0256	0,238	−0,671	0,322	−0,04310	0,04027	−0,00582
	0,4	2	−0,06344	0,09475	−0,03236	0,0407	−0,0301	0,0208	0,477	−1,355	0,656	−0,04280	0,04017	−0,00592
		10	−0,06452	0,09420	−0,03291	0,1008	0,0006	0,0515	0,456	−1,348	0,663	−0,04302	0,04059	−0,00610
												−0,04183	0,04019	−0,00650
6	0	—												
	0,2	2	−0,06277	0,09398	−0,03154	0,0242	−0,0130	0,0121	0,160	−0,392	0,166	−0,03342	0,02336	−0,00166
		10	−0,06317	0,09378	−0,03174	0,0701	0,0101	0,0352	0,157	−0,392	0,166	−0,03335	0,02341	−0,00172
	0,4	2	−0,06357	0,09468	−0,03243	0,0484	−0,0261	0,0247	0,315	−0,790	0,339	−0,03300	0,02332	−0,00181
		10	−0,06512	0,09389	−0,03322	0,1370	0,0190	0,0699	0,290	−0,783	0,346	−0,03318	0,02358	−0,00189
												−0,03178	0,02319	−0,00228
8	0	—												
	0,2	1	−0,06273	0,09400	−0,03152	0,0197	−0,0152	0,0099	0,111	−0,248	0,097	−0,02679	0,01456	−0,00049
		2	−0,06279	0,09397	−0,03155	0,0268	−0,0116	0,0135	0,111	−0,248	0,097	−0,02676	0,01460	−0,00052
		10	−0,06327	0,09373	−0,03179	0,0830	0,0166	0,0417	0,107	−0,247	0,098	−0,02673	0,01459	−0,00053
	0,4	1	−0,06341	0,09476	−0,03235	0,0395	−0,0307	0,0202	0,218	−0,501	0,198	−0,02636	0,01451	−0,00061
		2	−0,06365	0,09464	−0,03247	0,0536	−0,0235	0,0273	0,215	−0,500	0,199	−0,02670	0,01472	−0,00061
		10	−0,06547	0,09371	−0,03340	0,1609	0,0313	0,0821	0,191	−0,495	0,204	−0,02651	0,01468	−0,00065
												−0,02512	0,01438	−0,00095
Multiplikator				pl^2		ml				$0,001\ pl^3$			ml^2	

Tabelle 47 (*Fortsetzung*)
Belastung beider Felder

kl	α	$\bar{\gamma}, \varkappa$	M_1^p	$M_{0,5}^p$	M_1^m	$M_{0,5}^m$	B_1^p	$B_{0,5}^p$	B_1^m	$B_{0,5}^m$
—	0	—	—0,12500	0,06250	0	0	0	0	—0,12500	0,06250
0	0	0	—0,12533	0,06254	0,0251	—0,0125	0,833	—0,626	—0,12517	0,06262
	0,2	100	—0,12609	0,06216	0,1079	0,0291	0,823	—0,622	—0,12406	0,06214
		200	—0,12684	0,06178	0,1894	0,0701	0,813	—0,617	—0,12296	0,06166
	0,4	0	—0,12633	0,06266	0,0505	—0,0251	1,663	—1,251	—0,12567	0,06299
		100	—0,12916	0,06122	0,2127	0,0577	1,587	—1,217	—0,12128	0,06106
		200	—0,13181	0,05986	0,3650	0,1354	1,515	—1,186	—0,11715	0,05926
1	0	—	—	—	—	—	—	—	—	—
	0,2	25	—0,1255	0,0625	0,045	—0,0025	0,80	—0,59	—0,1210	0,0595
		100	—0,1261	0,0622	0,104	0,0275	0,79	—0,59	—0,1209	0,0595
	0,4	25	—0,1270	0,0623	0,091	—0,0046	1,61	—1,16	—0,1206	0,0595
		100	—0,1291	0,0613	0,207	0,0550	1,54	—1,15	—0,1175	0,0582
2	0	—	—	—	—	—	—	—	—	—
	0,2	5	—0,1255	0,0625	0,0392	—0,0054	0,703	—0,522	—0,11093	0,05205
		20	—0,1258	0,0623	0,0812	0,0157	0,698	—0,520	—0,1109	0,0521
	0,4	5	—0,1269	0,0624	0,0787	—0,0107	1,394	—1,040	—0,1108	0,0522
		20	—0,1284	0,0616	0,1614	0,0315	1,357	—1,025	—0,1088	0,0514

Tabelle 47 (*Fortsetzung*)

kl	α	$\bar{\gamma}, \varkappa$	M_1^p	$M_{0,5}^p$	M_1^m	$M_{0,5}^m$	B_1^p	$B_{0,5}^p$	B_1^m	$B_{0,5}^m$
3	0	—							—0,09841	0,04296
	0,2	2	—0,12543	0,06249	0,0357	—0,0072	0,589	—0,434	—0,0984	0,0430
		10	—0,12582	0,06230	0,0780	0,0141	0,584	—0,433	—0,0979	0,0428
	0,4	2	—0,12672	0,06246	0,0718	—0,0142	1,170	—0,865	—0,0984	0,0431
		10	—0,12825	0,06168	0,1553	0,0284	1,137	—0,852	—0,0966	0,0424
4	0	—							—0,08625	0,03443
	0,2	2	—0,12548	0,06247	0,0406	—0,0047	0,482	—0,351	—0,08619	0,03445
		10	—0,12603	0,06219	0,1021	0,0262	0,477	—0,349	—0,08559	0,03425
	0,4	2	—0,12688	0,06238	0,0815	—0,0093	0,954	—0,700	—0,08603	0,03450
		10	—0,12904	0,06128	0,2017	0,0521	0,911	—0,685	—0,08367	0,03369
6	0	—							—0,06683	0,02170
	0,2	2	—0,12553	0,06244	0,0483	—0,0008	0,321	—0,227	—0,06671	0,02170
		10	—0,12634	0,06204	0,1402	0,0454	0,315	—0,225	—0,06599	0,02150
	0,4	2	—0,12714	0,06225	0,0968	—0,0015	0,629	—0,450	—0,06635	0,02168
		10	—0,13023	0,06067	0,2740	0,0889	0,580	—0,437	—0,06356	0,02092
8	0	—							—0,05358	0,01407
	0,2	1	—0,12545	0,06248	0,0393	—0,0053	0,222	—0,151	—0,05353	0,01408
		2	—0,12558	0,06242	0,0536	0,0018	0,221	—0,151	—0,05345	0,01406
		10	—0,12654	0,06194	0,1661	0,0583	0,215	—0,150	—0,05272	0,01390
	0,4	1	—0,12682	0,06241	0,0790	—0,0105	0,436	—0,302	—0,05339	0,01411
		2	—0,12729	0,06217	0,1072	0,0038	0,429	—0,301	—0,05303	0,01403
		10	—0,13094	0,06031	0,3218	0,1134	0,382	—0,290	—0,05024	0,01342
Multiplikator			pl^2		ml		$0,001\ pl^3$		ml^2	

Tabelle 48. *Gesamtdrillmomente H_A, $H_{B\text{ links}}$, $H_{B\text{ rechts}}$ und H_C zufolge stetiger Gleichlast p und gleichmäßig verteilter Drehmomente m in frei biegedrehbar gestütztem Zweifeldträger*

Belastung des linken Feldes

kl	α	$\bar{\gamma}, \varkappa$	H_A^p	$H_{B,l}^p$	$H_{B,r}^p$	H_C^p	H_A^m	$H_{B,l}^m$	$H_{B,r}^m$	H_C^m
0	0	—					0,4375	0,5625	0,0625	—0,0625
	0,2	0	—0,00586	—0,00460	0,00377	0,00251	0,4387	0,5634	0,0617	—0,0630
		100	—0,00585	—0,00457	0,00380	0,00252	0,4379	0,5601	0,0584	—0,0638
		200	—0,00584	—0,00454	0,00383	0,00253	0,4371	0,5569	0,0552	—0,0646
	0,4	0	—0,01182	—0,00926	0,00768	0,00512	0,4422	0,5661	0,0594	—0,0645
		100	—0,01176	—0,00903	0,00791	0,00518	0,4389	0,5530	0,0463	—0,0678
		200	—0,01170	—0,00881	0,00813	0,00524	0,4357	0,5407	0,0340	—0,0710
1	0	—					0,4395	0,5605	0,0605	—0,0605
	0,2	25	—0,00587	—0,00458	0,00379	0,00250	0,4405	0,5606	0,0589	—0,0612
		100	—0,00586	—0,00455	0,00382	0,00251	0,4398	0,5583	0,0566	—0,0619
	0,4	25	—0,01182	—0,00919	0,00775	0,00512	0,4433	0,5609	0,0542	—0,0634
		100	—0,01179	—0,00901	0,00793	0,00515	0,4409	0,5514	0,0447	—0,0658
2	0	—					0,4445	0,5555	0,0555	—0,0555
	0,2	5	—0,00592	—0,00453	0,00384	0,00245	0,4456	0,5558	0,0541	—0,0561
		20	—0,00592	—0,00452	0,00385	0,00245	0,4451	0,5542	0,0525	—0,0566
	0,4	5	—0,01193	—0,00909	0,00785	0,00501	0,4486	0,5568	0,0501	—0,0581
		20	—0,01190	—0,00897	0,00797	0,00504	0,4468	0,5502	0,0435	—0,0599

Tabelle 48 (*Fortsetzung*)

kl	α	$\bar{v}, \varkappa$	H_A^p	$H_{B,l}^p$	$H_{B,r}^p$	H_C^p	H_A^m	$H_{B,l}^m$	$H_{B,r}^m$	H_C^m
3	0	—					0,4508	0,5492	0,0492	—0,0492
	0,2	2	—0,00598	—0,00447	0,00390	0,00239	0,4519	0,5497	0,0480	—0,0498
		10	—0,00597	—0,00446	0,00391	0,00240	0,4515	0,5480	0,0463	—0,0502
	0,4	2	—0,01205	—0,00899	0,00795	0,00489	0,4551	0,5511	0,0444	—0,0516
		10	—0,01202	—0,00887	0,00807	0,00492	0,4532	0,5452	0,0385	—0,0535
4	0	—					0,4569	0,5431	0,0431	—0,0431
	0,2	2	—0,00603	—0,00442	0,00395	0,00234	0,4579	0,5434	0,0417	—0,0438
		10	—0,00602	—0,00440	0,00397	0,00235	0,4572	0,5411	0,0394	—0,0445
	0,4	2	—0,01216	—0,00887	0,00807	0,00478	0,4610	0,5442	0,0375	—0,0457
		10	—0,01210	—0,00870	0,00824	0,00484	0,4580	0,5349	0,0282	—0,0487
6	0	—					0,4666	0,5334	0,0334	—0,0334
	0,2	2	—0,00611	—0,00434	0,00403	0,00226	0,4676	0,5334	0,0317	—0,0341
		10	—0,00610	—0,00431	0,00406	0,00227	0,4664	0,5300	0,0283	—0,0353
	0,4	2	—0,01231	—0,00869	0,00825	0,00463	0,4702	0,5333	0,0266	—0,0365
		10	—0,01223	—0,00845	0,00849	0,00471	0,4656	0,5200	0,0133	—0,0411
8	0	—					0,4732	0,5268	0,0268	—0,0268
	0,2	1	—0,00616	—0,00429	0,00408	0,00221	0,4743	0,5271	0,0254	—0,0274
		2	—0,00616	—0,00428	0,00409	0,00221	0,4741	0,5266	0,0249	—0,0276
		10	—0,00614	—0,00425	0,00412	0,00223	0,4726	0,5225	0,0208	—0,0291
	0,4	1	—0,01242	—0,00861	0,00833	0,00452	0,4773	0,5281	0,0214	—0,0294
		2	—0,01240	—0,00858	0,00836	0,00454	0,4765	0,5260	0,0193	—0,0302
		10	—0,01230	—0,00831	0,00863	0,00464	0,4707	0,5101	0,0034	—0,0360

Multiplikator $\qquad pl^2 \qquad\qquad ml$

Tabelle 48 (Fortsetzung)
Belastung beider Felder

kl	α	$\bar{v}, \varkappa$	H_A^p	$\tfrac{1}{2} H_B^p$	H_A^m	$\tfrac{1}{2} H_B^m$
0	0	—			0,3750	0,6250
	0,2	0	—0,00334	—0,00083	0,3757	0,6252
	0,2	100	—0,00332	—0,00076	0,3740	0,6186
	0,2	200	—0,00331	—0,00071	0,3724	0,6120
	0,4	0	—0,00670	—0,00158	0,3776	0,6256
	0,4	100	—0,00658	—0,00112	0,3710	0,5993
	0,4	200	—0,00647	—0,00069	0,3648	0,5747
1	0	—			0,3790	0,6210
	0,2	25	—0,00337	—0,00078	0,3793	0,6196
	0,2	100	—0,00336	—0,00073	0,3779	0,6150
	0,4	25	—0,00670	—0,00143	0,3799	0,6150
	0,4	100	—0,00663	—0,00108	0,3751	0,5962
2	0	—			0,3891	0,6109
	0,2	5	—0,00347	—0,00069	0,3895	0,6100
	0,2	20	—0,00346	—0,00066	0,3886	0,6067
	0,4	5	—0,00693	—0,00124	0,3906	0,6069
	0,4	20	—0,00686	—0,00099	0,3870	0,5938
3	0	—			0,4016	0,5984
	0,2	2	—0,00358	—0,00057	0,4021	0,5977
	0,2	10	—0,00357	—0,00054	0,4012	0,5944
3	0,4	2	—0,00716	—0,00103	0,4034	0,5954
	0,4	10	—0,00709	—0,00079	0,3996	0,5824
4	0	—			0,4138	0,5863
	0,2	2	—0,00369	—0,00047	0,4141	0,5852
	0,2	10	—0,00367	—0,00042	0,4128	0,5805
	0,4	2	—0,00737	—0,00079	0,4152	0,5818
	0,4	10	—0,00726	—0,00046	0,4093	0,5632
6	0	—			0,4332	0,5668
	0,2	2	—0,00384	—0,00030	0,4334	0,5652
	0,2	10	—0,00382	—0,00024	0,4310	0,5583
	0,4	2	—0,00767	—0,00043	0,4338	0,5600
	0,4	10	—0,00751	—0,00003	0,4245	0,5333
8	0	—			0,4464	0,5536
	0,2	1	—0,00395	—0,00021	0,4468	0,5526
	0,2	2	—0,00394	—0,00020	0,4464	0,5516
	0,2	10	—0,00392	—0,00013	0,4434	0,5433
	0,4	1	—0,00789	—0,00028	0,4479	0,5494
	0,4	2	—0,00786	—0,00021	0,4464	0,5453
	0,4	10	—0,00766	0,00032	0,4346	0,5136
Multiplikator			pl^2	pl^2	ml	ml

Beilage zu den Tabellen 49 und 50

Die unten dargestellten Einflußlinien der Bimomente B^P und Biegemomente M_x^M im *Dreifeldträger* dienen zur Orientierung in Vorzeichen und relativer Größe der Tabellenwerte von B^p und M_x^m. Jeder Tabellenwert ist (je nach Lastfall) gleich entsprechendem Flächenintegral der betreffenden Schnittkraft-Einflußlinie. Die (nicht dargestellten) Einflußlinien von M_x^P und B^M folgen im Verlauf sehr nahe denjenigen eines geraden Stabes — vgl. Tabellen 31 und 32 bzw. 37 und 38 für den Zweifeldträger.

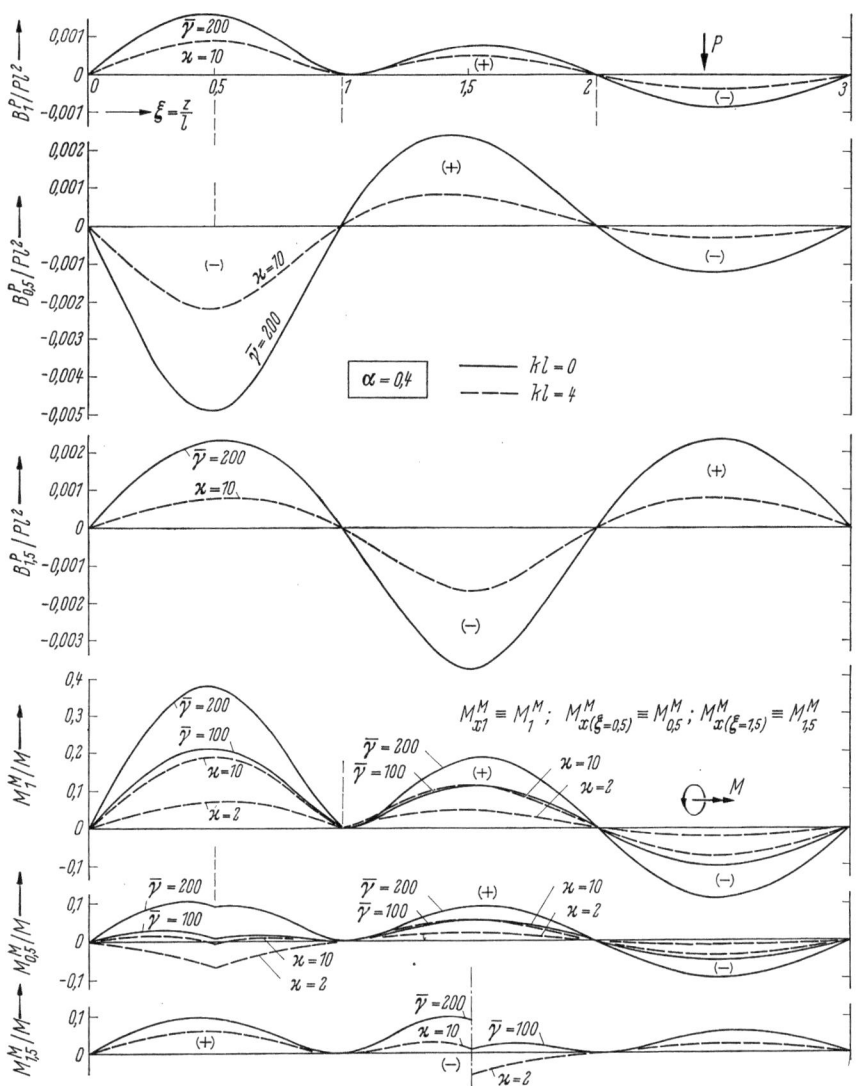

Tabellen

Tabelle 49. *Stützbiegemomente M_1^p, M_2^p und Feldbiegemomente $M_{0,5}^p$, $M_{1,5}^p$, $M_{2,5}^p$ sowie Stützbimomente B_1^p, B_2^p und Feldbimomente $B_{0,5}^p$, $B_{1,5}^p$, $B_{2,5}^p$ zufolge stetiger Gleichlast p in frei biegedrehbar gestütztem Dreifeldträger*

Lastfall 1

$k l$	α	$\bar{\gamma}, \varkappa$	M_1^p	M_2^p	$M_{0,5}^p$	$M_{1,5}^p$	$M_{2,5}^p$	B_1^p	B_2^p	$B_{0,5}^p$	$B_{1,5}^p$	$B_{2,5}^p$
—	—	—	—0,06667	0,01667	0,09167	—0,02500	0,00833					
0	0,2	0	—0,06689	0,01678	0,09191	—0,02518	0,00843	0,533	—0,301	—1,509	0,745	—0,361
		100	—0,06749	0,01724	0,09161	—0,02525	0,00866	0,527	—0,296	—1,504	0,746	—0,365
		200	—0,06809	0,01769	0,09130	—0,02533	0,00889	0,521	—0,292	—1,500	0,747	—0,368
	0,4	0	—0,06753	0,01715	0,09266	—0,02570	0,00875	1,068	—0,604	—3,043	1,513	—0,738
		100	—0,06982	0,01887	0,09149	—0,02600	0,00963	1,018	—0,572	—3,010	1,518	—0,766
		200	—0,07197	0,02047	0,09039	—0,02628	0,01044	0,972	—0,543	—2,978	1,524	—0,792
2	0,2	5	—0,06698	0,01686	0,09186	—0,02519	0,00847	0,434	—0,228	—1,127	0,509	—0,223
		20	—0,06727	0,01707	0,09172	—0,02523	0,00858	0,431	—0,226	—1,124	0,510	—0,224
	0,4	5	—0,06792	0,01744	0,09246	—0,02576	0,00890	0,862	—0,456	—2,267	1,035	—0,460
		20	—0,06910	0,01829	0,09186	—0,02592	0,00933	0,840	—0,442	—2,253	1,038	—0,471
4	0,2	2	—0,06698	0,01686	0,09186	—0,02519	0,00847	0,282	—0,130	—0,647	0,251	—0,095
		10	—0,06738	0,01712	0,09166	—0,02526	0,00860	0,279	—0,128	—0,645	0,252	—0,096
	0,4	2	—0,06792	0,01743	0,09246	—0,02576	0,00889	0,559	—0,258	—1,303	0,512	—0,197
		10	—0,06949	0,01849	0,09166	—0,02602	0,00943	0,535	—0,246	—1,291	0,515	—0,205
6	0,2	2	—0,06703	0,01687	0,09184	—0,02520	0,00848	0,182	—0,074	—0,381	0,131	—0,046
		10	—0,06758	0,01723	0,09156	—0,02530	0,00866	0,178	—0,072	—0,379	0,132	—0,047
	0,4	2	—0,06808	0,01752	0,09238	—0,02579	0,00894	0,357	—0,146	—0,765	0,268	—0,096
		10	—0,07024	0,01892	0,09127	—0,02619	0,00965	0,329	—0,133	—0,755	0,271	—0,103
8	0,2	1	—0,06697	0,01683	0,09187	—0,02520	0,00846	0,123	—0,046	—0,241	0,077	—0,026
		10	—0,06769	0,01729	0,09151	—0,02533	0,00869	0,120	—0,044	—0,241	0,077	—0,027
	0,4	1	—0,06785	0,01735	0,09249	—0,02577	0,00885	0,243	—0,091	—0,487	0,158	—0,055
		10	—0,07066	0,01913	0,09106	—0,02629	0,00976	0,213	—0,078	—0,478	0,160	—0,060

Tabelle 49 (Fortsetzung)

Lastfall 2

kl	α	$\bar{r}, \varkappa$	M_1^p	M_2^p	$M_{0,5}^p$	$M_{1,5}^p$	$M_{2,5}^p$	B_1^p	B_2^p	$B_{0,5}^p$	$B_{1,5}^p$	$B_{2,5}^p$
—	0	—	−0,05000		−0,02500	0,07500						
0	0,2	0 100 200	−0,05009 −0,05025 −0,05040		−0,02517 −0,02525 −0,02533	0,07518 0,07502 0,07487		0,233 0,231 0,228		0,745 0,746 0,747	−1,125 −1,123 −1,121	
	0,4	0 100 200	−0,05037 −0,05096 −0,05151		−0,02570 −0,02600 −0,02628	0,07571 0,07511 0,07455		0,464 0,446 0,429		1,513 1,519 1,524	−2,269 −2,257 −2,246	
2	0,2	5 20	−0,05012 −0,05020		−0,02519 −0,02523	0,07515 0,07507		0,206 0,204		0,509 0,510	−0,839 −0,839	
	0,4	5 20	−0,05048 −0,05080	$= M_1^p$	−0,02575 −0,02592	0,07560 0,07527	$= M_{0,5}^p$	0,407 0,398	$= B_1^p$	1,035 1,038	−1,691 −1,686	$= B_{0,5}^p$
4	0,2	2 10	−0,05013 −0,05025		−0,02519 −0,02525	0,07514 0,07502		0,152 0,151		0,251 0,251	−0,491 −0,490	
	0,4	2 10	−0,05050 −0,05099		−0,02577 −0,02602	0,07558 0,07508		0,301 0,289		0,512 0,515	−0,988 −0,982	
6	0,2	2 10	−0,05014 −0,05034		−0,02520 −0,02530	0,07513 0,07493		0,108 0,106		0,131 0,132	−0,295 −0,295	
	0,4	2 10	−0,05057 −0,05132		−0,02580 −0,02618	0,07551 0,07474		0,211 0,196		0,268 0,271	−0,593 −0,587	
8	0,2	1 10	−0,05012 −0,05040		−0,02519 −0,02533	0,07514 0,07487		0,078 0,076		0,077 0,077	−0,191 −0,190	
	0,4	1 10	−0,05049 −0,05153		−0,02576 −0,02629	0,07559 0,07453		0,152 0,135		0,158 0,161	−0,384 −0,378	

Tabellen   305

Tabelle 49 (Fortsetzung)

Lastfall 3

$\xi=0 \overset{\triangle}{} 0{,}5 \overset{\triangle}{} 1 \overset{\triangle}{} 1{,}5 \overset{\triangle}{} 2 \overset{\triangle}{} 2{,}5 \overset{\triangle}{} 3$

kl	α	$\bar\gamma, \varkappa$	M_1^p	M_2^p	$M_{0,5}^p$	$M_{1,5}^p$	$M_{2,5}^p$	B_1^p	B_2^p	$B_{0,5}^p$	$B_{1,5}^p$	$B_{2,5}^p$
—	0	—	−0,11667	−0,03333	0,06667	0,05000	−0,01667					
0	0,2	0	−0,11698	−0,03331	0,06674	0,05000	−0,01674	0,766	−0,068	−0,764	−0,380	0,384
		100	−0,11774	−0,03301	0,06636	0,04977	−0,01659	0,758	−0,066	−0,758	−0,377	0,381
		200	−0,11849	−0,03271	0,06597	0,04954	−0,01644	0,749	−0,064	−0,753	−0,374	0,379
	0,4	0	−0,11790	−0,03322	0,06696	0,05001	−0,01695	1,532	−0,140	−1,530	−0,756	0,775
		100	−0,12078	−0,03209	0,06549	0,04911	−0,01637	1,464	−0,127	−1,491	−0,739	0,753
		200	−0,12348	−0,03104	0,06411	0,04827	−0,01584	1,401	−0,114	−1,454	−0,722	0,732
2	0,2	5	−0,11710	−0,03326	0,06667	0,04996	−0,01672	0,639	−0,023	−0,618	−0,330	0,286
		20	−0,11747	−0,03313	0,06649	0,04984	−0,01665	0,635	−0,022	−0,614	−0,329	0,286
	0,4	5	−0,11840	−0,03304	0,06671	0,04984	−0,01685	1,269	−0,049	−1,232	−0,656	0,575
		20	−0,11990	−0,03251	0,06594	0,04935	−0,01659	1,237	−0,045	−1,215	−0,648	0,567
4	0,2	2	−0,11711	−0,03327	0,06667	0,04995	−0,01672	0,434	−0,022	−0,396	−0,240	0,156
		10	−0,11763	−0,03313	0,06641	0,04976	−0,01665	0,430	−0,022	−0,394	−0,239	0,155
	0,4	2	−0,11842	−0,03307	0,06669	0,04982	−0,01688	0,860	−0,042	−0,791	−0,476	0,315
		10	−0,12048	−0,03250	0,06564	0,04906	−0,01659	0,824	−0,043	−0,776	−0,467	0,310
6	0,2	2	−0,11717	−0,03327	0,06664	0,04993	−0,01672	0,290	−0,034	−0,250	−0,164	0,085
		10	−0,11792	−0,03311	0,06626	0,04963	−0,01664	0,284	−0,033	−0,247	−0,163	0,085
	0,4	2	−0,11865	−0,03305	0,06658	0,04972	−0,01686	0,568	−0,065	−0,497	−0,325	0,172
		10	−0,12156	−0,03240	0,06509	0,04855	−0,01653	0,525	−0,063	−0,484	−0,316	0,168
8	0,2	1	−0,11709	−0,03329	0,06668	0,04994	−0,01673	0,201	−0,032	−0,165	−0,114	0,051
		10	−0,11809	−0,03311	0,06618	0,04954	−0,01664	0,195	−0,031	−0,164	−0,113	0,050
	0,4	1	−0,11834	−0,03314	0,06673	0,04982	−0,01691	0,395	−0,062	−0,329	−0,226	0,103
		10	−0,12219	−0,03240	0,06477	0,04824	−0,01653	0,349	−0,058	−0,317	−0,218	0,101

306 Anhang

Tabelle 49 (Fortsetzung)   Lastfall 4

$k l$	α	$\bar{v}, \varkappa$	M_1^p	M_2^p	$M_{0,5}^p$	$M_{1,5}^p$	$M_{2,5}^p$	B_1^p	B_2^p	$B_{0,5}^p$	$B_{1,5}^p$	$B_{2,5}^p$
—	0	—	−0,05000		0,10000	−0,05000						
0	0,2	0	−0,05009		0,10035	−0,05034		0,233		−1,870	1,490	
		100	−0,05025		0,10027	−0,05050		0,231		−1,869	1,492	
		200	−0,05040		0,10020	−0,05065		0,228		−1,868	1,494	
	0,4	0	−0,05037		0,10141	−0,05140		0,464		−3,781	3,025	
		100	−0,05096		0,10111	−0,05200		0,446		−3,776	3,037	
		200	−0,05151		0,10083	−0,05256		0,429		−3,770	3,048	
2	0,2	5	−0,05012		0,10034	−0,05037		0,206		−1,349	1,019	
		20	−0,05020		0,10030	−0,05045		0,204		−1,348	1,020	
	0,4	5	−0,05048		0,10136	−0,05151		0,407		−2,727	2,071	
		20	−0,05080		0,10119	−0,05184		0,398		−2,724	2,076	
4	0,2	2	−0,05013	$=M_1^p$	0,10033	−0,05038	$=M_{0,5}^p$	0,152	$=B_1^p$	−0,742	0,502	$=B_{0,5}^p$
		10	−0,05025		0,10027	−0,05050		0,151		−0,741	0,503	
	0,4	2	−0,05050		0,10136	−0,05153		0,301		−1,499	1,023	
		10	−0,05099		0,10119	−0,05203		0,289		−1,496	1,029	
6	0,2	2	−0,05014		0,10033	−0,05039		0,108		−0,427	0,263	
		10	−0,05034		0,10023	−0,05059		0,106		−0,426	0,263	
	0,4	2	−0,05057		0,10131	−0,05160		0,211		−0,861	0,536	
		10	−0,05132		0,10093	−0,05237		0,196		−0,858	0,542	
8	0,2	1	−0,05012		0,10033	−0,05038		0,078		−0,268	0,154	
		10	−0,05040		0,10020	−0,05065		0,076		−0,268	0,155	
	0,4	1	−0,05049		0,10135	−0,05152		0,152		−0,541	0,315	
		10	−0,05153		0,10082	−0,05258		0,135		−0,539	0,321	

Tabelle 49 (*Fortsetzung*)   Lastfall 5

kl	α	$\bar{v}, \varkappa$	M_1^p	M_2^p	$M_{0,5}^p$	$M_{1,5}^p$	$M_{2,5}^p$	B_1^p	B_2^p	$B_{0,5}^p$	$B_{1,5}^p$	$B_{2,5}^p$
—	0	—	−0,10000		0,07500	0,02500						
0	0,2	0 / 100	−0,10019 / −0,10050		0,07518 / 0,07502	0,02484 / 0,02452		0,466 / 0,461		−1,125 / −1,123	0,365 / 0,369	
		200	−0,10080		0,07487	0,02422		0,456		−1,121	0,373	
	0,4	0 / 100	−0,10074 / −0,10191		0,07571 / 0,07511	0,02431 / 0,02311		0,928 / 0,892		−2,268 / −2,257	0,756 / 0,780	
		200	−0,10301		0,07455	0,02199		0,858		−2,246	0,802	
2	0,2	5 / 20	−0,10024 / −0,10040	$= M_1^p$	0,07515 / 0,07507	0,02478 / 0,02462	$= M_{0,5}^p$	0,411 / 0,408	$= B_1^p$	−0,840 / −0,838	0,180 / 0,181	$= B_{0,5}^p$
	0,4	5 / 20	−0,10096 / −0,10160		0,07561 / 0,07527	0,02409 / 0,02343		0,814 / 0,795		−1,692 / −1,686	0,380 / 0,390	
4	0,2	2 / 10	−0,10025 / −0,10050		0,07514 / 0,07502	0,02476 / 0,02452		0,304 / 0,301		−0,491 / −0,490	0,011 / 0,013	
	0,4	2 / 10	−0,10100 / −0,10198		0,07559 / 0,07517	0,02405 / 0,02305		0,602 / 0,578		−0,987 / −0,981	0,035 / 0,047	
6	0,2	2 / 10	−0,10029 / −0,10068		0,07513 / 0,07493	0,02474 / 0,02434		0,216 / 0,212		−0,296 / −0,294	−0,032 / −0,032	
	0,4	2 / 10	−0,10113 / −0,10264		0,07551 / 0,07475	0,02391 / 0,02237		0,422 / 0,392		−0,593 / −0,587	−0,057 / −0,045	
8	0,2	1 / 10	−0,10025 / −0,10080		0,07514 / 0,07487	0,02476 / 0,02422		0,155 / 0,151		−0,191 / −0,191	−0,037 / −0,035	
	0,4	1 / 10	−0,10098 / −0,10306		0,07559 / 0,07453	0,02407 / 0,02195		0,304 / 0,271		−0,383 / −0,378	−0,069 / −0,057	
Multiplikator für alle Lastfälle					pl^2					$0,001\,pl^3$		

308 Anhang

Tabelle 50. *Stützbiegemomente M_1^m, M_2^m und Feldbiegemomente $M_{0,5}^m$, $M_{1,5}^m$, $M_{2,5}^m$ sowie Stützbimomente B_1^m, B_2^m und Feldbimomente $B_{0,5}^m$, $B_{1,5}^m$, $B_{2,5}^m$ zufolge gleichmäßig verteilter Drehmomente m in frei biegedrehbar gestütztem Dreifeldträger*

Lastfall 1

$k l$	α	$\bar{\gamma}, \varkappa$	M_1^m	M_2^m	$M_{0,5}^m$	$M_{1,5}^m$	$M_{2,5}^m$	B_1^m	B_2^m	$B_{0,5}^m$	$B_{1,5}^m$	$B_{2,5}^m$
0	0	—						−0,06667	0,01667	0,09167	−0,02500	0,00833
	0,2	0	0,0134	−0,0034	−0,0184	0,0050	−0,0017	−0,06677	0,01673	0,09197	−0,02515	0,00841
		100	0,0665	−0,0333	−0,0083	0,0167	−0,0167	−0,06618	0,01649	0,09160	−0,02526	0,00866
		200	0,1187	−0,0627	0,0346	0,0282	−0,0315	−0,06559	0,01626	0,09124	−0,02537	0,00892
	0,4	0	0,0270	−0,0069	−0,0371	0,0103	−0,0035	−0,06709	0,01691	0,09288	−0,02560	0,00863
		100	0,1314	−0,0659	0,0162	0,0334	−0,0336	−0,06474	0,01596	0,09140	−0,02606	0,00965
		200	0,2295	−0,1210	0,0663	0,0554	−0,0617	−0,06252	0,01507	0,09002	−0,02649	0,01061
1	0	—						−0,06414	0,01528	0,08474	−0,02167	0,00678
2	0	—						−0,05799	0,01211	0,06920	−0,01487	0,00392
	0,2	5	0,0221	−0,0079	−0,0140	0,0071	−0,0040	−0,0580	0,0121	0,0694	−0,0150	0,0040
		20	0,0480	−0,0216	−0,0010	0,0133	−0,0109	−0,0577	0,0120	0,0692	−0,0150	0,0041
	0,4	5	0,0445	−0,0161	−0,0282	0,0145	−0,0082	−0,0580	0,0122	0,0699	−0,0154	0,0042
		20	0,0959	−0,0434	−0,0019	0,0268	−0,0221	−0,0569	0,0118	0,0693	−0,0156	0,0046
3	0	—						−0,05073	0,00882	0,05310	−0,00891	0,00187
4	0	—						−0,04402	0,00625	0,04004	−0,00502	0,00083
	0,2	2	0,0224	−0,0075	−0,0138	0,0075	−0,0038	−0,04399	0,00626	0,04014	−0,00508	0,00087
		10	0,0585	−0,0242	0,0043	0,0173	−0,0122	−0,04370	0,00620	0,04001	−0,00514	0,00094
	0,4	2	0,0452	−0,0153	−0,0278	0,0152	−0,0078	−0,04394	0,00629	0,04043	−0,00528	0,00098
		10	0,1161	−0,0484	0,0084	0,0345	−0,0247	−0,04276	0,00601	0,03992	−0,00552	0,00125

Tabelle 50 (*Fortsetzung*)

kl	α	$\bar{\nu}, \varkappa$	M_1^m	M_2^m	$M_{0,5}^m$	$M_{1,5}^m$	$M_{2,5}^m$	B_1^m	B_2^m	$B_{0,5}^m$	$B_{1,5}^m$	$B_{2,5}^m$
6	0	—						—0,03374	0,00327	0,02335	—0,00151	0,00016
	0,2	2	0,0266	—0,0087	—0,0118	0,0090	—0,0044	—0,03368	0,00327	0,02339	—0,00156	0,00018
		10	0,0788	—0,0301	0,0145	0,0245	—0,0151	—0,03333	0,00322	0,02328	—0,00162	0,00024
	0,4	2	0,0534	—0,0178	—0,0236	0,0182	—0,0091	—0,03352	0,00327	0,02353	—0,00169	0,00025
		10	0,1547	—0,0600	0,0281	0,0483	—0,0306	—0,03214	0,00305	0,02309	—0,00193	0,00046
8	0	—						—0,02692	0,00192	0,01456	—0,00046	0,00004
	0,2	1	0,0213	—0,0063	—0,0144	0,0075	—0,0032	—0,02691	0,00192	0,01460	—0,00048	0,00005
		10	0,0921	—0,0328	0,0212	0,0300	—0,0165	—0,02650	0,00188	0,01450	—0,00054	0,00009
	0,4	1	0,0430	—0,0129	—0,0289	0,0154	—0,0066	—0,02684	0,00194	0,01471	—0,00055	0,00008
		10	0,1796	—0,0654	0,0408	0,0583	—0,0334	—0,02529	0,00174	0,01432	—0,00078	0,00023

Lastfall 2

kl	α	$\bar{\nu}, \varkappa$	M_1^m		$M_{0,5}^m$	$M_{1,5}^m$	$M_{2,5}^m$	B_1^m		$B_{0,5}^m$	$B_{1,5}^m$	$B_{2,5}^m$
0	0	—				—0,0150		—0,05000		—0,02500	0,07500	
	0,2	0	0,0100		0,0050	0,0083		—0,05005		—0,02515	0,07522	
		100	0,0332	$= M_1^m$	0,0167	0,0312	$= M_{0,5}^m$	—0,04969	$= B_1^m$	—0,02526	0,07500	$= B_{0,5}^m$
		200	0,0561		0,0282			—0,04934		—0,02537	0,07477	
	0,4	0	0,0202		0,0103	—0,0303		—0,05019		—0,02561	0,07590	
		100	0,0655		0,0334	0,0160		—0,04877		—0,02605	0,07501	
		200	0,1085		0,0554	0,0599		—0,04743		—0,02647	0,07416	
1	0	—						—0,04887		—0,02167	0,06984	

$$\xi = 0 \quad 0{,}5 \quad 1 \quad 1{,}5 \quad 2 \quad 2{,}5 \quad 3$$

Tabelle 50 (*Fortsetzung*)

kl	α	$\bar{\gamma}, \varkappa$	M_1^m	M_2^m	$M_{0,5}^m$	$M_{1,5}^m$	$M_{2,5}^m$	B_1^m	B_2^m	$B_{0,5}^m$	$B_{1,5}^m$	$B_{2,5}^m$
2	0	—						−0,04589		−0,01487	0,05825	
	0,2	5	0,0141		0,0071	−0,0109		−0,0459		−0,0150	0,0584	
		20	0,0264		0,0133	0,0015		−0,0457		−0,0151	0,0583	
	0,4	5	0,0283		0,0145	−0,0219		−0,045 8		−0,0154	0,0588	
		20	0,0525		0,0268	0,0027		−0,045 1		−0,0156	0,0584	
3	0	—						−0,04192		−0,00891	0,04606	
4	0	—						−0,03776		−0,00502	0,03585	
	0,2	2	0,0149		0,0075	−0,0101		−0,03773		−0,00508	0,03592	
		10	0,0343	$= M_1^m$	0,0172	0,0094	$= M_{0,5}^m$	−0,03750	$= B_1^m$	−0,00514	0,03581	$= B_{0,5}^m$
	0,4	2	0,0299		0,0152	−0,0204		−0,03765		−0,00528	0,03613	
		10	0,0677		0,0345	0,0182		−0,03674		−0,00552	0,03566	
6	0	—						−0,03046		−0,00151	0,02200	
	0,2	2	0,0178		0,0090	−0,0072		−0,03040		−0,00155	0,02202	
		10	0,0487		0,0245	0,0238		−0,03010		−0,00162	0,02190	
	0,4	2	0,0356		0,0182	−0,0145		−0,03024		−0,00168	0,02210	
		10	0,0947		0,0483	0,0458		−0,02909		−0,00193	0,02161	
8	0	—						−0,02502		−0,00046	0,01413	
	0,2	1	0,0150		0,0075	−0,0100		−0,02499		−0,00048	0,01416	
		10	0,0592		0,0298	0,0344		−0,02464		−0,00054	0,01404	
	0,4	1	0,0301		0,0153	−0,0202		−0,02492		−0,00055	0,01423	
		10	0,1143		0,0583	0,0658		−0,02355		−0,00078	0,01377	

Tabellen   311

Tabelle 50 (Fortsetzung)   Lastfall 3

$\xi=0 \triangleleft 0{,}5 \triangleleft 1 \triangleleft 1{,}5 \triangleleft 2 \triangleleft 2{,}5 \triangleleft 3 = m$

kl	α	$\bar{\gamma},\varkappa$	M_1^m	M_2^m	$M_{0,5}^m$	$M_{1,5}^m$	$M_{2,5}^m$	B_1^m	B_2^m	$B_{0,5}^m$	$B_{1,5}^m$	$B_{2,5}^m$
0	0	—						—0,11667	—0,03333	0,06667	0,05000	—0,01667
	0,2	0	0,0234	0,0067	—0,0133	—0,0100	0,0034	—0,11682	—0,03332	0,06682	0,05007	—0,01674
		100	0,0997	—0,0001	0,0250	0,0250	0,0000	—0,11587	—0,03320	0,06634	0,04974	—0,01660
		200	0,1748	—0,0066	0,0628	0,0594	—0,0033	—0,11493	—0,03308	0,06587	0,04940	—0,01645
	0,4	0	0,0472	0,0133	—0,0268	—0,0200	0,0068	—0,11728	—0,03328	0,06727	0,05030	—0,01698
		100	0,1969	—0,0003	0,0496	0,0495	—0,0002	—0,11351	—0,03281	0,06535	0,04895	—0,01640
		200	0,3380	—0,0124	0,1216	0,1153	—0,0063	—0,10995	—0,03236	0,06355	0,04767	—0,01586
1	0	—						—0,11301	—0,03359	0,06307	0,04817	—0,01489
2	0	—						—0,10388	—0,03378	0,05433	0,04338	—0,01095
	0,2	5	0,0362	0,0062	—0,0069	—0,0038	0,0031	—0,10384	—0,03375	0,05440	0,04340	—0,01099
		20	0,0745	0,0048	0,0123	0,0147	0,0024	—0,10340	—0,03366	0,05420	0,04325	—0,01095
	0,4	5	0,0728	0,0122	—0,0137	—0,0075	0,0062	—0,10380	—0,03365	0,05456	0,04343	—0,01112
		20	0,1483	0,0091	0,0249	0,0295	0,0046	—0,10205	—0,03331	0,05375	0,04279	—0,01096
3	0	—						—0,09265	—0,03310	0,04419	0,03715	—0,00704
4	0	—						—0,08178	—0,03151	0,03502	0,03083	—0,00419
	0,2	2	0,0374	0,0074	—0,0063	—0,0026	0,0037	—0,08172	—0,03147	0,03506	0,03084	—0,00421
		10	0,0928	0,0101	0,0215	0,0266	0,0051	—0,08120	—0,03130	0,03487	0,03067	—0,00420
	0,4	2	0,0751	0,0145	—0,0125	—0,0051	0,0074	—0,08159	—0,03136	0,03515	0,03085	—0,00430
		10	0,1838	0,0193	0,0429	0,0527	0,0098	—0,07950	—0,03073	0,03440	0,03014	—0,00427

312 Anhang

Tabelle 50 (*Fortsetzung*)

kl	α	$\bar{\gamma},\varkappa$	M_1^m	M_2^m	$M_{0,5}^m$	$M_{1,5}^m$	$M_{2,5}^m$	B_1^m	B_2^m	$B_{0,5}^m$	$B_{1,5}^m$	$B_{2,5}^m$
6	0	—						—0,06420	—0,02719	0,02184	0,02049	—0,00135
	0,2	2	0,0444	0,0091	—0,0028	0,0018	0,0046	—0,06408	—0,02713	0,02184	0,02046	—0,00137
		10	0,1274	0,0186	0,0390	0,0482	0,0093	—0,06343	—0,02688	0,02166	0,02028	—0,00138
	0,4	2	0,0890	0,0179	—0,0055	0,0037	0,0091	—0,06376	—0,02697	0,02185	0,02041	—0,00143
		10	0,2494	0,0347	0,0764	0,0941	0,0177	—0,06123	—0,02604	0,02116	0,01968	—0,00147
8	0	—						—0,05194	—0,02310	0,01410	0,01367	—0,00042
	0,2	1	0,0363	0,0087	—0,0068	—0,0025	0,0044	—0,05190	—0,02307	0,01412	0,01368	—0,00043
		10	0,1513	0,0264	0,0509	0,0644	0,0133	—0,05114	—0,02276	0,01396	0,01350	—0,00045
	0,4	1	0,0730	0,0172	—0,0136	—0,0048	0,0088	—0,05176	—0,02298	0,01416	0,01368	—0,00047
		10	0,2939	0,0489	0,0991	0,1241	0,0249	—0,04884	—0,02181	0,01354	0,01299	—0,00055

Lastfall 4

			M_1^m	$=M_1^m$	$=M_{0,5}^m$				$=B_1^m$			$=B_{0,5}^m$
0	0	—						—0,05000		0,10000	—0,05000	
	0,2	0	0,0100		—0,0201	0,0101		—0,05005		0,10037	—0,05030	
		100	0,0332		—0,0084	0,0334		—0,04969		0,10026	—0,05052	
		200	0,0561		0,0031	0,0563		—0,04934		0,10015	—0,05074	
	0,4	0	0,0202		—0,0406	0,0206		—0,05019		0,10150	—0,05121	
		100	0,0655		—0,0174	0,0669		—0,04877		0,10106	—0,05210	
		200	0,1085		0,0045	0,1108		—0,04743		0,10064	—0,05295	
1	0	—						—0,04887		0,09151	—0,04334	

Tabellen

kl	α	$\bar{\gamma}, \varkappa$	M_1^m	M_2^m	$M_{0,5}^m$	$M_{1,5}^m$	$M_{2,5}^m$	B_1^m	B_2^m	$B_{0,5}^m$	$B_{1,5}^m$	$B_{2,5}^m$
2	0	—						−0,04589		0,07312	−0,02974	
2	0,2	5 / 20	0,0141 / 0,0264		−0,0180 / −0,0118	0,0141 / 0,0266		−0,0459 / −0,0457		0,0734 / 0,0733	−0,0300 / −0,0301	
2	0,4	5 / 20	0,0283 / 0,0525		−0,0364 / −0,0241	0,0289 / 0,0535		−0,0458 / −0,0451		0,0741 / 0,0739	−0,0307 / −0,0311	
3	0	—						−0,04192		0,05497	−0,01782	
4	0	—		$= M_1^m$			$= M_{0,5}^m$	−0,03776	$= B_1^m$	0,04087	−0,01004	$= B_{0,5}^m$
4	0,2	2 / 10	0,0149 / 0,0343		−0,0176 / −0,0079	0,0150 / 0,0345		−0,03773 / −0,03750		0,04101 / 0,04095	−0,01017 / −0,01028	
4	0,4	2 / 10	0,0299 / 0,0677		−0,0356 / −0,0163	0,0305 / 0,0691		−0,03765 / −0,03674		0,04141 / 0,04117	−0,01056 / −0,01103	
6	0	—						−0,03046		0,02351	−0,00303	
6	0,2	2 / 10	0,0178 / 0,0487		−0,0162 / −0,0007	0,0179 / 0,0489		−0,03040 / −0,03010		0,02358 / 0,02351	−0,00311 / −0,00323	
6	0,4	2 / 10	0,0356 / 0,0947		−0,0327 / −0,0025	0,0363 / 0,0966		−0,03024 / −0,02909		0,02379 / 0,02354	−0,00337 / −0,00385	
8	0	—						−0,02502		0,01459	−0,00092	
8	0,2	1 / 10	0,0150 / 0,0592		−0,0176 / 0,0047	0,0151 / 0,0595		−0,02499 / −0,02464		0,01464 / 0,01458	−0,00096 / −0,00108	
8	0,4	1 / 10	0,0301 / 0,1143		−0,0355 / 0,0075	0,0307 / 0,1166		−0,02492 / −0,02355		0,01478 / 0,01455	−0,00110 / −0,00156	

Tabelle 50 (Fortsetzung). Lastfall 5

kl	α	$\bar\gamma, \varkappa$	M_1^m	M_2^m	$M_{0,5}^m$	$M_{1,5}^m$	$M_{2,5}^m$	B_1^m	B_2^m	$B_{0,5}^m$	$B_{1,5}^m$	$B_{2,5}^m$
0	0	—						−0,10000		0,07500	0,02500	
	0,2	0	0,0200		−0,0150	−0,0050		−0,10009		0,07522	0,02492	
		100	0,0664		0,0083	0,0416		−0,09938		0,07500	0,02448	
		200	0,1121		0,0312	0,0876		−0,09868		0,07478	0,02402	
	0,4	0	0,0403		−0,0303	−0,0097		−0,10037		0,07589	0,02469	
		100	0,1311		0,0160	0,0829		−0,09755		0,07501	0,02291	
		200	0,2171		0,0599	0,1707		−0,09487		0,07417	0,02121	
1	0	—		$= M_1^m$			$= M_{0,5}^m$	−0,09773	$= B_1^m$	0,06984	0,02650	$= B_{0,5}^m$
2	0	—						−0,09177		0,05825	0,02851	
	0,2	5	0,0283		−0,0109	0,0033		−0,0917		0,0584	0,0284	
		20	0,0528		−0,0015	0,0280		−0,0914		0,0583	0,0282	
	0,4	5	0,0567		−0,0219	0,0070		−0,0916		0,0588	0,0281	
		20	0,1049		−0,0027	0,0562		−0,0902		0,0584	0,0273	
3	0	—						−0,08383		0,04606	0,02824	
4	0	—						−0,07552		0,03585	0,02581	
	0,2	2	0,0298		−0,0101	0,0049		−0,07546		0,03593	0,02575	
		10	0,0686		−0,0094	0,0439		−0,07500		0,03581	0,02553	
	0,4	2	0,0597		−0,0204	0,0101		−0,07530		0,03613	0,02557	
		10	0,1354		−0,0182	0,0873		−0,07349		0,03565	0,02463	

Tabelle 50 (Fortsetzung)

kl	α	$\bar{\gamma}, \varkappa$	M_1^m	M_2^m	$M_{0,5}^m$	$M_{1,5}^m$	$M_{2,5}^m$	B_1^m	B_2^m	$B_{0,5}^m$	$B_{1,5}^m$	$B_{2,5}^m$
6	0	—						—0,06092		0,02200	0,01897	
	0,2	2	0,0356		—0,0072	0,0107		—0,06081		0,02203	0,01891	
		10	0,0973		0,0238	0,0727		—0,06020		0,02189	0,01867	
	0,4	2	0,0712		—0,0145	0,0218	$= M_{0,5}^m$	—0,06049	$= B_1^m$	0,02211	0,01873	$= B_{0,5}^m$
		10	0,1894	$= M_1^m$	0,0458	0,1424		—0,05818		0,02161	0,01776	
8	0	—						—0,05003		0,01413	0,01321	
	0,2	1	0,0300		—0,0100	0,0051		—0,04998		0,01416	0,01320	
		10	0,1185		0,0344	0,0940		—0,04927		0,01404	0,01296	
	0,4	1	0,0601		—0,0202	0,0105		—0,04983		0,01423	0,01313	
		10	0,2285		0,0658	0,1824		—0,04710		0,01377	0,01221	
Multiplikator für alle Lastfälle					ml					ml^2		

21*

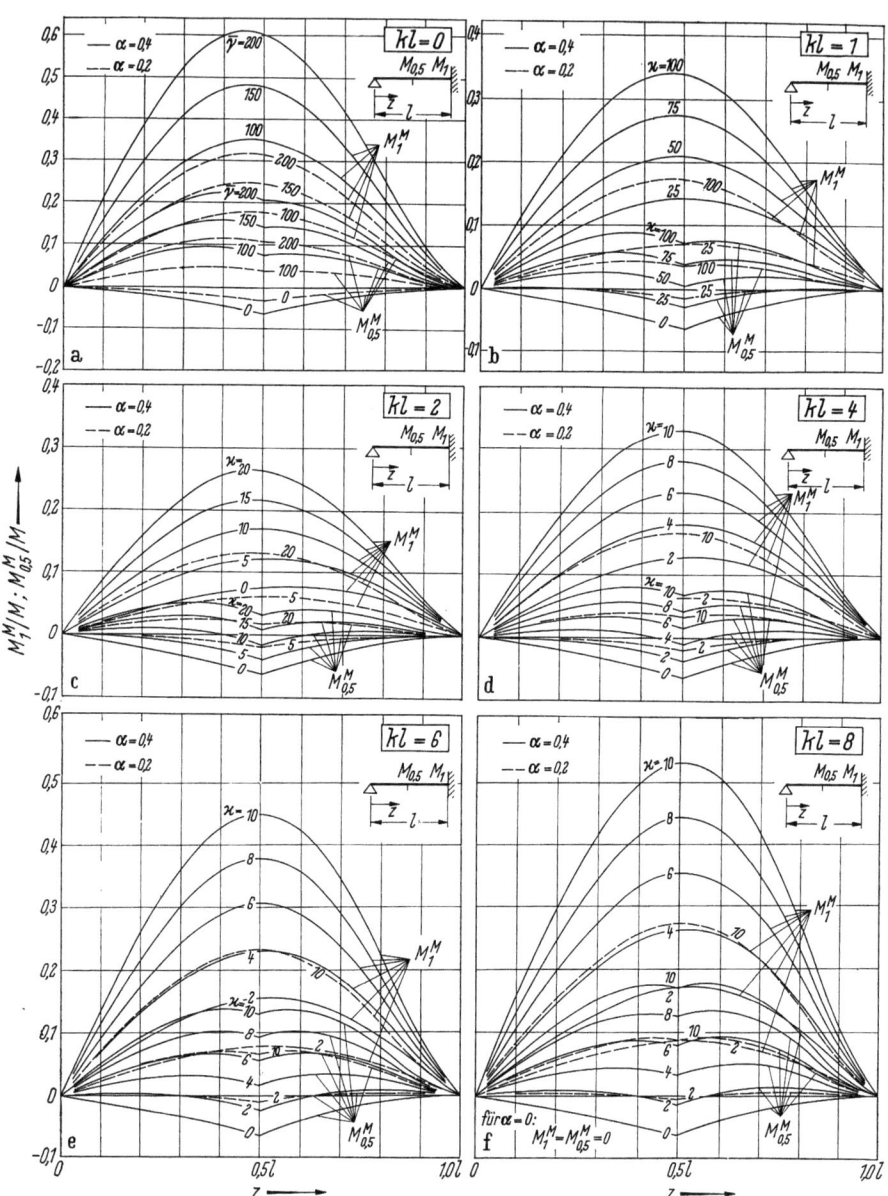

Abb. 82a—f. Einflußlinien M_1^M und $M_{0,5}^M$ in einseitig eingespanntem Einfeldträger

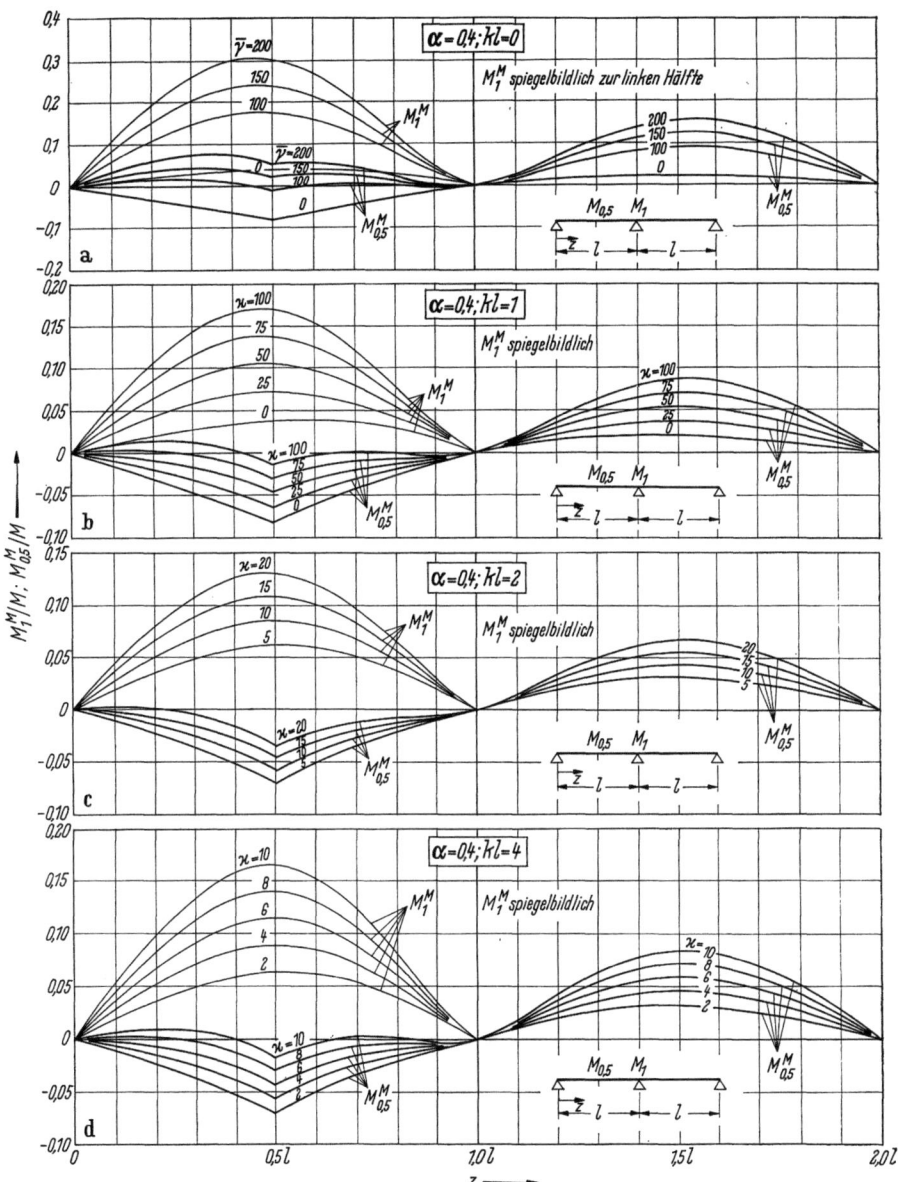

Abb. 83a—d. Einflußlinien M_1^M und $M_{0,5}^M$ im Zweifeldträger — vgl. Tabellen 33 und 34 (Abb. 83e und f auf Seite 318)

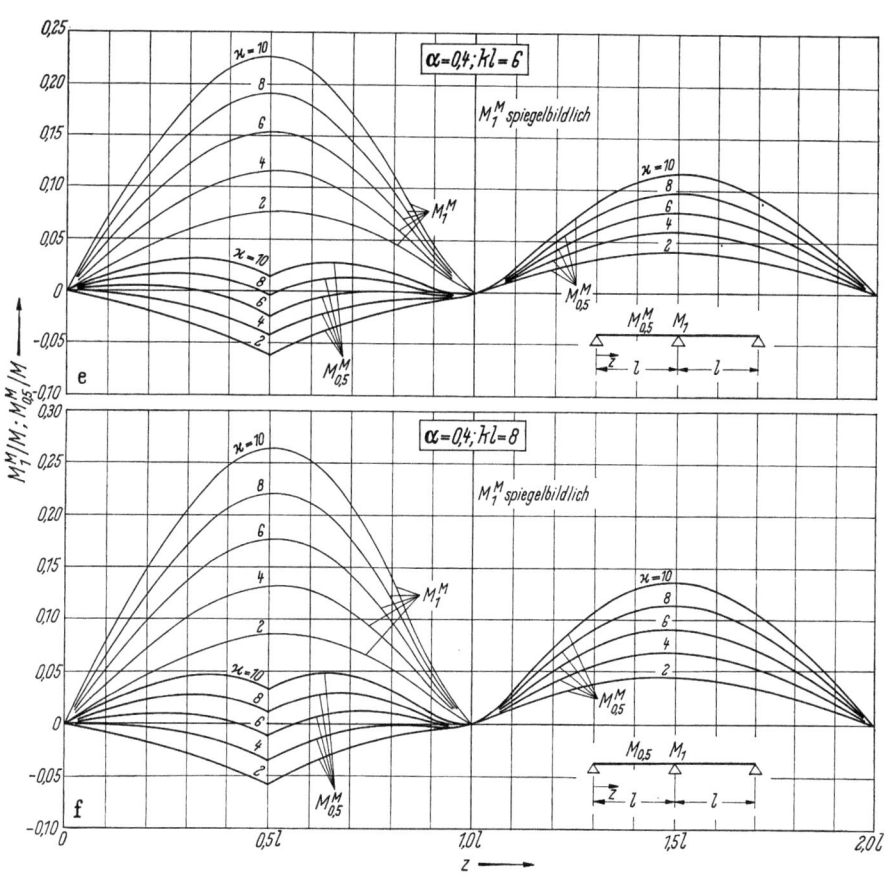

Abb. 83 e und f

Diagramme

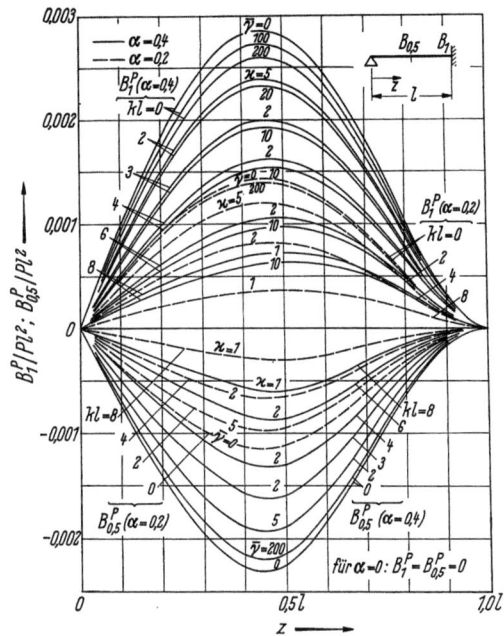

Abb. 84. Einflußlinien B_1^P und $B_{0,5}^P$ in einseitig eingespanntem Einfeldträger

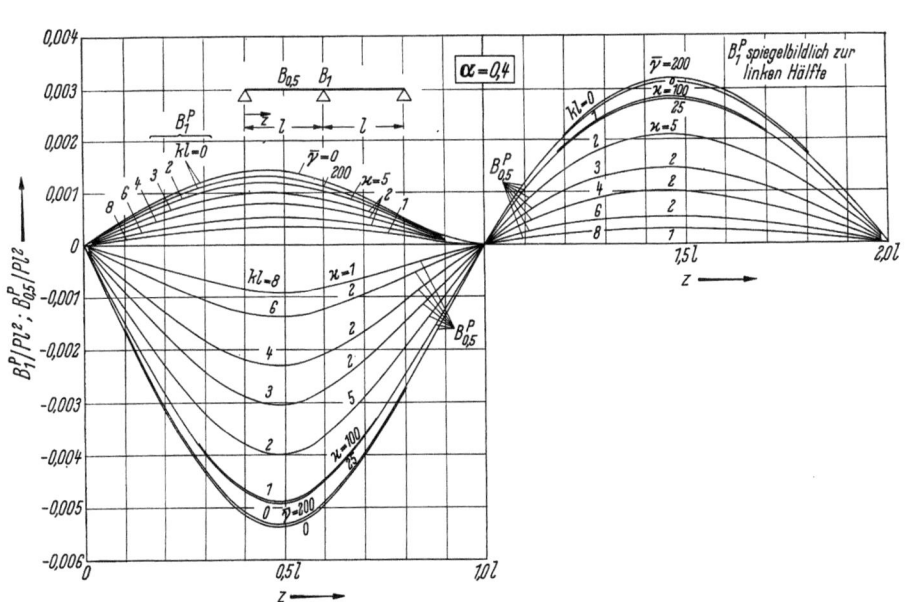

Abb. 85. Einflußlinien B_1^P und $B_{0,5}^P$ im Zweifeldträger — vgl. Tabellen 35 und 36

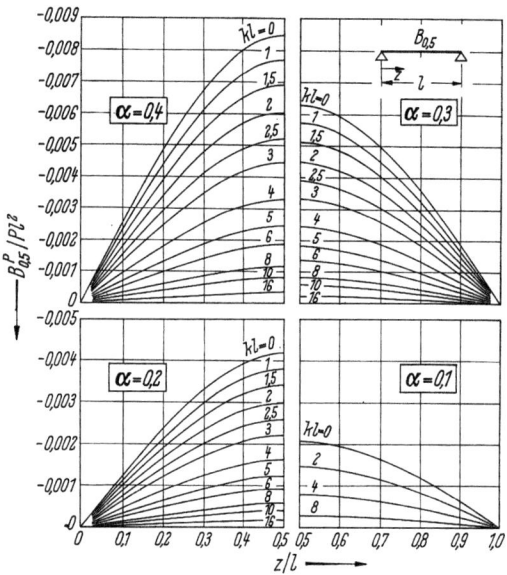

Abb. 86. Einflußlinien $B_{0,5}^P$ im Grundsystem — vgl. Tabelle 3, Werte für $\varepsilon = 0,5$

Diagramme

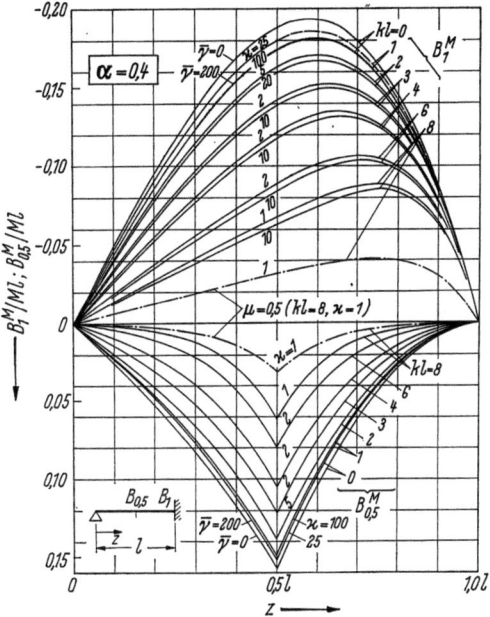

Abb. 87. Einflußlinien B_1^M und $B_{0,5}^M$ in einseitig eingespanntem Einfeldträger

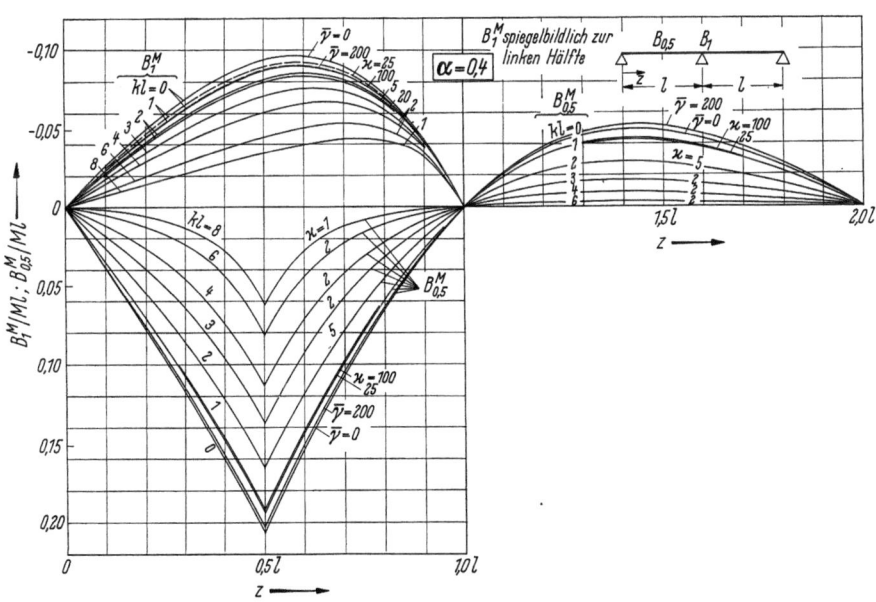

Abb. 88. Einflußlinien B_1^M und $B_{0,5}^M$ im Zweifeldträger — vgl. Tabellen 37 und 38

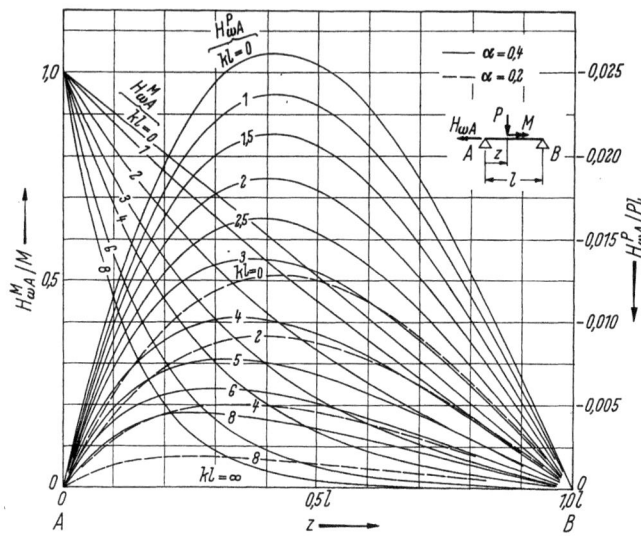

Abb. 89. Einflußlinien $H_{\omega A}$ zufolge P bzw. M im Grundsystem — vgl. Tabelle 6 bzw. 8, Werte für $\varepsilon = 0$. (Die Werte für den Sonderfall $kl = 0$ stellen zugleich Einflußlinien H_A zufolge P bzw. M dar)

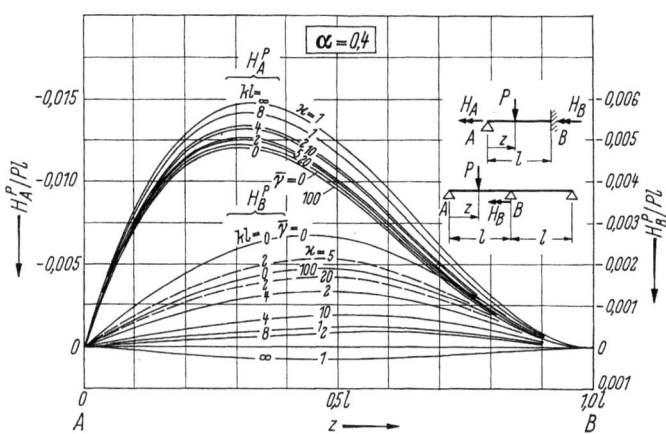

Abb. 90. Einflußlinien H_A^P und H_B^P in einseitig eingespanntem Einfeldträger. (Einflußlinie H_B^P gilt auch für den Zweifeldträger)

Diagramme

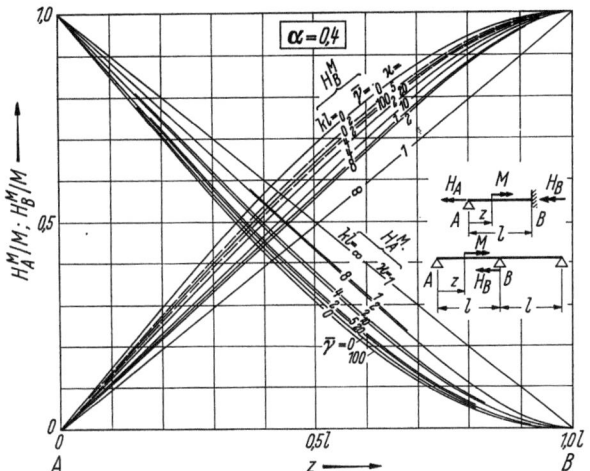

Abb. 91. Einflußlinien H_A^M und H_B^M in einseitig eingespanntem Einfeldträger. (Einflußlinie H_B^M gilt auch für den Zweifeldträger)

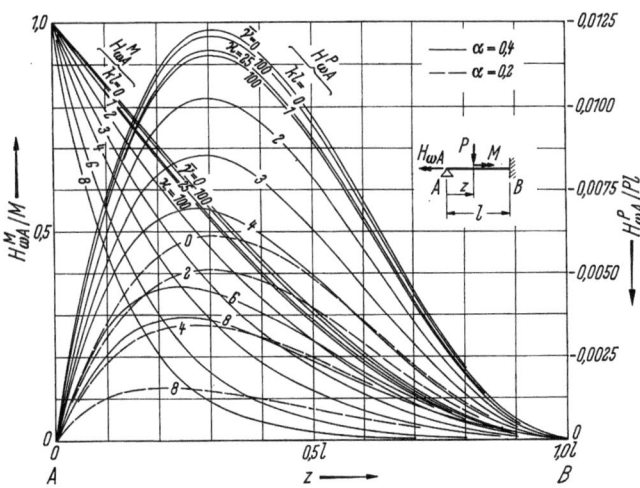

Abb. 92. Einflußlinien $H_{\omega A}$ zufolge P bzw. M in einseitig eingespanntem Einfeldträger

324   Anhang

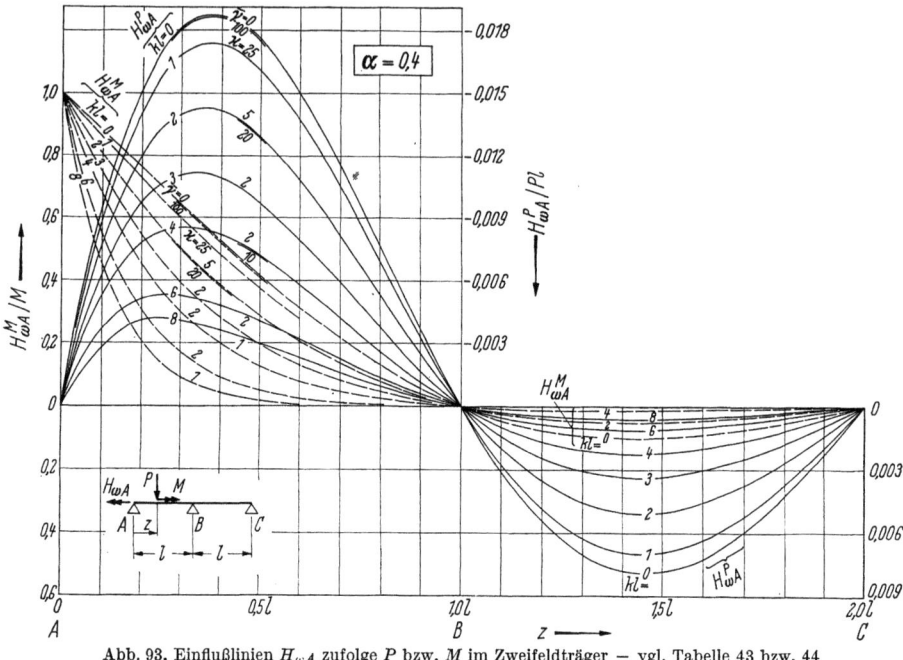

Abb. 93. Einflußlinien $H_{\omega A}$ zufolge P bzw. M im Zweifeldträger — vgl. Tabelle 43 bzw. 44

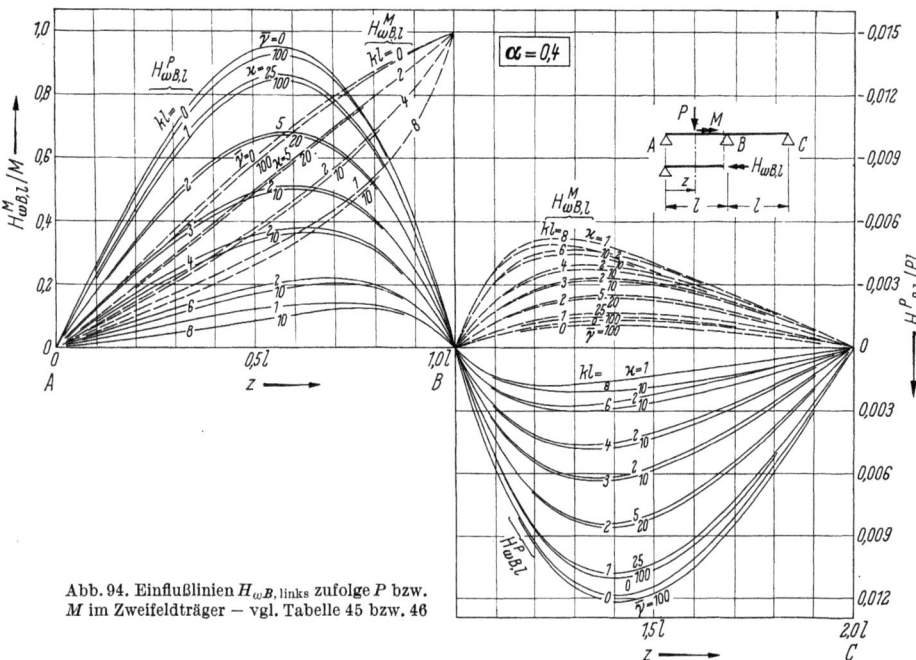

Abb. 94. Einflußlinien $H_{\omega B,\text{links}}$ zufolge P bzw. M im Zweifeldträger — vgl. Tabelle 45 bzw. 46

Sachverzeichnis

Abklingungsbeiwert, der Wölbkrafttorsion, 39, 45.
—, bei Profilverformung 136, 153.
— -zahl kl 32, 34, 114.
Ablenkungskräfte 142, 151, 162.
Analogie mit Balken auf elastischer Bettung bzw. elastischen Stützen 134, 153, 164.
Anfangsparameter, Methode der 56, 65.
Auflagerkräfte 72, 109.

Belastung, durch Einzellast und Einzeldrehmoment 47, 57, 63, 65, 72, 94, 97.
—, durch Endbiegemoment 61, 86, 100.
—, durch Endbimoment 62, 64, 93, 101.
—, durch stetige Lasten 60, 84, 100.
—, profilverformende 130, 137, 152, 163.
Biegemomente, Bezeichnung der 7, 35.
Bimomente 12, 18, 37, 39, 44.

Drehwinkel 8.
—, reduzierter 8.
Drill-moment 9, 15.
— —, Bezeichnung 7, 35.
— —, primäres 13.
— —, sekundäres 13.
— -steifigkeit (StVenantsche) 24, 60, 114, 118.
— -weiche Profile (Sonderfall $kl = 0$) 60, 77, 78, 82, 84, 85.

Einheits-spannung 131.
— -verdrillung 8, 16, 21, 23.
— -verwölbung 16, 24, 28, 33.
Einspannung, wölbfeste bzw. wölbfreie 53, 64.
Ersatz-drehmomente (-last) 40, 56, 67.

Festlager 102.
Formbeiwert, für Ablenkungskräfte 152, 163.
—, für asymmetrische Profile (ψ) 15, 40.

Gesamt-drillmoment 13, 35, 38, 46.
— -normalspannung 40, 122, 141.
— -schubfluß 18, 122, 141.
— —, der Wölbkrafttorsion geschlossener Profile 18.
Gleichgewichtsbedingungen 10, 36.
Grundsystem, einfach statisch unbestimmter Einfeldträger 48, 113.
—, wölbfrei eingespannter Kragträger 53, 63, 82, 90.

Hilfsfunktionen 71, 111.
—, Zusammenstellung der 69, 91, 96.

Konturordinate 8, 10.
Koordinatensystem 8, 10, 35.
Krümmungs-beiwert η 58.
— -radius 8.

Last, Komponenten der stetigen 35.

Normal-kraft 35, 37, 123.
— -spannung, zufolge Biegemomente 40.
—, zufolge Bimomente 12, 18, 40.
—, zufolge Profilverformung 131, 141.

Profil, asymmetrisches 4, 13, 35, 105, 127.
—, einfach-symmetrisches 4, 104, 113, 116, 122, 128, 129, 130, 148, 157.
—, geschlossenes bzw. offen-geschlossenes 2, 15, 42, 65, 97, 114, 129, 146.
—, in Längsachse veränderliches 4, 49, 118.
—, mehrzelliges 21.
—, offenes 2, 8, 35, 56, 72, 114, 116, 119, 127, 129, 130.
—, quasigeschlossenes 23, 26, 116.
—, „regelmässig" asymmetrisches 13, 26, 32, 34.
— -verformung 3, 128, 131, 138, 150, 159.

Querkräfte (siehe auch Auflagerkräfte) 7, 35, 40.

Querschnitts-funktionen 9, 10, 16, 18, 22, 131, 133, 149, 160.
— parameter, der Biege- und Drillsteifigkeit ($\varkappa$) 32, 74.
—, der Biege- und Wölbsteifigkeit ($\bar{\gamma}$) 34, 78.
Querverband 135, 141, 161.

Schnittkräfte, Bezeichnung der 7, 35, 62, 107, 109.
Schub-fluß, des Wölbspannungszustandes offener Profile 13.
— —, im allgemeinen 10.
— —, primärer 19, 21.
— —, sekundärer 19, 22.
— —, zufolge Profilverformung 133, 149, 150, 161.
— —, zufolge Querkräfte 122, 141.
— -spannung in offenen Profilen, St-Venantsche 13.
sektorielle Flächen 9, 27, 33.
—, geometrische Zusammenhänge für 10, 14.
Stützneigung und Stützverwölbung 41, 46.
Stützung in Krümmungsebene 4, 102, 123.

Torsion, reine 8, 15, 21.
Torsion-einspannung 4, 112.
— -last, äquivalente 56, 66.
Trägheitsmoment, axiales 37.
—, der reinen (StVenantschen) Torsion 9, 16, 22.
—, —, für mehrzellige Profile 22.

Umfahrungs-folge (-richtung) 9, 10, 29.
Übergangsbedingungen 102, 120, 126.

Verformungs-komponenten, Bezeichnung der 8, 35, 131, 138, 149, 159.
Verwindung der Längsachse 36.
Vollquerschnitte (Sonderfall $kl = \infty$) 77, 78, 84, 85, 114.

Winkelverformung (bzw. Verformungswinkel γ) 134, 140, 150, 159.
Wölb-funktion, bei Profilverformung 131.
— —, der Wölbkrafttorsion geschlossener und offen-geschlossener Profile 18, 44.
— -krafttorsion, Grundgleichung der gleichzeitigen Biegung und 39, 43, 56, 65.
— -spannungszustand, antisymmetrischer 138, 148.
—, —, symmetrischer 131.
— -schubkräfte bei Profilverformung 133, 149, 150, 161.
— -schubparameter, bei Profilverformung 161.
— —, der Wölbkrafttorsion geschlossener und offen-geschlossener Profile (μ) 44.
— -steifigkeitsparameter bei Profilverformung 133, 139, 150, 153, 162.
— -trägheitsmoment 12, 18, 31, 34.

Zentralwinkel α 7, 48, 106, 114.

If you have any concerns about our products,
you can contact us on
ProductSafety@springernature.com

In case Publisher is established outside the EU,
the EU authorized representative is:
**Springer Nature Customer Service Center GmbH
Europaplatz 3, 69115 Heidelberg, Germany**

Printed by Libri Plureos GmbH
in Hamburg, Germany